苜蓿科学研究文丛（二）

孙启忠 编

科学出版社
北京

内 容 简 介

本书是作者多年研究苜蓿科学、历史和文化的系列研究成果《苜蓿科学研究文丛》的第二分册。全书收录的内容在丛书第一分册《苜蓿经》涉及的相关内容上有全面的扩充，收录自汉代以来有文字、书画等记载的以苜蓿为主要对象或者与苜蓿相关的千余首抒怀、歌颂，是汉代以来我国两千多年历史文化传承中扮演重要角色的诗人、词人、政治家、科学家、社会活动家等所赋苜蓿主题的系统归集。全书正文内容按朝代排序，在文后列出了索引方便读者查询。

本书适合对苜蓿或牧草进行研究的科技工作者，关心国家牧草发展的人士，对草学史、农学史研究和中国古代文化有兴趣的爱好者阅读；适合大中型图书馆作为基础资料收藏。

图书在版编目（CIP）数据

苜蓿赋 / 孙启忠编. —北京：科学出版社，2017.12
（苜蓿科学研究文丛）
ISBN 978-7-03-056085-8

Ⅰ. ①苜… Ⅱ. ①孙… Ⅲ. ①紫花苜蓿－研究 Ⅳ. ①S551

中国版本图书馆CIP数据核字（2017）第316923号

责任编辑：马 俊 孙 青 / 责任校对：郑金红
责任印制：肖 兴 / 封面设计：刘新新

科学出版社 出版
北京东黄城根北街16号
邮政编码：100717
http://www.sciencep.com

中国科学院印刷厂 印刷

科学出版社发行 各地新华书店经销

*

2017年12月第 一 版 开本：787×1092 1/16
2017年12月第一次印刷 印张：31 1/4
字数：741 000

定价：220.00元

前言

《苜蓿赋》是《苜蓿经》的姊妹篇，只要一看书名，读者便知她们同根同源。倘若读者喜欢《苜蓿经》的话，亦会喜欢《苜蓿赋》，因为她们既相互独立，又互为补充。

苜蓿自汉代始入我国，就受到人们的广泛重视，并很快成为重要的牧草和皇家园林植物，乃至蔬菜。与此同时，苜蓿也受到文人雅士、达官显贵、贤达隐士等的青睐，成为他们笔下的宠儿，出现了许多以苜蓿为意象的短语、典故，如苜蓿生涯、苜蓿堆盘、春盘苜蓿、幸运草等，形成许多具有苜蓿风格、苜蓿情怀、苜蓿精神的诗词乃至文化。苜蓿越千年，风光乃无限。千百年前的苜蓿虽然已成为往事，但那些脍炙人口的苜蓿诗词，却随着岁月穿流传颂至今。今天，当我们用一种新的历史观审视和重温这些苜蓿诗词时，就会发现她像一部史诗，让我们从中了解到苜蓿与西域、苜蓿与葡萄、苜蓿与汗血马（天马）、苜蓿与张骞、苜蓿与丝绸之路等的不解之缘与传奇故事；当我们用一种全新的思维解读这些苜蓿诗词时，就会发现她像一本励志书，像一本思想书，像一本哲理书，尽显人间冷暖、人生态度和人格魅力；当我们用一种新的视野面对千古苜蓿时，就会发现她让我们有无限的遐想，让我们谈天说地，享受自然，感悟人生，苜蓿既有外在的美丽多娇，又有生存的风雨奋斗，还有生命的睿智豁达；当我们用一种新的理念诠释千古苜蓿时，就会发现她是那么的无私、那么的伟大和那样的灿烂，她在恶劣的环境中不畏寒与旱顽强生长，尽显英雄本色，在良好的环境中郁郁葱葱，芳香四溢，绽露美丽澹雅。苜蓿如人生，淡中有味、虚怀若谷，饱经风霜、怡然自得。在苜蓿中不仅蕴藏着丰富的文化内涵，而且也包含着深邃的人生哲理；在苜蓿诗词中不仅有故事、人生和情怀，而且还有科学、文化和历史。

植物学中的苜蓿和诗词中的苜蓿是有区别的。在古代，苜蓿多指植物学中的紫苜蓿（*Medicago sativa*）。据唐韩鄂《四时纂要》记载;“凡苜蓿，春食，作干菜，至益人。花紫时，大益马。”明朱橚《救荒本草》中记述:“苜蓿出陕西，今处处有之。苗高尺余，细茎，分叉而生，叶似锦鸡儿花叶，微长，又似豌豆叶，颇小，每三叶攒生一处，梢间开紫花，如弯角儿，中有子如黍米大，腰子样。”但在明李时珍《本草纲目》中，又有这样记载："苜蓿……入夏及秋，开细黄花。结小荚圆扁，旋转有刺，数荚累累，老则黑色。内有米如穄米，可为饭，亦可酿酒。”有人研究认为，李时珍这里记述的苜蓿可能非紫苜蓿，而是南苜蓿（*Medicago hispida*），亦称金花菜。清吴其濬《植物名实图考》中记载了三种苜蓿，民国时期黄以仁研究指出，“吴氏图苜蓿三种。一曰苜蓿（紫苜蓿）夏时紫花颖竖，映日争辉。二曰野苜蓿（黄苜蓿）俱如家苜蓿，而叶尖瘦，花黄三瓣，干刈紫黑，惟拖秧铺地，不能植立。三曰野苜蓿一种（今称野苜蓿）生江西廢圃中，长蔓拖地，一枝三叶，叶圆有缺，茎际开小黄花。李时珍谓苜蓿黄花者当即此，非西北之苜蓿也。仁按吴氏苜蓿三图，俱极精详。第一图即紫苜蓿，第二图即黄苜蓿，亦称黄花苜蓿(*Medicago falcata*)，第三图为金花菜（据江南俗称）余改定之曰野苜蓿。”由此可见，我国古代常见的苜蓿有三种，即紫花苜蓿、南苜蓿（金花菜）和黄花苜蓿。在古代诗词中的苜蓿既包含紫花苜蓿，也包含南苜蓿或黄花苜蓿等。这充分体现了苜蓿诗词的包容性、浪漫性和多样性。

从古至今，苜蓿种植之广、作用之大、影响之深，到目前为止，还没有哪一种牧草可以与之相媲美。诗生于情，情因物感。千百年来，我国涌现出无数流畅婉转、情辞并茂、沁人心脾、老妪可解的苜蓿诗词，这些诗词风格多样，异彩缤纷。或含蓄蕴籍，或痛快淋漓；或飘逸豪放，或悲壮沉郁；或雄浑劲健，或凄婉缠绵;或清奇高妙，或疏野恬淡;或奇警峻拔，或坦易清浅。苜蓿诗词的丰富多彩，是我国古代苜蓿繁荣发展的一个重要标志。诗中有苜蓿，苜蓿在诗中，这种被情化了、被美化了和被诗化了的苜蓿精神、苜蓿景象和苜蓿清香，需要我们去涵泳，去揣摩，去咀嚼，去品味。为了领略古代苜蓿魅力，享受古代苜蓿情怀、感悟古代苜蓿品格和追寻古代苜蓿风雅，特别精选了两汉、魏晋南北朝、唐、宋、元、明、清和民国时期的700多位文人雅士或达官显贵的1100余首与苜蓿相关的诗词或歌咏，以飨读者。

在资料收集、文献整理和文字输录等方面，柳茜、王清郦、魏晓斌、高润、陶雅和李峰等给予了颇多帮助，在此深表谢忱。本书的编排以朝代和诗词作者的出生年为顺序。在编写过程中，尽管对诗词内容和作者进行了考证，但由于掌握的资料不全和水平所限，肯定有不足和疏漏之处，乃至错误，恳请读者指正。

目录

汉代苜蓿诗

宛左右以蒲陶为酒，富人藏酒至万馀石，久者数十岁不败。俗嗜酒，马嗜苜蓿。汉使取其实来，於是天子始种苜蓿、蒲陶肥饶地。及天马多，外国使来众，则离宫别观旁尽种蒲萄、苜蓿极望。

——汉·司马迁《史记》

汉乐府

乐府，初设于秦，为当时"少府"下辖的一个专门管理乐舞演唱教习的机构。汉初，乐府并没有保留下来。到了汉武帝时，在定郊祭礼乐时重建乐府，它的职责是采集汉族民间歌谣或文人的诗来配乐，以备朝廷祭祀或宴会时演奏之用。它搜集整理的诗歌，后世就叫"乐府诗"，或简称"乐府"。它是继《诗经》《楚辞》而起的一种新诗体。

蜨蝶行

（汉·汉乐府）

蜨蝶之遨游东园①，奈何卒逢三月养子燕②，接我苜蓿间③。
持之我入紫深宫中④，行缠之傅欂栌间⑤，雀来燕⑥。
燕子见衔哺来，摇头鼓翼何轩奴轩⑦！

简注：①蜨蝶：蝴蝶。蜨，"蝶"的本字。余冠英云："本篇三个'之'字，还有末句的'奴'字，都与诗义无关，似乎宜是表声的字"。

②卒：同"猝"。养子燕：正在哺雏的燕子。

③接：遇，碰到。苜蓿：一种多年生草本植物，是重要的牧草和绿肥作物，又名"紫花苜蓿"。

④紫深宫中：阴森森的屋子里。宫，室。

⑤缠傅：捆缚。傅，疑是"缚"字形近音同之讹。欂栌（bó lú 薄栌）：承接大梁的方木，又称为斗拱。

⑥雀来燕：语义不详。

⑦何轩奴轩：高举貌。这两句是说乳燕见大燕衔着蝴蝶来喂它们，都摇着头，鼓着翅，扑着向前争食。

赏析

这是汉乐府中一首形象动人的寓言歌谣，它与《乌生八九子》《枯鱼过河泣》等一样，充满了奇思、奇情。

《蜨蝶行》的主人公，就是昆虫界的一只美丽蝴蝶。歌中描述它的出场，只用了一句话："蜨蝶之遨游东园。"简洁而无赘语，正如戏剧的脚本，只告诉你"人物""地点"。至于环境景物，全可让置景者自己去想象。从后文知道，"时令"正是暮春"三月"。那么，你只要在"东园"（汉成帝时陵园）的墙垣间，添上几株清翠欲滴的松柏，走道边铺满茵茵如毯的"苜蓿"草，点缀一些野草杂花，背景就全有了。如果再添上几分宁静、几声鸟鸣，气氛也就造足了。此刻，主人公（蝴蝶）正尽情遨游其间，忽而凝立花间，忽而翩翩飞起。那色彩缤纷的翅翼，正迎着春日的阳光，熠熠闪耀。简直是无忧无虑，欢快极了。这就是开头一句所包含的情景。

刹那间，情节发生突变："奈何卒（猝）逢三月养子燕。接我苜蓿中……"。三月天是哺养雏燕的好时光，"燕妈妈"看到孩子们嗷嗷待哺，便将剪翼一展，来到东园觅食。燕子原非凶恶之鸟，但在蝴蝶眼中，却是可怕的天敌。句中一个"奈何"、一个"卒逢"，正表现出蝴蝶发现燕子飞来时的吃惊和无所遁逃的悲哀。蝴蝶不会鸣叫，但在诗行之中，我们似乎听到了它哀哀无助的惊恐呼声。接着便是一个悲剧性的场面：它还来不及从苜蓿花上飞起，便被飞掠而下的燕子刁持了去。诗中用一"接"字，形容燕子飞捕蝴蝶时的迅捷，极为传神。"持之我入紫（此）深宫中，行缠之傅（缚）欂栌间，雀来燕。"现在，主人公已束手受缚。它被燕妈妈刁持着飞入深宫的楼檐下。那草垒的燕窝，正缠附在大梁斗拱之上；来往的鸟雀，就只有可怕的燕子。"深宫"本非蝴蝶可到之处，而今猛然被带到此处，自令蝴蝶陡生阴森恐怖之感。看来，它离死期已不远了。

最妙的是结尾两句。雏燕大约已饿了多时，此刻突见燕妈妈归来，嘴里还衔着美味的佳肴，其惊喜之态如何？诗人对此作了极为形象的描摹："摇头鼓翼何轩奴轩！"前四字是摹形，刻划雏燕各个掮动着毛羽未满的翅膀，摇晃着张开大嘴的脑袋争食的景象，神态逼真。后四字是摹声，那是雏燕们迫不及待的惊喜叫声。不过，这一切又都从"主人公"蝴蝶耳目中写出，便不仅形象，还带上了强烈的主观感受。一个"何"字，一个"奴"字，正写出了蝴蝶被张口吞食前的惊恐万状的绝望。所以雏燕的叫声，听起来简直令蝴蝶魂飞魄散！接下去是什么情况，就不知道了。因为蝴蝶已被吞食，那景象它是不及再见了。全诗就在主人公被吞食的刹那间结束，结束得也恰是时候。

李燮

李燮（134 ～ 186 年），字德公，东汉益州汉中郡南郑县人。李固之三子。李固因得罪大将军梁冀而被罢官，后被杀害，祸连其二子，李燮则隐姓埋名逃难于徐州。梁冀被灭，大赦天下，李燮才复出。

汉横吹曲 · 紫骝马

（东汉 · 李燮）

紫燕忽踟蹰，红尘起路隅。
园人移苜蓿，骑士逐蘼芜。
三边追黠虏，一鼓定强胡。
安用珂为玉，自有汗成珠。

佚名

作者不详。

汉铙歌十八曲·临高台
（汉·佚名）

临高台以轩，下有清水清且寒。
江有香草目以兰，黄鹄高飞离哉翻。
关弓射鹄，令我主寿万年。

简注：以在汉代始建“高台”与“目以兰”所言目宿（即苜蓿）言之，似与汉武帝事迹相关。又以“兰”为名词推之，“目”亦当为名词。疑此“目”当为“目宿”之省，汉代目宿即为苜蓿。

魏晋南北朝苜蓿诗

乐游苑自生玫瑰树，树下多苜蓿。苜蓿一名怀风，时人谓之光风。风在其间，常萧萧然，日照其花有光彩，故名苜蓿为怀风。茂陵人谓之连枝草。

——晋·葛洪《西京杂记》

王珣

王珣（349 ～ 400 年），字元琳，小字法护，琅琊临沂（今山东省临沂市）人，丞相王导之孙，中领军王洽之子，东晋大臣、书法家。王珣与殷仲堪、徐邈、王恭、郗恢等均以才学文章受知于雅好典籍的孝武帝司马曜，累官左仆射，加征虏将军，并领太子詹事，安帝隆安元年（397 年）迁尚书令，加散骑常侍，寻以病卒，终年五十二，谥号献穆。其代表作《伯远帖》是东晋时难得的书法真迹，且是东晋王氏家族存世的唯一真迹，一直被书法家、收藏家、鉴赏家视为稀世瑰宝。

关索岭汉将军庙四首（其一）

（东晋 · 王珣）

当年阃外鼓南行，回首祇宫是未央。
宛马徒闻疲苜蓿，冽泉今见侵芭稂。
但知臣节风霜苦，岂计勋名日月光?

刘孝仪

刘孝仪（484 ～ 550 年），南朝梁文学家。名潜，字孝仪。彭城（今江苏徐州）人。刘孝绰三弟。幼孤，与兄弟相励勤学。初为始兴王法曹行参军，后迁尚书右丞、都官尚书，出为豫章内史。病卒。为人宽厚。能文，六弟孝威善诗，其兄孝绰常谓“三笔六诗”。其文辞典义义精事切。奉敕所作《雍州平等寺金像碑》，史称“文甚宏丽”（《梁书 · 刘潜传》）。原有集，已佚，明人辑有《刘豫章集》。

北使还与永丰侯书

（南朝 · 刘孝仪）

足践寒地，身犯朔风；暮宿客亭，晨炊谒舍。
飘摇辛苦，迄届毡乡；杂种覃化，颇慕中国。
而毳幕难淹，酪浆易献，王程有限，时及玉关。
射鹿胡奴，乃共归国，刻龙汉节，还持入塞。
马衔苜蓿，嘶立故墟，人获葡萄，归种旧里。
稚子出迎，善邻相劳，倦握蟹螯，亟覆虾碗。
未改朱颜，略多自醉，用此终日，亦以自娱。

张正见

张正见（生年不详），卒于陈宣帝太建中，年四十九。南朝陈诗人。字见赜。

清河东武城（今山东武城西北）人。年十三，献颂，深得太子萧纲赞赏。太清初，射策高第，除郡陵王国左常侍。梁元帝时，拜通直散骑常侍，迁彭泽令。遇乱避于匡俗山。入陈，高祖诏其还都，除鄱阳王府墨曹行参军，累迁尚书度支郎、通直散骑侍郎。太建中卒，年四十九。尤善五言诗，尝与徐伯阳等十余人为“文会之友”，以其所传诗为多。

轻薄篇

（南朝·张正见）

洛阳美年少，朝日正开霞。细蹀连钱马，傍趋苜蓿花。
扬鞭还却望，春色满东家。井桃映水落，门柳杂风斜。
绵蛮弄青绮，蛱蝶绕承华。欲往飞廉馆，遥驻季伦车。
石榴传玛瑙，兰肴奠象牙。聊持自娱乐，未是斗豪奢。
莫嫌龙驭晚，扶桑复浴鸦。

戴皓

戴皓（生平不详）。

度关山

（南北朝·戴皓）

昔听陇头吟，平居已流涕。今上关山望，长安树如荠。
千里非乡邑，四海皆兄弟。军中大体自相褒，其间得意各分曹。
博陵轻侠皆无位，幽州重气本多豪。马衔苜蓿叶，剑莹鹔鹩膏。
初征心未习，复值雁飞入。山头看月近，草上知风急。
笛喝曲难成，笳繁响还涩。武帝初承平，东伐复西征。
蓟门海作堑，榆塞冰为城。催令四校出，倚望三边平。
箭服朝来动，刀环临阵鸣。将军一百战，都护五千兵。
且决雄雌前利，谁道功名身后事。丈夫意气本自然，来时辞第已闻天。
但令此身与命在，不持烽火照甘泉。

唐代苜蓿诗

苜蓿……利人，可久食。长安中乃有苜蓿园，北人甚重此，江南人不甚食之，以无气味故也。外国复别有苜蓿草，以疗目，非此类也。

——唐·苏敬《新修本草》

薛令之

薛令之（683～758年），字君珍，号明月先生，长溪县西乡石矶津人（今福建福安溪潭乡廉村），唐中宗神龙二年（706年）开闽第一进士，史称薛公“文章破闽天荒”，不浃辰而周闻天下。唐玄宗开元中，官至左补阙兼东宫侍读。他以清正廉洁而著世，晚年两袖清风告老还乡。死后，唐肃宗感念他的清廉特赐他的故乡为廉村。生前著有《明月先生集》《补阙集》，均已佚。今存诗六首。

自悼

（唐·薛令之）

朝日上团团，照见先生盘。
盘中何所有，苜蓿长阑干。
饭涩匙难绾，羹稀箸易宽。
只可谋朝夕，何由保岁寒。

简注：唐玄宗开元年间，东宫太子那里的官吏，生活清贫。薛令之在这里做左庶子，就写了这首自我伤感的诗。诗的大意为：早上太阳团团升起，照着教书先生的菜盘。菜盘中有些什么呢？满盘苜蓿纵横杂乱。饭清涩得连匙子都不滑畅了，菜汤稀得使筷子也挟不起东西。用这个饭菜过日子，哪能维持困苦的晚年。

王维

王维（701～761年），唐太原祁（今山西祁县）人，号摩诘居士。开元九年（721年）进士，天宝末年任给事中。“安史之乱”之后，曾受安禄山伪职，后授太子中允，晚年官至尚书右丞，世称“王右丞”。王维以诗画闻名当时，人称其“诗中有画，画中有诗”。其画以萧疏清淡见长，其诗以清丽自然见誉，与孟浩然合称“王孟”，为唐代山水田园诗大家。著作有《王右丞集》《画学秘诀》行世。

送刘司直赴安西

（唐·王维）

绝域阳关道，胡沙与塞尘。
三春时有雁，万里少行人。
苜蓿随天马，葡萄逐汉臣。
当令外国惧，不敢觅和亲。

杜甫

杜甫（712 ～ 770 年），河南巩县（今巩义市）人。字子美，自号少陵野老、杜少陵、杜工部等，盛唐大诗人，世称“诗圣”，现实主义诗人，世称杜工部、杜拾遗，代表作“三吏”（《新安吏》《石壕吏》《潼关吏》）、“三别”（《新婚别》《垂老别》《无家别》）。原籍湖北襄阳，生于河南巩县。初唐诗人杜审言之孙。唐肃宗时，官左拾遗。后入蜀，友人严武推荐他做剑南节度府参谋，加检校工部员外郎。他忧国忧民，人格高尚，一生写诗 3000 多首，流传下来 1500 多首，诗艺精湛，被后世尊称为“诗圣”。

赠田九判官梁丘

（唐 · 杜甫）

崆峒使节上青霄，河陇降王款圣朝。
宛马总肥春苜蓿，将军只数汉嫖姚。
陈留阮瑀谁争长，京兆田郎早见招。
麾下赖君才并美，独能无意向渔樵。

寓目

（唐 · 杜甫）

一县葡萄熟，秋山苜蓿多。
关云常带雨，塞水不成河。
羌女轻烽燧，胡儿制骆驼。
自伤迟暮眼，丧乱饱经过。

沙苑行

（唐 · 杜甫）

君不见，
左辅白沙如白水，缭以周墙百余里。
龙媒昔是渥洼生，汗血今称献于此。
苑中騋牝三千匹，丰草青青寒不死。
食之豪健西域无，每岁攻驹冠边鄙。
王有虎臣司苑门，入门天厩皆云屯。
骕骦一骨独当御，春秋二时归至尊。
至尊内外马盈亿，伏枥在坰空大存。
逸群绝足信殊杰，倜傥权奇难具论。

累累塠阜藏奔突，往往坡陀纵超越。
角壮翻同麋鹿游，浮深簸荡鼋鼍窟。
泉出巨鱼长比人，丹砂作尾黄金鳞。
岂知异物同精气，虽未成龙亦有神。

简注:唐有四十八监以牧马，设苑总监。唐《元和郡县志》曰:“沙苑，在同州冯翊县南十二里，东西八十里，南北三十里，其处宜六畜，置沙苑监。”《新唐书·兵志》提到八马坊曰：“坊之占地千二百三十顷，以给刍秣。”谢成侠认为，当时在今陕、甘两省的牧马地至少有十万顷以上，两者一千多顷地，只是唐初成立马坊时为了生产饲草而开辟。谢先生指出，杜甫《沙苑行》就是对这个马坊的描写，杜甫当时看到的沙苑监就是以养马为主。在唐代苜蓿是马的重要饲草，凡是养马坊都有苜蓿种植，那么沙苑也不例外，故“苑中騋牝三千匹，丰草青青寒不死”中的“丰草”应该包含苜蓿，苜蓿有遇寒不死的特性，在陕、甘两省的寒冷条件下一般不会被冻死，可能才会出现“丰草青青寒不死”的现象。另外，元代郭钰曰“沙苑烟晴苜蓿肥”(见151页)说明沙苑中确有苜蓿。

岑参

岑参（约715～770年），唐代诗人，原籍南阳（今属河南新野），迁居江陵（今属湖北），去世之时56岁，是唐代著名的边塞诗人。其诗歌富有浪漫主义特色，气势雄伟，想象丰富，色彩瑰丽，热情奔放，尤其擅长七言歌行。

题苜蓿峰寄家人

（唐·岑参）

苜蓿峰边逢立春，胡芦河上泪沾巾。
闺中只是空相忆，不见沙场愁杀人。

北庭西郊候封大夫受降回军献上

（唐·岑参）

胡地苜蓿美，轮台征马肥。大夫讨匈奴，前月西出师。
甲兵未得战，降虏来如归。橐驼何连连，穹帐亦累累。
阴山烽火灭，剑水羽书稀。却笑霍嫖姚，区区徒尔为。
西郊候中军，平沙悬落晖。驿马从西来，双节夹路驰。
喜鹊捧金印，蛟龙盘画旗。如公未四十，富贵能及时。
直上排青云，傍看疾若飞。前年斩楼兰，去岁平月支。
天子日殊宠，朝廷方见推。何幸一书生，忽蒙国士知。
侧身佐戎幕，敛衽事边陲。自逐定远侯，亦著短后衣。
近来能走马，不弱并州儿。

鲍防

鲍防（722～790年），唐诗人。字子慎。襄阳（今湖北襄樊）人。天宝十二载（753年）登进士第，授太子正字。大历初为浙东节度使薛兼训从事，官尚书郎。五年（770年）入朝为职方员外郎。累迁至河东节度使。德宗朝，历京畿、福建、江西观察使，礼部侍郎、京兆尹等职，以工部尚书致仕。在浙东时，为越州诗坛盟主，与严维等联唱，编《大历年浙东联唱集》二卷，与谢良辅合称“鲍谢”。

杂感

（唐·鲍防）

汉家海内承平久，万国戎王皆稽首。
天马常衔苜蓿花，胡人岁献葡萄酒。
五月荔枝初破颜，朝离象郡夕函关。
雁飞不到桂阳岭，马走先过林邑山。
甘泉御果垂仙阁，日暮无人香自落。
远物皆重近皆轻，鸡虽有德不如鹤。

戴叔伦

戴叔伦（732～789年），唐代诗人，字幼公（一作次公），润州金坛（今属江苏）人。年轻时师事萧颖士。曾任新城令、东阳令、抚州刺史、容管经略使。晚年上表自请为道士。其诗多表现隐逸生活和闲适情调，但《女耕田行》《屯田词》等篇也反映了人民生活的艰苦。论诗主张“诗家之景，如蓝田日暖，良玉生烟，可望而不可置于眉睫之前”。其诗体裁皆有所涉猎。今存诗二卷，多混入宋元明人作品，需要仔细辨伪。

口号

（唐·戴叔伦）

白发千茎雪，寒窗懒著书。
最怜吟苜蓿，不及向桑榆。

张仲素

张仲素（约769～819年），唐代诗人，字绘之，符离（今安徽宿州）人，郡望河间鄚县（今河北任丘）。贞元十四年（798年）进士，又中博学宏词科，为武宁军从事，元和间，任司勋员外郎，又从礼部郎中充任翰林学士，迁中书舍人。张仲素擅长乐府诗，善写思妇心情。例如，“袅袅城边柳，青青陌上桑。提笼忘采叶，昨夜梦渔阳”（《春闺思》），“梦里分明见关塞，不知何路向金微”（《秋闺思》），刻画细腻，委婉动人。其他如《塞下曲》等，语言慷慨，意气昂扬，歌颂了边防将士的战斗精神。

天马辞二首（其一）

（唐 · 张仲素）

天马初从渥水来，郊歌曾唱得龙媒。
不知玉塞沙中路，苜蓿残花几处开。
躞蹀宛驹齿未齐，摐金喷玉向风嘶。
来时欲尽金河道，猎猎轻风在碧蹄。

刘禹锡

刘禹锡（772～842年），字梦得，汉族，唐彭城（今徐州）人，祖籍洛阳，文学家、哲学家，自称是汉中山靖王后裔，曾任监察御史。唐代中晚期著名诗人，有“诗豪”之称。他的家庭是一个世代以儒学相传的书香门第。政治上主张革新，是王叔文派政治革新活动的中心人物之一。后来永贞革新失败被贬为朗州（今湖南常德）司马。据湖南常德历史学家、收藏家周新国先生考证，刘禹锡被贬为朗州司马其间写了著名的《汉寿城春望》。

裴相公大学士见示答张秘书谢马诗并群公属和因命追作

（唐 · 刘禹锡）

草玄门户少尘埃，丞相并州寄马来。
初自塞垣衔苜蓿，忽行幽径破莓苔。
寻花缓辔威迟去，带酒垂鞭躞蹀回。
不与王侯与词客，知轻富贵重清才。

温庭筠

温庭筠（812～870年），又名岐，字飞卿，太原祁（今山西祁县）人，世称温助教、温方城。晚唐著名诗人、花间派词人。精通音律，词风浓绮艳丽。当时与李商隐、段成式文笔齐名，号称“三十六体”。

寄分司元庶子兼呈元处士

（唐 · 温庭筠）

闭门高卧莫长嗟，水木凝晖属谢家。
缑岭参差残晓雪，洛波清浅露晴沙。

刘公春尽芜菁色，华廙愁深苜蓿花。
月榭知君还怅望，碧霄烟阔雁行斜。

李商隐

李商隐（813～858年？），字义山，号玉谿生、樊南生。晚唐诗人。原籍河内怀州（今河南沁阳），祖辈迁荥阳（今河南郑州）。诗作文学价值很高，他和杜牧合称“小李杜”，与温庭筠合称“温李”，与同时期的段成式、温庭筠风格相近，且都在家族里排行十六，故并称为“三十六体”。在《唐诗三百首》中，李商隐的诗作有二十二首被收录，数量位列第四。

乐游原

（唐·李商隐）

向晚意不适，驱车登古原。
夕阳无限好，只是近黄昏。

简注：《西京杂记》曰，“乐游苑自生玫瑰树，树下多苜蓿”。

九日

（唐·李商隐）

曾共山翁把酒时，霜天白菊绕阶墀。
十年泉下无人问，九日樽前有所思。
不学汉臣栽苜蓿，空教楚客咏江蓠。
郎君官贵施行马，东阁无因再得窥。

茂陵

（唐·李商隐）

汉家天马出蒲梢，苜蓿榴花遍近郊。
内苑只知含凤觜，属车无复插鸡翘。
玉桃偷得怜方朔，金屋修成贮阿娇。
谁料苏卿老归国，茂陵松柏雨萧萧。

唐彦谦

唐彦谦（？～893年），字茂业，号鹿门先生，并州晋阳（今山西太原）人。咸通末年上京考试，结果十余年不中，一说咸通二年（861年）中进士。乾符末年，兵乱，避地汉南。中和中期，王重荣镇守河中，聘为从事，累迁节度副使，晋、绛二州刺史。光启三年（887 年），王重荣因兵变遇害，被责贬汉中掾曹。杨守亮镇守兴元（今陕西汉中市东）时，担任判官。官至兴元（今陕西汉中）节度副使、阆州（今四川阆中）、壁州（今四川通江）刺史。晚年隐居鹿门山，专事著述。昭宗景福二年（893 年）前后卒于汉中。

闻应德茂先离裳溪有作

（唐 · 唐彦谦）

落日芦花雨，行人谷树村。
青山诗问路，红叶自知门。
苜蓿穷诗味，芭蕉醉墨痕。
端知弃城市，经席许频温。

咏马

（唐 · 唐彦谦）

紫云团影电飞瞳，骏骨龙媒自不同。
骑过玉楼金辔响，一声嘶断落花风。
崚嶒高耸骨如山，远放春郊苜蓿间。
百战沙场汗流血，梦魂犹在玉门关。

贯休

贯休（832 ～ 912 年），字德隐，俗姓姜氏，兰溪人，是唐末至五代十国时期的僧人。贯休出生于诗书官宦人家，七岁时便在和安寺出家。贯休精通诗画，有诗文集《西岳集》传世。与齐己、皎然皆以诗闻名，并称为“唐三高僧”，后人编纂《唐三高僧诗集》。乾化二年（915 年）圆寂于前蜀。

塞上九曲（其一）

（唐 · 贯休）

锦袷胡儿黑如漆，骑羊上冰如箭疾。
蒲桃酒白雕腊红，苜蓿根甜沙鼠出。
单于右臂何须断，天子昭昭本如日。
一握鬣髯一握丝，须知只为平戎术。

古塞下曲七首（其一）

（唐 · 贯休）

万战千征地，苍茫古塞门。
阴兵为客祟，恶酒发刀痕。

风落昆仑石，河崩苜蓿根。
将军更移帐，日日近西蕃。

周庠

周庠（850 ～ 920 年），字博雅，唐僖宗光启年间曾任龙州司仓参军。王建为利州刺史时，周庠前往拜谒，王建素闻其名，见到他很高兴，也很厚待，引为宾客。周庠给王建明确的战略建议没有更多的历史记载，但记载表明王建参与两川事务包括夺取东川，周庠出谋为多。

饮马词

（唐 · 周庠）

一马生海隅，骏骨棱棱起。
亦自秉星精，致用胡太否。
秋风括括秋原芜，苜蓿不肥拳毛枯。
肠渴羞从圉儿呼，圉儿养马复识马。
梳鬃剪鬣放原野，饱以长河万里流。
一洗尘烟甏潇洒，呜乎君意亦何良。
朝朝饮马马转伤，黄金台畔路修阻。
何以报之泪如雨。

李谷

李谷（903 ～ 960 年），字惟珍，颍州汝阴（今安徽阜阳）人。27 岁举进士，先后在五代后晋、后汉、后周三朝为官。后晋天福年间，擢监察御史，历任开封府太常丞、虞部员外郎、吏部郎中等职。李谷为人厚重刚毅，善谈论，与韩熙载友善，时称“朴（王朴）能荐士，谷能知人”。建隆元年卒，赠侍中。

次韵答顺庵

（唐 · 李谷）

半生光景属离居，旅食从来不愿余。
窗外芭蕉饶夜雨，盘中苜蓿富春蔬。
家贫自有箪瓢乐，计拙非因翰墨疎。
时到烟花禅榻畔，坐忘身世等蘧庐。

曹唐

曹唐（约 867 年前后在世），唐诗人。字尧宾。桂州（今广西桂林）人。初为道士。

后还俗应举，久试不第。咸通中，为使府从事，后暴病卒于家。生平志气激昂，然仕宦淹蹇，失志不平，遂为《病马》诗以自况，形容曲至，脍炙人口。又追慕古仙高情，记其悲欢离合，作大小《游仙诗》百篇。著有《曹唐诗》，已佚。后人辑有《曹从事诗集》。

病马五首呈郑校书章三吴十五先辈

（唐·曹唐）

騄耳何年别渥洼，病来颜色半泥沙。
四啼不凿金砧裂，双眼慵开玉箸斜。
堕月兔毛干觳觫，失云龙骨瘦牙槎。
平原好放无人放，嘶向秋风苜蓿花。

苜蓿本西域所产。自汉武时始入中国……按今苜蓿甚似中国灰藋。但藋苗叶作灰色。而苜蓿苗端常有数叶深红可爱。令人谓之鹤顶草。秋后结实。黑房累累如穄。故俗人因谓之木粟。其米可为饭亦有可以酿酒者，晋华广免官为庶人。武帝登凌云台见广苜蓿园阡陌甚整依然感旧此物虽出西域今人家罗生等高蓬矣。而陶隐居乃云长安中有苜蓿园。

——宋·罗愿《尔雅翼》

杨亿

杨亿（974～1020年），北宋文学家，“西昆体”诗歌主要作家。字大年，建州浦城（今属福建浦城县）人。年十一，太宗闻其名，诏送阙下试诗赋，授秘书省正字。淳化中赐进士，曾为翰林学士兼史馆修撰，官至工部侍郎。性耿介，尚气节，在政治上支持丞相寇准抵抗辽兵入侵，反对宋真宗大兴土木、求仙祀神的迷信活动。卒谥文，人称杨文公。

苏寺丞维甫知简州阳安县兼携家之任

（宋·杨亿）

神鸡缥碧马金精，西海桑田一掌平。
苜蓿度关风渐劲，莓苔登栈雨新晴。
琴斋尽室无归梦，锦里当垆奈宿酲。
麈柄清谈且为政，莫贪蒟酱学论兵。

夏竦

夏竦（985～1051年），字子乔，江州德安（今属江西）人。景德四年（1007年）中贤良方正，授光禄丞，通判台州。仁宗朝，与王钦若、丁谓等结交，渐至参知认事。官至枢密使，封英国公。后出知河南府，延武宁军节度使，进郑国公。皇祐三年卒，年六十七，赠太师、中书令，谥文庄。《宋史》有传。著有《文庄集》一百卷，已佚。

厩马

（宋·夏竦）

万里无尘塞草秋，玉轮金轭未巡游。
上林苜蓿天池水，饱食长鸣可自羞。

刘子翚

刘子翚（1101～1147年），宋代理学家。字彦冲，一作彦仲，号屏山，又号病翁，学者称屏山先生。建州崇安（今属福建）人，刘子羽弟。以荫补承务郎，通判兴化军，因疾辞归武夷山，专事讲学，邃于《周易》，朱熹尝从其学。著有《屏山集》。

怨女曲

（宋·刘子翚）

空原悲风吹苜蓿，胡儿饮马桑乾曲。
谁家女子在毽城，呜呜夜看星河哭。

黄金为闺主为宇，平生不出人稀睹。
父怜母惜呼小名，择对华门未轻许。
干戈漂荡身如寄，绿鬓朱颜反为累。
朝从猎骑草边游，暮逐戎王沙上醉。
西邻小姑亦被虏，贫贱思家心更苦。
随身只有嫁时衣，生死同为泉下土。
出门有路归无期，不归长愁归亦悲。
女身如弱难自主，壮士从姑不如女。

梅尧臣

梅尧臣（1002～1060年），字圣俞，祖籍宣州宣城（今属安徽），因宣城原称宛陵，所以人们称他梅宛陵。他靠先辈庇荫而做官，官至尚书部员外郎。他以诗名世，主张诗词服务于社会，而不应如“西昆体”那样凄婉晦涩，没有实质内容。他倡导朴实的文风，在很大程度上影响了宋代诗风的转变，很受陆游等的支持。其文被辑为《宛陵集》。

依韵和杨直讲九日有感

（宋·梅尧臣）

也持黄菊蕊，时望白衣人。
苜蓿从来厌，茱萸却乍亲。
护霜云不散，吹帽客何贫。
莫要悲摇落，秋花更胜春。

咏苜蓿

（宋·梅尧臣）

苜蓿来西域，蒲萄亦既随。
胡人初未惜，汉使始能持。
宛马当求日，离宫旧种时。
黄花今自发，撩乱牧牛陂。

江邻几寄羊羓

（宋·梅尧臣）

细肋胡羊卧苑沙，长春宫使踏霜羓。
蒺藜苗尽初蕃息，苜蓿盘空莫叹嗟。
自乏良谋甘更鄙，犹能大嚼快无涯。
磨刀为削朝霞片，时引清杯兴转嘉。

闻永叔出守同州寄之

（宋·梅尧臣）

冕旒高拱元元上，左右无非唯唯臣。
独以至公持国法，岂将孤直犯龙鳞。
茱萸欲把人留楚，苜蓿方枯马入秦。
访古寻碑可销日，秋风原上足麒麟。

和宋中道元夕十一韵

（宋·梅尧臣）

鼓声阗阗众戏屯，百仞太华临端门。
端门两廊多结彩，公卿士女争来奔。
接板连帘坐珠翠，帘疏不隔天妍存。
车驾适从驰道入，灯如撒星天向昏。
赭衣已御凤楼上，露台宣看簇钿辕。
山前绛绡垂雾薄，火龙矫矫红波翻。
金吾不饬六街禁，少年追逐乘大宛。
呼庖索酹斗丰美，东市憧憧西市喧。
持钱下数买歌笑，玉杓注饮琉璃盆。
落然遗俗监主簿，夜对经史多诗论。
比诸豪侠乃自苦，明日苜蓿盈盘餐。

唐书局丛莽中得芸香一本

（宋·梅尧臣）

有芸如苜蓿，生在蓬藋中。草盛芸不长，馥烈随微风。
我来偶见之，乃稚彼蘙蒙。上当百雉城，南接文昌宫。
借问此何地，删修多钜公。天喜书将成，不欲有蠹虫。
是产兹弱本，莤尔发荒丛。黄花三四穗，结实植无穷。
岂料凤阁人，偏怜葵叶红。

司马光

司马光（1019～1086年），字君实，号迂夫，晚号迂叟，祖籍陕州夏县（今属山西）涑水乡，人称涑水先生。他于仁宗宝元元年（1038年）中进士，做过门下侍郎、尚书左仆射等。司马光极力反对王安石推行的新法。他在洛阳专心修撰的《资治通鉴》于1084年成书，是中国历史上最著名的编年体通史。哲宗当政，封他为尚书左仆射兼门下侍郎，68岁死于相位，谥号文正。他的文章、诗词都很出名。

马病

（宋 · 司马光）

羸病何其久，仁心到栈频。
须怜苜蓿歉，当认主人贫。
客舍同萧索，山程共苦辛。
未能逢伯乐，且可自相亲。

汉宫词

（宋 · 司马光）

苜蓿花犹短，昌蒲叶未齐。
更衣过柏谷，走马宿棠黎。
逆旅聊怀玺，田间共斗鸡。
犹思饮云露，高举出虹蜺。

和张伯常贺迁资政

（宋 · 司马光）

坐饮太他犹自愧，谬跻秘殿益难安。
愿同野老嬉尧坏，长守先生苜蓿盘。

刘敞

刘敞（1019～1068年），北宋史学家、经学家、散文家。字原父，一作原甫，临江新喻（今属江西樟树）人。庆历六年与弟刘攽同科进士，以大理评事通判蔡州，后官至集贤院学士。与梅尧臣、欧阳修交往较多。为人耿直，立朝敢言，为政有绩，出使有功。刘敞学识渊博，欧阳修说他“自六经百氏古今传记，下至天文、地理、卜医、数术、浮图、老庄之说，无所不通；其为文章尤敏赡”，与弟刘攽合称为北宋二刘，著有《公是集》。

西域请平三首（其一）

（宋 · 刘敞）

西域请都护，崆峒献凯歌。两阶增羽籥，万里肃山河。
甲第旂裘少，春宫苜蓿多。雌雄双匣剑，弃置欲如何。

西戎乞降

（宋 · 刘敞）

南国传消息，西戎送好音。怀柔知帝力，启佑亦天心。
御酒葡萄远，离宫苜蓿深。仍闻编旧里，五岳望君临。

刘攽

刘攽（1022 ～ 1088 年），字贡父（一作赣父，或赣父），号公非。临江新喻（今属江西樟树）人。北宋史学家，著有《彭城集》。《资治通鉴》副主编之一。先世为彭城人，西晋末年，避胡兵乱，迁居江南，又迁庐陵。刘攽好谐谑，庆历六年（1046 年）贾黯榜进士。历任汝州推官，至和二年乙未（1055 年）调江阴县主簿，嘉祐二年丁酉（1057 年）担任庐州推官等。历州县官二十年，嘉祐八年癸卯（1063 年），入京为国子监直讲，迁馆阁校勘。元丰八年（1085 年），由衡州盐仓起知襄州，元祐初年召拜中书舍人。四年卒，年六十七。

得江同州和诗后却寄

（宋 · 刘攽）

左辅关河二十城，使车全胜直承明。
白头樽酒谙风味，乘兴篇章得性情。
苜蓿空肥天骥老，风霜有意皂雕横。
惊沙急雪迷秦树，不似山阴一日程。

王太傅河北阅马

（宋 · 刘攽）

丰草河壖地，平沙冀北区。
离宫连苜蓿，旧苑半騊駼。
夫子深诗者，无邪颂使乎。
宁令汉马少，不议击匈奴。

寄孙秦州

（宋 · 刘攽）

十年幕府领旌麾，事半前人此复稀。
元帅诗书真用武，小戎车甲岂无衣。
胡兵候月麒麟斗，汉马乘秋苜蓿肥。
自失阴山常恸哭，更闻消息向金微。

送张太保知冀州

（宋 · 刘攽）

使君使敌前岁中，手为单于画吉凶。
敌人破胆不敢迕，即日归报明光宫。
汉家牧师三十六，水甘草丰马数足。
问谁虎臣司苑门，极望离宫皆苜蓿。

长河东来横冀州，雄雄大府森戈矛。
红旗照天军令肃，紫髯昂藏居上头。
将军威名动殊俗，天子今无北顾忧。
旧传冀土多良马，岁看北客输旃裘。
庙谋将新赤岸泽，强邻犹知博望侯。
使君家声仍世传，慷慨功名方壮年。
黄金如斗组丈二，富贵光华真谓贤。

薛田

薛田（生卒年不详），字希稷，河中河东（今山西永济西南）人。师事种放，与魏野友善。第进士，初仕丹州推官。历知中江县，通判陕州、亳州，入为三司度支判官，改益州路转运使，知河南府。仁宗天圣元年（1023年）知益州。五年还知审刑院，迁右谏议大夫。知延州。久之，因病徙同州，又徙永兴军，辞不行，卒。

灵关

（宋·薛田）

诸葛提兵大渡津，河流禹凿迥如新。
彩云城郭了无迹，黑水波涛亦有情。
象马远来铜柱贡，犬羊不动铁桥尘。
灵关在眼平于掌，岁岁蒲桃苜蓿春。

范纯仁

范纯仁（1027～1101年），北宋大臣，人称“布衣宰相”。字尧夫，谥忠宣，吴县（今江苏苏州）人，范仲淹次子。宋仁宗皇祐元年进士。曾从胡瑗、孙复学习。父亲殁没后才出仕知襄城县，累官侍御史、同知谏院，出知河中府，徙成都路转运使。宋哲宗立，拜官给事中，元祐元年同知枢密院事，后拜相。宋哲宗亲政，累贬永州安置。范纯仁于宋徽宗立后，官复观文殿大学士，后以目疾乞归。著有《范忠宣公集》。

酬程定塞提刑

（宋·范纯仁）

衰疲敢惮守边州，老去光阴似水流。
塞马春深无苜蓿，田家雪足望麰麰。
清笳只解添乡思，白酒聊堪解客愁。
独喜平刑贤使者，能将德庆绍箕裘。

王令

王令（1032 ～ 1059 年），北宋诗人。字逢原，初字钟美，原籍元城（今河北大名）。因幼年丧父，育于游宦广陵之叔父王乙，遂占籍广陵（今江苏扬州）。少时尚意气，后折节力学。不求仕进，以教授生徒为生，往来于瓜州、天长、高邮、润州、江阴等地。宋仁宗至和元年（1054 年），王安石奉召晋京，途经高邮，令投赠诗文，获安石赏识，结为知己，遂以文学知名。卒于嘉祐四年，年二十八。

赋黄任道韩干马

（宋 · 王令）

天宝天子监天厩，吐蕃入马上天寿。
紫衣驭吏偏坐前，骑入都门不容骤。
西极苜蓿为谁肥，六闲飞黄卧嗟瘦。
千秋殿下谁把笔，当时人无出干右。
传闻三马同日死，死魄到纸气方就。
铁勒夹口重两衔，墨丝丱尾合双纽。
天门未上人就观，老胡惊嗟失开口。
生搜朔野空毛群，死断世工无后手。
当时天子惜不传，送人御府置官守。
胡尘勃郁燕蓟来，宫阙萧骚既焚后。
谁弃千金出手收，足踏万里避奔走。
几经蹂碟道边尘，今日宁无纸上垢。
樽前病客不识画，但惊马气世未有。
冀北骏骨无时无，生不逢干死空朽。
世工无手不肯休，任使气骨陋如狗。

苏轼

苏轼（1037 ～ 1101 年），字子瞻，号东坡居士，祖籍眉州眉山（今属四川眉山市），仁宗嘉祐二年（1057 年）中进士。神宗熙宁五年，苏轼因与王安石政见不和，主动请求外调。元丰五年（1082 年），受“乌台诗案”之累，他被贬黄州（今湖北黄冈）团练副使。哲宗即位，他奉召回朝，后来又被贬到惠州、琼州。徽宗即位，大赦天下，苏轼回归北上，第二年死于常州。苏轼是一个全才，诗词书画样样精通。他主张以诗为词，开创了雄浑豪迈的新词风，对词的发展作出了巨大的贡献。有《东坡乐府》传世。

和子由柳湖久涸，忽有水，开元寺山茶旧无花，今岁盛开（其二）

（宋·苏轼）

长明灯下石栏干，长共松杉守岁寒。
叶厚有棱犀甲健，花深少态鹤头丹。
久陪方丈曼陀雨，羞对先生苜蓿盘。
雪里盛开知有意，明年开后更谁看。

八月十日夜看月有怀子由并崔度贤良

（宋·苏轼）

宛丘先生自不饱，更笑老崔穷百巧。
一更相过三更归，古柏阴中看参昴。
去年举君苜蓿盘，夜倾闽酒赤如丹。
今年还看去年月，露冷遥知范叔寒。
典衣自种一顷豆，那知积雨生科斗。
归来四壁草虫鸣，不如王江常饮酒。

君犹为令

（宋·苏轼）

诗翁憔悴老一官，厌见苜蓿堆青盘。
归来羞涩对妻子，自比鲇鱼缘竹竿。
今君滞留生二毛，饱听衙鼓眠黄紬。
更将嘲笑调朋友，人道猕猴骑土牛。
愿君恰似高常侍，暂为小邑仍刺史。
不愿君为孟浩然，却遭明主放还山。
宦游逢此岁年恶，飞蝗来时半天黑。
羡君封境稻如云，蝗自识人人不识。

元修菜

（宋·苏轼）

菜之美者，有吾乡之巢。故人巢元修嗜之，余亦嗜之。元修云：使孔北海见，当复云吾家菜耶？因谓之元修菜。余去乡十有五年，思而不可得。元修适自蜀来，见余于黄。乃作是诗，使归致其子，而种之东坡之下云。

彼美君家菜，铺田绿茸茸。豆荚圆且小，槐芽细而丰。
种之秋雨余，擢秀繁霜中。欲花而未萼，一一如青虫。
是时青裙女，采撷何匆匆。蒸之复湘之，香色蔚其饛。
点酒下盐豉，缕橙芼姜葱。那知鸡与豚，但恐放箸空。
春尽苗叶老，耕翻烟雨丛。润随甘泽化，暖作青泥融。
始终不我负，力与粪壤同。我老忘家舍，楚音变儿童。
此物独妩媚，终年系余胸。君归致其子，囊盛勿函封。
张骞移苜蓿，适用如葵菘。马援载薏苡，罗生等蒿蓬。
悬知东坡下，塉卤化千钟。长使齐安民，指此说两翁。

戏用晁补之韵

（宋·苏轼）

昔我尝陪醉翁醉，今君但吟诗老诗。
清诗咀嚼那得饱，瘦竹潇洒令人饥。
试问凤凰饥食竹，何如驽马肥苜蓿。
知君忍饥空诵诗，口颊澜翻如布谷。

送曹辅赴闽漕

（宋·苏轼）

曹子本儒侠，笔势翻涛澜。往来戎马间，边风裂儒冠。
诗成横槊里，楯墨何曾干。一旦事远游，红尘隔严滩。
平生羊炙口，并海搜咸酸。一从荔枝饮，岂念苜蓿盘。
我亦江海人，市朝非所安。常恐青霞志，坐随白发阑。
渊明赋归去，谈笑便解官。我今何为者，索身良独难。
凭君问清淮，秋水今几竿。我舟何时发，霜露日已寒。

送千乘、千能两侄还乡

（宋·苏轼）

治生不求富，读书不求官。譬如饮不醉，陶然有余欢。
君看庞德公，白首终泥蟠。岂无子孙念，顾独遗以安。
鹿门上冢回，床下拜龙鸾。躬耕竟不起，耆旧节独完。
念汝少多难，冰雪落绮纨。五子如一人，奉养真色难。
烹鸡独馈母，自飧苜蓿盘。口腹恐累人，宁我食无肝。
西来四千里，敝袍不言寒。秀眉似我兄，亦复心闲宽。
忽然舍我去，岁晚留余酸。我岂轩冕人，青云意先阑。
汝归莳松菊，环以青琅玕。桤阴三年成，可以挂我冠。
清江入城郭，小圃生微澜。相从结茅舍，曝背谈金銮。

苏辙和穆父新凉

（宋·苏轼）

晁子拙生事，举家闻食粥。
朝来又绝倒，谀墓得霜竹。
可怜先生盘，朝日照苜蓿。
吾诗固云尔，可使食无肉。

苏辙

苏辙（1039～1112年），字子由，北宋散文家，自号颍滨遗老。卒，谥文定。汉族，眉州眉山（今四川眉山市）人。嘉祐二年（1057年）与其兄苏轼同登进士科。神宗朝，为制置三司条例司属官。因反对王安石变法，出为河南推官。哲宗时，召为秘书省校书郎。元祐元年为右司谏，历官御史中丞、尚书右丞、门下侍郎。因事忤哲宗及元丰诸臣，出知汝州，贬筠州、再谪雷州安置，移循州。徽宗立，徙永州、岳州复太中大夫，又降居许州，致仕。唐宋八大家之一，与父洵、兄轼齐名，合称“三苏”。

送李宪司理还新喻

（宋·苏辙）

采芹芹已老，浴沂沂尚寒。
蒯缑长叹息，苜蓿正阑干。
黄卷忘忧易，青衫行路难。
归耕未有计，且复调闲官。

寓居六咏

（宋·苏辙）

手植天随菊，晨添苜蓿盘。
丛长怜夏苦，花晚怯秋寒。
素食旧所愧，长斋今未阑。
殷勤拾落蕊，眼暗读书难。

次韵王适食茅栗

（宋·苏辙）

相从万里试南餐，对案长思苜蓿盘。
山栗满篮兼白黑，村醪入口半甜酸。
久闻牛尾何曾试，窃比鸡头意未安。
故国霜蓬如碗大，夜来弹剑似冯欢。

次韵子瞻送范景仁游嵩洛

（宋·苏辙）

寻山非事役，行路不应难。洛浦花初满，嵩高雪尚寒。
平林抽冻笋，奇艳变山丹。节物朝朝好，肩舆步步安。
酴醾酿腊酒，苜蓿荐朝盘。得意忘春晚，逢人语夜阑。
归休三黜柳，赋咏五噫鸾。鹤老身仍健，鸿飞世共看。
云移忽千里，世路脱重滩。西望应思蜀，东还定过韩。
平川涉清颍，绝顶上封坛。出处看公意，令人欲弃官。

饮饯王巩

（宋·苏辙）

送君不办沽斗酒，拨醅浮蚁知君有。
问君取酒持劝君，未知客主定何人。
府中杯棬强我富，案上苜蓿知吾真。
空厨赤脚不敢出，大堤花艳聊相亲。
爱君年少心乐易，到处逢人便成醉。
醉书大轴作歌诗，顷刻挥毫千万字。
老夫识君年最深，年来多病苦侵凌。
赋诗饮酒皆非敌，危坐看君浮太白。

李彭

李彭（约1094年前后在世），字商老，南康军建昌（今江西永修县）人，江西诗派诗人。生卒年均不详，约宋哲宗绍圣初前后在世。博览群书，诗文富赡，为江西派大家。曾与苏轼、张耒等唱和。甚精释典，被称为“佛门诗史”。生平事迹不可考。

读西京杂记十三首次渊明读山海经韵（其二）

（宋·李彭）

恢恢乐游苑，游乐蠲苦颜。怀风森苯蓴，吐花耀流年。
秣骥无万里，锐气陵天山。妙哉苜蓿盘，信矣非虚言。

芰香亭

（宋·李彭）

束发事明主，遇合诚独难。譬彼佩犊翁，穮蓘功贵完。
明府真权奇，汗沟沫流丹。雅意独当御，未享苜蓿盘。

诏许上紫殿，占对随孔鸾。底事寝不报，鼓船下风湍。
顾兹未逢年，于我颇复安。治道贵清净，稚耋家相欢。
桁杨生木鸡，榛芜薙西园。方塘每制芰，泽畔思纫兰。
灵修方布席，下诏应赐环。勿堕逐臣泪，去蹑青云端。

孔武仲

孔武仲（1042～1097年），字常父，今江西省峡江县罗田乡西江村人，孔文仲大弟。嘉祐八年（1063年）举进士。初任谷城主簿，后为齐州儒学教授、国子直讲。元祐初任秘书省正字校书、国子司业等职，力论王安石新科举法取士的弊病，又诋毁王安石关于改革的学说，被保守派重用，擢升为中书舍人、直学士，迁礼部侍郎，出知洪州，后迁宣城（今安徽宣城）。绍圣三年（1096年），因朝廷党派斗争激化被免职，定居池州（今安徽贵池县）。从此，专事文学研究，与欧阳修、苏轼、苏辙、黄庭坚等过从甚密，诗词唱酬，信书不绝。一生著说百余卷，主要有《书说》十三卷、《诗说》二十卷、《论语说》十卷、《金华讲义》十三卷、《孔氏奏议》三卷、《芍药园序》及《孔氏杂说》等。

送韩密学知定州

（宋·孔武仲）

闻说公空阅古堂，于今出守似还乡。
营开细柳旌旗动，山假胭脂苜蓿长。
北俯貔貅瞻玉节，南楼风月寄胡床。
亲朋出祖无惆怅，早晚韩侯对未央。

黄庭坚

黄庭坚（1045～1105年），字鲁直，号涪翁，又号山谷道人，祖籍洪州分宁（今属江西修水）。他于宋英宗治平四年（1067年）中进士，受新旧党政之祸，一生仕途不顺，但以文名世，早年师从苏轼，为“苏门四学士”之一。他诗、词俱佳，尤其善诗，是江西诗派的祖师。其词与秦观齐名，秀逸豪放兼得，著有《山谷集》。

戏答史应之三首（其二）

（宋·黄庭坚）

老莱有妇怀高义，不厌夫家苜蓿盘。
收得千金不龟药，短裙漂絖暮江寒。

咏竹

（宋·黄庭坚）

十字供笼饼，一水试茗粥。
忽忆故人来，壁间风动竹。
舍前粲戎葵，舍后荒苜蓿。
此郎如竹瘦，十饭九不肉。

晁补之

晁补之（1053～1110年），北宋时期著名文学家。字无咎，号归来子，汉族，济州巨野（今属山东巨野县）人，为“苏门四学士”之一。

邓御夫秀才为窟室戏题

（宋·晁补之）

君不学冯欢弹铗从薛公，贷钱烧券悦市佣。
又不学鲁连约矢射聊城，笑夸田单取美名。
何为空郊独坐一茅屋，深如鱼潜远蛇伏。
荒檐野蔓幽莫瞩，窥户下投如坠谷。
其外桑麻杂蔬菽，白水寒山秀川陆。
秋风萧萧吹苜蓿，晚日牛羊依雁鹜。
朱书细字传老子，蠹穴蜗穿无卷轴。
我来不暇问出处，但爱君居伯夷筑。
九月九日秋气凉，芙蓉黄菊天未霜。
登高能赋岂我长，从君此庵时相羊。
不用糟丘讥腐肠，酒酣犹能歌楚狂。
我敬先生不敢量，二三子者亦自强，洁身乱伦非所望。

视田五首赠八弟无斁

（宋·晁补之）

苏秦不愿印，乃在二顷田。
东皋五十亩，力薄荆杞填。
择高种苜蓿，不湿牛口涎。
拙计安足为，朝往而暮旋。

张耒

张耒（1054～1114年），字文潜，号柯山，祖籍楚州淮阴（今属江苏）。熙宁六年（1073 年）中进士，先后担任过秘书省正字、起居舍人等职。张耒以诗名世，是“苏门四学士”之一。著有《张右史文集》。

十月二十二日晚作三首（其三）

（宋·张耒）

黯黯东牖暗，寂寂吾庐闲。
粗粝饱妇子，苜蓿无余盘。
雁急天欲雨，鸡栖日已寒。
老人袖手坐，一杯聊自宽。

初伏大雨呈无咎

（宋·张耒）

初伏焱炎坐汤釜，长安行人汗沾土。
谁倾江海作清凉，玄云驾风横白雨。
普陀真人甘露手，能使渴乏厌膏乳。
且欲当风展簟眠，敢辞避漏移床苦。
清贫学士卧陶斋，壁上墨君澹无语。
翰林但解嘲苜蓿，彭宣不得窥歌舞。
联诗得句笑出省，策马涉泥归闭户。
床头余榼定何嫌，窗外石榴堪荐俎。

效白体赠晁无咎

（宋·张耒）

过去生中作弟兄，依然骨肉有余情。
青衫校正同三馆，白发东南各一城。
君比郦生多事业，我方谢朓欠诗名。
想当把酒笙歌里，亦记长安痛饮生。
江南岁晚水风寒，铃阁无人昼掩关。
过雨楼台宛溪市，新霜松竹敬亭山。
不悲仕宦从来拙，所喜形骸绝得闲。
山妓村醪君莫笑，亦胜苜蓿满朝盘。
关河战国东秦地，风月南朝小谢城。
妓乐比君拈不出，溪山许我赌来赢。
真珠金线真无比，叠岭双溪亦有声。
一事与君宵壤别，板舆时从老人行。

题韩干马图

（宋·张耒）

头如翔鸾月颊光，背如安舆凫臆方。
心知不载田舍郎，犹带开元天子红袍香。
韩干写时国无事，绿树阴低春昼长。
两髯执辔俨在傍，如瞻驰道黄屋张。
北风扬尘燕贼狂，厩中万马归范阳。
天子乘骡蜀山路，满川苜蓿为谁芳。

蔡肇

蔡肇（？～1119年），字天啟。初从王安石读书钟山，又从苏轼游，声誉日显。神宗元丰二年进士。授明州司户参军、江陵推官。哲宗元祐中，为太学正、通判常州，迁提举永与路常平。徽宗初，入为户部员外郎，兼编修国史，出为两浙提刑。张商英当国，拜中书舍人，以草责词不称，出知明州。又为言者劾以不臣，夺职。会赦，复知睦州卒。能为文，最长诗歌，工书山水人物。有《丹阳集》。

题申王画马图

（宋·蔡肇）

天宝诸王爱名马，千金争致华轩下。
当时不独玉花骢，飞电流云绝潇洒。
两方岐薛宁与申，凭陵内厩多清新。
肉骔汗血尽龙种，紫袍玉带真天人。
骊山射猎包原隰，御前急诏穿围入。
扬鞭一蹙破霜蹄，万骑如风不能入。
雁飞兔走惊弦开，翠华按辔从天回。
五家锦绣遍山谷，百里乌珥遗尘埃。
青骡蜀栈西超忽，高准浓蛾散荆棘。
苜蓿连山鸟自飞，五陵佳气春萧瑟。

李复

李复（1052～？），与张舜民、李昭玘等为文字交。宋神宗元丰二年（1079年）进士。元丰五年（1082年），摄夏阳令。宋哲宗元祐、绍圣年间历知潞、亳、夔等州。元符二年（1099年），以朝散郎管勾熙河路经略安抚司机宜文字。宋徽宗崇宁初，迁直秘阁、熙河转运使。三年（1104年）知郑、陈两州。四年（1105年），改知冀州；秋，除河东转运副使。靖康之难死于金寇。撰有《潏水集》四十卷，已佚。

戏谢漕食豆粥

（宋·李复）

石泉清甘出山麓，瓦釜贮泉烹豆粥。
太行苦雾朝塞门，相与持杯暖寒腹。
集仙学士著绣衣，瑞节前驱光照玉。
入境风生三十州，高廪临边溢红粟。
公台深静兵卫严，部吏趋承冠履肃。
剪毛胡羊小耳肥，列瓮酿香浮蚁绿。
尽嫌豪侈彻丰俎，坐刻鼍煤温冻足。
拥炉招客学僧禅，争听敲鱼醒睡目。
太师论诗歌蟋蟀，千载遗音流晋曲。
何曾方丈裂饼多，武子琉璃蒸乳熟。
只知齿颊快芳膻，岂料年龄愁嗜欲。
但能举钵压饥肠，便觉古风亲土俗。
君不见，锦帐咋地石季伦，
又不见，冰澌渡河刘文叔。
灶间燎湿困滹沱，席上争先出金谷。
岂惟暂饱济艰难，犹贵速成胜珠玉。
昔人不愿五侯鲭，今我何知九鼎肉。
杜陵春晚把锄归，常喜朝盘堆苜蓿。
莫嗟粗粝百年飧，且免祸盈鬼瞰屋。

李廌

李廌（1059～1109年），字方叔，号济南先生，祖籍华州（今属陕西华县）。少有文名，深得苏轼赏识，赞其“笔墨澜翻，有飞沙走石之势”。后经荐举，未果，退隐不仕。工诗词，词风疏淡。著有《济南集》。

送元勋不伐侍亲之官泉南八首（其四）

（宋·李廌）

梅雨晴时荔子丹，绛囊青幄共檀栾。
按图读谱尝珍品，大胜关西苜蓿盘。

壁间所挂山水图

（宋·李廌）

老骥无能空在闲，苜蓿既饱思行山。
谁知八幅分向背，恍如百里随跻攀。
云烟蒙蒙心共远，草树阴阴日将晚。
一声幽鸟隔前溪，万古回春来叠巘。
凉风彷佛飞清霜，奉身九折思王阳。
嗟我胡为不自爱，逐物颠倒轻余光。
瓜篱活计知何日，相对无言搔短发。
芒鞋竹杖请自在，皎皎吾身真匪石。

毛滂

毛滂（1060～约1124年），字泽民，号东堂，祖籍衢州江山（今属浙江）。先后做过法曹、武康县知县、秀州知州等。后罢官归隐仙居寺。诗、词、文皆受时人称道，著有《东堂词》。

清平乐

（宋·毛滂）

镂烟剪雾。革甲鞢无层数，苜蓿青深烦雪兔，引到祥华开处。
仙人手翳朝阳，清都绛阙相将。来覆东封翠辇，好遮化日舒长。

唐庚

唐庚（1070～1120年），北宋诗人。字子西，人称鲁国先生。眉州丹棱（今属四川眉山市丹棱县）唐河乡人。哲宗绍圣（1094年）进士（清光绪《丹棱县志》卷六），徽宗大观中为宗子博士。经宰相张商英推荐，授提举京畿常平。商英罢相，庚亦被贬，谪居惠州。后遇赦北归，复官承议郎，提举上清太平宫。后于返蜀道中病逝。唐庚与苏轼是小同乡，贬所又同为惠州，兼之文采风流，当时有“小东坡”之称。

赴阙

（宋·唐庚）

十年餐苜蓿，梦寐长阑干。继粟自不饱，朝齑岂辞酸。
虽无汗马劳，几作蠹鱼干。自知爬沙手，未办扶摇抟。
此行敢侥倖，政尔求便安。恐或得所欲，圣主天地宽。

除凤州教授非所欲也作此自宽

（宋·唐庚）

人生才食顷，何处分好弱。刑狱即道场，筦库有真乐。
故纸终日翻，毛锥几年阁。百函无力致，诸公谁说著。
今承学校乏，颇讶名字错。宿业岂无恋，得冶不敢跃。
骨肉远难俱，囊装贫易缚。师儒要好手，老大良非脚。
戛尽识羹空，抽穷知茧薄。后生端所畏，人材若为作。
岂唯嘲孝先，更恐困有若。行路固知难，得地幸不恶。
柳拖千丈丝，山集五色雀。绛纱谅无有，苜蓿聊可嚼。
况闻豆积岭，中有不死药。

苏过

苏过（1072～1123年），北宋文学家。字叔党，号斜川居士，汉族，眉州眉山（今属四川眉山市）人。苏轼第三子，时称为小坡。宋哲宗元祐六年（1091年），曾应礼部试，未第。绍圣元年（1094年），轼谪惠州，绍圣四年，复谪儋州，皆随行。元符三年（1100年），随父北归。轼卒后，依叔父苏辙居颍昌（今河南许昌），营湖阴地数亩，名为小斜川。徽宗政和二年（1112年），监太原税。五年，知郾城。宣和五年，通判定州，卒。苏过逝后葬于河南郏县。

次韵承之紫岩长句

（宋·苏过）

乱山穷处闻鱼鼓，梵宇潭潭不知暑。
当时麻衣此卜居，自启山林著蓝缕。
飞空楼观惊造化，缥缈云间如帝所。
道人疑是有道者，己不求人人自许。
富儿争致千金多，贫者不辞筋力苦。
若非足指按大地，荒山坐变琉璃宇。
南阳持节奉诏归，夜上峥嵘携幕府。
是时六月火令炽，千骑解鞍人按堵。
登临岂为谢公赏，七子赋诗歌赵武。
长廊月出清风生，古殿无人铃独语。
公留三日看溪涨，白昼鱼虾落飞雨。
我昔千里上太行，身世飘零悲逆旅。
莫投紫岩稍自慰，欲扣僧房无可侣。

有来野饷苜蓿饭，主人对客羞贫窭。
何似元戎从掾吏，落日红旗照洲渚。
椎牛酾酒劳还役，号令三更传部伍。
君能笔力记其事，句法更如山峻阻。
一时豪放岂易得，况有幻怪供诗取。
归来尚可诧朋友，云梦青丘俱不数。
山川虽是风物殊，乐哉信美非吾土。

葛胜仲

葛胜仲（1072～1144年），宋代词人，字鲁卿，丹阳（今属江苏）人。绍圣四年（1097年）进士。元符三年（1100年），中宏词科。累迁国子司业，官至文华阁待制。卒谥文康。宣和间曾抵制征索花鸟玩物的弊政，气节甚伟，著名于时。与叶梦得友密，词风亦相近。有《丹阳词》。

次韵钱伸仲见贻兼送别

（宋·葛胜仲）

四年五度访郊村，苜蓿羹稀不厌贫。
清韵喜逢须展戟，奥篇仍觏笔书银。
一筇岩壑幽栖地，五两江湖自在身。
他日愿陪鸡黍社，贵邻应不买增珍。

蒙文中县丞以诗送苦笋走笔六首为谢（其一）

（宋·葛胜仲）

豹皮羊角食无冤，烦助先生苜蓿盘。
便教佐饔淹苦酒，春余调笔要多酸。

寄友卿窄韵一首

（宋·葛胜仲）

昔子游鲁中，飘然起幽栖。翛翛一书簏，长物无所携。
辛勤涉长道，足趼面目黧。自言寡闻识，走俗多沉迷。
今不勇自奋，蹉跎将噬脐。类渴欲石髓，如矇想金篦。
来篷胄子席，求言学端倪。嗟予浅闻道，太仓之一稊。
松菊有荒径，桃李无成蹊。胡能使谷似，每每赪颜低。
晨昏不予舍，三岁改摄提。对案但苜蓿，有黍多无鸡。
一笑为流啜，甘若羊新刲。秋霜八九月，絺绤临风凄。

宁甘范叔寒，不求故人绨。夜窗经与史，短檠照栖栖。
靡曼一不顾，端如金日磾。嘉子甚年少，老成同齿龀。
照庭真玉树，钉座称佳梨。为文颇挺拔，绝去翰墨畦。
声华出诸彦，籍籍喧青齐。遂收济北荐，谓即辞蒿藜。
如何尚龃龉，时命多乖暌。方今天子圣，隆学古与稽。
美化浃辽夏，文星动娄奎。郡邑各黉宇，夏屋华榱题。
师儒自廷授，望实多金闺。大烹极鼎味，岂复嗟盐齑。
月书季有考，升舍兹其梯。吾邦矧多士，擅富浙水西。
文华灿星斗，光彩腾虹霓。似闻与二难，同起公堂跻。
侃侃共辉映，乳酪兼酥醍。文高各扬迈，质美皆悬黎。
生资固不凡，器用况已犀。先生力推引，同志无倾挤。
亨涂可自致，如车资軏輗。明年拔寒俊，一封下芝泥。
乡校伫宾贡，跋马登隋堤。谈笑取通显，岂直组与圭。

六月六日大暑市中无肉庖厨索然作六言三首（其二）

（宋·葛胜仲）

常馔素谙苜蓿，忍饥何必槟榔。
自叹獐头鼠目，难辞蝉腹龟肠。

谢薖

谢薖（1074～1116年），字幼盘，自号竹友居士。抚州临川（今江西抚州东馆镇）人。北宋著名诗人，江西诗派二十五法嗣之一。谢逸从弟，与兄齐名，同学于吕希哲，并称“临川二谢”。与饶节、汪革、谢逸并称为“江西诗派临川四才子”。

悼亡三首（其二）

（宋·谢薖）

三公吾岂敢，宁为忍饥寒。
拟听笭箵雨，潜悲苜蓿盘。
烟云昏壁月，霜露殒香兰。
伫立东风泣，忘情良独难。

王安石

王安石（1075～1134年），字履道，号初寮。祖籍阳曲（今属山西）。进士出身，先后担任过调瀛州司理参军、大名县主簿、翰林学士、燕山知府等职。其词高雅脱俗、清丽隽永，著有《初寮词》，大多已佚。

暮春

（宋·王安石）

芙蕖的历抽新叶，苜蓿阑干放晚花。
白下门东春已老，莫嗔杨柳可藏鸦。

招约之职方并示正甫书记

（宋·王安石）

往时江总宅，近在青溪曲。井灭非故桐，台倾尚余竹。
池塘三四月，菱蔓芙蕖馥。蒲柳亦竞时，冥冥一川绿。
方坻最所爱，意谓可穿筑。欲往无舟梁，长年寄心目。
故人晚得此，心事付草木。消摇檐宇新，揽结蹊隧熟。
更能适我愿，中水开茆屋。鬼营诛荒梗，人境扫喧黩。
濠鱼净留连，海鸟暖追逐。岂无方外客，于此停高躅。
忆初桑落时，要我岂非夙。蚕眠忽欲老，一个未言速。
当缘东门水，尚涩南浦舳。吾庐虽隐翳，赏眺还自足。
横陂受后涧，直堑输前渎。跳鳞出重锦，舞羽堕软玉。
碧筒递舒卷，紫角联出缩。千枝孙峰阳，万本毋淇澳。
满门陶令株，弥岸韩侯蔌。尚复有野物，与公新听瞩。
金钿拥芜菁，翠被敷苜蓿。虾蟆能作技，科斗似可读。
棂轩俯北渚，花气时度谷。耘锄聊效颦，缔构行可续。
荒乘傥不倦，一昼敢辞卜。虽无北海酒，乃有平津肉。
翛翛仙李枝，城市久烦促。寄声与俱来，荫我台上谷。

刘一止

刘一止（1078～1160年），字行简，号太简居士，湖州归安（今浙江湖州）人。宣和三年进士，累官中书舍人、给事中，以敷文阁直学士致仕。为文敏捷，博学多才，其诗为吕本中、陈与义所叹赏。有《苕溪集》。

许师正秀才游燕中得膏面碧云油见示因作二绝句（其二）

（宋·刘一止）

驿骑奁封入禁门，六宫匀面失妆痕。
应嗤万里通西域，只得连山苜蓿根。

程俱

程俱（1078～1144年），北宋官员、诗人。字致道，号北山，衢州开化（今属浙江）人。以外祖邓润甫恩荫入仕。宣和三年赐上舍出身。历官吴江主簿、太常少卿、秀州知府、中书舍人侍讲、提举江州太平观、徽猷阁待制。诗多五言古诗，风格清劲古淡，有《北山小集》。

偶作三首（其一）

（宋·程俱）

谁遣生驹玉作鞍，春来苜蓿遍春山。
自知不入黄麾仗，振鬣长鸣出帝关。

汪藻

汪藻（1079～1154年），字彦章，饶州德兴（今属江西）人。崇宁进士。调婺州观察推官，历迁著作佐郎。高宗时任给事中、兵部侍郎、翰林学士，后出知外郡，又被夺职，居永州（今湖南零陵）卒。其诗初学江西派，后学苏轼。擅四六文。有《浮溪集》，原本已佚，清人自《永乐大典》辑出。

咏古四首（其四）

（宋·汪藻）

堂堂明堂柱，根节几岁寒。
使与蒲柳同，扶厦良亦难。
我衣敝缊袍，我饭苜蓿盘。
天公方试我，剑铗勿妄弹。

次韵向君受感秋二首（其一）

（宋·汪藻）

且欲相随苜蓿盘，不须多问沐猴冠。
菊花有意浮杯酒，桐叶无声下井栏。
千里江山渔笛晚，十年灯火客毡寒。
男儿几许功名事，华发催人不少宽。

韩驹

韩驹（1080～1135年），北宋末南宋初江西诗派诗人，诗论家。字子苍，号牟阳，学者称他陵阳先生。陵阳仙井(今四川仁寿)人。少时以诗为苏辙所赏。徽宗政和初，召试舍人院，赐进士出身，除秘书省正字，因被指为苏轼之党谪降，后复召为著作郎，校正御前文籍。宣和五年（1123年）除秘书少监，宣和六年，迁中书舍人兼修国史。高宗立，知江州。绍兴五年（1135年）卒。

送许少卿出守邠州

（宋·韩驹）

长安北走彭原路，白苇黄茚列亭戍。
山形渐险溪水流，行人可肯回车去。
岂知中有古邠州，十里沙平水漫流。
雁飞蔽野葡萄晓，马放连云苜蓿秋。
次卿卧听朝鸡久，请试从来拨烦手。
未许相如喻蜀归，且看魏尚临边守。
杂花撩乱草鲜明，二月春风卷旆旌。
燕寝凝香无一事，乐哉饮酒莫论兵。

孙觌

孙觌（1081～1169年），字仲益，号鸿庆居士，常州晋陵（今江苏武进）人。五岁即为苏轼所器。徽宗大观三年（1109年）进士。政和四年（1114年）又中词科，为秘书省校书郎。钦宗即位，由国子司业擢侍御史，以论太学生伏阙事，出知和州。未几召试中书舍人，权直学士院。建炎二年（1128年），知平江府。历试给事中、吏部侍郎，兼权直学士院。建炎三年，出知温州，改知平江府，以扰民夺职，提皋鸿庆宫。绍兴元年（1131年），起知临安府。孝宗乾道五年卒，年八十九岁。

向伯恭侍郎致政芗林筑一堂名之曰企疏晋陵孙某闻而赋诗二首（其一）

（宋·孙觌）

铜臭应作幺，梦尸当得官。喁喁鱼聚沫，戢戢蚋集酸。
高人有远抱，一笑视鼠肝。水将洗耳用，山作拄颊看。
种芳茹秋菊，搴秀纫春兰。披披芰荷衣，采采苜蓿盘。
三径俪真境，一瓢非世欢。富贵挽不来，为我歌考盘。

周紫芝

周紫芝（1082～1155年），字少隐，号竹坡居士，宣城（今安徽宣城市）人，南宋文学家。宋高宗绍兴十二年，中进士。十五年，为礼、兵部架阁文字。十七年

（1147 年），为右迪功郎敕令所删定官，历任枢密院编修官、右司员外郎。二十一年（1151 年），出知兴国军（治今湖北阳新），后退隐庐山。交游人物主要有李之仪、吕好问、吕本中、葛立方及秦桧等，曾向秦桧父子献谀诗。约卒于绍兴末年。著有《太仓稊米集》《竹坡诗话》《竹坡词》。

送杨师醇之临安兼呈师古

（宋 · 周紫芝）

家在湓城五老山，与君相望各江干。
如何肯拨艅艎棹，便欲来同苜蓿盘。
倾盖尽知今日意，买邻仍结旧时欢。
菊觞浇酒无离恨，淡榜书名看二难。

吕本中

吕本中（1084 ～ 1145 年），字居仁，世称东莱先生，祖籍莱州，寿州（今安徽寿县）人。仁宗朝宰相吕夷简玄孙，哲宗元祐年间宰相吕公著曾孙，荥阳先生吕希哲孙，南宋东莱郡侯吕好问子。宋代诗人、词人、道学家。

画马图

（宋 · 吕本中）

平沙远草春未生，万木夜起争悲鸣。
秋云欲坠都护垒，急雪暗下屯田营。
胡人却走畏深入，汉家飞将已云集。
此时一马直万钱，陇右河湟更供给。
边尘净尽今百年，万马潦倒西风前。
天生骏骨例艰阻，是处雕鞍蒙受怜。
君家九幅开新帐，欻见腰袅华堂上。
长鞭不用羁络远，雾縠云罗倚惆怅。
高旌袅袅霜露微，苜蓿得雨连山肥。
同时战士今不归，曹霸弟子能神奇。
毫端妙处君得之，驽骀往来空尔为。

沈与求

沈与求（1086 ～ 1137 年），宋代大臣。字必先，号龟溪，湖州德清（今属浙江）人。

政和五年进士。历官明州通判、监察御史、殿中侍御史、吏部尚书兼权翰林学士兼侍读，荆湖南路安抚使、镇江知府兼两浙西路安抚使、吏部尚书、参知政事、明州知府、知枢密院事。著有《龟溪集》。

葛鲁卿再和复用前韵奉酬（其一）

（宋·沈与求）

上谒军门宜杖策，谁为兵家分主客。
猛将翻乘下濑船，幽人退整登山屐。
山泉闻似百花潭，山曲盘回十里岩。
丘壑夔龙人太息，那将捷径比终南。
吾邦旧事论三癖，佳处还堪记游历。
深讥表饵误朝廷，急赞蒸尝安庙室。
避地来居水绕村，凫鹥哺子竹生孙。
苜蓿堆盘从野食，人爱当年二千石。

王洋

王洋（1087～1154年），字符渤，山东山阳人。原籍东牟（今山东蓬莱），省试第二名，宣和六年（1124年）甲辰科进士。绍兴元年（1131年），秘书省正字，历官校书郎、吏部员外郎、起居舍人，知制诰。晚年任鄱阳太守。因洪皓事被免职，改知邵武军，十七年，知饶州，不久罢官。隐居信州，住所有荷花，故自号王南池。二十三年十二月卒。其子王易祖辑其文为《东牟集》三十卷。

曾法量尝寄蒲萄追作一篇

（宋·王洋）

自分蔬肠甘苜蓿，那烦远骑送蒲萄。
青条自有悠扬势，甘液多因灌溉劳。
坐见满盘堆马乳，全胜千里惠鹅毛。
病来苦不胜杯杓，今日思君饮浊醪。

赠何著作

（宋·王洋）

净名梵行宰官身，迹似空花意自真。
岂为世间吴伎俩，正缘物外长精神。
窗横午榻蘧篨静，日上朝盘苜蓿新。
谁与尘寰说消息，不争好恶莫疑人。

林季仲

林季仲（1088～1157年），著有《竹轩杂著》，林季仲简介见《林季仲生卒小考》。

薛康朝挽词

（宋·林季仲）

意气平生百不伸，一麾晚出守宜春。
功名到此当言命，才术如公岂后人。
庭集鸡雏知有种，盘堆苜蓿未全贫。
江寒木落悲无那，诗寄蓬窗墨尚新。

陈与义

陈与义（1090～1138年），字去非，号简斋，汉族，其先祖居京兆，自曾祖陈希亮迁居洛阳，故为宋代河南洛阳人。他生于宋哲宗元祐五年（1090年），卒于南宋宋高宗绍兴八年（1138年）。北宋末、南宋初的杰出诗人，同时也工于填词。其词存于今者虽仅十余首，却别具风格，尤近于苏东坡，语意超绝，笔力横空，疏朗明快，自然浑成。

道中寒食

（宋·陈与义）

飞絮春犹冷，离家食更寒。能供几岁月，不办了悲欢。
刺史蒲萄酒，先生苜蓿盘。一官违壮节，百虑集征鞍。

粹翁用奇父韵赋九日与义同赋兼呈奇父

（宋·陈与义）

安隐轻节序，艰难惜欢娱。先生守苜蓿，朝士夸茱萸。
前年邓州城，风雨倾客居。何尝疏曲生，曲生自我疏。
岂无登高地，送目与云俱。门生及儿子，劝我升篮舆。
出门复入门，戈旆填街衢。去年郢州岸，孤楫对坏郛。
莫招大夫魂，谁揽使君须。独题怀古句，枯砚生明珠。
亦复跻荒戍，日暮野踟蹰。白衣终不至，眇眇空愁予。
今年洞庭上，九折余崎岖。时凭岳阳楼，山川看萦纡。
孙兄语蝉连，王丈色敷腴。不用踏筵舞，秋风摇菊株。
乐哉未曾有，是梦其非欤。丈夫各堂堂，坐受世故驱。

会须明年节，醉倒还相扶。此花期复对，勿令堕空虚。
明月风景佳，南翔先一凫。可言知机早，政尔因鲈鱼。
分襟肺肝热，抚事岁月迂。归家问瓶锡，生理何必余。
相期衡山南，追步凌忽区。回首望尧云，中原莽榛芜。
臣岂专爱死，有怀竟不舒。老谋与壮事，二者惭俱无。

邓肃

邓肃（1091～1132年），字志宏，南剑沙县（今属福建）人。生于宋哲宗元祐六年，卒于宋高宗绍兴二年，年四十二。少警敏能文，善谈论。李纲见而奇之，相倡和，为忘年交，入太学。时东南贡花石纲，肃作诗十一章，言守令搜求扰民，被屏出学。钦宗立，召对便殿，补承务郎，授鸿胪寺簿。金人犯阙，被命诣金营，留五十日而还。张邦昌僭位，肃义不屈，奔赴南京，擢右正言。

无愧色

（宋·邓肃）

谪宦亡聊又出奔，敢期冠盖也临存。
豪华自厌蒸人乳，冷落能来叩席门。
莫叹愁肠充苜蓿，从来醉眼盖乾坤。
相知政在世情外，赐达回穷不足论。

偶题

（宋·邓肃）

才薄难趋供奉班，归来作意水云闲。
谪官谩说九年计，客枕曾无一夕安。
渭水不应藏钓艇，淮阴便合起登坛。
唤回胜景凭夫子，使我甘归苜蓿盘。

张元干

张元干（1091～1170年？），字仲宗，长乐（今福建长乐）人。绍兴中，因胡邦衡反对与金人议和遭贬，他作词送别，亦被削职。其词作悲愤激昂，充满抗敌救国激情，是南宋前期爱国词人的杰出代表。张元干善诗词，早年多婉丽清秀之作，靖康之变后，词风转为慷慨悲壮，激昂雄浑，多写故国之思。著有《芦川归来集》《芦川词》。

次友人书怀

（宋·张元干）

布谷催春惜雨乾，白鸥江上未盟寒。
且倾客子酴醾酒，共享先生苜蓿盘。
我已悬车羞碌碌，公当鸣佩称珊珊。
休文才思虽多病，可是空吟红药阑。

上平江陈侍郎十绝

（宋·张元干）

了堂先生古遗直，贬剥私史专尊尧。二蔡怀奸首排击，始终大节不同朝。
灼见祸机宁有死，剖心立敌肯忘言。向来逆料无遗恨，彻底孤忠抱至冤。
前贤一节皆名世，此道终身公独行。每见遗编须掩泣，晚生期不负先生。
南荒百谪愈不屈，便道忽闻天遣来。峨帽焚香姑拱立，果无片楮可成灾。
酒酣怒发上冲冠，四十年前庐阜南。杖履周旋痛开警，为言小子颇尝参。
英灵精爽平生话，尚记先生苜蓿槃。仙去星辰终不灭，至今梦想骨毛寒。
功名碎啄与时同，譬似青天白日中。不觉片云随雨雹，适从何处运神通。
常佩了堂一则语，睢阳举似刘潞州。大朝不复见丙午，二老信然成古丘。
先生许可能尊祖，词采今存干蛊身。碑版灿然垂世誉，要知忠肃有门人。
伤心顷拜公床下，一气飘零余几人。七十衰翁谁信及，话言端欲广书绅。

次韵奉呈公泽处士

（宋·张元干）

屏迹苕溪少往还，时危尤觉故人欢。
相期腊尽屠苏酒，速享春来苜蓿盘。
雪夜剧谈金贼入，风江绝叹铁衣寒。
何年天上旄头落，并灭穹庐旧契丹。

张嵲

张嵲（1094 ～ 1148 年），字巨山，宋朝官员，官至员外郎，擅长作诗，著有《紫微集》三十卷。

题赵表之李伯时画捉马图诗二首（其一）

（宋·张嵲）

徒观出塞十四万，讵觉权奇冀北空。
不用执驱名校尉，但令苜蓿遍离宫。

朱松

朱松（1097～1143年），宋文学家。字乔年，号韦斋。徽州婺源（今属江西）人。朱熹之父。徽宗政和七年（1117年）进士，授迪功郎，为建州政和县尉。高宗绍兴四年（1134年）除秘书省正字，后迁著作佐郎、尚书度支员外郎兼史馆校勘，参与修哲宗实录。累官司勋、吏部员外郎。秦桧议和，松上书极言不可，忤桧，出知饶州。未赴任而终。松以诗文知名。傅自得《书斋集序》称“其诗高远而幽洁，其文温婉而典裁”，《四库书前提要》亦称其“学识本殊于俗，故其发为文章，气格高远而自得”。

题薛补阙故居

（宋·朱松）

有唐进士薛补阙，官兼侍读开元末。
悬知野鹿欲衔花，回向桑榆全晚节。
灵武匹马还京师，伊人驹谷犹遐思。
甘同西山采薇蕨，团团朝旭升旸谷。
照见盘中堆苜蓿，底用黄金二十斤？
燕享乡闾与亲族，商山高躅不可攀。
岁暮何嫌松柏寒，廉溪月明谁为看，一似东都故人独钓桐江滩。

柯岳

柯岳（生卒年不详），南宋名臣，字刚仲，莆田（今属福建）人。南宋高宗绍兴二十七年（1157年）进士及第。孝宗淳熙间知南安县。授奉议郎。

赠贾司教

（宋·柯岳）

春风桃李绛帐，朝日苜蓿空盘。
王公不志温饱，郑老岂为饥寒。

朱翌

朱翌（1097～1167年），字新仲，号潜山居士、省事老人。祖籍舒州（今属安徽潜山），后迁往四明鄞县（今属浙江）。同上舍出身，先后担任过秘书少监、中书舍人、将作少监、韶州安置、秘阁修撰等职。卒于乾道三年，享年七十一。著有《潜山集》

四十四卷、《猗觉寮杂记》二卷，词集《潜山诗余》一卷，词有三首传世，风格俊逸。

观诸公打马诗

（宋·朱翌）

酒酣侑坐展博局，分曹并进角马足。
过关验齿出天衢，入关未掩绕日轴。
十骥并驱纵来往，一将折箠制起伏。
击前叠后看腾骧，避堑守狭良局促。
缓时秘若出门殿，妙处正须蚁封逐。
孙膑能令田忌胜，诸人徐贺塞翁福。
障泥在前解则行，杜蘅可采带宜速。
莫疑檀溪坠三丈，终使青云成一蹴。
吾家款段乃如狗，敢上夷涂陪驥騄。
但能书与尾而五，未免以策数曰六。
归欤秋满华山阳，荍麦倍收连苜蓿。

曹勋

曹勋（1098～1174年），字公显，一字世绩，号松隐，颍昌阳翟（今河南禹县）人。宣和五年（1123年），以荫补承信郎，特命赴进士廷试，赐甲科。靖康元年（1126年），与宋徽宗一起被金兵押解北上，受徽宗半臂绢书，自燕山逃归。建炎元年（1127年）秋，至南京（今河南商丘）向宋高宗上御衣书，请求召募敢死之士，由海路北上营救徽宗。绍兴十一年（1141年），宋金和议成，充报谢副使出使金国，劝金人归还徽宗灵柩。绍兴十四年、二十九年又两次使金。孝宗朝拜太尉。著有《松隐文集》《北狩见闻录》等。

跋仲营子母马二首（其二）

（宋·曹勋）

苜蓿枯时霜雪深，峻赠瘦骨病侵寻。
高蹄岂复腾骧意，眵目终存舐犊心。

京口有归燕

（宋·曹勋）

春烟昼白春草绿，春水溶溶曲江曲。
吴宫梁苑尽灰飞，胡马骄嘶衔苜蓿。
萧条南国闭春愁，章台瑶室今茅屋。

中原民庶被毡裘，万室无人皆鼠伏。
子归何处定安巢，楚幕虽多易倾覆。
感君为君思建章，万户朱门缀珠玉。
当时天下尚无为，今日悲凉变何速。
感君歌，为君哭，汾阳已死淮阴族。
沉沉壮士听晨鸡，豺狼当路食人肉。
燕齐邹鲁化腥膻，番人走马鸣铗辘。

冯时行

冯时行（1100～1163年），宋代状元。字当可，号缙云，祖籍浙江诸暨（诸暨紫岩乡祝家坞人），生于恭州巴县乐碛（今渝北区洛碛镇）。宋徽宗宣和六年进士第一，历官奉节尉、江原县丞、左朝奉议郎等，后因力主抗金被贬，于重庆结庐授课，十七年后方重新起用，官至成都府路提刑，逝于四川雅安。著有《缙云文集》四十三卷，《易伦》两卷。

再和赠故人
（宋·冯时行）

煌煌六艺学，兀兀门亦专。耕道宜有秋，而我适旱干。
疏鬓日月迈，破衣霜雪单。谁谓四海宽，已觉一饱难。
失计堕簿领，署判手为酸。皇家挈天纲，昨下如纶言。
冷眼看匠手，雌黄英俊间。华堂玉尘动，绣帘香鸭残。
为国得一人，可使天下安。当时呼画师，我愧宁不然。
策勋径投笔，守志甘抱关。渥洼万里心，束刍老厩闲。
岂无苜蓿盘，可以羞晨餐。岂无芰荷衣，可以备祁寒。
天地日莽苍，逢辰谅多艰。世既不吾与，不去良亦顽。
摇摇故山心，长风动旌旃。君今门下士，良庄满人寰。
与我各相去，何啻一小千。异时白云邸，仰君分酒钱。
富贵无相忘，勿徒况永叹。

胡铨

胡铨（1102～1180年），字邦衡，号澹庵，吉州庐陵芗城（今江西省吉安市青原区值夏镇）人。南宋政治家、文学家，爱国名臣，庐陵“五忠一节”之一，与李纲、赵鼎、李光并称为“南宋四名臣”。为高宗建炎二年（1128年）进士。绍兴八年（1138年），秦桧主和，胡铨抗疏力斥，乞斩秦桧与参政孙近、使臣王伦，声振朝野。宋孝宗即位，复奉议郎，知饶州。历国史院编修官、兵部侍郎，以资政殿学士致仕。淳熙七年（1180

年）卒，谥忠简。有《澹庵集》等。

公冶携酒见过与者温元素康致美赋诗投壶再用前韵

（宋·胡铨）

澹叟意简古，终日巾不屋。彼美德星崔，怜我味蠹竹。
挈榼破孤闷，聊欲观醉玉。情殊馈盘餐，事等遗潘沐。
古人感意重，饮水亦沙醁。一觞万虑空，天宇觉隘促。
自非薪突者，上客怕徐福。主人起扬觯，百岁风雹速。
莫献野人芹，但饱先生蓿。我亦起膝席，卒爵更三肃。
温伯况可人，康瞀亦脱俗。共赋饤坐梅，句压诗人谷。
浩浩气吐虹，盎盎春生腹。湘累彼狷者，底事醒乃独。
日游无功乡，生计岂不足。壶歌发笑电，雅剧不言肉。
夜久拔银烛，幽烬飘菽菽。我于腹无负，正恐腹自恧。
姑置勿复科，茗碗瀹寒渌。舌出醉言归，况我舌已木。

李石

李石（1108～1181年），字知几，号方舟，祖籍资州盘石（今属四川）。进士出身，先后担任过太学录、太学博士、成都学官、都官郎中、成都路转运判官等职。卒于淳熙八年（1181年）。他的门人编有《方舟集》七十卷，不存。《疆村丛书》中存《方舟诗余》一卷。

羽扇亭

（宋·李石）

十里山光绀碧围，瘴烟收尽溢春晖。
黄细睡美闻卫唱，白羽风高入指挥。
楼角片云随雁去，溪头骤雨送龙归。
君王若问安边策，苜蓿漫山战马肥。

黄公度

黄公度（1109～1156年），字师宪，号知稼翁，莆田（今属福建）人。绍兴八年进士第一，签书平海军节度判官。后被秦桧诬陷，罢归。除秘书省正字，罢为主管台州崇道观。十九年，差通判肇庆府，摄知南恩州。桧死复起，仕至尚书考功员外郎兼金部员外郎，卒年四十八，著有《知稼翁集》十一卷，《知稼翁词》一卷。

体南先生戒途有日惠诗为别三复黯然和韵奉送言不逮情

（宋·黄公度）

可但儿曹学未成，鄙心蔓草要锄耕。
劳君穷海坐宾馆，为我文坛作主盟。
苜蓿阑干朝饭薄，图书跌荡夜谭清。
便携琴剑东归得，信有人间桑梓情。

胡仔

胡仔（1110～1170年），南宋著名文学家。字元任，明国公胡舜陟次子。绩溪（今属安徽）人。宣和（1119～1126年）年间寓居泗上，以父荫补将仕郎，授迪功郎，监潭州南岳庙，升从仕郎。绍兴六年（1136年），随父任去广西。

足子苍和人诗

（宋·胡仔）

执戟老人双鬓斑，陆沉三世不迁官。
穷如老鼠穿牛角，拙似点鱼上竹竿。
岂有葡萄博名郡，空余苜蓿上朝盘。
荣华气象无丝许，正坐平生骨相寒。

陈天麟

陈天麟（1116～1177年），宋宣州宣城人，字季陵。高宗绍兴十八年进士。累官集贤殿修撰，历知饶州、襄阳、赣州，并有惠绩，未几罢。起集英殿修撰卒。有《易三传》《西汉南北史左氏缀节》《撄宁居士集》。

赠水西寺举老

（宋·陈天麟）

山前流水化平陆，溪上群山叠寒玉。
寺逢劫火一再迁，唯有浮图立于独。
江南佛法多衰谢，主张名教一夔足。
诗人江西派，更是真如旧尊宿。
我生遍参未究竟，布袜青鞋走林谷。
师言子归有余师，留饭青精盘苜蓿。
杖藜并语松林路，行听松声如度曲。
尚寒三十六峰盟，游罢同回把黄菊。

洪适

洪适（1117～1184年），原名造，后更名适，字景伯，又字温伯、景温，号盘州，洪皓长子。因晚年居住老家鄱阳盘州，故又自号盘州老人，宋饶州鄱阳（今江西省鄱阳县）人。因其父而入仕途。绍兴十二年（1142年）二月，与弟洪遵同中博学宏词科，洪遵第一状元，洪适第二榜眼，洪皓长子，累官至尚书右仆射、同中书门下平章事兼枢密使，官至右丞相。洪适与弟弟洪遵、洪迈皆以文学负盛名，有“鄱阳英气钟三秀”之称。三洪同朝并为台辅世所罕见。同时，他在金石学方面造诣颇深，与欧阳修、赵明诚并称为宋代金石三大家。四十八岁登丞相位。

杂咏下灌园亭

（宋·洪适）

好手善和羹，非才当抱瓮。

加点苜蓿盘，丁宁及时种。

韩元吉

韩元吉（1118～1187年），字无咎，号南涧，祖籍一说是河南开封，一说是河南许昌，南渡后居江西上饶。曾任礼部尚书，为官清正，有功绩。好交游，且与当世著名文人陆游、辛弃疾等往来频繁，并常互赠佳作。词风豪放，近于辛弃疾。黄升赞其“文献、政事、文学为一代冠冕”。卒于淳熙十四年。今有《南涧诗余》一卷存世。

亚之出示其祖岐公墨迹及惠崇小景且和前韵复次答之

（宋·韩元吉）

壁上春江万顷宽，锦囊遗墨幸重看。

功名世咱真多畏，贫贱交盟敢自寒。

新有诗声见侯喜，尽摅怀抱得苏端。

极知鼎食君家旧，未厌堆盘苜蓿餐。

食田螺

（宋·韩元吉）

几年客勾吴，盘馔索无有。鲑咸咀彭蜞，臭腐羹石首。

牛心与熊掌，梦寐不到口。竭来灵山下，空肠尚雷吼。

苜蓿映朝餐，杞菊富肴籔。相过有贤士，无以侑卮酒。

跰跹樽俎间，见此青裙妇。百金买市城，竞拾不论斗。
枵中本离化，黝质真坤耦。稍稍被寒泉，累累付清滫。
舒觞颇甘豢，室户还畏剖。芼姜摘其元，璀瑧置瓦缶。
中年消渴病，快若尘赴帚。含浆与文蛤，未易较先后。
吾生亦何为，甘此味岂厚。醢之自周官，竞我乃田叟。
尚殊鼠供苏，复烦蟆饷柳。北风饫竹实，南俗夸针取。
虽非绿纹酌，仅免青泥呕。据龟定应用，噉鳆良可丑。
谁能事颜色，此腹嗟敢负。诗成调儿曹，吾意真亦偶。

喻良能

喻良能（1120～1205年），字叔奇，号锦园，人称香山先生。宣和二年（1120年），喻良能出生在义乌高畈村一户奕世书香门第之家。官至兵部郎中、工部郎官。后人因此称他出生地为“郎官里”。陈亮说他：“于人煦煦有恩意，能使人别去三日念辄不释。其为文，精深简雅，读之愈久而意若新”。著《诸经讲义》《家帚编》《忠义传》二十卷，诗文《香山集》三十四卷，收入《永乐大典》。

中秋终日雾雨

（宋·喻良能）

乌饭山边白玉团，瑞光千丈溢清寒。
斜穿逆旅茆茨室，正照先生苜蓿盘。
聊向青天思太白，却吟飞鹊忆曹瞒。
今宵不拟逢明月，更向尊前仔细看。

洪迈

洪迈（1123～1202年），南宋饶州鄱阳（今江西省上饶市鄱阳县）人，字景卢，号容斋，洪皓第三子。南宋著名文学家。

秀川馆联句

（宋·洪迈）

江声床摇寒，山购窗拗绿。归舟著沙边，客梦绕乡曲。
簪盍豁秋悲，筵开从夜卜。黄花散疏篱，苍竹围破屋。
诗豪争击铜，谈剧屡肖烛。借君五言城，洗我万斛愁。
主人意无穷，客子去敢速。杯宽怯鲸吞，词涩愧貂续。
注瓦亦倾银，联珠仍缀玉。天迥月明洲，霜清风陨木。

飞齐水击鹏，挥退日斜鹏。臭味漆投胶，芬芳兰间菊。
味甘一脔尝，话胜十年读。未用赋骊驹，方看举鸿鹄。
行当岁九迁，勿惮昼三宿。妙语子蝉嫣，孤踪吾鹿独。
一老上星辰，三君进凫鹭。平生仰高山，此夕沾剩馥。
飞龙十九章，金马三千牍。傥非论石渠，定是雠天禄。
笔健翻狂澜，辩雄喷飞瀑。抄传疲小胥，侍立倦吏仆。
力举六鳌连，肘运千兔秃。庖厨洗玉盘，萍豆鄙金谷。
岂无麟脯羞，亦有熊蹯熟。不须罗膻荤，安用穷水陆。
搜寻到蹲鸱，饤饾兼苜蓿。但畏酒樽空，宁知更漏促。
劝频难固辞，意厚敢虚辱。一一罄瓶罍，纷纷吐茵蓐。
茶甘旋汲江，火活乍然竹。聊烹顾渚吴，更试蒙山蜀。
清风生玉川，石鼎压师服。忍醉兴方新，语离情转笃。
明朝转船头，西风饱帆腹。去橹响呕哑，归车声轳辘。
墨突谅难黔，曹装行复促。便扬武林镳，忽恋番江筑。
圣神撑权纲，贤俊登肃穆。君恩晋接三，臣职坤用六。
夷路合腾骧，上心资启沃。吾道意何忧，斯文欣有属。
执政犹股肱，天官乃眉目。当阶红药翻，规地青蒲伏。
遥知此数途，历遍财一蹙。长吟美且箴，细酌寿而祝。
端期千一逢，毋讳再三渎。德进朝廷尊，河润京师福。
前修庶拍肩，能事当继躅。君无废此篇，随车编卷轴。

陈杰

陈杰(生卒年不详)，宋诗人，字寿夫。分宁(今江西修水)人。理宗淳祐十年(1250年)进士。曾为制置司属官。与方回交善。宋亡，隐居于江湖。“取所为诗删定有补于诗教者为《自堂存稿》”(胡思敬《自堂存稿跋》)。诗作题材较广泛，感时伤世之作如《读邸报》《和郭应酉》等痛斥奸佞，语含忠愤。故《四库全书总目》谓其“源出江西而风姿峭蒨，颇参以石湖、剑南格调”。

感兴

(宋·陈杰)

满目尘沙万里还，客来相对旧儒酸。
秋风惯识茅茨屋，朝日仍登苜蓿盘。
云鹤性情闲去好，山林面目本来看。
今年少缓梅花约，敝尽貂裘未可寒。

无题

（宋·陈杰）

大地生灵异暵乾，纸田不饱腐儒餐。
闲将博士齑盐味，试上先生苜蓿盘。

陆游

陆游（1125～1210年），字务观，号放翁，祖籍山阴（今浙江绍兴）。陆游是坚定的抗金派，因而在仕途上不断遭受顽固守旧派的污蔑与打击。中年后入蜀，任蜀帅范成大的参议官。虽未实现其破敌复国之心愿，但中年时期的军旅生活为他的诗词创作积累了大量素材。晚年后，陆游闲居山阴老家，临终之时依然惦念国家的统一。其一生笔耕不辍，今有九千三百余首诗传世，辑为《剑南诗稿》，有文集《渭南文集》《老学庵笔记》等。

独坐

（宋·陆游）

巾帽欹倾短发稀，青灯照影夜相依。
穷边草木春迟到，故国湖山梦自归。
茶鼎松风吹谡谡，香奁云缕散馡馡。
羸骖敢复和銮望，只愿连山苜蓿肥。

春残

（宋·陆游）

石镜山前送落晖，春残回首倍依依。
时平壮士无功老，乡远征人有梦归。
苜蓿苗侵官道合，芜菁花入麦畦稀。
倦游自笑摧颓甚，谁记飞鹰醉打围。

晓出湖边摘野蔬

（宋·陆游）

浩歌振履出茅堂，翠蔓丹芽采撷忙。
且胜堆盘供苜蓿，未言满斛进槟榔。
行迎风露衣巾爽，净洗膻荤匕箸香。
著句夸张君勿笑，故人方厌太官羊。

病中夜赋

（宋·陆游）

客如病鹤卧还起，灯似孤萤阖复开。

苜蓿花催春事去，梧桐叶送雨声来。
荥河温洛几时复？志士仁人空自哀。
但使胡尘一朝静，此身不恨死蒿莱。

庵中晨起书触目（其三）

（宋·陆游）

赋形不使面团团，耸膊心知到骨寒。
晏子元非枕鼓士，杜生那有切云冠。
时扶迁客桄榔杖，日厌诗人苜蓿盘。
赖是平生憎阿堵，今年初解侍祠官。

岁暮贫甚戏书

（宋·陆游）

阿堵元知不受呼，忍贫闭户亦良图。
曲身得火才微直，槁面持杯秖暂朱。
食案阑干堆苜蓿，褐衣颠倒著天吴。
谁知未减粗豪在，落笔犹能赋两都。

秋雨

（宋·陆游）

久占烟波弄钓舟，业风吹作凤城游。
不知苑外芙蕖老，但见墙阴苜蓿秋。
黄把裹书俄复至，朱颜辞镜不容留。
晚窗又听萧萧雨，一点昏灯相对愁。

秋思（其一）

（宋·陆游）

乌帽翩翩九陌尘，杖藜谁记岸纶巾。
遗簪见取终安用，弊帚虽微亦自珍。
廊庙似闻怜老病，云山渐欲属闲身。
墙隅苜蓿秋风晚，独倚门扉感慨频。

对食作

（宋·陆游）

贱士穷愁殆万端，幸随所遇即能安。
乞浆得酒岂嫌薄，卖马僦船常觉宽。

少壮已辜三釜养，飘零敢道一袍单。
饭余扪腹吾真足，苜蓿何妨日满盘。

小市暮归

（宋·陆游）

爱酒行行访市酤，醉中亦有稚孙扶。
林梢残叶吹都尽，烟际孤舟远欲无。
野馌每思羹苜蓿，旅炊犹得饭雕胡。
青山在眼何时到，堪叹年来病满躯。

书怀（其四）

（宋·陆游）

苜蓿堆盘莫笑贫，家园瓜瓠渐轮囷。
但令烂熟如蒸鸭，不著盐醯也自珍。

山南行

（宋·陆游）

我行山南已三日，如绳大路东西出。
平川沃野望不尽，麦陇青青桑郁郁。
地近函秦气俗豪，秋千蹴鞠分朋曹。
苜蓿连云马蹄健，杨柳夹道车声高。
古来历历兴亡处，举目山川尚如故。
将军坛上冷云低，丞相祠前春日暮。
国家四纪失中原，师出江淮未易吞。
会看金鼓从天下，却用关中作本根。

秋声

（宋·陆游）

人言悲秋难为情，我喜枕上闻秋声。
快鹰下韝爪嘴健，壮士抚剑精神生。
我亦奋迅起衰病，唾手便有擒胡兴。
弦开雁落诗亦成，笔力未饶弓力劲。
五原草枯苜蓿空，青海萧萧风卷蓬。
草罢捷书重上马，却从銮驾下辽东。

五月十一日夜且半梦

（宋·陆游）

天宝胡兵陷两京，北庭安西无汉营。
五百年间置不问，圣主下诏初亲征。
熊罴百万从銮驾，故地不劳传檄下。
筑城绝塞进新图，排仗行宫宣大赦。
冈峦极目汉山川，文书初用淳熙年。
驾前六军错锦绣，秋风鼓角声满天。
苜蓿峰前尽亭障，平安火在交河上。
凉州女儿满高楼，梳头已学京都样。

书感

（宋·陆游）

丈夫本愿脱世鞿，丹成昼日凌空飞。
缨冠佩玉朝紫微，白银宫阙瞻巍巍。
不然万里将天威，提兵直解边城围。
苜蓿满川胡马肥，掩取不遣一骑归。
苦心文章亦未非，与此二事同一机。
寥寥千载见亦稀，庄屈已死吾畴依。
哀哉穷子百家衣，岂识万斛倾珠玑。
欲洗薄蚀还光辉，熟睨无力空歔欷。

夏夜（其二）

（宋·陆游）

我昔在南郑，夜过东骆谷。平川月如霜，万马皆露宿。
思从六月师，关辅谈笑复。那知二十年，秋风枯苜蓿。

雨中作

（宋·陆游）

风声如翻涛，雨点如撒菽。皇天念此老，一为洗烦促。
呼童取短檠，聊展旧书读。凄然对孤影，感叹衰鬓秃。
兀如老病马，关河久在目。伏枥虽已疲，连云思苜蓿。

饭饱昼卧戏作短歌

（宋·陆游）

为农得饭常半菽，出仕固应甘脱粟。
藜羹自美何待糁，况复畏人嘲苜蓿。

今年还东已八十，视听虽存鬓先秃。
安能卖药谋助道，但有知分甚养福。
水车辘辘邻馈鱼，社鼓冬冬众分肉。
可怜老子暂膨脝，午睡窗边自扪腹。

绯桃开小酌

（宋·陆游）

我庐城南村，家无十金产。种花虽历岁，名品终有限。
颇欲及暇时，著谱书之简。今朝绯桃开，欢喜洗酒盏。
邻翁亦喜事，为我一笑莞。但恨苜蓿盘，蔬薄欠佳馔。
往来见已熟，劝揖忘愧赧。一事粗可言，似具识花眼。

刘应时

刘应时（生卒年不详），字良佐，号颐庵居士。四明（今属浙江省）人。宋代诗人，约宋高宗绍兴末前后在世。喜为诗，与陆游、杨万里善。陆游、杨万里皆为其诗集《颐庵居士集》作序，对其诗大加赞许。著有《颐庵居士集》两卷传世。生平事迹见《宋诗纪事》卷六三。

喜会故友

（宋·刘应时）

邂逅相逢不作难，地炉握手话悲欢。
朝廷已育相如赋，朋旧犹嗟范叔寒。
剪剪秋花多胜韵，累累霜实尚微酸。
小春天气能来否，同访山家苜蓿盘。

姜特立

姜特立（1125～？），宋诗人。字邦杰。处州丽水（今属浙江）人。靖康中，以父恩荫补承信郎。淳熙中，累迁福建兵马副都监，擒海贼姜大獠，除阁门舍人，充太子宫左右春坊。光宗即位，除知阁门事，颇揽权势，屡为群臣所弹劾、夺职。宁宗时迁和州防御使，不久拜庆远军节度使。其诗兼备众体，随物赋形，不拘一格。意境超旷，往往自然流露，不事雕刻。有《梅山续稿》十八卷传世。

菜羹

（宋·姜特立）

一自入金门，屡蒙分玉食。
今朝苜蓿盘，犹疑照初日。

范成大

范成大（1126～1193年），字至能，号石湖居士，祖籍吴县（今江苏苏州）。进士出身，做过参知政事。晚年归隐故里，死后谥号文穆。他在南宋诗坛名声显赫，其诗取材多样，善写田园之趣，意境不凡。其词情意缠绵，以写自己的隐逸生活为主，影响很大，及于后世的姜夔等。其作品辑有《石湖居士诗集》《石湖词》。

西瓜园

（宋·范成大）

碧蔓凌霜卧软沙，年来处处食西瓜。
形模濩落淡如水，未可蒲萄苜蓿夸。

石湖芍药盛开向北使归过维扬时买根栽此因记旧事二首（其二）

（宋·范成大）

万里归程许过家，移将二十四桥花。
石湖从此添春色，莫把蒲萄苜蓿夸。

周必大

周必大（1126～1204年），南宋大臣，文学家。字子充，一字洪道，自号平园老叟。庐陵（今江西吉安）人。自号省斋居士，青原野夫，又号平圆老叟，南宋吉州庐陵（今吉安县永和镇周家村）人。周必大出身书香门第，自幼勤奋好学，饱读诗书。少年时作文赋诗，名噪庐陵。绍兴二十七年（1157年）中博学宏词科。绍兴二十一年（1151年）进士。官至左丞相，封益国公 。今存诗600多首。著有《益国周文忠公全集》200卷。

嘉莲居士

（宋·周必大）

紫微星移斗转杓，新君建元社稷挑。策问古今治平道，贤良方正聚庭寮。
善对最是董仲舒，入相江都路迢迢。崇儒制于窦太后，雏龙不得驭天遨。
主家讴姬卫氏女，娇喉婉转性风骚。鬒发如云由天幸，平阳主第把魂销。
阿娇宠衰子夫进，母以子贵好运交。庄助终军东方朔，吾丘寿王和枚皋。
招选才俊文学士，司马相如列前茅。射猎长杨南山下，随驾卫青公孙敖。
东方善谏终难挡，苑起上林骋骥骜。南救东瓯退闽越，天子发兵惩鸱鸮。

相如本是临邛客，琴心曾把文君撩。文君心动不自已，夜奔相如任浮漂。
家徒四壁难为计，当垆清愁借酒浇。王孙遮丑施财物，才子佳人筑爱巢。
偶逢狗监杨得意，一赋上林入云霄。百金赋求长门宠，阿娇可曾乐一宵？
持节往使西南夷，南疆拓土有文韬。白头吟罢负心转，封禅书遗后世嘲。
卖珠儿作主人翁，董偃侍寝窦馆陶。武帝杀甥不枉法，东方上寿奉醇醪。
马邑诱敌开边衅，汉匈失和已难调。轻舒长臂似猿猱，一箭就知飞将骁。
强虏闻风已破胆，雄鹰难得自由翱。直捣龙城多斩获，卫青首战金镫敲。
七出边塞胡落胆，徙民朔方筑城壕。漠北大捷少胜多，李广枉送命一条。
六出北疆霍去病，驰骋瀚漠射大雕。休屠金人迁入汉，皋兰山下降虏嚎。
拓地祁连列四郡，单于无奈瞪眼瞧。失焉支山虏远遁，匈奴嫁妇颜不姣。
单于王庭徙幕北，漠南从此少胡飚。封狼居胥临瀚海，冢象祁连霍剽姚！
两越残灭入汉郡，西南夷降不思鏖。天子雄图尚未已，征灭朝鲜缚金鳌。
勒兵北登单于台，单于詟怖作怂包。登封泰山祠梁父，北狩南巡一遭遭。
欲求神仙蓬莱岛，东临海上望波涛。张骞西域历万苦，归来蓝图为帝描。
西域小国三十六，楼兰在东水一泡。击破车师虏楼兰，铁骑西出号角嘹。
公主远嫁乌孙国，解忧还要漆投胶。万里关山魂系汉，巾帼谁敢比冯嫽！
破大宛虏得天马，引来苜蓿种蒲萄。屯田校尉领西域，玉门关外亭燧峣。
丝绸之路一开辟，商人驼队来如潮。李陵降胡败名节，苏武牧羊杖节旄。
生子弗陵赵勾弋，尧母宫中奏管箫。巫蛊祸陷戾太子，江冲挟私狂发镖。
太子提兵清君侧，兵败泉鸠挂丝绦。痛悔冤杀母共子，望思台上一嚎啕。
子盗父兵本自保，天子怎该信鬼妖？祠社单于屠贰师，废立圣主斩屈氂。
平准均输营盐铁，推恩削地似吹毛。虚耗天下事四夷，武帝晚年更糟糕。
托顾得人延汉祚，杀母立子防祸萧。轮台罪己善补过，茂陵伟业费挥毫！

送徐漕（度）移宪浙东二首（其二）

（宋·周必大）

满岁蹒跚泮水间，独公不作腐儒看。
几陪佳客芙蓉幕，聊慰穷愁苜蓿盘。
此去高山空自仰，向来流水为谁弹。
割鞭截镫知无益，但觉轮囷激肺肝。

葛郯

葛郯（？～1181年），字谦问，号信斋，归安（今浙江省吴兴县）人。葛立方之子。绍兴二十四年（1154年）进士。乾道七年（1171年），常州通判。守临川，淳熙八年（1181年）卒。有《信斋词》一卷。

再和咏杜庵高君忻聚画屏

（宋·葛郯）

蓬莱一岛，卧长烟千柳，西溪幽趣。
苜蓿盘中初日上，不把戴臑充俎，和月栽松，饶云买石，只此为家务。
倚槛清啸，断霞斜倚天暮。
闻道块磊浇胸，槎丫肝肺，动笔端风雨。
壁上潇湘秋一帧，影落荻花洲渚。
暗浦潮生，寒矶雪化，无复风尘虑。
此时渔父，短蓑合在何处。

释道举

释道举（生卒年不详），字季若，江西书院僧。高宗绍兴十一年（1141 年），客居丹阳何氏庵，有诗名。事见《至顺镇江志》卷一九引《甘露举书记文集》。

臞庵

（宋·释道举）

竹里蓬茅掩棘扉，主人诗瘦带宽围。
种成苜蓿先生饭，制就芙蓉隐者衣。
柳絮春江鱼婢至，荻花秋渚雁奴归。
小溪短艇能容我，先向溪隈筑约矶。

李正民

李正民（生卒年不祥，约 1131 年前后在世），杨州人，字方叔。政和二年（1112 年）进士。高宗时，为中书舍人，尝奉使通问隆裕太后。后守陈州，金人虏之北行。绍兴十二年（1142 年）和议成，始放归。在朝尝为给事中，礼部、吏部侍郎；在外尝知吉州、筠州、洪州、湖州、温州、婺州、淮宁府，两浙、江西、湖南抚谕使。官终徽猷阁待制，丐宫祠以归。正民著有《大隐集》三十卷。

寄毕少董

（宋·李正民）

求金未有张车子，梦草聊同谢客儿。
万里辛勤形骨瘦，十年流落鬓毛衰。
蓬蒿绕舍春归后，苜蓿堆盘日上时。
极目五湖烟水阔，扁舟重理钓鱼丝。

海邑少交游相见者以为言故作此诗

（宋·李正民）

结友观光少壮年，一时英俊与周旋。
曳裾璧水三千士，接武瀛洲十八贤。
夜对短檠愁不寐，朝餐苜蓿叹无钱。
如今只欲藏形影，槁木寒灰学坐禅。

李洪

李洪（1129～？），字可大（《宋诗纪事补遗》卷六一），扬州人。李正民之子。宋室南渡后侨寓海盐、湖州。高宗绍兴二十五年（1155年），官监盐官县税。孝宗隆兴元年（1163年），为永嘉监仓。未几，奉召入临安任京职，官终知藤州。有《芸庵类稿》二十卷，已佚。清四库馆臣据《永乐大典》辑为六卷，其中诗五卷。事见宋陈贵谦《芸庵类稿序》及本集诗文。李洪诗，以影印文渊阁《四库全书》为底本。新辑集外诗附于卷末。

移竹诗伯封垂和且闻兄弟皆欲作因用元韵奉寄

（宋·李洪）

密密修篁入槛寒，君来移取出檐竿。
结根久近幽人屋，解箨宜为壮士冠。
曾共马兰同请客，不忧苜蓿但堆盘。
从今莫羡萧郎画，风月良宵仔细看。

寿老饷笋

（宋·李洪）

陋巷晨炊乐一箪，慕膻逐臭两知难。
自甘香积伊蒲馔，宁叹栏干苜蓿盘。
禅老竹萌资净供，诗人莱把诮园官。
喜参玉版宗风在，何待丛林一击看。

释宝昙

释宝昙（1129～1197年），字少云，俗姓许，嘉定龙游（今四川乐山）人。幼习章句业，已而弃家从一时经论老师游。后出蜀，从大慧于径山、育王，又从东林庵、蒋山应庵，遂出世，住四明仗锡山。归蜀葬亲，住无为寺。复至四明，为史浩深敬，筑橘洲使居，因自号橘洲老人。宁宗庆元三年示寂，年六十九。昙为诗慕苏轼、黄庭坚，有《橘洲文集》十卷。《宝庆四明志》卷九有传。

又和丐祠未报

（宋·释宝昙）

黄金羁勒闭天闲，何似春山苜蓿间。
白接羅边余瓮蚁，乌皮几外即尘阛。
龙蛇大泽公真是，虎豹重门孰可攀。
示不忘君还有道，卧听人语趁朝班。

和李中甫知录采兰

（宋·释宝昙）

翳翳林莽，孰艺其兰。东风人群，俯仰棘间。
薜荔既艾，辛夷未繁。寂寥前修，嘘唏孔颜。
藕尔芳芷，医余国膻。我怀斯人，碧梧紫檀。
荏苒岁月，纷兮白颠。十步闻芗，五步不悭。
佩帏幽幽，骐骥在闲。未春叩户，苜蓿满盘。

朱熹

朱熹（1130～1200年），字元晦，号晦庵，徽州婺源（今属江西）人。南宋著名理学家、思想家、哲学家、教育家、诗人，闽学派的代表人物，世称朱子，是孔子、孟子以来最杰出的弘扬儒学的大师。

蒙恩许遂休致陈昭远丈以诗见贺已和答之复赋一首

（宋·朱熹）

阑干苜蓿久空槃，未觉清羸带眼宽。
老去光华奸党籍，向来羞辱侍臣冠。
极知此道无终否，且喜闲身得暂安。
汉祚中天那可料，明年太岁又涒滩。

张孝祥

张孝祥（1132～1169年），南宋著名词人，书法家。字安国，别号于湖居士，历阳乌江（今南京江浦乌江）人，生于明州鄞县（今浙江宁波），少时举家迁居芜湖。唐代诗人张籍之七世孙。父亲张祁，任直秘阁、淮南转运判官。绍兴二十四年（1154年）廷试，高宗（赵构）亲擢为进士第一。授承事郎，签书镇东军节度判官。宋孝宗时，任中书舍人直学士院。1163年，张浚出兵北伐，被任为建康留守。乾道五年（1169年），以显谟阁直学士致仕。是年夏于芜湖病死，葬南京江浦老山，年三十八。著有《于湖居士文集》和《于湖词》。

送猿翟伯寿

（宋·张孝祥）

万里归来无苜蓿，扁舟共载两猿君。
今日送君向何处，黄鹤山中多白云。

陈造

陈造（1133～1203年），字唐卿，高邮（今属江苏）人。孝宗淳熙二年（1175年）进士。官至淮南西路安抚司参议。与世多龃龉，自以为无補于世，置之江湖乃宜。遂号江湖长翁。善为文，有《江湖长翁集》。

谢两知县送鹅酒羊面二首（其二）

（宋·陈造）

僧样斋厨冰样官，饥凭脱粟食无单。
不因同里兼同姓，肯念先生苜蓿盘。

谢翟元卿诗卷见投

（宋·陈造）

从君只比羊胛熟，得诗已可牛腰束。
谁言此老四壁立，襞积锦绣罗群玉。
晨兴讽诵暮编缀，未觉饥雷隐枵腹。
我生嗜学类贪夫，棼酣欲诉南山竹。
诗人到眼辄自慰，句法得君今意足。
向来玄钥笑谈启，大胜几年膏火读。
骎骎警我欲川增，前之汗漫今边幅。
颇嗟诗客千钧笔，不博长安一囊粟。
人不求君君不即，高卧穷乡数椽屋。
苦无好事问奇字，寂寞庖钉供苜蓿。
长篇短韵写不平，日使贫交得骊目。
握瑜不价自应尔，有底汲汲须圆曲。
我有鸱夷系短辕，持浇胸中三万轴。
尚恨不作多田翁，粳糯分君岁千斛。

王质

王质（1135～1189年），字景文，号雪山，兴国军阳辛里（今湖北省阳新县龙港镇阳辛村）人，南宋高宗、孝宗时期著名经学家、诗人、文学家。

答杨教见和

（宋·王质）

饭鼓逢逢睡起时，先生弟子总关扉。
不妨堂下轻骑马，切莫江头浪典衣。
且对灯花随雨落，任从苜蓿列盘稀。
杜陵郑老襟期在，今昨那能定是非。

赵公豫

赵公豫（1135～1212年），字仲谦，常熟人。生于宋高宗绍兴五年，卒于宁宗嘉定五年，年七十八。为人宽厚，生活清苦。绍兴中进士。历知仁和、余姚、高邮军、真州、常州。居官廉正，常言“吾求为良吏，不求为健吏。”故每去任之日，壶浆攀辕者甚多。官至宝谟阁待制，致仕卒。公豫所著，原有《燕堂类藁》十六卷，今存《燕堂诗藁》一。

次韵奉答教授祖守中逢清

（宋·赵公豫）

方今士习叹卑微，宫墙何者切瞻依。祖君守中来倡导，羣材就法识趋归。
夙昔风标矜独步，文坛立帜能直树。论文角艺日无虚，雅会名流常脱屣。
文旌揽胜英风扬，击钵吟成冠词场。芙蓉出水成高调，牛斗直射莹精光。
一毡暂屈萍藻渌，相契同官洵迈俗。贤宰鸣琴逸韵飞，少尹哦松音调续。
无殊畹芷与湘兰，斋头苜蓿共盘桓。撷秀台前开宴会，合芳亭下结新欢。
倡酬互见珠玑落，起弊扶衰金石药。名篇大半宝丰年，可以疗饥兼济涸。
自惭樗栎薄高林，毕生荏苒叹浮沉。登陟名山应拱手，临流胜水每萦心。
但遇瑶编称汗漫，目动神惊骨髓换。表扬前哲本愚衷，敢谓博名标月旦。
蒙公诗赠率天真，犹观大匠作舆轮。法律岂惟超近日，风神抑且过前人。

林亦之

林亦之（1136～1185年），号月渔，福清人。是林光朝的弟子。讲学聚徒于莆之红泉。赵汝愚帅闽，荐于朝，未及命而亦之卒矣。有《论语考工记》《毛时庄子解》《纲山集》等。学者称纲山先生。刘克庄评其文高处过《檀弓》《谷梁》，平处犹与韩并驱。

丹井陈子白母挽词二首（其二）

（宋·林亦之）

哀曲梧桐夜，何年苜蓿盘。敬夫前辈重，好客归人难。
十月明朝尽，孤坟落日寒。鹿门催作黍，此意竟长叹。

王炎

王炎（1138～1218年），字晦叔，一字晦仲，号双溪，婺源（今属江西）人。提刑王汝舟从曾孙。生于绍兴八年，自幼笃学，乾道五年郑侨榜进士。乾道六年二月为军器少监。庆元中期出守湖州。嘉定十一年卒，年八十一。著有《双溪诗余》。

用前韵答黄一翁二首（其一）

（宋·王炎）

豆羹采藜藿，鼎食厌粱肉。士欲齐得霄，胸次要涵蓄。
我晚颇闻道，宁有慧无福。外物皆浮云，此道等珠玉。
阅事如阅棋，已过安用覆。回光照诸妄，稍稍淡无欲。
与君共玄谈，一笑时捧腹。更以诗留贫，此语颇惊俗。
细看苜蓿盘，岂减槟榔斛。见金不见人，渠辈非吾族。
君独臭味同，吾固知之熟。平生求益友，今日并墙屋。
不肯兄事钱，宁以君呼竹。力学追古人，经史费抄读。
我方病少瘳，拥衲肤有粟。百念渐灰冷，有牛不须牧。
君如汗血驹，堕地必驰逐。甘为走踆踆，耻作雌粥粥。
有玉未尝献，岂忧终刖足。

楼钥

楼钥（1137～1213年），南宋大臣、文学家。字大防，又字启伯，号攻媿主人，明州鄞县（今属浙江）人。历官温州教授、乐清知县、翰林学士、吏部尚书兼翰林侍讲、资政殿学士、知太平州，卒谥宣献。乾道间，以书状官从舅父汪大猷使金，按日记叙途中所闻，成《北行日录》。楼钥，出身书香门第，楼璩第三子，母为汪思温长女。少好读书，潜心经学，融贯史传。

石时亨饱山阁

（宋·楼钥）

层层得好山，是处足饱看。君真乐山者，心地尤平宽。
生长山水县，惯见青巑岏。筑室欲饫赏，凭虚著危栏。
天亦遂君意，俾君老其间。场屋早得名，晚始就一官。
官又不得进，甘心乐瓢箪。官少家食多，知更几暑寒。
朝见山岚高，暮喜山云还。山气日夕佳，秀色几可餐。
晴雨各变态，雪月更万端。于山真属餍，清明流肺肝。

青粱与刍豢，与世殊咸酸。久矣谢世纷，屏息专内观。
鬓无一茎白，八十颜如丹。所得不既多，愈饱天不悭。
此阁本不华，何处无此山。苟为名利驱，人境无相关。
吾乡山苦远，可望不可攀。东楼快登眺，耸翠罗烟鬟。
年来勇欲归，匏系未许閒。君索饱山诗，南明恍在前。
十年两访君，共醉苜蓿盘。向时多名流，与君平生欢。
只今几人在，一见良独难。叔度镇金陵，道衡处瀛壖。
旧游如晨星，相望可长叹。归梦绕故丘，非晚再挂冠。
何当泛剡溪，往从子于盘。

杨冠卿

杨冠卿（1138～？），宋文学家。字梦锡。江陵（今湖北荆沙）人。尝举进士，知广州。以事罢职，侨居临安（今浙江杭州）。文存一百七十余篇，清俊质实。《谢中隐先生授馆舍启》《代上执政求知启》《辞谢广西机幕赵府判启》等四六体尤流丽浑雅。诗存二百三十余首，多抒写漂泊流离、仕途坎坷的悲苦，如《游交广用帐于赵德纵韵》《塞上与郑将夜歌》等，沉郁凄清。词存36首。有《客亭类稿》十四卷传世。

楚有菜色洁而味辛夜对吴监丞饮

（宋·杨冠卿）

山泽有臞儒，骨相无食肉。平生藜苋肠，愧负诗书腹。
碧涧掇香芹，雕盘堆苜蓿。艰苦谋一饱，未免穷途哭。
君今食万钱，肥甘非不足。味厌五侯鲭，嘉蔬列琼玉。
云自楚中来，芳辛有余馥。一笑下箸空，鲸饮荐醽醁。
吟余诗思清，如行湘水曲。湘君不复见，直欲跨黄鹄。

赵蕃

赵蕃（1143～1229年），南宋中期著名诗人，字昌父，号章泉。他和当时居住在上饶的韩淲（号涧泉）是很要好的朋友，两人齐名，号称“上饶二泉”，同为江西诗派的殿军人物。当时著名学者、弋阳人谢枋得曾提到，江西诗派传至“二泉”，隆昌极致，但此两人死后，江西诗派的气脉也因此而断绝，风华不再。

己亥十月送成父弟挈两户幼累归玉山五首（其二）

（宋·赵蕃）

误身何必叹儒冠，粗粝须甘苜蓿盘。
瓜地可耕归独负，未应真坐缚微官。

呈折子明文十首（其六）

（宋·赵蕃）

曾门昔作广文官，先生曾同苜蓿盘。
交道不惟当日见，遗风更俾后人看。

寄孙子进昆仲

（宋·赵蕃）

霜风入枯苇，客枕那能安。起寻短灯檠，捐书复慷看。
缅思平生游，平陆多奔湍。怀哉岂无人，荆吴路漫漫。
大孙行秘书，今古靡不观。天文号隐奥，坐使十载殚。
溢而为文章，卷舒见波澜。丞哉亦奇士，老不卑小官。
诗成太白豪，笑杀东野寒。酒酣或看剑，肯为无鱼弹。
仪也节更苦，凛若谁能干。譬之于草木，青松蔽春兰。
不愿太官赐，自爱苜蓿盘。相携住荆溪，冥鸿渺云端。
酿泉饮佳客，采溪荐朝餐。不负风月佳，始知天地宽。
我欲往从之，买船斩钓竿。富春访严陵，吴淞觅张翰。
人生鲜如意，高趣况易阑。君毋轻此乐，此乐非游般。

邵桂子

邵桂子（生卒年不详），字德芳，号玄同，淳安（今属浙江）人。本姓吴，因鞠于邵氏，从其姓。度宗咸淳七年（1271 年）进士，授处州教授。宋亡不仕，娶华亭曹泽之女，因家焉。凿池构屋，名雪舟。卒年八十二。有《雪舟脞录》《雪舟脞稿》等。

疏屋诗为曹云西作

（宋·邵桂子）

草菜可食，总名曰疏。品题有圃，树艺有书。衡纵町畦，周绕屋庐。
缭以樊垣，经以沟渠。晨出抱瓮，夕归荷锄。有蔓必薅，有蝗必驱。
风披雨沐，日晅露濡。稺甲怒生，嘉苗蔚敷。芥姜杞菊，韭薤蒜葫。
薇蕨藜藿，瓜瓞匏瓠。楮鸡桑鹅，箨龙椶鱼。马齿鹿角，鼠尾虎须。
薯蓣蔓菁，杜蘅蘼芜。茵陈莪萝，芄兰茹藘。赤苋银茄，翠荇墨菰。
酸浆辣葅，甘荠苦荼。庖人调脜，园丁拮据。锜釜煮爍，筐筥贮储。
椒橙内交，醝醢效劬。以芼以湘，可茹可葅。维昔尼父，瓜祭斋如。
饮水曲肱，其乐只且。召南苹藻，韩奕笋蒲。知味羡黄，齩根叹胡。
葵蓼饫颙，葱韭厌徐。火芋明瓒，山菌接舆。庾郎三种，石生一盂。

刘参玉版，苏传冰壶。巢字符修，鲋姓豆卢。菘羔抱孙，蹲鸱将雏。
丝滑露葵，练净土酥。野荠馄饨，水苔脯膴。餠炊菠薐，鲊酿苞芦。
胡麻馈馏，罂粟醍醐。萍虀西晋，莼羹东吴。芹撷泥坊，藤采丰湖。
沼沚有蘩，江汉有蒌。冈有常枲，洲有接余。雁门天花，黄河蘑菇。
大宛苜蓿，太华芙蕖。环滁野蔌，盘谷山茹。地饶所产，天茁此徒。
菲葑是采，口腹以娱。落英未莎，初篁未箊。霜根旋挑，露叶半舒。
烹泉石鼎，养火地炉。色炫匕箸，香浮柈盂。气含土膏，味逾天厨。
肥生华池，响鸣辅车。商颜饥解，文园渴苏。前招曲生，后引酪奴。
馔非膻荤，饷非芭苴。园无羊踏，壤有鼠余。彼哉肉食，俎列豢刍。
心炙椎牛，项脔割猪。春羔秋麛，冬鱻夏朐。猩唇豹胎，麋鶵蟹胥。
緇裙解鼋，银丝脍鲈。羊尾截肪，锦袄脱肤。山骰雉兔，泽羞雁凫。
北馔潼酪，南烹蠹蜍。嗜鼠则鸱，甘带则蛆。乃笑郑老，烂蒸瓠瓟。
乃笑坡翁，梦餐鸡苏。属厌饕餮，饱死侏儒。语以疏味，能知否乎。
予雅嗜之，日不可无。乃颜兹屋，羞供是须。宁疏而癯，毋肉而腴。
易牙司味，敢告膳夫。

孙应时

孙应时（1154～1206年），字季和，自号烛湖居士，浙江余姚人。8岁能文，师事陆九渊。淳熙二年（公元1175年）登进士。初为黄岩尉，有惠政。常平使者朱熹重之，与定交。著有《烛湖集》二十卷，《四库总目》有记载。

吴文伯用李允蹈追字韵赠亦次答之

（宋·孙应时）

鸡鸣市声起，冠盖日相追。
终然寡同调，千里怀风期。
忆从十年前，识君黄绢词。
安知淮海来，得此埙篪吹。
武库森器宝，清庙陈尊彝。
持君胸中富，自足夸一时。
况今亨衢开，秣马随所之。
功名何足道，谈笑观指麾。
交情无远近，人事有合离。
他年一尊酒，长恐劳相思。

简释：《西京杂记》载，乐游苑自生玫瑰树，树下多苜蓿。苜蓿一名怀风，时人谓之光风。风在其间，常萧萧然，日照其花有光彩，故名苜蓿为怀风。茂陵人谓之连枝草。

释居简

释居简（1164～1246年），字敬叟，号北磵，潼川（今四川三台）人。俗姓龙。依邑之广福院圆澄得度，参别峯涂毒于径山，谒育王佛照德光，走江西访诸祖遗迹。历住台之般若报恩。后居杭之飞来峯北磵十年。起应霅之铁佛、西余，常之显庆、碧云，苏之慧日，湖之道场，诏迁净慈，晚居天台。理宗淳祐六年卒，年八十三，僧腊六十二。有《北磵文集》《北磵诗集》《外集》《续集》及《语录》等。

赠丁相士

（宋·释居简）

张雪湖家苜蓿盘，坐中著眼恐应难。
似华表鹤仍同姓，与华山人不两般。
客舍须寻佳处住，热官多是冷时观。
却须索我形骸外，莫作三支一等看。

下池（其二）

（宋·释居简）

老子随行苜蓿盘，不曾无客自开单。
更将余粒投清浅，聊为游鱼小倚阑。

伯时二马（其一）

（宋·释居简）

刁斗无声苜蓿秋，不知猨臂未封侯。
尚堪汗滴沙场血，花结青丝恨络头。

戴复古

戴复古（1167～？），南宋著名江湖派诗人。字式之，常居南塘石屏山，故自号石屏、石屏樵隐。天台黄岩（今属浙江台州）人。一生不仕，浪游江湖，后归家隐居，卒年八十余。曾从陆游学诗，作品受晚唐诗风影响，兼具江西诗派风格。

赠张季冶

（宋·戴复古）

秋扇交情薄，儒衣行路难。纵怀千里志，也要一枝安。
梦绕梅花帐，愁生苜蓿盘。从来食肉相，千万强加餐。

洪咨夔

洪咨夔（1176～1236年），南宋诗人，汉族人。字舜俞，号平斋。於潜（今属浙江临安县）人。嘉泰二年（1202年）进士。授如皋主簿，寻为饶州教授。作《大治赋》，受到楼钥赏识。著作有《春秋说》《西汉诏令揽钞》等。

送监丞家同年守简池三十韵

（宋·洪咨夔）

去年为君来，朋廷峙鸾鹄。今年为亲归，蚕市苦思蜀。
扶舆出修门，万里宛在目。大江六月寒，风饱帆数幅。
金山如幽人，杜蘅缭荷屋。采石如壮士，铁骑明鎏续。
五老烟光开，九华云气矗。如王公大人，冠冕而佩玉。
大孤狷介甚，赤壁清旷足。黄鹤佚者流，隽放不容束。
英雄古荆州，霜月耿乔木。寂寞三闾亭，风露落秋菊。
阳台峰十二，森拱峡江曲。高标耸赤松，绝概凛孤竹。
或如汉汲黯，搞直敢振触。又如唐真卿，峻絜不受辱。
瞿唐滟滪堆，一柱轧坤轴。溃城睢阳孤，钩党林宗独。
水石明边酌，苹蓼佳处宿。宽作几月程，迎面峨眉绿。
世道淡有味，人生平为福。江山无愧容，草木有余馥。
试剑信雄拔，易简更清沃。虎蛇方横道，有此廉平牧。
相如驷马贵，长孺一翁秃。明河隔黄姑，碧落杳飞鹜。
独复即无妄，多识乃大畜。岁晏以为期，仁亦在乎熟。
木末老芙蓉，阑干深苜蓿。邮签莫厌娄，瑟僩尉淇奥。

程公许

程公许（？～1251年），南宋眉州眉山（今属四川）人，一说叙州宣化（今四川宜宾西北）人。公许字季与，一字希颍，号沧州。生淳熙九年（1182年）。嘉定四年（1211年）进士。理宗淳祐二年（1242年），将作少监、秘书少临、太常少卿。累官中书舍人、礼部侍郎、权刑部尚书。有尘缶集。

和景韩赠子敬示章韵

（宋·程公许）

艳冶昭阳妃，娇好浣妙女。盛时一转盼，零落委黄土。
彼姝秋胡妇，真节甘独守。炜炜编简上，芳声乃持久。
我欲呼绪风，酹以一觞酒。君看涧底松，阅世几寒暑。

丈夫要如此，千载可尚友。鬼蜮玩阿瞒，何妨掺挝鼓。
平生书王车，一字不堪煮。忾我左右手，双顾石棱紫。
忍穷学师道，觅句迫徐俯。横陈味嚼蜡，下笔迅流水。
忆昨涪江滨，对吟夜床雨。有为轻判袂，愁凭乌皮几。
人生如飞蓬，飘落无定所。那知锦官城，尊酒又同举。
草玄几垂丝，笔力造化补。自我交斯人，短翅思决起。
不因得趣同，那觉同心苦。至今浮山梦，历历西窗语。
斋厨厌苜蓿，尘甑窘禾稆。忍饥搜枯肠，数息保气母。
何当陪胜赏，一醉诗分取。终恐吃期期，输君白玉麈。

满戌有日置酒还宫为诸友赠别

（宋·程公许）

左绵山川见宽，周遭四境皆奇观。
广文官曹冰雪寒，摧风肃雨无时安。
巧手无面良独难，惭汗如沈时一欢。
浪浪春雨红杏坛，堆盘苜蓿空阑干。
三年转烛槐梦残，明当西郊挂征鞍。
平生但知取友端，忍御艾萧捐杜兰。
丁宁何须劝加餐，活计不但故纸钻。
孔辙回环颜一箪，君民尧舜无两般。
此印万古元不刓，聚奎堂中俨衣冠，尚友谨勿轻圬墁。
压倒噗期不刊，脚根牢取百尺竿。

薛师石

薛师石（1178～1228年），宋诗人。字景石，号瓜庐翁。永嘉（今浙江温州）人。隐居不仕，筑室会昌湖西，与赵师秀、徐玑等多有唱和。理宗绍定元年卒。有《瓜庐集》。

送文子监草料场

（宋·薛师石）

坐局何烦听晓鸡，豆萁苜蓿亦诗题。
好文不爱今人体，色养宁嫌古署低。
翰苑旧交应雇访，相门新近事招携。
岁寒惟有君于我，老去过从许杖藜。

岳珂

岳珂（1183～1243年），字肃之，号亦斋，晚号倦翁。南宋文学家。相州汤阴（今属河南）人。寓居嘉兴。岳飞之孙，岳霖之子。宋宁宗时，以奉议郎权发遣嘉兴军府兼管内劝农事，有惠政。自此家居嘉兴，住宅在金佗坊。嘉泰末为承务郎监镇江府户部大军仓，历光禄丞、司农寺主簿、军器监丞、司农寺丞。嘉定十年（1217年），出知嘉兴。十二年，为承议郎、江南东路转运判官。十四年，除军器监、淮东总领。宝庆三年（1227年），为户部侍郎、淮东总领兼制置使。岳珂著述甚富。

蒲萄

（宋·岳珂）

当年博望奏边功，异种曾携苜蓿同。
摘乳那烦挏马令，引须聊惬好龙公。
颇怜汉地离宫在，未许凉州酒瓮空。
回纥只今重喂肉，清阴弥望满关中。

同饮径醉卧小阁醒

（宋·岳珂）

凌晨有客来款门，盥栉下榻呼冠巾。
怪生鹊喜绕庭树，迎客不但填河津。
清尊湛湛开北牖，颐指市奴骏奔走。
烹鲜煮饼罗朝盘，苜蓿阑干岂有无。
一杯两杯叱先驱，群羊入梦撞瓮菹。
三杯四杯舌底滑，阖坐牢辞辄投辖。
共言卯饮夕不同，能使终日长冬烘。
一朝便废一日事，除却投床百无技。
老夫笑倒绝冠缨，人生无日无经营。
经营至竟有底成，谨闭此舌君勿评。
直须大嗷五六七，不醉不扶毋返室。
高眠一枕醉复醒，莫管今朝更明日。

王迈

王迈（1184～1248年），字贯之，号臞轩，宋嘉定十年（1217年）进士，官至知邵武军。他考中进士，先后任潭州观察推官，殿试详定官，南外睦宗院教授，漳州、赣州及吉州通判，邵武军知军，侍右郎官等职。王迈从政虽长达三十年，但因为人清廉耿直，始终得不到朝廷重用，官位一直较低，仅在六品左右。

寄陈起予宗夏二首（其二）

（宋·王迈）

道有穷通时屈伸，夫君气概岂长贫。
帐前弟子知无几，膝上郎君证可人。
苜蓿尽多聊一笑，栗梨见觅莫渠嗔。
平生耿耿犹存否，五十端能责买臣。

刘克庄

刘克庄（1187～1269年），南宋词人、诗论家。字潜夫，号后村。福建莆田人。辛派词人的重要代表，词风豪迈慷慨。在江湖诗人中年寿最长，官位最高，成就也最大。宁宗嘉定二年（1209年）补将仕郎，调靖安簿，始更今名。理宗端平二年（1235年）授枢密院编修官，兼权侍郎官，被免。后出知漳州，改袁州。淳祐三年（1243年）授右侍郎官，再次被免。六年（1246年），理宗以其"文名久著，史学尤精"，赐同进士出身，秘书少监，兼国史院编修、实录院检讨官。景定三年（1262年）授权工部尚书，升兼侍读。五年（1264年）因眼疾离职。度宗咸淳四年（1268年）特授龙图阁学士，第二年去世，谥文定。

田舍二首（其一）

（宋·刘克庄）

白布衫宽乌角巾，谁知曾扈属车尘。
行婆内翰共邻曲，田父拾遗相主宾。
设苜蓿盘殊菲薄，沽茅柴酒半漓淳。
直令爵齿如荀爽，晚节依然愧逸民。

甲寅元月二首（其一）

（宋·刘克庄）

七帙骎骎病鲜欢，君恩犹许备祠官。
婢传稚子屠苏酒，奴笑先生苜蓿槃。
自叹管君今老秃，更悲庞叟不团栾。
新年辜负如筛饼，炮附煨姜胃尚寒。

次韵实之二首（其一）

（宋·刘克庄）

向来岁月半投闲，莫叹朝朝苜蓿盘。

身后芬芳聊自诳，眼前腥腐饱曾餐。
虫鸡一笑何须较，花鸟相疏恐被弹。
清议自为儒者设，未应羁束老黄冠。

皇太子宫五首（其五）
（宋·刘克庄）

帝为储闱取友端，朋来黄绮伟衣冠。
赐羹汉殿恩尤异，不比唐家苜蓿杆。

林希逸

林希逸（1193～？），宋福州福清人，字肃翁，号竹溪、庸斋。理宗端平二年进士。善画能书，工诗。淳祐中，为秘书省正字。景定中，迁司农少卿。官终中书舍人。有《易讲》《考工记解》《竹溪稿》《鬳斋续集》等。

饮马长城窟
（宋·林希逸）

瘦马如乌渴，长驱傍古城。
听他随窟饮，不暇择泉清。
沙外追风骥，榆边积雨坑。
花鬃摇汉骑，草血染秦兵。
地脉千年恨，波腥万鬣鸣。
思归频蹀躞，苜蓿满宸京。

释善珍

释善珍（1194～1277年），字藏叟，泉州南安（今福建南安东）人，俗姓吕。年十三落发，十六游方，至杭，受具足戒。谒妙峰善公于灵隐，入室悟旨。历住里之光孝、承天，安吉之思溪圆觉、福之雪峰等寺。后诏移四明之育王、临安之径山。端宗景炎二年五月示寂。有《藏叟摘稿》二卷。事见《补续高僧传》卷一一、《续灯正统》卷一一。释善珍诗，以日本宽文十二年藤田六兵卫刊本（藏日本内阁文库）为底本，编为一卷。

送蔡秀才之漳浦
（宋·释善珍）

夜冷萤窗书倦看，解鞍南去路漫漫。
霜干处士梅花圃，日照先生苜蓿盘。

乞米剩堪供鹤料，钓鳌重怕坏鱼竿。
何当著意抛妻子，共入深山学养丹。

周弼

周弼(1194 ～ 1255 年？),宋代诗人。字伯弜(一作伯弼),汝阳(今河南汝南)人，祖籍汶阳[今山东汶上(曲阜)]。周文璞之子。与李龏同庚同里。宁宗嘉定间进士(《江湖后集》卷一小传)。曾任江夏令。十七年（1224 年）即解官。以后仍漫游东南各地，是否复官不详。卒于理宗宝祐五年（1257 年）前。

南楼怀古五首（其三）
（宋 · 周弼）

茫茫迂曲度平川，何处孤村近水边。
烟护刘琮残壁垒，雨沉黄祖旧楼船。
寒沙细拥菰芦地，破陇斜耕苜蓿田。
见说去年秋潦后，更无茅屋起炊烟。

裘万顷

裘万顷（？～ 1219 年），字元量，号竹斋，江西新建（今江西南昌）人。孝宗淳熙十四年（1187 年）进士。光宗绍熙四年（1193 年）授乐平簿。宁宗嘉定六年（1213 年），召除吏部架阁。七年，迁大理寺司直，寻出为江西抚干，秩满退隐西山。十二年再入江西幕，未及一月卒于官所。有《竹斋诗集》。

乡人罗朝宗与兵部尚书京公有旧将
往见之遇予于乐平因饯别
（宋 · 裘万顷）

四时成岁秋云暮，九月肃霜天渐寒。
有客褰裳涉鄱水，逢人剧口话长安。
悬知欲听星辰履，厌见从来苜蓿盘。
姑举一觞饯行色，无鱼长铗切休弹。

华岳

华岳（生卒年不详），南宋诗人。字子西，贵池（今属安徽）人。因读书于贵池齐山翠微亭，自号翠微，武学生。开禧元年（1205 年）因上书请诛韩侂胄、苏师旦，下建宁（今福建建瓯）狱。韩侂胄诛，放还。嘉定十年（1217年），登武科第一，为殿前司官属。密谋除去丞相史弥远，下临安狱，杖死东市。其诗豪纵，有《翠微北征录》。

上詹仲通县尉（其二）

（宋·华岳）

西风卷荷衣，披披不成幅。清霜拆蕙囊，冽冽已成蓿。
如何独东篱，黄华笑寒菊。物之有盛衰，循环若推毂。
世事良亦然，亦岂物所欲。金钿镕落日，零露洒寒玉。
人皆惜芳菲，谁复念幽独。唯有陶渊明，殷勤费培沃。
簪花从帽落，捻酒醉商陆。从此擅秋芳，芙桂非同录。
问花何以报，剪首荐醽醁。他时更粉躯，为公采明目。

虞俦

虞俦（生卒年不详），字寿老，宁国（今属安徽）人。南宋政治家、文学家。隆兴初进入太学，中进士。曾任绩溪县令，湖州、平江知府。庆元六年（1200年）召入太常少卿，提任兵部侍郎。工诗文，著有《尊白堂集》二十四卷，清修《四库全书》收录其部分诗文，如其词《满庭芳》：色染莺黄，枝横鹤瘦，玉奴蝉蜕花间。铅华不御，慵态尽欹鬟。

太守送酒（其二）

（宋·虞俦）

黄堂还复念酸寒，余沥分来玉斝宽。
遽遣茅柴羞避席，快呼苜蓿强登盘。
步兵胜处轻刘子，北海狂言迕阿瞒。
何似老虔春夜酌，檐花细雨洗愁端。

两日绝市无肉举家不免蔬食因书数语（其一）

（宋·虞俦）

市无晨饮助加餐，空愧先生苜蓿盘。
尚有园人供菜把，漫劳稚子写牌单。
俸钱先自无多了，宾客从来不惯看。
已誓长斋依绣佛，妻孥休怪瘦栾栾。

严羽

严羽（生1192～1197年？，卒1241～1245年？），南宋诗论家、诗人。字丹丘，一字仪卿，自号沧浪逋客，世称严沧浪。邵武莒溪（今福建省邵武市莒溪）人。生卒年不详，据其诗推知主要生活于理宗在位期间，至度宗即位时仍在世。一生未曾出仕，大半隐居在家乡，与同宗严仁、严参齐名，号“三严”；又与严肃、严参等八人，号“九严”。严羽论诗推重汉魏盛唐、号召学古，所著《沧浪诗话》名重于世，被誉为宋、元、明、清四朝诗话第一人。

送赵立道赴阙仍试春官即事感兴因成五十韵

（宋·严羽）

嗣圣中天日，遗氓忆汉时。一王新盛礼，万国贺重熙。
官爵沾寰宇，光明冠本支。穷冬辞老母，吉日赴京师。
祖席明斜照，寒江结暮澌。停杯愁把袂，立马语临期。
草动春前色，梅繁雪后枝。湖山饶逸兴，士友重游嬉。
菱唱工迷客，荷舟稳放维。土风珍缟带，吴馔熟莼丝。
塔寺开金碧，楼台漾淼弥。云连句践国，江动伍员祠。
阊阖春朝早，觚棱霁景迟。柳迎仙仗软，花簇御楼攲。
苜蓿来宛马，樱桃荐寝帷。周家千岁历，汉殿万年卮。
驻跸山川远，櫜弓岁月移。天俄忧杞国，日再仰咸池。
弓剑群臣泪，园陵故国悲。乾坤开帝统，雨露豁宸私。
蜂虿何为尔，豺狼欲问谁。箭流元帅幕，城立叛营旗。
国体存矜恤，皇猷务远绥。且从鹰一饱，自待虎双疲。
复说京西乱，愁连蜀道危。仓皇分队伍，指点护藩篱。
狙诈终劳驭，游魂不足羁。几年腥战血，今日痛疮痍。
宗社神灵在，邦家德泽遗。会闻淝水捷，可复雁门踦。
草诏词头切，蒲轮礼意卑。贤良多选拔，社稷在扶持。
举动新群目，经纶伫一夔。长沙何遽往，郑卜竟堪疑。
莫以朝廷重，翻令盗窃窥。稍徯鹰隼击，庶使凤凰仪。
薪胆方无倦，舆图正入披。王孙思报国，天府待忠词。
世道多为忌，波流幸勿随。从容陈古昔，感慨论边陲。
仕进虽云始，平生见在兹。青毡今可复，彩服更相宜。
漂泊微躯老，蹉跎困翮垂。樗材元自逸，正论竟焉裨。
误赏骚人作，深惭国士知。叫阍时已晚，鸣剑志空驰。
郁郁驱流俗，悠悠叹乱离。羊裘终隐去，渔钓复何之。
出处从今隔，飞腾不可追。济时须俊杰，愿睹中兴期。

塞下曲六首（其二）

（宋·严羽）

渺渺云沙散橐驼，风吹黄叶渡黄河。
羌人半醉蒲萄熟，塞雁初肥苜蓿多。

孙锐

孙锐（1199～1277年），字颖叔，号耕闲，吴江平望（今属江苏）人。宋度宗咸淳十年（1274年）进士，授庐州佥判。时元兵南侵，愤贾似道误国，挂冠归。端宗景炎二年卒。遗著由友人赵时远于元至元十八年（1281年）编为《孙耕闲集》。事见本集卷首赵时远序及卷末《耕闲孙先生墓志铭》。孙锐诗，以清抄本（藏北京图书馆）为底本，校以清金氏文瑞楼抄《宋人小集六十八种》本（简称金本）。新辑集外诗附于卷末。

上元夜送沈伯时赴南康山长

（宋·孙锐）

十载从游吾道南，山斋苜蓿澹于甘。
飞鱼想得三台兆，待雪空余猊丈函。
席冷几番驯白鹿，罗传此夜赋黄柑。
太平不日经筵召，好把鳞书早晚探。

薛嵎

薛嵎（1212～？），宋诗人。字仲止、宾日。永嘉（今浙江温州）人。南宋宝祐四年（1256年）进士，官长溪簿。《四库全书总目》云“嵎之所作皆出入四灵之间，不免局于门户”。其诗《山中吟》《渔村晚照》可为代表。著有《云泉诗》。

廉村族人命赋唐补阙薛公墓

（宋·薛嵎）

一自东宫吟苜蓿，吁嗟直道竟难容。
精忠夙伫危邦虑，明哲宁高避世踪。
疏傅有心辞汉陛，甘盘无梦佐商宗。
寥寥千载闻风者，引领犹能式墓松。

苜蓿轩

（宋·薛嵎）

好是春风长育天，阑干低护晓窗前。
园丁未必知吾事，补阙清声四百年。

释道璨

释道璨（1213～1271年），字无文，俗姓陶，南昌人。游方十七年，涉足闽浙。

理宗嘉熙三年（1239 年），游东山。淳佑八年（1248 年），自西湖至四明，复归径山。宝祐二年（1254 年），住饶州荐福寺，后移住庐山开先华严寺，再住荐福。为退庵空禅师法嗣。有《柳塘外集》，又有文集《集文印》。

上安晚节丞相三首（其一）

（宋·释道璨）

日食何曾费万钱，只将苜蓿荐春盘。
俸余不用肥奴马，留买青山取性看。

陈允平

陈允平（生卒年不详），字君衡，一字衡仲，号西麓，宋末元初四明鄞县（今浙江宁波市鄞县）人。前人认为，“把陈允平的生年定在宁宗嘉定八年到十三年之间（1215 ～ 1220 年）比较合理”“卒年疑在元贞前后，与周密卒年相去不远”，暂依之。少从杨简学，德祐时授沿海制置司参议官。有集《西麓诗稿》，存诗 86 首，有词集《日湖渔唱》和《西麓继周集》。

己酉秋留鹤江有感

（宋·陈允平）

宾鸿几过淀山湖，夜夜西风转辘轳。
苜蓿草衰江馆静，枇杷叶老石泉枯。
曲终明月闲歌扇，病去寒灰满药炉。
客梦不堪千里远，故园篱菊正荒芜。

刘黻

刘黻（1217 ～ 1276 年），字声伯，号蒙川，温州乐清大桥头（今乐清石帆镇大界村）人。淳祐十年（1250 年）试入太学。刘黻因历史上两次太学事件而扬名，是著名的忠贞之臣，《宋史》有传。遗著有《蒙川集》十卷。

和薛仲止渔村杂诗十首（其四）

（宋·刘黻）

苜蓿村中卜钓矶，临流构屋不嫌低。
屋头所种无多树，大有新来白鹭栖。

舒岳祥

舒岳祥（1219 ～ 1298 年），字景薛，一字舜侯，人称阆风先生，浙江宁海人。

幼年聪慧，七岁能作古文，语出惊人。晚年潜心于诗文创作，虽战乱频繁，颠沛流离，仍奋笔不辍。诗文与王应麟齐名。1256年中进士，授奉化尉。右丞相叶梦鼎曾以文字官荐岳祥入朝，以母丧离去。丧服满，适友人陈蒙总饷金陵，聘入总幕，与商军国之政，暇则谈文讲道，游览名胜，不烦以案牍之事。后陈蒙以移用军饷被去职，舒岳祥亦离去。

春日山居好十首（其一）

（宋·舒岳祥）

春日山居好，光风草上浮。
溟蒙晨霭散，澹荡夕阳收。
发轫梅花报，攀辕芍药留。
春来亦何好，惟有白添头。

马廷鸾

马廷鸾（1222～1298年），字翔仲，号碧梧，众埠楼前村人。南宋淳祐七年（1246年）进士，历任池州教授、太学录、秘书省正字等官职，咸淳五年出任右丞相。廷鸾著有《碧梧玩芳集》二十四卷，《四库总目》又有《六经传集》《语孟会编》《楚词补记》等书，《宋史本传》并传于世。

谢毛子文见寿

（宋·马廷鸾）

编排老朽我为魁，绿鬓朱颜可得回。
周雅辍吟悲顾复，楚骚长叹诵恢台。
鸿飞灭没孤身在，燕逐炎凉几客来。
苜宿黎祁汤饼供，一浇眊矂强持杯。

无题

（宋·马廷鸾）

大地生灵惜暵乾，纸田不饱腐儒餐。
闲将博士齑盐味，试上先生苜蓿盘。

牟巘

牟巘（1227～1311年），字献甫，一字献之，学者称陵阳先生，井研（今属四川）人，徙居湖州（今属浙江）。以父荫入仕，曾为浙東提刑。理宗朝，累官大理少卿，以忤贾似道去官。恭宗德祐二年（1276年）元兵陷临安，即杜门不出，隐居凡三十六年，卒年八十五岁。有《陵阳集》二十四卷（其中诗六卷）。

送鄣南俞教谕归里

（宋·牟巘）

试把溪堂旧谱看，三千苜蓿守酸寒。
吟首只自初来瘦，麈尾方知细满难。
忧患可能期学力，功名终儒冠俯尘。
到家莫作多时住，趁取秋风送羽翰。

俞德邻

俞德邻（1232～1293年），字宗大，自号太玉山人，原籍永嘉平阳（今属浙江），父卓为庐江令，居京口（今江苏镇江）。度宗咸淳九年（1273年）浙江转运司解试第一，未几宋亡。入元，累受辟荐，皆不应。因性刚狷，名其斋为佩韦（本集卷八《佩韦斋箴》）。元世祖至元三十年卒，年六十二。遗著由其子庸辑为《佩韦斋文集》十六卷（其中诗七卷），于元仁宗皇庆元年（1312年）刊行，另有《佩韦斋辑闻》四卷。

京口遣怀呈张彦明刘伯宣郎中并诸友一百韵（其九十五）

（宋·俞德邻）

坏云覆紫微，疾风卷黄屋。生灵半涂炭，社稷竟倾覆。
借问谁厉阶，往事具可复。穆陵握干符，丁摈覆鼎餗。
北兵渡浒黄，沔鄂盛喧谹。涟海荡为墟，交广骇斡腹。
兀然天柱摇，凛甚国脉蹙。明诏起臣潜，扶颠秉钧轴。
将帅一奋呼，江汉奏清肃。维时望公间，高誉儗方叔。
遄归持相印，景定实初卜。百寮逆近郊，至尊畧边幅。
策勋告庙庭，陈乐备敔柷。煌煌福华编，传者笔为秃。
焉知事夸毗，欲掩天下目。得政曾几何，故老尽斥逐。
哀哀杞天崩，度皇继历服。定策比周召，卜世过郏鄏。
万微委岩廊，十年卧林麓。金屋贮娉婷，羽觞醉醽醁。
伍符日空虚，鄗邬富储蓄。纷纷轻薄徒，睒眒希自鬻。
荃蕙化为茅，龟玉毁于椟。怡然谈笑间，祸机已潜伏。
延洪幼冲人，天步罙踣踧。一朝襄樊破，杀气薄川谷。
折冲亦何为，筹边置机速。捬御既失宜，奔溃更相属。
含垢护逆俦，况望诛马谡。沙武倏飞渡，长江俨平陆。
连樯万艨艟，悠悠自回舳。老夏亦遁逃，竟学龟藏六。
败证剧膏肓，搏手但颦蹙。仓黄出视师，氛埃眯前纛。
总统付虎臣，窃倚晋郄縠。丁洲帅前锋，未战兵已衄。

溃卒争倒戈，降将群袒肉。单骑窜维扬，走险甚奔鹿。
触热赴清漳，就死何觳觫。蹇予客朱方，沈忧发曲局。
欢传用宜中，厦仆支一木。奈何张苏刘，猜忌不相睦。
所过皆夺攘，兹事岂颇牧。借箸资腐庸，授钺逮厮仆。
焦门集战舰，乾坤一掷足。水陆迷畏途，师丧国逾辱。
区区拒毗陵，曾不事版筑。驱民入罟擭，骈首遭屠戮。
至今用钺地，天阴闻鬼哭。苏秀暨湖杭，死生犹转烛。
行成漫旁午，公等真碌碌。独松守张濡，儿戏斗蛮触。
信使诡成禽，贾祸几覆族。三宫泣草莱，万姓呼劳曲。
疑丞诣高亭，献玺愿臣属。黼扆释冕旒，羽卫撤弓韣。
广益亟南奔，穷荒寻帝儵。茕然太母身，垂老歌黄鹄。
彼哉宁馨儿，乘辖叨爵禄。屈膝同所归，伊谁念王蠋。
江湖数十郡，李赵差可录。元恶迷是似，万世有余恧。
庭芝困广陵，储亡二年粟。力战尚可支，而乃事蜗缩。
乙亥仲夏交，北向发一镞。死伤近七千，从此辍推毂。
浮海未及桴，委身饲蛇蝮。姜才就菹醢，淮城危破竹。
故国莽丘墟，彼黍何稶稶。翠华渺焉之，扶桑睇日浴。
魂断曲江春，新蒲为谁绿。骑鲸事已非，葬鱼势转促。
南纪讫朱厓，一战绝遗躅。旋闻俘文相，系颈絷燕狱。
又闻陆元枢，抗节死弥笃。二公风尘中，耿介受命独。
板荡见忠臣，百身竟难赎。恭维五季间，永昌应符箓。
一举平泽潞，最后收庸蜀。文子继文孙，三才归位育。
中更靖康祸，流血洒川渎。光尧躬再造，艰苦芜蒌粥。
淳熙受内禅，德盛仁亦熟。宁理度丕承，膏泽多渗漉。
内无褒妲患，外绝安史黩。戚畹及阉寺，屏气但蜷局。
向非彼权臣，玉食擅威福。如何盘石固，转移仅一蹴。
凄凉数载间，王侯乏半菽。九庙翳蒿藜，五陵游豕縠。
向来阛阓地，雨露滋苜蓿。老我亦何为，穷途困羁束。
愁伤觉衰曳，垢腻忘颒沐。蛰迹笑桓鲵，窃食愧饥鹜。
安得董狐辈，直笔濡简牍。诛奸录忠荩，上与麟经续。
海宇今一家，贡赋均四隩。化日满穷阎，淳风变颓俗。
余生幸未化，刀剑易牛犊。聊种邵平瓜，且植渊明菊。

汪元量

汪元量（1241 ～ 1317 年后），南宋末诗人、词人、宫廷琴师。字大有，号水云，亦自号水云子、楚狂、江南倦客，钱塘（今浙江杭州）人。宋度宗时以善琴供奉宫掖。宋恭宗德祐二年（1276 年）临安陷，随三宫入燕。尝谒文天祥于狱中。元世祖至元二十五年（1288 年）出家为道士，获南归，翌年抵钱塘。后往来江西、湖北、四川等地。时人比之杜甫，有“诗史”之目，有《水云集》《湖山类稿》。

天坛山

（宋 · 汪元量）

我登天坛山，洒然清吟目。群峰如儿孙，罗列三十六。
支藤陟曾巅，中有少室屋。山人化飞仙，庭除生苜蓿。
古碑野火烧，剥落字难读。雏鹿卧幽岩，孤鸟响空谷。
解鞍小迟留，偷闲半日足。长啸归去来，题诗纪幽独。

林景熙

林景熙（1242 ～ 1310 年），字德暘，一作德阳，号霁山。温州平阳（今属浙江）人。南宋末期爱国诗人。咸淳七年（1271 年），由上舍生释褐成进士，历任泉州教授，礼部架阁，进阶从政郎。宋亡后不仕，隐居于平阳县城白石巷。林景熙等曾冒死捡拾帝骨葬于兰亭附近。他教授生徒，从事著作，漫游江浙，因而名重一时，学者称“霁山先生”。著作有《白石稿》《白石樵唱》，后人编为《霁山集》。

哭薛榆溆同舍

（宋 · 林景熙）

桂花月亦灰，鹏枯海为陆。自我哭斯文，老泪几盈掬。
故国忽春梦，故人复霜木。矫矫榆溆君，白首尚儒服。
解后一写心，乾坤两眉蹙。无力能怒飞，有道欲私淑。
忆游东浦云，马帐肯同宿。孤灯照寒雨，萧萧半窗竹。
君器硕以方，有如舟万斛。敛华就本根，耆年谓可卜。
昨别犹是人，今乃在鬼录。为善未必遐，咆呼真宰酷。
往年海若怒，风涛卷人屋。脱身鲸鱼吻，长寐固应熟。
寡妻泣帷荒，有子继经术。彼哉暴殄夫，食必馔金玉。
一士苜蓿肠，夺之胡忍速。问天天梦梦，秋声满岩谷。

戴表元

戴表元（1244 ～ 1310 年），宋末元初文学家，被称为“东南文章大家”。字帅初，一字曾伯，号剡源，庆元奉化剡源榆林（今属浙江奉化班溪）人。宋咸淳七年（1271

年）进士，元大德八年，被荐为信州教授。再调婺州，因病辞归。论诗主张宗唐得古，诗风清深雅洁，类多伤时悯乱、悲忧感愤之辞。著有《剡源集》。

闻应德茂先离裳溪有作

（宋·戴表元）

落日芦花雨，行人谷树村。
青山诗问路，红叶自知门。
苜蓿穷诗味，芭蕉醉墨痕。
端知弃城市，经席许频温。

史廉访自济南来江东，时赵子昂同知府事，画其所乘玉鼻骍以为赠二首（其一）

（宋·戴表元）

一傔唐妆亦自佳，朱袍束带软乌纱。
还渠照影清溪水，满地西风苜蓿花。

邓牧

邓牧（1246～1306年），宋末元初道家学者。字牧心，号文行，又号九锁山人，世称“文行先生”，南宋末年至元朝前期钱塘（今浙江杭州）人。年十余岁，悟文法，下笔多仿古作。及壮，视名利薄之，遍游方外，历览名山。逢寓止，辄杜门危坐，昼夜唯一食。可见邓牧少年时，喜读《庄子》《列子》等先秦道家诸子典籍，崇尚古代道家学者。他自己在《逆旅壁记》中也说：“余家世相传，不过书一束。虽不敢谓尽古人能解，然游公卿，莫不倒屣；行乡里，莫敢不下车（出自老子典故，老子曰：‘过故乡而下车，非谓其不忘故耶？’）。”因其对理学、佛教、道教均持反对态度，故又自号“三教外人”。

落叶

（宋·邓牧）

城南草绿王孙去，江上花飞燕子来。
清江百转秋花底，渔火孤舟暮雨中。
芙蓉水碧双凫冷，苜蓿秋高万马肥。

黎廷瑞

黎廷瑞（1250～1308年），字祥仲，鄱阳（今江西鄱阳）人。度宗成淳七年（1271年）赐同进士出身，时年二十二。授肇庆府司法参车，需次未上。宋亡，幽居山中十年。元世祖至元二十三年（1286年），摄本郡教事。武宗至大元年卒。有《芳洲集》三卷，收入清史简编《鄱阳五家集》中。

重阳雨与汤叔巽诸公斋亭小集

（宋·黎廷瑞）

初余抚奇节，赏事弥穿峦。幽跻几屐换，豪饮百榼干。
讵知中年至，况复行路难。林谷深且窈，岩岫绕复攒。
丛疑熊豹伏，穴惴龙蛇蟠。昼雨已冥冥，夕云亦漫漫。
升高躬易危，居卑心所安。萧斋岂不陋，英集聊相欢。
东篱献初华，西风被峨冠。泛泛茱萸觞，落落苜蓿盘。
接此造极谈，胜彼登峰观。终然有深怀，悠哉发长叹。
泰华采香雪，小山访遗丹。凭谁吹玉箫，云外呼青鸾。

徐瑞

徐瑞（1255～1325年），字山玉，号松巢，江西鄱阳人。南宋宋度宗咸淳年间应进士举，不第。元延祐四年（1317年）以经明行修，推为本邑书院山长。未几归隐于家，巢居松下，自号松巢。花晨月夕随所赋，逐年笔记之。时来郡城，则与三五师友觥筹交错，于东湖、芝山之间更相唱和，亦无虚日。著有《松巢漫稿》。

正月十五日月湾偕胡茂元来访别后用月湾韵寄赠茂元

（宋·徐瑞）

敲门惊怪有此客，清似金茎秋露盘。
名骥已超千里疾，老松甘卧故山寒。
共商今古须致极，远朔风骚不作难。
从此频频相料理，案头苜蓿对阑干。

宋伯仁

宋伯仁（生卒年不详），字器之，号雪岩，广平（今河北广平）人。嘉熙（1238～1240年）时善画梅花，作梅花喜神谱，后系以诗，识于景定二年（1261年）。自称每至花放时，徘徊竹篱茅屋间，满腹清霜，两肩寒月，谛玩梅之低昂俯仰，分合卷舒，自甲坼以至就实，图形百种，各肖其形。著有《雪岩吟草》。

村市

（宋·宋伯仁）

山暗风屯雨，溪浑水浴沙。小桥通古寺，疏柳纳残鸦。
苜蓿重沽酒，芝麻旋点茶。愿人长似旧，岁岁插桃花。

吕量

吕量（生卒年不详），号石林道人（《式古堂书画汇考》卷三九）。

题韩干马

（宋·吕量）

何年供奉仙，写此真乘黄。矫矫天骨起，烂烂隅目光。
岂无万里姿，御者非王良。青衫老奚官，肉眼空依依。
饮秣不以时，羁絷无蹊骧。昂首思渥洼，浩荡充虚肠。
何来斗斛水，似是出尚方。虽沾金井恩，未效和鸾锵。
蹭蹬十二闲，何异古道傍。回首万驽骀，饱食驰康庄。
朝饮华清流，暮垂紫游缰。此马独弃捐，物理良可伤。
君王倘惠养，请试苜蓿长。

许顗

许顗（生卒年不详），字彦周，南宋人（生活于宣和年间），生平事迹无可考。

紫骝马

（宋·许顗）

黄金络头玉为鞬，蜀锦障泥乱云叶。
花间顾影骄不行，万里龙驹空汗血。
露床秋粟饱不食，青刍苜蓿无颜色。
君不见，
东郊瘦马百战场，天寒日暮乌啄疮。

李新

李新（生平不详）。

荞麦

（宋·李新）

神农播百谷，赐羌荞麦种。下子分苦甘，甘贱苦蒙宠。
西山律候晚，春种夏苗茸。秋花深入云，风浪绮霞动。
灌溉以时节，牧放远原陇。岁登蜗负归，免径行错总。

积囷连云根，蘖秸乱墟冢。赤茎堕钗股，黑实盈缶翁。
锐首师郭尖，骈结友张仲。一身多模棱，四角腹膨肿。
舂开铁俏飞，磨溜尘粉冻。溲和陶甄手，灰火助培拥。
剂坚视铁石，薄厚拟轻重。不问镜月图，行至齐眉捧。
杵洼新炒香，揉以牛羊湩。不托递炊饼，芹美思贡奉。
来牟莫我贻，桄榔尚珍送。大宛来苜蓿，与尔俱阘茸。
中都千贵人，侍食姬环拱。流匙滑玉粒，雕胡不在供。
四海会万珍，方丈无点空。戎貐犬豕性，真可糠秕共。
有客饭黄粱，浑忘梦中梦。

送吴使君

（宋·李新）

西南世家无十族，吴范生儿长食肉。
虎头犀骨初长成，闭门教草三千牍。
传来旧物凌云笔，楷字君王无第一。
墨池染尽俱拙人，柿叶学成几失实。
闻道甘棠阴已密，相共政声同一律。
玉壶盈尺不消冰，清峻照人常惨栗。
归侍安车辐巾叟，石建板舆怜白首。
二年赢得倚栏干，醉看红梅霜雪后。
草玄故人偏嗜酒，试拚黄金追百斗。
芋魁桤木的然成，丙穴郫筒依旧不。
行舟牵挽由来有，十倍青衿折杨柳。
未容学舍鞠园蔬，岁月用陶燕许手。
驽骖无取休推毂，二十四蹄肥苜蓿。
近时牙颊惜春风，吾曹易效穷途哭。

送菜徐秀才

（宋·李新）

吏部齑盐满腹，先生苜蓿盈盘。
珍重寻常痴客，不作膏粱眼看。

钱时

钱时（生平不详）。

六月六日侄孙辈同食大麦二首（其二）

（宋·钱时）

大麦新炊苜蓿盘，一壶春酒小团栾。
金丹九死生灵命，莫作寻常粝饭看。

林东愚

林东愚（生平不详）。

秋兴

（宋·林东愚）

落日江城动鼓鼙，故山千里转逶迤。
谢安旧宅空陈迹，尼父余风异昔时。
苜蓿秋高戎马健，海门日短雁书迟。
客窗几对黄昏坐，云汉悠悠起暮思。

赵希逢

赵希逢（生卒年不详），一作希蓬，宋宗室，太祖四子秦王德芳八世孙。理宗淳祐间，以从事郎为汀州司理。与华岳诗词酬唱往来，著有《华赵二先生南征录》，今不传。

和野菜吟

（宋·赵希逢）

饥来粝饭荐苜蓿，不必脍鲁更炮鳖。
何人日流饿虎涎，望望一饱蚁慕膻。
岂知山林一天性，悠然野兴浩无边。
冬菁春韭总甘美，入口寒泉生颊齿。
鼎烹虽不罗八珍，盘餐尽定供百指。
不妨寂寞类首阳，免得市声入耳忙。
蕨薇风味千载下，发以姜橙苏椴香。
洗教瓦鼎光如镜，自拾樵薪归野径。
兴来小摘烝复湘，不用玉纤巧饾饤。

陈容

陈容（生卒年不详），南宋画家。字公储，号所翁。长乐（今属福建）人，一作江西临川人。诗文豪壮，善画龙、松、竹，偶亦画虎。画龙，得变化之意，泼墨成云，喷水成雾，以笔勾划腾跃隐没之势，名重一时。

潘公海夜饮书楼（节选）

（宋·陈容）

文章有战胜，此道难跻攀。向来闻歌商，政以静体观。
收心学潜圣，吾身重丘山。岂必猎众智，茫茫芡走盘。
诫身与教子，户内天壤宽。苜蓿上朝盘，道人斋入关。
土田非蒺藜，莫问岁事艰。夫君不长贫，身在世转难。

陈普

陈普（生卒年不详），字尚德，号惧斋，世称石堂先生。南宋淳祐四年（1244 年）生于宁德二十都石堂（今属蕉城区虎贝）。南宋著名教育家、理学家，其铸刻漏壶为世界最早钟表之雏形。

劝学

（宋·陈普）

七闽四海东南曲，自有天地惟篁竹。
无诸曾拥汉入秦，归来依旧蛮夷俗。
未央长乐不诗书，何怪天涯构板屋。
人民稀少禽兽多，云盘雾结成烜燠。
楼船横海未入境，淮南早为愁蛇蝮。
自从居股徙江淮，鸟飞千里惟溪谷。
经历两世至孙氏，始闻种杏匝庐麓。
依然未识孔圣书，徒能使虎为收谷。
异端神怪非正学，但可出野惊麋鹿。
三分南北又几年，匹士单夫无可录。
开元天宝唐欲中，阑干始见盘中蓿。
日南韶石出名公，新罗二士非碌碌。
七闽转海即洙泗，仅有令孜与思勖。
令人不忍读唐书，不胜林壑溪山辱。
天心地气信有时，二三百年渐堪目。
述古大年创发迹，义理文章相接续。
蔡襄风任獬廌司，陈烈气压龙虎伏。
介夫当仁竟不让，了翁守义穷弥笃。

天开道统游杨胡，一气北来若兰馥。
了翁责沈先识程，子容闻风亦知肃。
剑龙化作李延平，道理益明仁益熟。
遂生考亭子朱子，撑拓三才开仫育。
植立纲常鳌戴地，开发蒙昧龙衔烛。
三胡三蔡与五刘，新安建安如一族。
直卿幸作东床客，照耀乾坤两冰玉。
四书才老多有见，楚辞全甫尤能读。
正叔安卿亲闻道，稍后景元亦私淑。
礼书身后得直卿，遗经未了留杨复。
奎宿分野忽在兹，神光秀气相追随。
灯窗眉宇辙不同，金玉满堂珠万斛。
遂令四书满天下，西被东渐出九服。
方将相与作齐鲁，迩来微觉忘梳沐。
贤良文学偶未设，墙角短檠弃何速。
相看一一皆凤麟，相薰渐渐随鸡鹜。
古今最重是习气，圣贤为此多颦蹙。
一落千丈不可回，坚冰都在坤初六。
诗书自古不误人，明经不但为干禄。
聪明才智万景春，家国子孙千百福。
吾言喋喋徒费辞，自昭拱看扶桑浴。

姚佑

姚佑（生卒年不详），科举进士及第。徽宗年初（1101年），姚佑任职夔州路转运判官。

游沃洲

（宋·姚佑）

入山高岭驻鸣驺，指点沙溪见沃洲。
又是霜花殊苜蓿，仍开玉柱伴骅骝。

程洵

程洵（生卒年不详），字允夫，南宋婺源（今属江西省）人。为朱熹门人，潜心理学，是程朱学派的重要学者。

寄张顺之（节选）

（宋·程洵）

踏遍危途兴已阑，倦飞幽鸟故知还。
手开高士蓬蒿径，坐对先生苜蓿盘。

俞文豹

俞文豹（生卒年不详，1240 年前后在世），字文蔚，浙江括苍（今浙江丽水）人。著作甚多，有《清夜录》一卷，《古今艺苑谈概》上集六卷，下集六卷，《吹剑录》一卷，《吹剑录外集》一卷，均由《四库总目》并传于世，作品对南宋政治腐败有所揭露。

无题

（宋·俞文豹）

藩马步街青苜蓿，羌儿卧唱白铜鞮。

《突厥语大辞典》收录的无名诗歌

（宋·佚名）

题注：这首无名诗歌引自《植物传奇》（沈苇，2009）所载内容，这些内容援引自《突厥语大辞典》，该辞典中收录了 11 世纪及 11 世纪之前流传在中亚丝绸之路上的民歌和民谣。

来了客人莫让他走掉，要让他解除旅途的疲劳。
再给他的马儿弄来草料①，让马儿吃得毛色闪耀。

简注：①原文如下：“歌谣中的草料是给客人马儿的上好草料，而最好的草料就是鲜嫩、多汁、美味的苜蓿”。

元代苜蓿诗

【苜蓿】《齐民要术》：地宜良熟。七月种之。畦种水浇，一如韭法。一年三刈。留子者，一刈则止。春初既中生啖，为羹甚香。长宜饲马，马尤嗜之。此物长生，种者一劳永逸。都邑负郭，所宜种之。崔寔曰：七月，八月，可种苜蓿……

烧苜蓿之地，十二月烧之讫。二年一度，耕垄外根，即不衰。凡苜蓿春食作干菜，至益人。

——元·司农司《农桑辑要》

王寂

王寂（1128 ～ 1194 年），金代文学家。字元老，号拙轩，蓟州玉田（今河北玉田）人。天德三年（1151 年）进士，历仕太原祁县令、真定少尹兼河北西路兵马副都总管。大定二十六年（1186 年），因救灾之事蒙冤，被贬蔡州防御使，后以中都路转运使致仕。卒谥文肃。著有《拙轩集》。

拙轩

（金末元初 · 王寂）

拙轩少也绝交朋，闭门坐断藜床绳。
据梧手卷挑青灯，目力自足夸秋鹰。
一行作吏负且乘，简书夜下催晨兴。
心劳政拙无佳称，高枕缓带吾何曾。
年来安东逐斗升，吻胶背汗疲炎蒸。
到官簿领交相仍，临事自笑无一能。
督责老掾询聋丞，日畏罪罟空凌兢。
穷荒九月河水冰，玉楼冻合衣生棱。
毡裘火坑寒不胜，呼吸未免髯珠凝。
积忧蓄热邪上腾，阿堵中有轻云凭。
临窗射日绝可憎，决眦泪霣长沾膺。
初谓造物何侵陵，细思无乃示小惩。
世医肤见浪自矜，肝胆岂易分淄渑。
屏除嗜欲学山僧，此理盖出三折肱。
斯文未丧信有徵，天其使我双明增。
要作楷字头如蝇，表乞骸骨归丘陵。
负郭二顷产有恒，堆盘苜蓿衣粗缯。
醉眠床下呼不应，自许此著高陈登。
饭余睡足支枯藤，老眼细数云山层。

元好问

元好问（1190 ～ 1257 年），字裕之，号遗山，世称遗山先生，金朝统治下的山西人。在金朝为官，官至行尚书省左司员外郎，金朝灭亡以后不仕。他的诗文在金朝颇具影响力，其诗风格奇崛而无雕琢之感，灵秀而不绮丽。他是金末元初最有成就的文学家和历史学家，宋金对峙时期的北方文学领袖，被称为“北方文雄”“一代文宗”。

杂诗四首（其四）

（金末元初·元好问）

堂堂明堂柱，根节几岁寒。
使与蒲柳同，扶厦良券难。
我衣敝缊袍，我饭苜蓿盘。
天公方试我，剑铗匆妄弹。

寄钦用

（金末元初·元好问）

憔悴京华苜蓿盘，南山归兴夜漫漫。
长门有赋人谁买？坐榻无毡客亦寒。
虫臂偶然烦造物，獐头何者亦求官。
故人东望应相笑，世路羊肠乃尔难。

送李参军此上

（金末元初·元好问）

五日过居庸，十日渡桑干。
受降城北几千里，出塞入塞沙漫漫。
古来丈夫泪，不洒别离间，今朝送君行，清涕留余潸。
生女莫作王明君，一去紫台空佩环。
生男莫作班定远，万里驰书望玉关。
我知骥子堕地无齐燕，我知鸿鹄意气青云端。
草间尺鷃亦自乐，扶摇直上何劳抟？
一衣敝缊袍，一饭苜蓿盘。
岁时寿翁媪，团栾有余欢。
就令一朝便得八州督，争似彩衣起舞春斓斑？
去年雒阳人，今年指天山。
地远马鞯破，霜重貂裘寒。
朔风浩浩来，客子惨在颜。
扼胡岭上一回首，未必君心如石顽。
君不见，桓山乌，乳哺不得须臾闲。
众雏一朝散，孤雌回顾声悲酸。
寒雁来时八九月，白头阿母望君还。

耶律楚材

耶律楚材（1190 ～ 1244 年），又称耶律楚才，字晋卿，号湛然居士，又号玉泉老人。金末元初人，契丹族，仕蒙古三十年，窝阔台汗在位时官至中书令（相当于宰相），是推行汉法的积极倡导者。

和黄山张敏之拟黄庭词韵

（金末元初 · 耶律楚材）

黄山无媒亦无梯，萧条白昼关荆扉。凌晨端坐漱玉池，阑干苜蓿先生饥。
惠然寄我黄庭词，湛然一笑几脱颐。一鹤南翔一不飞，十年一梦今觉非。
故山旧隐苍松欹，而今老尽虬龙枝。曾学四老餐紫芝，从讥怀宝而邦迷。
尘缘一扫无孑遗，隔縠观月犹依稀。汪洋法海无边涯，萤光讵可窥晨晞。
莲花自是生污泥，污泥不染清凉肌。彩云易散碎琉璃，人间四相天五衰。
有为无为俱有为，寿穷尘劫元非迟。湛然醉摇芭蕉卮，蔷薇深蘸书淋漓。
白眼一望须弥低，黄山先生耽书痴。退藏不露龙麟姿，对人不耻弊缊衣。
自甘贫困元知微，篱边黄菊香离披。门前山色寒参差，不以下体遗葑菲。
新诗远寄盘龙螭，胸中满贮夷齐薇。忘机临水狎鸥鹭，燕居申申不愆仪。
含光隐秀如文犀，乘闲纶钓垂清漪。躬耕禾黍方离离，须信君子能自卑。
予知先生之独悲，深忧海内生民疲。生民扰攘如棼丝，笑予素餐徒位尸。
先生识鉴如元龟，旁通发而为声诗。照我穹庐生光辉，穷通进退元有时。
至人终不贪危机，他时天子求埙篪。欲行周礼修周基，先生好应千年期。
沙堤行人羡轻肥，凤凰到底凤池栖。太平钧石须君持，苍生未济无言归。

段成已

段成已（生卒年不详），字诚之，克己仲弟。登金正大进士第，授宜阳主簿。克己殁后，自龙门山徙晋宁北郭，闭门读书。元世祖降玺书，即其家起为平阳儒学提举，不赴。年过八十，优游以终，世称菊轩先生。祭酒周文懿评其文在班、马之间，河汾遗老之卓然一门，未有如段氏者也。

薛宝臣生朝俱用薛氏实事

（金末元初 · 段成已）

郡姓记君先。乌鹊翔飞瑞自閒。闻在儿时人已惮，他年。
又作河东一凤传。佳政讼分缣。看赋春游第几篇。
蹑跷谁为门下客，休叹。换却先生苜蓿盘。

耶律铸

耶律铸（1221 ～ 1285 年），元初大臣，耶律楚材子，字成仲。1258 年，随蒙哥伐蜀。翌年蒙哥死于军中，阿里不哥起兵夺汗位，他弃而追随忽必烈。1261 年（世祖中统二年）为中书省左丞相。1264 年（世祖至元元年）奏定法令三十七章。后去山东任职，应诏监修国史，并多次出任中书左丞相。1283 年（世祖至元二十年）因罪免职。著有《双溪醉隐集》。

金微道

（元 · 耶律铸）

茫茫苜蓿花，落满金微道。一千里骥足，十二闲中老。

王恽

王恽（1227 ～ 1304 年），元文学家。字仲谋，号秋涧。汲县（今河南卫辉）人。中统初，任翰林修撰、同知制诰兼国史编修。至元五年（1268 年）拜监察御史。知无不言，论列五十余章，权贵侧目。出为平阳路总管府判官。历河南、燕南、山东宪副。进福建宪使，黜官吏贪污枉法者，凡数十人。二十九年，召至京师，上书极陈时政，擢翰林院学士、嘉议大夫。大德元年（1297 年），进中奉大夫。大德五年（1301 年）致仕，卒后谥文定公。著有诗文曰《秋涧先生全集》，凡一百卷。其诗才气横溢，散文则学韩愈。

雨中与诸公会饮市楼

（元 · 王恽）

每恨人生会合难，兴来一醉尽君欢。
雨沾翠佩帘花细，酒凸金杯饮兴宽。
胡旋舞低翻翠袖，串珠喉稳怯春寒。
朝来酒醒蓬窗下，依旧春风苜蓿盘。

挽赵教授公净

（元 · 王恽）

是是非非到盖棺，
误身无似戴儒冠。
苍凉一片共山月，
照彻先生苜蓿盘。

挽平阳教授崔君度

（元·王恽）

心醉群经四十年，
老成身后见波澜。
苍凉一片姑山月，
空照先生苜蓿盘。

喜彦祥生还故里

（元·王恽）

千里西还已五年，
枝巢虽在不胜寒。
半生历试何清慎，
依旧春风苜蓿槃。

方回

方回（1227～1305年），元朝诗人、诗论家。字万里，别号虚谷。徽州歙县（今属安徽）人。南宋宋理宗时登第，初以《梅花百咏》向权臣贾似道献媚，后见似道势败，又上似道十可斩之疏，得任严州（今浙江建德）知府。元兵将至，他高唱死守封疆之论，及元兵至，又望风迎降，得任建德路总管，不久罢官，即徜徉于杭州、歙县一带，晚年在杭州以卖文为生，以至老死。

秀山霜晴晚眺与赵宾旸黄惟月联句

（元·方回）

严范盛蒸尝，轩莱恪尸祝。勃兴畏后生，朋来乐私淑（回）。
骈肩长裾曳，比屋短檠读。高科接踵武，雅德棻被服（东）。
委巷致聘旌，徒步腼公餗。车引太仆驺，马给上林蓿（回）。
岂惟供爪牙，固将倚心腹。文华凌屈宋，武略迈颇牧（东）。

刘辰翁

刘辰翁（1233～1297年），字会孟，别号须溪。庐陵灌溪（今江西省吉安市吉安县梅塘乡小灌村）人。南宋末年著名的爱国词人。景定三年（1262年）登进士第。他一生致力于文学创作和文学批评活动，为后人留下了可贵的丰厚文化遗产，遗著编为《须溪先生全集》，《宋史·艺文志》著录为一百卷，已佚。

春景马上逢寒食

（元 · 刘辰翁）

寒食古来同，乡关隔万重。天涯俱是恨，马上又相逢。
雨雪皋兰道，弓刀苜蓿峰。满城看插柳，分路入浇松。
绣岭开门日，鄜州陷贼踪。年年闻改火，双泪下龙钟。

姚燧

姚燧（1238 ～ 1313 年），元代文学家。字端甫，号牧庵，原籍营州柳城（今辽宁朝阳），迁居河南洛阳。姚燧 3 岁丧父，随伯父姚枢居苏门，后被荐为秦王府文学，官至翰林学士承旨。著有《文集》五十卷，今存《牧庵集》三十六卷，内有词曲两卷，门人刘时中为其作《年谱》。

次韵时中

（元 · 姚燧）

多君闻道粗知归，云雾何人识少微。
尔后骅骝终独步，目前鸷鸟不群飞。
淮南数日将寒食，客里三春尚腊衣。
安得銮坡同给札，不妨苜蓿对朝晖。

陈孚

陈孚（1240 ～ 1303 年），元诗人。字刚中，号笏斋。临海（今属浙江）人。元世祖时，以布衣上《大一统赋》，被任为上蔡书院山长，后历任翰林待制兼国史院编修官、台州路总管府治中。至元末，以副使身分出使安南，不辱使命。大德七年（1303 年），上书斥责浙东元帅脱欢察儿怙势立威、不恤民隐等罪状，又发仓赈民，以此过劳成疾，病卒于家。著有《观光稿》《交州稿》《玉堂稿》等。

至元壬辰呈翰林院请补外（其三）

（元 · 陈孚）

索米长安市，光阴电影移。酒尊贫不饮，药裹病相随。
愤激樱桃赋，凄凉苜蓿诗。臣心清似水，暮夜有天知。

史馆暮春有感呈承旨野庄公

（元 · 陈孚）

满箧诗章未必传，微官束缚正堪怜。
蘼芜满院又三月，苜蓿堆盘无一钱。

洛邑家书黄犬上，巴山旧业子规前。
夜听儿女青灯话，似觉朱颜老去年。

李衎

李衎（1245～1320年），字仲宾，号息斋道人，晚年号醉车先生，元朝蓟丘（今北京市）人。元仁宗皇庆元年（1312年）任吏部尚书，拜集贤殿大学士、荣禄大夫。晚年以疾辞官，寓居维扬（今江苏扬州），卒年七十五，追封蓟国公，谥文简。

四清图

（元·李衎）

慈竹可以厚伦纪，方竹可媿圆机士。
芳有笋兮兰有阙，石秀而润树老苍。
李候平生竹成癖，渭川千亩在胸臆。
笑呼墨卿为写真，与可复生无以易。
吾祖爱竹世所闻，敬之不名称此君。
李侯赠我有余意，要使后人继清芬。
明窗无尘篆烟绿，尽日卷舒看不足。
此乐令人欲忘餐，况复咨嗟苜蓿盘。

仇远

仇远（1247～？），字仁近，号近村，又号山村民，学者称山村先生，钱塘（今浙江杭州）人，宋末元初文学家。度宗咸淳间以诗著，与同邑白珽合称仇白。元成宗大德九年（1305年）为溧阳学正，秩满归。享年七十余。有《金洲集》。

题汤松年画卷（其一）

（元·仇远）

貌得人间真乘黄，曹将军后有韦郎。
奚官牵挽犹西望，似忆春风苜蓿长。

风雨不出

（元·仇远）

儒宫少公事，闲坐如家居。闭户听风雨，重读架上书。
岂无借书瓻，小酌勿用沽。岂无苜蓿盘，园丁送喜蔬。
溪童把钓竿，时得径雨鱼。采薇拾橡栗，视此已有余。
怀哉天地恩，不弃无用儒。舍此将何之，狂士多迷途。
终不如归田，一蓑溪上锄。

于石

于石（1247～？），宋元间婺州兰溪人，字介翁，号紫岩，更号两溪。貌古气刚，喜诙谐，自负甚高。宋亡，隐居不出，一意于诗。豪宕激发，气骨苍劲，望而知其为山林旷士。著有《紫岩集》。

归兴

（元·于石）

归欤高枕寄林泉，安用悲歌行路难。
君子患无真气节，世人空笑旧衣冠。
雪深处士梅花屋，月冷先生苜蓿盘。
谁谓家贫无一物，床头三尺剑光寒。

薄薄酒

（元·于石）

薄薄酒，可尽欢。粗粗布，可御寒。丑妇不与人争妍。
西园公卿百万钱，何如江湖散人秋风一钓船。
万骑出塞铭燕然，何如驴背长吟灞桥风雪天。
张灯夜宴，不如濯足早眠。高谈雄辩，不如静坐忘言。
八珍犀箸，不如一饱苜蓿盘。高车驷马，不如杖屦行花边。
一身自适心乃安，人生谁能满百年。富贵蚁穴一梦觉，利名蜗角两触蛮。
得之何荣失何辱，万物飘忽风中烟。不如眼前一杯酒，凭高舒啸天地宽。

毛直方

毛直方（生卒年不详，约1279年前后在世），字静可，建安（今福建建瓯）人。宋咸淳九年（1273年）以周礼领乡荐，入元后不仕，优游闾里，授徒讲学。及科举制重兴，郡内以明经擢进士第者，多出其门。省府上其名，始被一命，得教授致仕，半俸终其身。所编有《诗学大成》《诗宗群玉府》，所著有《冶灵稿》《聊复轩斐稿》。

独骏图

（元·毛直方）

连天苜蓿青茫茫，盐车鼓车纷道傍。
肉骔汗血不可当，权奇倜傥晦若藏。
五之六之无留良，如此独步何堂堂。

日三品豆慎所尝，天闲逸气难能量。
一尺之箠五尺缰，了与辔络俱相忘。
太仆御直俨冠裳，庭前榻上婉清扬。
有诏有诏且勿忙，一洗凡马銮锵锵。
我观此图笔意长，欲言尚寄田子方。

陆文圭

陆文圭（1252～1336年），元代文学家。字子方，号墙东，江阴（今属江苏）人。博通经史百家，兼及天文、地理、律历、医药、算术之学。

送朱鹤梨入京
（元·陆文圭）

故人天上调金鼎，应念先生苜蓿盘。
博士不烦重讲席，拾遗无复欢儒冠。
蓬莱海阔还须阴，太华峰高不道寒。
茅屋三间老书客，逢人懒间日长安。

赋烧笋竹安韵
（元·陆文圭）

先生朝盘厌苜蓿，徇味得全差腾肉。
苍头扫地尿有出，赤炎腾烟龙尾秃。
土膏渐竭外欲枯，火候微温酒已熟。
拨灰可惜衣残锦，解箨独娄谨咔玉。
青青无日长儿孙，草草为人供口复。
瞄家丞相节萌苦，石家无人煮豆粥。
去毛留项有何好，捣韭作节空自速。
不如野人工食淡，自记行厨入修竹。
句里曾参玉版禅，胸中会著禹笥谷。
主人不间不须嗔，昨夜西风乡林屋。

方一夔

方一夔（1253～1314年），字时佐，淳安富山人。方逢辰侄。幼承家训，壮与何梦桂诸老游。因屡举不第，由有司推荐，领教群庠，续荐为考试官。不久，退隐富山之麓，自号知非子，授徒讲学，门人称为“富山先生”。元至元十五年（1278年），浙西廉访佥事夹谷之奇亲临拜访，一夔“逾垣”避之不晤。族叔方蛟峰（方逢辰）得元恩命，一夔以《贺方逢辰得元恩命》诗极力劝阻，后蛟峰坚卧不出，亦见其责善之力。

秋晚杂兴六首（其二）

（元·方一夔）

天涯谁道远？岭海接并幽。马带交河种，人穿真腊裘。
梅花南国梦，苜蓿故宫秋。安得方仙道，飘飘访十洲。

赵孟頫

赵孟頫（1254 ～ 1322 年），字子昂，号松雪道人，湖洲（今浙江吴兴）人。宋末，于十四岁时以父荫补官，入元后为翰林学士。书画冠绝当时，有《松雪词》一卷。

闻捣衣

（元·赵孟頫）

露下碧梧秋满天，砧声不断思绵绵。
北来风俗犹存古，南渡衣冠不及前。
苜蓿总肥宛騕褭，琵琶曾泣汉婵娟。
人间俯仰成今古，何待他年始惘然。

和姚子敬秋怀五首（其三）

（元·赵孟頫）

搔首风尘双短鬓，侧身天地一儒冠。
中原人物思王猛，江左功名愧谢安。
苜蓿秋高戎马健，江湖日短白鸥寒。
金尊绿酒无钱共，安得愁中却暂欢。

送岳德敬提举甘肃儒学

（元·赵孟頫）

苦欲留君君不留，奋髯跨马走甘州。
功名到手不可避，富贵逼人那得休。
春酒蒲萄歌窈窕，秋沙苜蓿饱骅骝。
儒冠也有封侯相，万里归来尚黑头。

马臻

马臻（1254 ～？），字志道，号虚中。钱塘（浙江省杭州市）人。宋末元初著名画家、诗人，元初杭州西湖道士。出身于仕宦之家。少慕陶贞白（弘景）之为人，着道士服。

元初隐于杭州西湖之滨，潜心修道。工诗属文善画，擅画花鸟、山水，诗有豪迈俊逸之气，士大夫慕其名与之交。

早春闻笛

（元 · 马臻）

万里南州客，离家又一年。春回苜蓿地，笛怨鹧鸪天。
趁日裁乌帽，寻人卖马鞯。归心忧赋役，负郭幸无田。

圆至

圆至（1256 ～ 1298 年），元僧。字牧潜，号天隐。高安（今属江西）姚氏。年十九岁依仰山慧朗祖钦出家。务进退，寡交识，怡然以道味自尚。历荆、襄、吴、越，体禅理而外，工诗文。元贞间主建昌府能仁。后寂于庐山。有《牧潜集》《唐诗说》。

送建昌黄绮秀才踰淮教授

（元 · 圆至）

还山羞听紫芝歌，旅馆千门讲四科。
绛帐未悬知己少，黑裘渐敝阅人多。
秋风白下沾巾别，落日青淮照影过。
莫对饭盘嗔苜蓿，桑榆虽暖易蹉跎。

宋无

宋无（1260 ～ 1340 年），字子虚，号晞颜，苏州（今江苏苏州）人。工诗，善墨梅。有墨梅寄因上人诗二首。卒年八十一岁。

旧内臣家老马

（元 · 宋无）

罢直奚官雪满腮，少年曾扈上之回。
金砧戍削蹄多裂，玉秣辛酸齿半摧。
苜蓿地闲春草遍，葡萄宫废野花开。
病嘶破枥秋风夜，犹忆先朝较猎来。

金陵怀古

（元 · 宋无）

宫砖卖尽雨崩墙，苜蓿秋红满夕阳。
玉树后庭花不见，北人租地种茴香。

袁桷

袁桷（1266～1327年），字伯长，浙江鄞县人。系元代著名作家。袁桷小时读书，勤奋苦学，每每通宵达旦。他见宋末文学杂乱，很少建树，便以重振文坛自任。元大德初年（1297年），被荐举担任翰林国史院检阅官、翰林直学士、知制诰、同修国史。后又拜侍讲学士。元英宗对袁桷的博学十分赏识，又命他撰述宋、辽、金史，袁桷亦奋然自任。以后由于朝廷发生变故而没有完成。泰定初年（1324年），袁桷辞职回归故里，闭门读书，自号“清容居士”。

送马伯庸御史奉使河西八首（其五）

（元·袁桷）

飞翼西北来，遗我书赫蹄。中有陈情词，复怜双雏啼。
野旷川无梁，积荒气候凄。鸡鸣葡萄根，虎啸苜蓿畦。
清霜集素裘，斗戴天益低。顿辔不得上，雪山在其西。

络马图

（元·袁桷）

秋原苜蓿肥云屯，帖帖此马和且驯。
属车效驾岂在力，愧汗绝足追奔尘。
良哀不生造父往，公子毫端意凄怆。
虞渊逐日终饮河，出门加鞭奈尔何。

刘诜

刘诜（1268～1350年），元吉安庐陵人，字桂翁，号桂隐。性颖悟，幼失父。年十二，能文章。成年后以师道自居，教学有法。江南行御史台屡以遗逸荐，皆不报。为文根柢《六经》，躏跞诸子百家，融液今古，四方求文者日至于门。卒私谥文敏。著有《桂隐集》。

天马歌赠炎陵陈所安

（元·刘诜）

房精夜堕荥波中，骅骝奋出如飞龙。
昂头星宫逐枉矢，振鬣云阙追天风。
汉家将军三十六，分道出塞争奇功。
当时一跃万马尽，蹴踏少海霓旌红。

韩哀谢舆伯乐去，蹶块误落奚官庸。
十年皂枥食不饱，虽有骏步难争雄。
春随锦鞯北陵北，秋卧衰草东阡东。
时从驽骀饮沙涧，未免泥滓沾风骏。
夜寒苜蓿山谷迥，长嘶落月天地空。
时平文轨明荡荡，万里穷荒无虎帐。
交河不用踏层冰，裹足山城学驯象。
吾闻天子之厩十二闲，骥騄并收无弃放。
金根云罕出都门，唤取雍容肃仙仗。

张养浩

张养浩（1269～1329年），字希孟，号云庄，山东济南人，元代著名散曲家。诗、文兼擅，而以散曲著称。代表作有《山坡羊·潼关怀古》等。

赠刘仲宪（并序）

（元·张养浩）

仲宪，卫州人。以儒掾台省者十余年，清苦如一日，人馈遗皆不受。能诗，喜谈政治。尝谓为天下不自农桑始，三代之盛，终不能致。闲尝叩之，其言激切，或至泪下。余器其人类古君子，故以诗赠之。

庙堂鼎食穷水陆，风纪惠文寒耸玉。
而君名位不省台，常见私忧结眉目。
朅来我过白所怀，如枉未伸功未录。
谆谆三代治安本，修水火金并土木。
烝民既粒教乃敷，和气春风生比屋。
自从秦鞅废井田，王政丝棼民湿束。
利归兼并富啮贫，万世祸基从此筑。
汉兴文帝殊有为，瓦砾黄金金玉粟。
蠹农一切悉禁绝，千耦如云四郊绿。
下及魏晋隋若唐，或耀武功或货黩。
尽刳民力供上需，何异养身还饵毒。
间时偶尔值小登，悔祸元出天公独。
劝农使者徒上功，虚丽祇堪文案牍。
绎骚后迨五季间，竞投钱镈悬刀镯。
民间十室九訾窳，父子几何不沟渎。
吾元有国天所资，世祖躬历艰难熟。

未遑礼乐刑政颁，首辟司农惟穑督。
至今在在著作林，枝干排云叶犹沃。
当时治效概可知，行不赍粮居露宿。
兹非前圣后圣规，岂特千年万年福。
统元欲复今何难，政坐因仍弗加勖。
骏奔期会夸独贤，深竟根株炫能狱。
毁方求媚为通融，涤垢搜瘢称干局。
呜呼是岂经远图，刑剧谁虞覆公悚。
孟氏古称王佐才，照世格言星日煜。
论治略无奇异闻，唯说耕桑与鸡畜。
使当此日出此言，可必诸公尽颦蹙。
圣贤于彼非不知，但恐违天拂民欲。
窃尝窥管得一斑，端本澄源在当轴。
仍择师帅专抚绥，且谕臬司精考鞫。
的行黜陟表惰勤，重立赏罚旌慝淑。
如斯上下不裕宁，伏锧市朝甘显戮。
我闻其语汗雨如，始也解颐终项缩。
半生醉梦郑卫音，一旦醒心韶濩曲。
刘君刘君策固佳，俯仰悠悠知者孰?
传存拾沈示永箴，书著兴戎昭往躅。
君不见，
东家求官交近侍，西家豪富相徵逐。
奈何温饱不自谋，日为黎黔欲长哭！
我知君心如古人，我知君才非世俗。
子牟身远志在廷，梁父调高音振谷。
贾生流涕叫虎关，屈叟甘心葬鱼腹。
旧闻造物辅善良，比岁看来亦翻覆。
纷纷已往姑莫论，目击试将吾友卜。
承家千里止一男，半夜麒麟去何速。
泪巾又燥女又殇，兰玉埋香见无复。
士夫固以贫为常，门户那堪祸相属。
我尝送米犹见却，一芥他人肯轻触。
处勤节义愈凛然，风雪倒山松柏矗。
迩来踪迹尤可嗟，十倍戒途舆脱辐。
劳劳簿领头斑白，承务酬官在昏夙。
否极或者泰运还，有诏吏止七品服。

君由弱冠冠儒冠，一概谁分鸾与鹏？
世间屯难表里攻，阮籍途穷未为促。
昨朝跋马过所居，圭荜荒凉雀堪扑。
座无裀褥甑生尘，庋有诗书盘苜蓿。
归来叹羡原宪贫，却顾轻肥还自恧。
蹇余亦本山野民，仕路强趋终踏局。
向非亲命须官为，定买烟霞事耕斸。
书生所见然颇同，欲奋不能宁韫椟。
因知世事如意少，讵止君家为不足。
子孙笋列多冥顽，玉帛山堆足忧辱。
国忠贵显奴隶憎，黄宪清贫古今伏。
人生果在官有无，可与智言难众告。
今晨霁色雨洗新，群木疏明丽朝旭。
一杯陶写千古情，我起踏筵君击筑。
天开罗幌云千叠，地展锦屏山四簇。
不须华俎饤蘼鲜，政要露杯羞杞菊。
须臾酩酊彼此忘，哀玉满庭风动竹。

虞集

虞集（1272～1348年），字伯生，号道园，四川仁寿人，寓居崇仁（今江西崇仁）。曾为大都路儒学教授，官至翰林学士兼国子祭酒。与杨载、范梈、揭傒斯并称为“延祐四大家”。有《道园学古录》。

八月十五日伤感

（元·虞集）

宫车晓送出神州，点点霜华入敝裘。
无复文章通紫禁，空余涕泪洒清秋。
苑中苜蓿烟光合，塞外蒲萄露气浮。
最忆御前催草诏，承恩回首几星周。

画马二首（其一）

（元·虞集）

萧条沙苑贰师还，苜蓿秋风尽日闲。
白发圉人曾习御，长鸣知是忆关山。

八骏图

（元·虞集）

瑶池积雪与天平，西极空闻八骏名。
玉殿重来人世换，萧萧苜蓿汉宫城。

秋山行旅图

（元·虞集）

春夏农务急，新凉事征游。饭糗既盈橐，治丝亦催裘。
升高践白石，降观索轻舟。试问将何之，结客趋神州。
珠光照连乘，宝剑珊瑚钩。乘马垂苜蓿，纵目上高丘。
策名羽林郎，谈笑觅封侯。太行何崔嵬，日暮摧回辀。
古木多悲风，长途使人愁。羸骖见木末，足倦霜雪稠。
谷口何人耕，禾麻正盈畴。出门不及里，酒馔相绸缪。
壮者酣以歌，期颐醉而休。安知万里事，有此千岁忧。

今夜当同宿斋宫赋

（元·虞集）

学省初兼禁直稀，故人同署却相违。
食馀苜蓿承朝日，坐候棠梨过夕晖。
预喜奉祠秋寺烛，定知催襆早朝衣。
今晨瘦马经门巷，想拥青绫尚掩扉。

萨都剌

萨都剌（1272～1355年），元代诗人、画家、书法家。字天锡，号直斋。其先世为西域人。出生于雁门（今山西代县），泰定四年进士。授应奉翰林文字，擢南台御史，以弹劾权贵，左迁镇江录事司达鲁花赤，累迁江南行台侍御史，左迁淮西北道经历，晚年居杭州。萨都剌善于绘画，精书法，特别擅长楷书。他博学多才，人称燕门才子。

山中怀友（其三）

（元·萨都剌）

何事虚斋里，犹分苜蓿盘。
高林容偃蹇，众翼避扶抟。
黑夜文星动，青天剑气寒。
终南山正好，那得悔儒官。

秋夜京口

（元·萨都剌）

铁瓮城头刻漏迟，凉霜如雪扑帘飞。
雁声到地梦回枕，月色满船人捣衣。
塞北将军犹索战，江南游子苦思归。
呼鹰腰箭纵围猎，苜蓿秋深马正肥。

赠来复上人四首（其二）

（元·萨都剌）

燕山风起急如箭，驰马萧萧苜蓿枯。
今日吾师应不念，毳袍冲雪过中都。

赠别鹫峰上人

（元·萨都剌）

建溪秋高山水清，溪边偶识衡阳僧。
临水洗钵挂溪阁，夜访校书天禄灯。
圣经佛偈通宵读，苜蓿堆盘胜食肉。
回雁峰南难寄书，武夷洞前堪煮粥。
西风猎猎吹水寒，相送郎官南出关。
校书公子玉京去，衡阳上人何日还。
手中玉杖春雨绿，毋乃湘君庙前竹。
胡不截作双凤箫，吹作来仪舜庭曲。
古曲雅以淡，天高难上闻。
不如且挂杖头月，归卧祝融峰畔云。

陈樵

陈樵（1278～1365年），字君采，今浙江东阳市亭塘人。元末，隐居小东白山谷涧少霞洞。性至孝，幼承家孝，继师事李直方，受《易》《诗》《书》《春秋》之学。历40年恍然领悟，见解独到。樵不入仕途，专意著述。所撰古赋十余篇，为国子监生徒竞相誊抄传诵。生平足迹未尝越出家乡，而声誉远达朝廷，知名人士多有投书谘访。88岁卒，著述甚丰。

北山别业三十八咏其三十六山园

（元·陈樵）

洛阳池馆半桑田，断竹操觚日灌园。
春日花连小东白，暮年草创大还丹。

蕨薇自古犹长采，桃李于今竟不言。
一径桑榆随地暖，雨余苜蓿又阑干。

山馆

（元·陈樵）

石甗峰前绿草肥，菟丝扶雨上梧枝。
天台道士投龙去，少白山人相鹤归。
苜蓿带茸初映日，雕胡落釜半成糜。
石楠花落无人扫，谁卧水阴歌采薇。

项炯

项炯（1278～1338年），元台州临海人，字可立。少倜傥，端行积学，通群经，为时名儒。隐居不仕。一时名公硕士，多与之游。炯工诗，有可立集《元诗选》传于世。

即事

（元·项炯）

江南水阔疑无地，汉北风高忽似秋。
鸿雁定应惊悄悄，麒麟何许泣幽幽。
步兵阮籍唯耽酒，隐士庞公不入州。
敢餍朝盘唯苜蓿，封侯浑是烂羊头。

马祖常

马祖常（1279～1338年），元光州人，先祖为汪古部人，字伯庸。仁宗延祐二年进士。授应奉翰林文字，拜监察御史。劾奏丞相铁木迭儿十罪，帝黜罢之。累拜御史中丞，持宪务存大体。终枢密副使。卒谥文贞。文章宏赡精核，以秦汉为法，自成一家言，诗圆密清丽。尝预修《英宗实录》，有《石田文集》。

灵州

（元·马祖常）

乍入西河地，归心见梦余。蒲萄怜酒美，苜蓿趁田居。
少妇能骑马，高年未识书。清明重农谷，稍稍把犁锄。

次韵继学三首（其一）

（元·马祖常）

金爵层霄外，银猊曲槛边。

含香俱国士，持橐半神仙。
岂有遮尘手，应无见曲涎。
池清天似水，席暖罽如绵。
客送蒲萄酒，人分苜蓿田。
书思趋豹省，掞藻赋龙船。
谁念冯唐老，为郎白首年。

壮游八十韵

（元·马祖常）

十五读古文，二十舞剑器。驰猎溱洧间，已有丈夫气。
裹粮上嵩高，灵奇发天秘。烨烨三秀芝，为我擢粲翠。
空青丹银品，伏龟镂文贝。骈罗星辰精，附丽日月会。
紫凤友朱鹭，翩翩剧翔戏。飞阁舒鸟翼，悬泉泻珠琲。
磨崖见古刻，应是列仙记。扪萝欲登观，苔滑阻凌厉。
烟霞荟蔚隮，雾雨萧飒至。余时戴箨冠，绿壁照缟袂。
檀栾有磐石，真人每同憩。北临黄河水，浊流触天沸。
蛟龙逐鼋鼍，鳞介满水裔。冲波崩金堤，万夫废穑事。
官家忧其劳，玉马岁沉祭。江淮画鹢船，夜上歌嘒嘒。
鱼盐不直钱，寡妇岂拾穗。酿酒相呼饮，颠倒再拜跪。
中心忘嗔诃，纵谈诋汉魏。三十能歌诗，鄙薄雕虫技。
不肯学仕宦，慷慨负高义。持钱送酒家，觞至即一醉。
羹芼嶰谷笋，饭煮山阳穄。峨冠拟鲁儒，短衣真楚制。
远行探禹穴，六月剖丹荔。巫峡与洞庭，彷佛苍梧帝。
三吴震泽区，幼妇蛾眉细。唱歌搅人心，不可久留滞。
沿淮达汶泗，摩挲泰山砺。圣乡有亡书，求道亦容易。
童子操觚牍，价重麒麟罽。京国天下雄，豪英尽一世。
舞羽肃文教，橐甲饰武备。马迹见腾尘，车辙闻戛轊。
翚骞天观起，鳞杂井屋缀。千亩开灵潢，驯象浴其汭。
我皇拓文场，群髦咸战艺。汩予黔娄生，言辞罔絺绘。
但幸晁董死，收拾在等第。胪传下阊阖，恩泽承滂沛。
春云覆林塘，杂花悬火齐。词垣正舒华，吹竽独无喙。
执笔御史府，羞缩如牡蛎。弹评则春秋，龃龉失剞劂。
问俗西夏国，驿过流沙地。马啮苜蓿根，人衣骆驼毳。
鸡鸣麦酒熟，木柈荐乾荠。浮图天竺学，焚尸取舍利。
安定昆戎居，贪鄙何足贵。返途历邠岐，原田表古畷。
宛宛陶穴民，艰难谋树艺。骊山葬秦魄，茂陵迷汉寞。

黍离悲故宫，脩竹编清渭。日入狐狸骄，天阴蝃蝀翳。
温泉山津阳，古瓦识唐字。关河隔山东，华岳秋更霁。
首阳饿夫薇，霜露已憔悴。铸牛挽浮梁，恍惚水所噬。
晋俗枣齿黄，冀马电蛇驶。井陉阸坤维，太行逼象纬。
煌煌日围近，赫赫天人瑞。田舍植汶篁，邮亭擞吴桂。
优游逢化国，俯仰咏乐岁。岂用百二险，自乃十一税。
北都上时巡，扈跸浮云骑。宴镐帐殿移，拜洛周庐卫。
岩空山樱繁，川曲红药腻。列障敕勒塞，万里静烽燧。
九节菖蒲良，贡篚充药饵。畴昔闭户居，耽读未见试。
三年不窥园，自谓五经笥。四十得俸禄，仅可给羹饎。
谁能薄淮阳，不作鸿胪寺。简书畏怀归，弧矢示初志。
振鹭方擢质，冥鸿忽垂翅。感叹对囊萤，兴言友荷蒉。
谅非廊庙具，颇异市井辈。当曳邹阳裾，愿拥文侯彗。

庆阳

（元·马祖常）

苜蓿春原塞马肥，庆阳三月柳依依。
行人来上临川阁，读尽碑词野鸟飞。

吴镇

吴镇（1280～1354年），字仲圭，号梅花道人，尝自署梅道人。汉族，浙江嘉兴魏塘人。工词翰，草书学辩光，山水师巨然，墨竹宗文同。擅于用墨，淋漓雄厚，为元人之冠。兼工墨花，也能写真。

忆临洮好十首（其一）

（元·吴镇）

我忆临洮好，流连古迹赊。
莲开山五瓣，珠溅水三叉。
蹀躞胭脂马，阑干苜蓿花。
永宁桥下过，鞭影蘸明霞。

乔吉

乔吉（1280？～1345年？），元代杂剧家、散曲作家。一称乔吉甫，字梦符，号笙鹤翁，又号惺惺道人。太原人，流寓杭州。他的杂剧作品，见于《元曲选》《古名家杂剧》《柳枝集》等集中。散曲作品据《全元散曲》所辑存小令200余首，套曲11首。散曲集今有抄本《文湖州集词》一卷，李开先辑《乔梦符小令》一卷，及任讷《散曲丛刊》本《梦符散曲》。

和化成甫番马扇头

（元·乔吉）

渥洼秋浅水生寒，苜蓿霜轻草渐斑，鸾弧不射双飞雁。
臂鞲鹰玉辔间，醉醺醺来自楼阑。
狐帽西风袒，穹庐红日晚，满眼青山。

张翥

张翥（1287～1368年），字仲举，世称蜕庵先生，晋宁（今江苏省武进县）人。至元初，召为国子助教。不久退居淮东。后起为翰林国史院编修官，累迁翰林学士承旨。加河东行省平章政事。有《蜕庵集》五卷，词集为《蜕岩词》。

雪后苦寒

（元·张翥）

雪后北风尤苦寒，燎炉起拥懒头冠。
谩怀学士酴醾酒，仍对先生苜蓿盘。
戎马尚惊尘滚滚，客槎空望海漫漫。
向来事是今朝梦，底用悲吟且自宽。

给事以马乳既就索诗

（元·张翥）

挏官载出橐驼马，分得官壶给事家。
代饮酪奴宁许敌，蒸豚人乳不成夸。
肥凝晓露鲭夷革，香带秋风苜蓿花。
长与诗翁消酒渴，肯辞为客住龙沙。

题赵文敏公画马

（元·张翥）

君不见，
汉家将军求善马，战骨纵横血流野。
归来作歌荐宗庙，宁悲鬼哭宛城下。
何如圣代德所怀，入献磊落皆龙媒。
右牵者谁鬈者偲，万里知自宛沙来。

眼光镜悬蹄腕促，老奚识性仍善牧。
时巡之外游幸稀，饱秣原头春苜蓿。
吴兴学士艺绝伦，妙处直似曹将军。
只今有马无此笔，谁与写之传世人。
为君甘老驽骀群。

陈泰

陈泰（生卒年不详，约 1279 ～ 1320 年在世），字志同，号所安，元潭州路茶陵州（今湖南茶陵）人。约元世祖至元中，至仁宗延祐末之间在世。与欧阳玄同举于乡，以天马赋得荐。延祐二年（1315 年）进士，除龙泉主簿。不好活动，唯以吟咏自适，竟终于是官。才气纵横，颇多奇句，有《所安遗集》一卷。

李陵悬军遇敌图为秦孝先题

（元 · 陈泰）

壮哉射虎将军孙，惜哉扼虎边军魂。
旌旗半捲日光薄，风吹野水秋无言。
生降孰与死战乐，天子未负将军恩。
阵前八骏血为泪，仰面不见咸阳门。
祁连山头堆苜蓿，将军多马今何赎。

王冕

王冕（1287 ？ ～ 1359 年），元朝著名画家、学者、诗人和篆刻家。字元章，一字元肃，号煮石山农、饭牛翁、会稽外史、梅花屋主等，诸暨（今属浙江绍兴）人。

索笋长句寄傅隐君

（元 · 王冕）

春风吹起石底云，丰隆唤出苍龙孙。
古苔初破土膏滑，露华净洗龟筒痕。
先生爱笋如爱玉，冷笑人间饫膏肉。
我生无家怀此君，十年未解求一束。
先生卜筑江之干，轩窗萧洒鸣风湍。
玉麈不挥秋飒飒，翠佩欲动声珊珊。

高歌不觉凛毛发，坐令异境生清寒。
便欲契青奴，谢彼苜蓿盘。
先生若肯慰我之大嚼，我亦为之披腹呈琅轩。

盘车图
（元 · 王冕）

忆昔常过居庸关，关中流水声潺潺。
雪花飞寒大如席，白色粲烂西南山。
山家野店隐烟雾，水榭云楼有幽趣。
汉家封侯已消磨，秦时长城作行路。
天险不设南北通，风俗一混归鸿蒙。
今人不解古时事，使我感慨心忡忡。
滦水城头无苜蓿，马驴尽食江南粟。
八月九月朔风高，更有饥鹰啄人肉。
太平时节无烽尘，金舆玉辇从时巡。
关南关北草色新，四海贡赋来相亲。
大车连属小车侣，雪地冰天无险阻。
玉帛谷粟取不穷，诛求那信人民苦。
书生潦倒家无储，凄凉忽见盘车图。
侧身怅望长嗟吁，天子亦念东南隅。

胡天游

胡天游（1288～1368年），元代诗人。名乘龙，自号松竹主人，又号傲轩。湖南平江人。7岁即有诗名，少时有进取之志，中年以后，隐居自乐，著《述志赋》以明志。据《金岩胡氏通谱》记载，平江虹桥胡氏系唐朝移民，乾符己亥年适黄巢乱，始迁祖令远公从南京迁居平江虹桥大坪乡庄楼村金紫岩，到元代，已繁衍出十七族，胡天游属竹山族十八世孙。

送侄胡文章修江馆
（元 · 胡天游）

我祖文章伯，余光耿未休。圣朝崇学校，犹子重箕裘。
蠹简三生债，皋比几度秋。登高还小鲁，观礼复从周。
琴为知音鼓，珠宁暗室投。小奚藤作笈，长铗蒯为緱。
细柳牵征袂，飞花饯去舟。嗟予倚市拙，壮子异乡游。
白酒春风席，红灯夜雨楼。生徒交授受，宾主迭赓酬。
章甫仪刑重，汤盘德业修。多能宜下问，博学更旁求。

勿谓青毡冷，毋贻素食羞。句休吟苜蓿，交重择薰莸。
忽忽山川异，行行岁月遒。竹林难共醉，江树揽离愁。
幕阜山前屋，修江月上钩。白云飞暂远，莫惜重回头。

寓馆食斋戏主人

（元·胡天游）

蕨芽成拳笋作竿，园菘卧垄春告阑。
寸心生意老犹壮，郁郁竞长青琅玕。
筠篮撷翠风露湿，瓦缶酿碧虬龙蟠。
开缄晓试膳夫手，寸断日送先生盘。
堆金迭玉光璀璨，未许苜蓿夸栏杆。
铿锵拒齿发钧奏，甘脆适口回儒酸。
填胸一洗鲑鳝恶，顿觉肝胆生清寒。
朱门淳熬腐肠药，何异鸩毒生宴安?
齑盐送老本吾分，一饱已拚如穷韩。
幸无羸角蹂吾圃，只有蔬粝同盘桓。
未知余生消几瓮，俯仰日月双跳丸。
明当更作冰壶传，大笑出门天地宽。

柯九思

柯九思（1290～1343年），字敬仲，号丹丘、丹丘生、五云阁吏，台州仙居（今浙江仙居县）人，江浙行省儒学提举柯谦子。得文宗图帖睦尔宠幸，初授典瑞院都事，至顺元年（1330年）特任奎章阁鉴书博士，参与鉴定内府所藏书画。博学，长诗文，精鉴别。传世作品有至正四年（1338年）与倪瓒会于清阁所作《清阁墨竹图》《双竹图》《晚香高节图》《仿郭熙山水图》。著有《墨竹谱》。

题李伯时画马

（元·柯九思）

闻说龙眠画，曾师十二闲。
桃花晴泛水，苜蓿晓连山。
蹴月驰周道，嘶云入楚关。
骁腾万里志，顾影落人间。

郑元祐

郑元祐（1292～1364年），字明德，本遂昌人，后徙钱塘。生于元世祖至元二十九年，卒于惠宗至正二十四年，年七十三岁。幼颖悟，书无不读。至正年间，除平江路儒学教授，移疾去，遂流寓平江。后擢浙江儒学提举，卒于官。元祐右臂脱骨，以左手写楷书，自名尚左生。著有《侨吴集》十二卷，《遂昌杂录》一卷。

送任学录归松江

（元·郑元祐）

海边委却钓鳌竿，鼓箧来吴佐学官。
纠录尽推经术邃，藏修不厌客毡寒。
篷窗夜听蒹葭雨，荠馔朝餐苜蓿盘。
三载赋归春欲暮，柳花如雪暗江干。

寄李大本，兼柬理江阴

（元·郑元祐）

不见李丹名父子，澄江日日水烟中。
角声古戍凄霜月，暝色孤帆乱渚鸿。
苜蓿阑干朝采上，蒹葭零落岁华空。
登高能赋陪熊轼，却是穷吟倚北风。

山头归牧

（元·郑元祐）

苜蓿向春肥，三五山头牧。
落梅过前川，束刍挂茧犊。
烟逐晚风飞，香觉菰炊熟。

宋褧

宋褧（1292～1344年），字显夫，元大都（今北京大兴县）人。泰定元年（1324年）进士，累官翰林学士、监察御史等。著有《燕石集》。

送方公亮扬州教授

（元·宋褧）

莫作芜城赋，长歌藻泮思。
盘餐陈苜蓿，虚座拥皋比。
彭蠡家何近，漳江棹不迟。
春城且冰雪，能忘别离时。

和赵鲁瞻海岸冬日晚归
（元·宋褧）

白塔高标射紫霞，乌栖宫树客投家。
烧香人拜弯弓月，穿市儿携剪彩花。
苜蓿地眠朝退马，蒲桃园隔宴回车。
人生要纵长安眼，何事能容便面遮。

群蔬写生图
（元·宋褧）

午衙太守杞菊赋，朝日先生苜蓿盘。
翠釜驼峰无限美，画师何事画酸寒。

夏日家食偶成
（元·宋褧）

晓日荒荒帘影低，炊烟浮动孟光衣。
苍蝇大是无知物，苜蓿盘边亦乱飞。

朱德润

朱德润（1294～1365年），中国元代画家、诗人。字泽民，号睢阳山人。睢阳（今河南商丘）人，其先祖跟随宋室南渡，居昆山（今江苏），遂为吴人。善诗文，工书法，格调遒丽。擅山水，初学许道宁，后法郭熙，多作溪山平远、林木清森之景，重视观察自然，当北游居庸关时，尝作“画笔记行稿”。

题赵仲穆揩痒马图
（元·朱德润）

渥洼天马骨如龙，散步春郊苜蓿中。
揩遍玉鬃尘未落，日斜宫树影摇风。

送李益斋之临洮
（元·朱德润）

绿荫满京畿，送子之临洮。
临洮何茫茫！流出长城壕。
长城岸阻玉关陀，于阗葱岭河凉高。
羌氐儿郎走如箭，哀笳风起斗击刁。
良人西征二三载，宝幢车马黄尘遥。

如今不用酒泉郡，岂必坐使朱颜凋？
葡萄苜蓿味虽美，异方土俗殊乡里。
顾从列骑拥旄旌，归来宴处华堂里。
却话人情翻掌难，曾浥征袍泪如洗。

谢应芳

谢应芳（1295～1392年），元末明初学者。字子兰，号龟巢，常州武进（今属江苏）人。自幼钻研理学，隐白鹤溪上，名其室为“龟巢”，因以为号。授徒讲学，议论必关世教，导人为善，元末避地吴中，明兴始归，隐居芳茂山，素履高洁，为学者所宗，有《辨惑编》《龟巢稿》等。

遣兴和马公振韵

（元·谢应芳）

马图莫怪出河迟，世事方如理乱丝。
莲叶有巢龟已老，竹花无实凤仍饥。
篱边艇子供垂钓，林下樵童许看棋。
苜蓿一盘三丈日，老妻晨起案齐眉。

送郑教谕进表之京

（元·谢应芳）

束毡黉舍跨征鞍，奉表朝家庆履端。
虎拜三呼称万寿，龙颜一笑宴千官。
酌来天上葡萄酒，洗去胸中苜蓿盘。
官样文章新制作，老夫刮目待归看。

和贾教授咏怀

（元·谢应芳）

两袖西风独倚楼，一天秋色断虹收。
水村霜落红于染，山色烟岚翠欲流。
眼底看来兴废事，胸中销尽古今愁。
莫嫌苜蓿盘无味，喜有葡萄酒可刍。

重九次韵

（元·谢应芳）

石潭无菊比南阳，老我三千白发长。

九日正须多买酒，一钱何必用看囊。
自怜身健茱萸紫，更喜盘余苜蓿香。
早起东窗拄吟笏，坐看红日上扶桑。

沁园春·晨

（元·谢应芳）

晨起对雪，复写余怀雪压新年，花开想迟，莺来甚难。
喜杯有屠苏，春风滟滟，盘余苜蓿，朝日团团。
六十年来，寻常交际，江海鸥盟总不寒。
移家处，每涉园成趣，居谷名盘。
忘情世味心酸。但吟得新诗似得官。
尽教我低头，三间茅屋，从他高步，百尺危竿。
白首无成，苍生应笑，不是当年老谢安。
琴书里，且消磨晚景，受用清欢。

周伯琦

周伯琦（1298～1369年），元诗人。字伯温，号玉雪坡真逸。饶州（今江西波阳）人。自幼从父宦游京师，入国学为上舍生，以荫授将仕郎南海县（今属广东）主簿。三转为翰林修撰，同知制诰，深为顺帝所知遇。至正初，起授经郎，兼经筵译文官，升监书博士，出为广东宪佥。八年，召为翰林待制，累升直学士。十二年，以南士居省台，除兵部侍郎，擢监御史。十三年，迁崇文太监。十四年，出为江夏肃政廉访使。迁兵部尚书，改调浙西肃政廉访使。十七年，授江浙参政，招谕张士诚。十九年进江浙行省左丞。二十四年以南台侍御史致仕。著有《说文字原》《六书正讹》《近光集》《扈从集》。

天马行应制作（有序）

（元·周伯琦）

至正二年岁壬午七月十有八日，西域拂郎国遣使献马一匹，高八尺三寸，脩如其数而加半，色漆黑，后二蹄白，曲项昂首，神俊超逸，视他西域马可称者，皆在髃下。金辔重勒，驭者其国人，黄须碧眼，服二色窄衣，言语不可通，以意谕之，凡七度海洋，始达中国。是日天朗气清，相臣奏进，上御慈仁殿，临观称叹，遂命育于天闲，饲以肉粟酒湩。仍敕翰林学士承旨臣巎巎命工画者图之，而直学士臣揭傒斯赞之，盖自有国以来，未尝见也。殆古所谓天马者邪？承诏赋诗题所画图，臣伯琦谨献诗曰：

飞龙在天今十祀，重译来庭无远迩。
川珍岳贡皆贞符，神驹跃出西洼水。

拂郎蕞尔不敢留，使行四载数万里。
乘舆清暑滦河宫，宰臣奏进阊阖里。
昂昂八尺阜且伟，首扬渴乌竹批耳。
双蹄悬雪墨渍毛，疏鬃拥雾风生尾。
朱英翠组金盘陀，方瞳夹镜神光紫。
耸身直欲凌云霄，盘辟丹墀却闲頠。
黄须圉人服龙诡，鞸鞚如萦相诺唯。
群臣俯伏呼万岁，初秋晓霁风日美。
九重洞启临轩观，衮衣晃耀天颜喜。
画师写仿妙夺神，拜进御床深称旨。
牵来相向宛转同，一入天闲谁敢齿。
我朝幅员古无比，朔方铁骑纷如蚁。
山无氛祲海无波，有国百年今见此。
昆崙八骏游心侈，茂陵大宛黩兵纪。
圣皇不却亦不求，垂拱无为静边鄙。
远人慕化致壤奠，地角已如天尺只。
神州苜蓿西风肥，收敛骄雄听驱使。
属车岁岁幸两京，八銮承御壮瞻视。
《驺虞》《麟趾》并乐歌，《越雉》《旅獒》尽风靡。
乃知感召由真龙，房星孕秀非偶尔。
黄金不用筑高台，髦俊闻风一时起。
愿见斯世皞皞如羲皇，按图画卦复兹始。

吴当

吴当（1298 ～ 1362 年），元代学者、诗人。字伯尚。江西省崇仁县凤岗咸口村人。吴澄之孙。官至肃政廉访使。幼承祖父吴澄教授，聪颖笃实，及长，通经史百家。至大年间随祖父到京，补国子生。吴澄去世后，原跟随吴澄的四方学子，都转拜吴当为师。他勤讲解，严肄习，诸生皆乐从之。

辛巳秋初归田有期喜而成咏因感今怀昔赋成一百五十韵

（元 · 吴当）

河山神禹绩，幽冀帝尧都。畿甸三千里，干城百万夫。
天戈随所指，地轴待人扶。迹启龙廷远，兵临虎塞孤。
群雄归霸主，四杰翊基图。炎绪宾旸谷，寒金抚锻炉。
中原方板荡，庶类划昭苏。九壤邦家赋，三农黍稷租。

户封登岁版，物贡应时需。漕转河仓腐，烟输甸灶餔。
经纶开世室，混合尽寰区。弼亮求耕钓，英贤起贩屠。
有桥题墨柱，载道弃关繻。济济皇多士，雍雍国硕儒。
师行汤誓训，谟协舜都俞。一德遵神武，多方囿化枢。
星辰天北极，文物地东隅。孺子谁堪托，交邻信已渝。
祸机生肘腋，剥丧切肌肤。内溃离荆楚，先声震越吴。
筑台方拜将，破竹已长驱。谈笑收图籍，轮囷发藏帑。
义夫思感激，烈士涕沾濡。旌旆沧溟棹，衣冠岛屿郛。
哭秦无复报，蹈海竟何辜。曾记忠臣传，空存内秘厨。
始因三统正，已作万邦孚。重译而来献，脩程不惮劬。
建邦强本干，分社列茅蒩。绶冕朝仪集，梯航贡篚输。
殿开金幕席，地隐锦氍毹。率土尊元会，灵杓直孟陬。
垂旒容穆穆，鸣玉色愉愉。瑞拟龟陈范，祥开象载瑜。
凤旂飞韨绘，虎帐插彤旟。昼接初张宴，春城大赐酺。
舞行分羽翿，乐奏引笙竽。御酒擎鹦鹉，宫腰蹋鹧鸪。
绣帘香喷雾，红袖脸凝酥。宠锡公无诐，皇心爱不姑。
从容周典礼，宏远汉规模。勋业诚高矣，文章亦焕乎。
堪舆全所畀，开辟古来无。奕世归前烈，丕承仰圣谟。
设科仍较艺，献颂竞操觚。第列金张密，恩从卫霍殊。
锡符盟券赤，纳陛戟门朱。优戏时闻鼓，珍庖日荐腴。
花娇金屋贮，葧熟翠眉须。擅制由先彻，承谋又故吾。
豪胥真首祸，接迹合群谀。豺遘多馋嚼，蝇营善嗫嚅。
程书违尺度，黩货较锱铢。鼎餗顷筐载，宫墙粪土圬。
纷纷联组绶，琐琐进葭莩。编户渝名籍，枢兵窜隶奴。
赋输年削弱，魑魅暗揶揄。廊庙轻千虑，锄耰起一呼。
蚁穿终溃决，蛊食莫支吾。伏莽狺狺犬，鸣祠处处狐。
邑荒烟寂历，野战血模糊。国步何颠踬，奸谋敢觊觎。
风尘朝漠漠，笳管夜呜呜。烽燧飞燕蓟，冰澌带易滹。
楼前朱汗马，城上白头乌。奚啻生疵疠，畴能洗毒痡。
赐书从慰藉，哀诏漫于戏。怅望鸿飞阔，追扳骥足驽。
射天悲溅血，浮海勇乘桴。迷复行多眚，颠颐口卒瘏。
人才今卤莽，世道日榛芜。忆昔丘园贲，怀贤岁月徂。
紫微华盖坐，黄道泰阶符。乔岳宗衡岱，深源达泗洙。
作人宜棫朴，为政敏蒲卢。国已称多造，时方见大巫。
共稽夔乐律，独咏鲁风雩。石室䌷书盛，宾筵讲席敷。
百年悲宰木，一束奠生刍。子敬家毡在，元成世业俱。

六经悬日月，百刻谨朝晡。力学为师古，专门亦授徒。
许身期稷禹，忧世慕唐虞。自忝龙门客，人称凤穴雏。
让推吴季札，忠拟斗于菟。官政年方盛，成均矩不踰。
于焉思继绍，不敢离须臾。粉署青丝直，华堂瑞锦铺。
清时叨著作，极力事描摹。述德安能伋，知非窃比蘧。
苍茫怀野服，容易接亨衢。清庙资梁栋，微材愧欂栌。
立螭簪白笔，冠豸伏青蒲。折槛心常壮，牵裾气不粗。
家声幸未坠，朝论转相揄。鱼橐垂腰重，驼章结绶纡。
乘舆时警跸，琐闼晓追趋。赐食分羔雉，连茵杂豹貙。
上林巢鸑鷟，太液散鸥凫。春色红云岛，寒光白玉壶。
暑清长夏簟，露浥冷秋菰。宫树唯栽柳，仙家亦种榆。
步陪宗伯履，筵列侍中襦。服礼期无玷，论兵实自迂。
承恩辞殿陛，列骑出阛阓。上日群公饯，皇华六辔诹。
宣威扬绣节，伐叛赐金鈇。霜气横埤堄，湖光应属镂。
由来怀德地，今日不臣诛。否泰机潜伏，乾坤乱已怃。
侯王神所赉，僭窃尔何愚。优诏从宽大，伤心献馘俘。
辕门存简翰，斥候遣戈殳。小腆原原附，渠魁寸寸刳。
临危亲决战，鼓勇誓捐躯。分阃多违命，争权始构诬。
漫遭摇毒虿，岂望报恩珠。谁谓青蝇集，能令白璧污。
山昏鹨啄屋，江暗雁衔芦。暂铩扶摇翮，真成局促驹。
藩臣赣戎备，野老独惊吁。蔽日来幡帜，长风送舳舻。
闭关方吝赏，破的已摧枯。举目郊原窜，传声将相逋。
与谁矜阀阅，无复顾妻孥。般咢怜崩角，豳歌美跋胡。
居然鱼漏网，抽甚雉罹罦。戴笠山头杜，持旄海上苏。
凄凄冰肺腑，飒飒雪头颅。夔蜀诗千首，嵩阳饭一盂。
满盘朝苜蓿，几见岁屠苏。义路成孤往，名缰讵可拘。
民情眉可察，羁思口空糊。枕石身长病，餐霞体任臞。
秋原伤蔓草，夙志弃桑弧。未筑扬雄宅，犹乘范蠡湖。
感时思顾遇，望远意踟蹰。故里荒松菊，良田秀堇荼。
舆台夸负乘，衿佩困泥涂。林黑烟藏豹，山空雨笑鼯。
仰天瞻大介，无地哭穷途。茅屋寻常梦，梅花八九株。
败垣牵薜荔，流水插粳稌。野蔌从人馔，村醪不用沽。
春风徐步屧，秋影鉴髭须。麋鹿忘猜隙，渔樵结友于。
独招华表鹤，亲钓锦江鲈。溪月明如昨，山花色似姝。
经丘通窈窕，寻壑历崎岖。真似陶彭泽，归来足自娱。

尹廷高

尹廷高（生卒年不详，约1290年前后在世），字仲明，号六峰，处州遂昌（今属浙江）人。大德间任处州路儒学教授。又尝掌教永嘉，秩满至京，谢病归。著有《玉井樵唱》。

永嘉得代后还家舟中作

（元·尹廷高）

冷淡生涯梦亦安，回头苜蓿愧朝盘。
飞鸿印雪空留迹，病鹤辞笼更整翰。
野色熹微三径近，秋风浩荡五湖宽。
还思雁荡经行处，赢得题诗满世间。

傅若金

傅若金（1303～1342年），字与砺，一字汝砺，元代新喻（今江西新余）人。少贫，学徒编席，受业范椁之门，游食百家，发愤读书，刻苦自学。后以布衣至京师，数日之间，词章传诵。虞集、揭傒斯称赏，以异才荐于朝廷。元顺帝三年（1335年），傅若金奉命以参佐出使安南（今越南），当时情况复杂，若金应付自如，任务完成出色。安南馆宾以姬，若金却之去，并赋诗以言节操。欧阳赞其“以能诗名中国，以能使名远夷。”归后任广州路学教授，年四十而卒。

寄王君实

（元·傅若金）

北望衣冠忆省郎，又随车驾幸滦阳。
苑中苜蓿空骐骥，池上梧桐起凤凰。
中使有时传送酒，近臣何处避含香。
上林此日无来雁，吟罢题诗欲断肠。

丁复

丁复（生卒年不详，约1312年前后在世），元诗人。字仲容。天台（今属浙江）人。延祐初游京师，公卿奇其才。与杨载、范椁同荐入馆阁，自度当国者不能用，翩然辞去。乃绝黄河、憩梁楚、过云梦、窥沅湘、涉庐阜，浮大江而下，侨寓金陵城北，放情诗酒。其诗不事雕琢，而自然超逸。杨翮序其诗：“必因酒而作，引觞挥毫，若不经意，而语率高绝。”故当时论诗者，亦以太白方之。著有《桧亭集》。

送贾西伯

（元·丁复）

西风苜蓿花，南客又移家。
此道宁无用，吾生未有涯。
峰青宜雾日，潮白逆江沙。
犹忆南楼夜，吹箫度岁华。

送公子帖穆入京

（元·丁复）

龙沙公子五云思，莺语皇州二月时。
苜蓿土融鞭节上，蓬莱春近佩声移。
承恩赐坐黄金褥，献寿亲擎白玉卮。
马上偶看鸿雁过，箫中吹与凤凰知。

题画马为方远上人赋

（元·丁复）

上人超世资，脱然了无为。犹有爱马癖，或比道林支。
天马由来出天池，西大宛国乃有之。
房星写神孕龙漦，雄志倜傥精权奇。
飞行灭没电莫追，空尘留烟不得窥，月氏之子那敢骑。
汉武远慕穆天子，欲跻昆仑游具茨。
遣使先开玉关道，凤颈虎翼初就羁。
王良造父死已久，当时不知驭者谁。
唐人为马置马监，奚官果是何物儿。
况复教之作马舞，跪拜起伏取笑娭。
伏仗能鸣辄引去，俯首低摧青络丝。
欲从驽骀服辕下，局促动遭箠策施。
非徒丧志失天性，病骨瘦柴如宛锥。
所以韩干为画肉，不忍神骏成凋羸。
大漠茫茫天作屋，饥龁饱卧骄且驰。
蒲梢肃飒轻风度，苜蓿参差新雨滋。
胡为束缚对厮养，长嘶无声情内悲。
我岂伯乐知马者，意与马类伤马时。
自从眼前见此卷，把轴起坐敛更披。
上人之意无乃尔，笑绝长题画马诗。

题百马图为南郭诚之作

（元·丁复）

一马百马等马尔，百马一马势态异。
龙眠老李意脱神，代北宛西无不至。
楼兰失国龟兹墟，玉门无关但空址。
蒲萄逐月入中华，苜蓿如云覆平地。
始皇长城一万里，漠雨平添窟中水。
将军昔有李贰师，尺箠长驱万骐骥。
当时无乃或尔遗，龁草翻沙纵眠戏。
就中骁黠啮与踶，或示仁柔奔且逝。
循坡屹立意度闲，下首当膺若多智。
昂头振鬣彼者雄，似恐世间无猛士。
轮台诏下不更求，蕃使往来知礼义。
不徒嫁女事乌孙，祗以金缯相赠遗。
茫然围牧不知谁，牝牡骊黄交乳字。
世有伯乐不愿逢，御若王良空善技。
汗血沟珠胡尔为，无能安并驽骀视。
唐家太平有天子，开元天宝周四纪。
是时天下政无事，深宫每欲妃子喜，教之舞数政如此。
渔阳鼙鼓动地起，禄儿见惯亦有以。
可怜零落四十四，后来值得田承嗣。

次韵酬项可立

（元·丁复）

王侯之门无固蒂，天下纷纷望桃李。
前年已闻罢鹿鸣，盛时未见歌麟趾。
我亦江湖一散人，倒著扁舟来甫里。
平生项君喜见面，日以诗书相砥砺。
支持大厦在梁栋，人间遗此梓与杞。
姑苏台上吊夫差，沧浪亭前悲子美。
青春寥落一杯酒，白日萧条二三子。
人生有时遇不遇，孔子犹然叹雌雉。
高斋幸不废吟哦，自嚼宫商含羽徵。
羹鱼可有松江鲈，苜蓿阑干充二簋。
纸帐宵酣竹外风，铜瓶晓泣花根水。

有人携妓或东山，为客开樽谁北海。
长腰白米自可炊，断股青斋仍杂旅。
客中一饱亦分外，稍自损之令近里。
屠牛沽酒趋下俗，颓然谁能为之起。
肉食者谋不及此，我亦任之而已耳。
南国花开烂如绮，酒光照日生云母。
为君痛饮为君醉，自古浊醪有妙理。

卢琦

卢琦（1303 ~ 1362 年），元诗文家。字希韩，号立斋。惠安（今属福建）人。至正二年（1342 年）登进士第。十二年，得永春县尹。十六年改调宁德县尹。二十二年除知平阳州，未赴任而卒，归葬惠安。以世居圭峰，所著称《圭峰集》。诗文严整，旨意幽远。

赠府训林先生之京二十韵
（元 · 卢琦）

尧历开昌运，升平十四春。鹤书驰云路，鹗荐贡儒珍。
宦族西湖裔，家声阀阅亲。异才旧卓荦，衍庆自殊伦。
彼美仙壶客，由来紫帽邻。范模资郡泮，俊秀萃成均。
鳣雀升杨震，桂林羡郤诜。雕盘辞苜蓿，琼宴念嘉宾。
射隼高墉上，乘槎天汉滨。器成时获利，道达志常伸。
际会风云日，沾濡雨露晨。秋鹏抟翼健，雾豹泽毛新。
正欲抠衣侍，那堪别话陈。东亭芳草合，南浦绿波邻。
骊驹闲戒仆，紫燕语留人。俯拾金闺彦，行看昼锦臣。
诸生刺桐下，侧耳好音频。

迺贤

迺贤（1309 ~ 1368 年），一作纳新。元诗文家。字易之。本葛逻禄氏，世居金山之西。元兴入中原，居南阳郏县（今属河南），自称南阳人，随兄宦游江浙，徙鄞（今浙江宁波），辟东湖书院山长。以荐授翰林编修，出参桑哥失里军幕，卒于军。少力学，工文辞。既壮，肆志远游，足迹遍于河南河北。所至低徊访古，考其盛衰，作《河朔访古记》十六卷。至于抚时触物，悲喜感慨，一皆形于咏歌。其诗如《南城咏古》十六首，指点兴废，感慨深沉；《颖州老翁歌》，哀伤民疾。危素以为格调宗韩吏部，性情同元道州。其唱酬之作，则效六朝之流丽纤华，人以为萨都剌之亚。诗集有《金台集》。

送葛子熙之湖广校书二首（其一）

（元·廼贤）

高槐疏雨作新凉，犹记雠书白玉堂。
银烛夜分供细字，宫壶晓赐出明光。
盘堆苜蓿青毡冷，衣染檀花束带长。
宣室若蒙天子问，定知贾谊在沅湘。

送太师掾陈德润归吴省亲

（元·廼贤）

列戟三槐第，王章九锡臣。鸣珂皆贵戚，弹铗尽嘉宾。
公府多甄录，先生蚤见亲。下帷谭亹亹，开阁礼谆谆。
春瓮蒲萄熟，朝槃苜蓿新。大夫忻契合，丞相屡咨询。
不厌甑无粟，宁甘甑有尘。寸心县噬指，千里动思莼。
解袂燕台下，扬舲潞水滨。岸花迎客帽，云树暗江津。
捧檄娱亲舍，还家及暮春。岂须夸禄养，自可厚彝伦。
贱子漂零久，经年旅食贫。诗成空感激，愧尔远归人。

王沂

王沂（1317～1383年），字子与，号竹亭，泰和（今属江西）人，元末明初文人。早年师从乡先生杨升云学《易经》，习科举文辞。因元末兵乱，科举中止，未能应试。至正十三年（1353年）江西参政全普庵撒里，王沂以《易经》领乡荐，但赣州至京师道路梗阻不通，只向朝廷报名而已。临时授予福建照磨、吉安治中等职，都未接受。明洪武三年（1370年）王沂主持了广东科举考试的评卷，翌年被荐至京师，为诸王说书。留居京师数年。以年老辞去福建盐运司副使的任命，回归乡里。在家乡游山水，尤喜赋诗，与当时名流交游唱和，以商榷稚道为己事。

上京诗（节选）

（元·王沂）

龙绡衣薄怯新凉，银叶烟消换夕香。休尽修蛾斗双绿，柳风吹淡汉宫黄。
滇池细马四蹄风，白玉雕鞍绸绍鬃。争把珊瑚鞭指点，飞尘先入建章宫。
铁方番竿下散灯回，茜褐高僧夜咒雷。明日皇家赐酉甫燕，秋云漠漠晓光开。
辘轳金井促晨妆，珠帽红靴小作行。争向银床拾梧叶，夜来秋意到长杨。
黄须年少羽林郎，宫锦缠腰角抵装。得隽每蒙天一笑，归来驺从亦辉光。
龙沙白草望参差，苜蓿蒲桃记种时。待诏词臣已华髟火，梨园休奏玉交枝。

戴良

戴良（1317～1383年），元代著名诗人。字叔能，号九灵山人。浦江建溪（今浙江诸暨马剑）人。曾任淮南江北等处行中书省儒学提举。后至吴中，依张士诚。又复泛海至登莱，拟归元军。元亡，隐居四明山。洪武十五年，明太祖召至京师，欲与之官，托病固辞。致因忤逆太祖意入狱。待罪之日，作书告别亲旧，仍以忠孝大节为语。翌年，卒于狱中。著有《春秋经传考》《和陶诗》《九灵山房集》等。《明史》有传。

秋日书怀

（元·戴良）

独对阑干苜蓿盘，入秋两鬓转斑斑。
长涂自觉衰难任，故国谁今老未还。
犹喜病妻安久困，只怜弱子历多艰。
有书若报征徭事，又遣新愁损旧颜。

周权

周权（生卒年不详），元诗人。字衡之，号此山。松阳（今浙江遂昌）人。平生工诗，磊落负隽才，然不得志。延祐六年（1319年）带诗稿北游京师，见袁桷，桷深重之，称之为“磊落湖海之士”，欲荐为馆职，未获准。回归江南，更专心于诗，唱和日多。著有《此山集》。

有怀

（元·周权）

鼎食难登苜蓿盘，齑盐滋味笑儒酸。
白云望断亲闱远，红叶吟残客路寒。
心事蹉跎忙里过，人情翻覆静中看。
何如归去苍山下，闲听松风煮月团。

凌云翰

凌云翰（1323～1388年），明诗文家。字彦翀，号柘轩、避俗翁、五云。钱塘（今浙江杭州）人。早年受知于程以文，郝经曾读其文，称为“奇士”。元至正十九年（1359年）登乡试榜，授绍兴兰亭书院山长，不赴，在姑苏授徒为生。战乱中退居吴兴。周伯温曾匾其读书处曰“安易”。明洪武十四年（1381年）以荐召授四川成都儒学教授，卒于任所。

送沈钦叔屯种苜蓿

（元·凌云翰）

苜蓿能肥马，曾闻汉苑夸。
送迟讯艾子，见远感榴花。
既有躬耕地，宁辞著处家。
圣朝多雨露，不久在天涯。

沈绍宗东图轩

（元·凌云翰）

隐候美孙子，学古将入官。长以空洞腹，负此苜蓿盘。
轩东地颇衍，日出作愈艰。偶得树艺术，永充朝夕箪。
种蔬不欲密，瘦地方易殚。种蔬不欲稀，粝食味易阑。
学圃固云陋，灌园乃所安。杞菊春可揽，葵藿时加餐。
之子方挟策，同寅俟弹冠。不爱东门瓜，不爱九畹兰。
爱此菽水奉，宜尔萱亲欢。有圃当耕锄，有田可游观。
一朝蠖之屈，九万鹏斯抟。相期阆风上，高步青云端。

许有孚

许有孚（生卒年不详，1330年前后在世），字可行，汤阴人，许有壬之弟。约元文宗至顺初前后在世。登进士第。历中宪大夫，同佥太常礼仪院事。有壬致仕归，日与有孚及子桢觞咏于圭塘别墅，有《圭塘款乃集》二卷。

蔬圃

（元·许有孚）

有池可汲园可斸，拂袖归来心愿足。
自甘学圃为小人，爱此菜茹画苜蓿。
元修雨后脆且腴，诸葛数荣蔓浓绿。
萝卜生儿芥有孙，芋魁出水频浇沃。
罢锄时或钓池鱼，隐几何曾梦蕉鹿。
既无抱瓮老翁劳，亦免趋炎胁肩辱。
吾尝寓甲第，纷纷厌粱肉。
吾今旦烹葵，食郁杂野蔌。
彼紫驼峰出翠釜，争如菘韭侑炊粟。
五侯之鲭世所贵，五辛之盘吾亦欲。
庸人皆被富贵熏，或羡吾饕是清福。

但令此色贯驻颜，隽味啮根充我腹。
三年不窥惭仲舒，吾侪何可轻樊须。
九月筑场十月涤，连年藉此输官租。

陈镒

陈镒（生卒年不详，约1338年前后在世），字伯铢，丽水人。工诗。尝官松阳教授。后筑室午溪之上。著有《午溪集》。

次韵蔡伯玉见寄

（元·陈镒）

吾邦风俗颇淳古，田里居民皆乐土。
天教我辈以笔耕，播咏声诗遍寰宇。
养生不用服金丹，充肠自有苜蓿盘。
四时佳景足延览，清溪浩荡山高寒。
我昔别君为冷掾，五载区区食破砚。
相望南北如风枝，却喜归来复相见。
去年风尘暗不开，招我西涧同衔杯。
岩头啼鸟日催起，看云听瀑心悠哉。
只今世事已如此，碌碌微官如敝屣。
便从巢许隐终身，掬取清流洗尘耳。

张昱

张昱（生卒年不详，1330年前后在世），元明之际诗人。字光弼，号一笑居士。庐陵（今江西吉安）人。少师事虞集，得其诗法；又为张翥知赏。元至正间，任江浙行省参谋军府事，迁左司员外郎，行枢密府判官。明太祖征之至京，悯其老，曰："可闲矣！"厚赐遣归。遂自号可闲老人。倘佯西湖山水间，日以诗酒自娱，超然物表。年八十三卒。

送上虞马训导赴昌化县学

（元·张昱）

远赴弓旌未阔迂，道行何惮路崎岖？
横经不异郡博士，继粟岂无卿大夫？
空使饭盘堆苜蓿，已将斋帐染芙蕖。
马融家法风流在，女乐从今不用呼。

陈诚

陈诚（1365 ～ 1457 年），字子鲁，号竹山，元至正二十五年（1365 年）生，江西吉水人，明洪武—永乐年间，曾出使安南，五次出使西域帖木儿帝国、鞑靼，与航海家郑和齐名。

夏日遇雪

（明 · 陈诚）

塞远无时序，云阴即雪飞。
纷纷迷去路，点点湿征衣。
地僻鸳鸯狎，山深苜蓿肥。
何时穷绝域，马首向东归。

留车扯秃候国主出征回二首（其一）

（明 · 陈诚）

使车几日驻荒郊，编户征求馈饷劳。
宛马秋肥收苜蓿，香醪夜熟压葡萄。
匈奴远去惊烽火，鸿雁高飞避节旄。
为客那堪良夜永，隔林转听晓鸡号。

赵麟

赵麟（生卒年不详），约活动于元至正（1341 ～ 1368 年）。字彦徵，吴兴（今浙江湖州）人，系赵雍子，赵孟頫孙，以国子生登第，官承事郎江浙等处行中书省检校。善画人物、鞍马，亦能山水，继承家学，书法亦佳，可造父域。传世作品有至正二年（1342 年）作《春山图》，著录于《宋元明清书画家年表》；二十五年（1365 年）作《人马图》，自题此诗。

人马图

（元 · 赵麟）

苜蓿花开霜叶浓，竹批两耳气何雄。
承平闲却金丝络，留作观风御史骢。

刘永之

刘永之（生卒年不详），元诗人、书法家。字仲修。清江（今江西樟树）人。

少随父宦游，治春秋学，能文词。日与郡士杨伯谦、彭声之、梁孟敬辈讲论风雅，以书籍翰墨自娱，当世翕然宗之。明初征至金陵，宋濂称其词翰双绝，赠诗有“多少荐绅求识面，江南文价为君低”之句。然以重听辞归。后徙东莱，至桃源病卒。酷好书法，篆楷行草皆有功力。著有《山阴集》。生平事迹见清朱彝尊《曝书亭集》卷六四《刘永之传》。

题金人猎骑图

（元·刘永之）

昔者金源起东北，万马南驰蹴中国。
青盖趋燕艮岳摧，杀气如云暗吴越。
天旋日转息战争，裹革包兵交玉帛。
翔南无事号太平，颇习华风变蛮貊。
既尊儒术尚文事，立进画图供玩阅。
是时张戡画鞑马，尺素流传擅声价。
此图彷佛戡所作，似貌燕山驰猎者。
秋高露白葭苇黄，隐约寒山接平野。
虎韔鹤辔赤茸鞧，骑影联翩意閒雅。
龙媒振鬣望空阔，足若奔署汗流赭。
前驱后逐争豪雄，左旋右转若回风。
驾鹅惊飞百兽骇，苍鹰脱臂腾高空。
策马数获落日紫，金盘行炙餍奴僮。
当时观者徒叹息，写入丹青真国工。
古愚先生最好事，锦标钿束纡鸾龙。
郡斋展玩当清昼，惊飙飒飒吹帘栊。
白头书生幽蓟客，不觉涕泪沾膺胸。
百年兴废恍如梦，苜蓿萧萧迷古宫。

姚文奂

姚文奂（生卒年不详，约1350年前后在世），字子章，自号娄东生，昆山人。聪明好学，过目成诵，博涉经史。家有野航亭，人称姚野航。文奂工诗，与顾瑛、郭翼等相唱和，著有野航亭稿《元诗选》传于世。

题张戡瘦马图

（元·姚文奂）

棱棱出神骨，翼翼照龙光。

顾影时思战，长鸣势欲骧。
征鞍坐儿女，远道负糇粮。
归到龙沙日，秋风苜蓿长。

吕诚

吕诚（生卒年不详，约1354前后在世），元诗人。字敬夫，后名肃。太仓（今属江苏）人。师从郑东，学端识敏，且工为诗，名士常与之交。家有园林，尝蓄一鹤，复有鹤自来为伍，因筑“来鹤亭”。又有梅雪斋，日与郭翼、陆仁、袁华相唱和。邑令屡聘为训导，不起，终老于乡，明洪武二十六年（1393年）犹存。著有《来鹤亭诗》。

寄则明二首（其一）
（元·吕诚）

苜蓿花开遍地秋，秋声浑在树梢头。
西风昨夜吹归梦，唤起客怀无限愁。

宗衍

宗衍（生卒年不详），元僧。字道原，吴（今江苏苏州）人。至正（1341～1368年）初住石湖楞伽寺。善书法。

送乐子仪侍兄之京
（元·宗衍）

祖帐阊门外，送君江水滨。关山深积雪，蛮海尚飞尘。
献策思奇士，观光得上宾。棣花行处好，杨柳别时新。
解缆占风色，登程记月轮。预期当到日，犹可见残春。
苜蓿能肥马，蒲萄解醉人。衣冠云缥缈，宫殿翠嶙峋。
地接烟霄近，天垂雨露频。如蒙前席问，先愿及吾民。

符尚仁

符尚仁（生卒年不详），江西人，元末诗人。

代挽友
（元·符尚仁）

一自交情记畹兰，乱离青眼两相看。

鄂书未达荆花落，雁影初分布被寒。
白鬓忽添应有为，素丝堪绝不须弹。
撷芳酒泪将为荐，风雨秋江苜蓿盘。

李延兴

李延兴（生卒年不详，1368年前后在世），明诗文家。初名守成，字继本，号一山。大都（今北京）人。李士瞻子。至正十七年（1357年）进士，授太常奉礼兼翰林检讨。因元末政局紊乱，弃职隐居。河朔间学子往往担囊负笈，远来从学。入明，河朔诸邑曾聘其任教职。朱彝尊《静志居诗话》称“其诗文颇拔俗，长歌尤擅场”。著有《一山集》。

秋日杂兴

（元·李延兴）

飞楼上倚泬寥天，野色荒凉万井烟。
落日荷花白舫外，西风桂树画阑边。
明妃夜泣琵琶月，宛马秋肥苜蓿田。
千古河山几争战，一登高处一潸然。

成廷圭

成廷圭（生卒年不详），芜城人，字原常，一字符章，又字礼执。好读书，工诗。奉母居市廛，植竹庭院间，扁其燕息之所曰居竹轩。晚遭乱，避地吴中。卒年七十余。有《居竹轩集》。

送陶教授

（元·成廷圭）

乱世兵犹满，崇文礼自宽。
青云总朝士，白发且儒冠。
苜蓿先迎日，皋比不受寒。
娄江足双鲤，好好寄平安。

送罗季通之崇明学政

（元·成廷圭）

海上孤舟作冷官，也知清选重儒冠。

秋潮好掣珊瑚网，晓日休歌苜蓿盘。
士子几家能食禄，汝翁早岁已遗安。
老人亦有乘桴意，僦屋西沙度岁寒。

题獐猿便面

（元·成廷圭）

树上孤猿树下獐，山林物性各相忘。
不知万里中原阔，鹰犬交驰苜蓿场。

和饶介之秋怀诗韵（其一）

（元·成廷圭）

邻瓮新篘曲米香，梦魂夜夜绕槽床。
故人不饮今何在，秋尽空山苜蓿长。

送天长县学教谕孙允诚任满归金陵

（元·成廷圭）

忆昔君方少年日，文帝潜宫曾一识。
龙飞上天不可扳，图画空余两奇石。
闭户读书三十秋，出门为官十领职。
天长令尹莫我知，苜蓿朝盘胜肉食。
三年官满来扬州，僦屋正近横江楼。
门前车马日如市，谈经讲易皆公侯。
公侯满座即沽酒，典却箧内青貂裘。
乡心苦忆长干里，明日君当渡烟水。
中山李桓文中雄，乃是君之渭阳氏。
深衣再拜如母存，故宅重归令客喜。
岂无旧业问松筠，亦有清辉照桑梓。
青云熟路君何如，白发沧江吾老矣。

送万嘉会教谕之山阳

（元·成廷圭）

西江万君头戴笠，清时典教山阳邑。
王侯折简不可招，令尹之前只长揖。
深衣上堂开讲筵，衿佩铿锵如鹄立。
六经字字在所行，要使儒风更俗习。
朝盘苜蓿甘如饴，不羡诸公谋肉食。
人材作养期有成，他日当为教官式。

许恕

许恕（？～1374 年），字如心，江阴人，至正中，荐授澄江书院山长，旋弃去。会天下已乱，乃遁迹卖药于海上，与山僧野人为侣。善自晦匿，罕相识者，故徵召不之及。著有《北郭集》六卷，补遗一卷。

送陈子高兵后马沙复业

（元 · 许恕）

十年多难苦流离，乔木园林处处非。
关塞只今孤月在，江湖能得几人归。
鸥边卜筑茅茨小，雨后开荒苜蓿肥。
送尔题诗空怅望，小楼乡思乱斜晖。

新秋客怀

（元 · 许恕）

百年身世一浮沤，又见新凉入郡楼。
何处砧声连野哭，旧时月色照边愁。
吴姬怅望芙蓉浦，宛马骁腾苜蓿秋。
壮志不随天地老，几回风雨梦神州。

病橐驼行

（元 · 许恕）

西域紫驼高硉兀，不见肉峰惟见骨。
左顾右盼如乞怜，欲行不行还勃窣。
向来负重曾千斤，识风知水灵于人。
长鸣蹴踏塞北雪，矫首振迅江南春。
只今多病兼衰老，疮皮剥落毛色槁。
秋沙苜蓿三尺长，空向墙头龁枯草。

朱梦炎

朱梦炎（？～1379 年），字仲雅，江西进贤人。元末明初诗人。元至正十一年（1351 年）进士，曾任金溪县丞。入明朝为太常博士，迁翰林修撰，出为两浙按察司经历，洪武十一年（1378 年）进礼部尚书。

过昭君墓

（元·朱梦炎）

青冢苍茫古道前，黑河流水自潺湲。
千年恨满琵琶曲，万里寒生苜蓿烟。
奏凯已闻清朔漠，和亲不用叹婵娟。
汉家往事昭前监，有道应须慎守边。

僧人

僧人（生平不详）。

上都三首（其二）

（元·僧人）

王畿千里近，御苑四时春。
苜蓿能肥马，葡萄不醉人。
衮衣明日月，关塞绝风尘。
古有官名谏，今无事可陈。

费唐臣

费唐臣（生卒年不详），元代戏曲作家。大都（今北京市）人。其父费君祥，曾与关汉卿交游，撰有杂剧《才子佳人菊花会》一种。

苏子瞻风雪贬黄州

（元·费唐臣）

我情愿闲居村落攻经典，谁想闷向秦楼列管弦。
枕碧水千寻，对青山一带，趁白云万顷，尽茅屋三间草舍蓬窗，
苜蓿盘中，老瓦盆边，乐于贫贱，灯火对床眠。

周易

周易（生平不详）。

九日同邝水部饮吉祥寺方丈

（元·周易）

水国栖迟葛帔单，黄花时节雨珊珊。

风吹长老毗卢帽，日照先生苜蓿盘。
暝色到门庭鸟散，秋声满地井梧寒。
白衣镇日无消息，那可茱萸仔细看。

汤式

汤式（生卒年不详），元末明初重要散曲作家，字舜民，号菊庄，浙江象山人。元末曾补本县县吏，后落魄江湖。入明不仕，但据说明成祖对他“宠遇甚厚”。为人滑稽，所作散曲甚多，名《笔花集》，今存抄本。作品多写景、咏史之作，颇工巧可读。

题友回老窝

（元·汤式）

桧当轩作翠屏，月到帘为银烛。
柳绵铺白罽毡，苔线展紫绒毛莫。
四壁萧疏，若得琅玕护，何须藤蔓补。
听了些雨打窗下芭蕉，看了些日照盘中苜蓿。

黎伯元

黎伯元（生卒年不详），字景初，号渔唱。东莞人。元朝末年由岁贡历官连山教谕及德庆、惠阳教授，所至学者尊之，文风以振。明黄佐嘉靖四十年《广东通志》卷五九作黎伯原，附于其子黎光传中。著有《渔唱稿》，已佚。

神符山乡避寇效杜少陵同谷七歌（其一）

（元·黎伯元）

有客有客黎氏子，携书积岁辞故里。
朝食日照苜蓿盘，夜灯风露亲图史。
三年官闲归未得，避寇转徙荒山里。
呜呼一歌兮歌激扬，青春伴我留他乡。

吴敬夫

吴敬夫（生卒年不详）。

句

（元·吴敬夫）

阑干苜蓿先生饭，颠倒天吴稚子衣。

明代苜蓿诗

苜蓿出陕西，今处处有之。苗高尺余，细茎，分叉而生，叶似锦鸡儿花叶，微长，又似豌豆叶，颇小，每三叶攒生一处，梢间开紫花，如弯角儿，中有子如黍米大，腰子样。

——明·朱橚《救荒本草》

张以宁

张以宁（1301 ～ 1370 年），元末明初文学家。字志道，因家居翠屏峰下，自号翠屏山人，古田（今属福建）人。有俊才，博学强记，擅名于时，人呼“小张学士”。泰定中，以春秋举进士。官至翰林侍读学士。明灭元，复授侍讲学士。奉使安南，还，卒于道。以宁工诗，著有《翠屏集》《春王正月考》等。

祭酒江先生见和再次前韵

（元末明初·张以宁）

先生稽古如桓荣，老我忧时惭贾生。
六鳌共掣碧海动，孤凤先睹朝阳鸣。
青春深院梧桐暗，红日高盘苜蓿横。
誓将丝毫效补衮，长愿磐石安维城。

题郭诚之百马图

（元末明初·张以宁）

唐家羽林初百骑，谁其画之传郭氏。
开元天厩四十万，爽气雄姿那得似。
风鬃雾鬣四百蹄，或饮或龁长鸣嘶。
或翘或俯或腾跃，意态变化浮云齐。
黄沙云暖地椒湿，什什为曹竞相及。
蹂躏秦原狐兔空，荡摇渭水蛟鼍泣。
前年括马输之官，苜蓿开花春风闲。
民间一骏岂复有，何如饱在图中看。
郭君才越流辈日，乃策蚁封人不识。
骅骝岂少伯乐无，捲还画图三叹息。

题进士卜友曾瘦马图

（元末明初·张以宁）

卜侯喜我诗，袖出瘦马图。前有杜陵瘦马行，令我阁笔久嗟吁。
忆昔马齿未长日，金羁躞蹀鸣天衢。逐景虞泉日未晡，羲和顿辔喘不苏。
石根一蹶亦常事，谁遣逸足轻夷途。霜风大泽百草枯，饮龁不饱长毛疏。
相者举肥汝苦瘠，委弃乃在城东隅。病颡有时磨古树，翻蹄无力衮平芜。
当年笑杀紫燕愚，中路清涕流盐车。嗟哉此马世罕有，驽骀多肉空敷腴。
骨格棱层神观在，颇类山泽之仙癯。解剑赎汝归，伯乐今岂无。

浴之万里流，秣以百束刍。苜蓿花白春云铺，气全或比新生驹。
持之西献穆天子，尚与八骏争先驱。瑶池云气浮太虚，日出积雪青禽呼，
长望临风心郁纡。

梁寅

梁寅（1303～1389年），字孟敬，新喻（今江西省新余市下村镇）人。明初学者。元末累举不第，后征召为集庆路（治所在今江苏南京市，当时辖境相当于今南京市及江宁、句容、溧水、溧阳、高淳等县地）儒学训导，晚年结庐石门山，四方士多从学，称其为“梁五经”，著有《石门词》。《明史》有传。

建业为友生徐元明题骢马图

（元末明初·梁寅）

西域青骢马，名因画史传。一龙方挺出，八骏敢争先。
晓日明金辔，春云覆锦鞯。河源随蹀躞，阊阖望蜿蜒。
迥立梧桐外，长嘶苜蓿前。无双空冀北，敌万踏燕然。
留影词人美，捐金贵介怜。他年按图索，天路复翻翩。

郑洪

郑洪（生平不详）。

寄林仲实主簿

（元末明初·郑洪）

新筑书斋壁未乾，盟言谁信未曾寒。
春风不到梅花帐，晓日常悬苜蓿盘。
乡里总知新部曲，朝廷不改旧衣冠。
分明寄谢嵇中散，莫把寻常冷眼看。

郭翼

郭翼（1305～1364年），字羲仲，自号东郭生，又称野翁，昆山人。尝献策张士诚，不用，归耕娄上。老得训导官，偃蹇以终。翼工诗，学问博洽，尤精于《易》。著有《雪履斋笔记》一卷，《林外野言》二卷，并传于世。

和李长吉马诗十二首（其六）

（元末明初·郭翼）

瘦骨如山立，临流饮渴虹。
谁怜中道弃，苜蓿老秋风。

金涓

金涓（1306～1382年），字德源，号青村，义乌人。元末明初知名学者和诗人。其一生幽居在野，不应征聘，咏水歌山，传道授业，深为时人与后世钦敬。

送人回剡

（元末明初·金涓）

华川游未遍，又作剡中游。
诗海珊瑚月，书田苜蓿秋。
行山时借屐，访雪夜乘舟。
别后怀人处，清风独倚楼。

送金华应学录回天台

（元末明初·金涓）

华发青衫寂寞官，泮芹香煖客毡寒。
仙源久忆胡麻饭，书馆羞餐苜蓿盘。
洞里碧桃春自醉，楼前明月夜谁看。
好风若有西来便，愿写相思寄彩鸾。

刘基

刘基（1311～1375年），字伯温，处州青田（今浙江青田）人。元末明初政治家、诗人。元末进士，曾任浙江儒学提举等官职。因遭到排挤而隐退，后被朱元璋招致，协助平定天下，封诚意伯。辞官归家，被胡惟庸毒死。他的诗质朴雄健，时政的弊端和人民的疾苦，常是他歌咏的主要题材。

为张生题赵仲穆画马

（元末明初·刘基）

天厩之马高且肥，王孙貌出真绝奇。
杜陵寒儒恒苦饥，枉使韩干遭诮嗤。
渥洼天马龙象力，朝发太蒙暮西极。
豆刍五石充一食，力由食生非外得。
地黄苜蓿美如饴，咽以甘泉清肺脾。
神完气定吪止时，素餐立仗马耻之。
高风吹雁酸枣红，狼烟夜半通回中。
为君长鸣起枵公，斩取郅支归献明光宫。

朱右

朱右（1314～1376年），明诗文家。字伯贤，一字序贤，号邹阳子。临海（今属浙江）人。元末从陈德永学，至正二十一年（1361年）尝诣阙献《河清颂》，不遇而归。明洪武三年（1370年）诏修《元史》。洪武六年（1373年）修日历，除翰林院编修。翌年修《洪武正韵》，寻迁晋王府长史，卒于官。著有诗文集《白云稿》，并著有《春秋类编》《三史勾玄》《秦汉文衡》等经史著作。

春怀

（明·朱右）

舵楼空阔望京华，芦荻江枫岸岸花。
山色淡浓昏雾薄，水光浮没夕阳斜。
故乡鸿雁书千里，远浦牛羊屋数家。
边塞柳营多苜蓿，石田徒忆旧桑麻。

陶安

陶安（1315～1368年），字主敬，当涂（今属安徽）人。少敏悟，博涉经史，尤长于《易》，对明朝建国之初的典章制度建设有重要贡献。

送朱仲良

（明·陶安）

幕府需名掾，儒林拔俊髦。赤霄麟凤至，华岳隼鹰高。
家谱遗先业，功庸在武韬。银符传爵秩，玉树秀儿曹。
鄱邑怀乡远，铅山鼓箧劳。雨香萱草砌，云涌墨花槽。
宝剑精金铸，文绡独茧缲。朝盘苍苜蓿，春酒绿葡萄。
诗社惊风笔，书棂继晷膏。霞生灵鹫屐，雪压紫溪舠。
青眼多知己，黄眉又伐毛。膺门隆雅遇，和璞遂奇遭。
三语名增重，诸侯礼见褒。襟怀澄夜月，简牍析秋毫。
访道鹅湖境，承光熊轼旄。水晶明窟宅，珠玉纪游遨。
远调边江郡，久延中土豪。青山晨霭树，采石暮烟涛。
槐舍香凝戟，莲漪色映袍。谋猷禅召杜，刑罚尚苏皋。
骏足仍淹枥，雄姿望解绦。虽承毛义檄，尚莞子游刀。
黍稷登商琏，笙镛间舜韶。屈身班雁鹜，挺质出蓬蒿。
宪署嘉才艺，分韶鉴履操。抗章孤荐鹗，投钓六连鳌。
要路登风纪，新威纠虐饕。竹松存劲节，兰菊著离骚。

喜动庭闱彩，程催水驿篙。诸公闻耿介，列郡息喧嘈。
乌府霜飞柏，龙门浪涨桃。功名来衮衮，岁月任滔滔。
风俗俱廉问，泉沙必净淘。宸聪资耳目，民瘼解忧嗷。
清镜方开匣，彤弓已脱韬。日斜貙虎遁，秋肃草莱薅。
折槛应当继，乘骢定不逃。论交心正切，话别首频搔。
葵火炎飙扇，荷盘急雨号。离筵车马集，锦瑟送芳醪。

送于遵道

（明·陶安）

东南钜都会，龙虎形桓桓。文献萃其间，群方耸听观。
之子邦之彦，高情寄儒冠。词林被膏润，华实美以完。
筮仕司纠录，官与毡俱寒。坐忘粱肉味，甘此苜蓿盘。
斋居谢宾客，灯窗夜漫漫。道契三古心，笔意宗孟韩。
秩满动行色，送别江之干。西风吹白云，心目遥生欢。
相期敦古道，力行谅非难。勖哉追前修，万里高飞翰。

袁华

袁华（1316～？），明代诗人。字子英。昆山（今属江苏）人。生于元季，洪武初为苏州府学训导。后坐累逮系，死于京师。著有《耕学斋诗集》。

送殷孝伯之咸易教谕

（明·袁华）

圣代崇文化，贤良起草莱。凤鸣旸谷日，鱼跃禹门雷。
匠石无遗弃，洪纤在剸裁。咸阳秦赤县，博士楚宏材。
话别嗟吾老，横经羡子才。渡江淮浦迴，溯颍蔡河开。
红树迎官舫，黄华映酒杯。纪行应俊逸，览古定徘徊。
遵陆由梁苑，冯虚自吹台。汉京城屹屹，艮岳石巍巍。
蹋月车鸣铎，嘶风骑卷埃。吴音伧父讶，儒服虏人猜。
应为青山住，知悬白日隤。解鞍依近郭，纵马龁枯荄。
风急狐狸啸，天高鸿雁哀。诗情秋共澹，乡梦晓同催。
喜见烽烟息，愁听驿鼓槌。虎牢悲战骨，缑岭觅仙胎。
岳仰嵩高峙，河看砥柱栽。山川犹巩固，风物亦奇侅。
鸡唱函关启，龙飞太华来。碑亭矜汉好，浴殿吊唐灾。
望极吴天末，行穷渭水隈。别家倾菊酿，到县动葭灰。
多士争先迓，诸生获后陪。献菹芹实豆，舍菜酒崇罍。

五传遗经在，三余万卷该。尊王明大义，抑伯黜渠魁。
寒榻皋比设，朝槃苜蓿堆。树萱思奉母，援柱念提孩。
有弟能调膳，何邮不寄梅。五陵还突兀，八水自萦回。
选胜筇扶手，遐观笏拄颏。坏基留宿草，断础长荒苔。
异域多佳处，兹游寔壮哉。丈夫四海志，肯使寸心摧。

郭钰

郭钰(1316～？)，字彦章，吉水人。年在六十岁以外。元末遭乱，隐居不仁。明初，以茂才徵辞疾不就。钰生平转侧兵戈，为诗多愁苦之辞；著有《静思集》十卷。

和虞学士春兴八首（其三）

（明 · 郭钰）

沙苑烟晴苜蓿肥，朝回天马锦为鞿。
词臣会送归青琐，进士传呼换白衣。
云气晓依宫树近，春阴昼护苑花飞。
君王又进长生药，万里楼船海上归。

王逢

王逢（1319～1388年），明代常州府江阴人，字原吉。元至正中，作《河清颂》，台臣荐之，称疾辞。避乱于淞之青龙江，再迁上海乌泥泾，筑草堂以居，自号最闲园丁。辞张士诚征辟，而为之划策，使降元以拒朱氏。明洪武十五年（1382年）以文学录用，有司敦迫上道，坚卧不起。自称席帽山人。诗多怀古伤今，于张氏之亡，颇多感慨。有《梧溪诗集》七卷，记载元明之际人才国事，多史家所未备。

闻钟

（明 · 王逢）

苜蓿胡桃霜露浓，衣冠文物叹尘容。
皇天老去非无姓，众水东朝自有宗。
荆楚旧烦殷奋伐，赵陀新拜汉官封。
狂夫待旦夕良苦，喜听寒山半夜钟。

简林叔大都事

（明 · 王逢）

省闱无事日盘桓，犹是中朝供奉官。

半臂缥绫披月下，三神珠阙望云端。
庄蒿草变鲸波落，苜蓿花开雁塞寒。
因话朔南声教在，一回相对客怀宽。

无题五首（其一）

（明·王逢）

五纬南行秋气高，大河诸将走儿曹。
投鞍尚得齐熊耳，卷甲何堪弃虎牢。
汧陇马肥青苜蓿，甘梁酒压紫蒲萄。
神州比似仙山固，谁料长风掣巨鳌。

读国信大使郝公帛书

（明·王逢）

西北皇华早，东南白发侵。雪霜苏武节，江海魏牟心。
独夜占秦分，清秋动越吟。蒹葭黄叶暮，苜蓿紫云深。
野旷风鸣籁，河横月映参。择巢幽鸟远，催织候虫临。
衣揽重裁褐，貂余旧赐金。不知年号改，那计使音沈。
国久虚皮币，家应咏藁砧。豚鱼曾信及，鸿雁岂难任。
素帛辞新馆，敦弓入上林。虞人天与便，奇事感来今。

奉寄赵伯器参政尹时中员外五十韵

（明·王逢）

诏立淮南省，符张阃外兵。风雷朝焕发，牛斗夜精明。
参政材超伟，元僚器老成。武林多树政，禁籞旧蜚英。
凤暖文章蔚，鲲秋羽翼横。天池今并奋，嶰管后和鸣。
地要尤膏沃，时危必战争。辅车依海岱，衣带限蛮荆。
玉叶开王邸，烟花匝子城。万艘盐雪积，千里稻云平。
织贝殊珍粲，红楼艳曲萦。并缘胥狡黠，货殖驵骄盈。
汝禩初萌起，河流浸妄行。镇绥增屏翰，赞画授权衡。
爱稼须除螣，怜牛贵搏虻。式蛙曾霸主，斩马乃书生。
青汗三千牍，丹心一寸诚。相臣连万骑，郡邑望双旌。
甓社湖移蚌，缲丝井露鲸。里无安堵乐，野有望尘惊。
舄卤烟侵燧，孤䗝胆碎钲。五贤迷古辙，六咏歇新赓。
瓦砾皆王土，逋逃本尔氓。长驱劳组练，尽扫愧欃枪。
喻拟相如檄，降惩白起坑。跋胡狼曷备，毒尾虿难撄。
济猛收神略，疏恩涣虏情。伫闻鹿栅下，莫作鬼方征。

回鹘卑唐室，天骄挠汉营。乾坤一羽扇，社稷几羊羹。
杕杜交加影，芙蓉袅娜茎。超然延爽笏，肃若卫寒更。
虑念真如是，功勋孰与京。誓清怀晋逖，虚左慕齐婴。
好定龙蟠价，毋登狗盗名。石洪重胤辟，韩愈建封迎。
故典何其盛，斯文与有荣。中州襟陕陇，上国掖幽并。
麟阁将来绘，鸡坛宿昔盟。刍荛言慎择，葵藿义同倾。
契阔商参恨，栖迟畎亩耕。小斋余苜蓿，四境半芜菁。
酒忆涓涓缥，鲂炊个个赪。悲歌垂短褐，慷慨眷长缨。
亲病常忧惧，身奇鲜弟兄。君公终隐迹，充国燀家声。
楚角关山晚，吴陵草树晴。莺知幽谷候，雁识大江程。
报政梅全发，封诗月迥清。遥应语何逊，开閤少阴铿。

张孝子

（明·王逢）

三朝雪涕大明宫，咫尺威颜卒感通。
百辆珠犀归宝藏，千区松柏倚青空。
天妃罢烛沧溟火，野史追扬孝里风。
谁谓奸臣终愧汉，石榴苜蓿也封功。

徐贲

徐贲（1335～1380年），字幼文，号北郭生，其先为蜀人，徙常州，再徙平江。工诗，为十才子之一。张士诚开阃，辟为属官。后与张羽俱避居湖州。洪武七年（1374年）被荐至京。历官河南左布政使，会征洮岷兵过其境，坐犒劳不时，下狱死。著有《北郭集》。

菜薖为永嘉余唐卿右司赋

（明·徐贲）

远辞华盖居，来卜山阴宅。乍到俗未谙，久住地旋辟。
屋庐尚朴纯，楹桷谢雕饰。高营踞山跗，深甃逗泉脉。
檐将狼尾苫，门用鼠筦织。缺垣唯补萝，圮砌总蒙藾。
编篱限迩邻，树蘖表殊埸。本来是野性，岂是耽地僻。
学圃欲拟樊，为功敢侔稷。宁惜劳外形，自甘食余力。
耕锄限儿课，灌溉当仆役。破块何畇畇，陈器亦畟畟。
驾许俗士回，屐向邻翁借。筐筥织湘材，锹锸铸棠液。
卓镢鹰嘴利，负蒉猬毛磔。俯仰疲桔槔，沾洒渍袯襫。
循畦行策鑱，偃林卧欹石。镰披欲芟丘，刈削竟驱砾。

值埠即为坡，遇凹就成洫。堤崩防密葮，实隙拒乱棘。
地同农亩计，区学井田画。长畛纵复横，曲渠广还窄。
接流引余清，疏沼汇深碧。架桁秋实垂，篱落夏蔓幂。
雨露加膏腴，粪土发硗瘠。识种题裹藏，辨类分行植。
莳法常按谱，候时即看历。蕨芽拳握紫，姜蘖拇骈赤。
两合怜蘮蒘，丛生爱铫芅。初葝迸蛰雷，新薹长春蕨。
雀弁菟叶峨，马帚荓茎直。黄繁微脡绵，瓠老枯瓣折。
芍苗卷龙须，药干拥牛膝。黄独雪晴收，紫蕃露晞摘。
阴阶茂蒛芼，下田丰菲葸。卷轮木耳垂，攒刺菱角射。
秋茄采更稀，夜韭剪仍殖。芝芳凝海琼，芰郁点池墨。
枸杞香可醪，竹蕈熟堪腊。石皮被柔藫，土酥脍肥菂。
细莼入馔鲈，鲜蒌杂羹鲫。荼苦蘖与俦，菘脆冰为敌。
菌栌西蜀致，苜蓿大宛得。长荬荇带流，乱簇蔯丝绎。
芹效野人献，瓜为天子副。决明才一方，萵苣连数席。
璃縻慰渴心，玉延起羸疾。蓳毒笑非喜，芥心泣讵戚。
盘根芽埋壤，脱颖笋穿壁。撷香怜鸡苏，折甘嗜燕麦。
粟腐切方圭，乳饼斫圆璧。孕子棕受刳，赘聃石被馘。
兔目淘夏槐，鹿角芼腊炙。菁托诸葛呼，巢以元修斥。
苋褒蔡守清，薇怨周节逆。邪蒿义所攘，秽荽理堪哑。
薄利嘉拔葵，省谤恶遗薏。穷餐齑酸黄，俭啖薤留白。
闲情付田园，生意仰膏泽。荚齐翠疑剪，甲拆绿讶擘。
掩冉烟际姿，葱茜雨余色。始掇惜滓染，载涤畏虫螫。
新荐或在笾，薄湘亦须鬲。求久渐投醯，致爽遽沃醷。
不烦僚友送，敬向先圣释。对屠夸大嚼，燕客忻小摘。
柈羞不过三，瓮菹当饫百。未能着蔬经，安敢踰食籍。
旨蓄足山厨，素供过香积。用兹卒岁年，庶得勤朝夕。
宾魏徐见厌，厄陈颜自怿。洁畚士耻污，造桥盗怀恤。
抱瓮忿设机，授书诮求益。纵马因致忧，合蛏遂亡谪。
万钱柳复乞，片金华还掷。仕知吕侄妄，居味郑人识。
枕肱仲尼乐，伤指范宣戹。鼎臑固云嘉，食箪亦足适。
敷淡分所安，堪味欲易极。毋因口体累，遂使愆民德。

贝琼

贝琼（？～1379年），明代浙江崇德人，字廷琚，一名阙，字廷臣。元末领乡荐，年已四十八。战乱隐居，张士诚屡辟不就。洪武初聘修元史，六年（1373年）除国子助教，与张美和、聂铉并称“成均三助”。九年（1376年）改官中都国子监，教勋臣子弟。十一年（1378年）致仕。有《清江文集》。

送陈楚宾赴泗州学正

（明·贝琼）

舟行入淮泗，初上广文官。
地接中州近，天连大野宽。
清时先俎豆，异俗尽衣冠。
暂别蓬莱阙，无惭苜蓿盘。

送朱伯良赴陇西县丞

（明·贝琼）

巩昌风俗今犹古，城郭弦歌足几家。
渭水北来同穴近，陇山西过武功赊。
天连苜蓿荒秋雨，地种葡萄压紫霞。
更喜清官有朱邑，明年新政万人夸。

滁阳驿

（明·贝琼）

群山绕滁州，城郭带林壑。岂唯居人稠，遂使游子乐。
苜蓿青满野，羊马盛幽朔。固知英雄主，四方归大略。
回视清流关，往事殊可薄。新花寒未开，细雪春犹落。
且持一斗酒，独与故人酌。

题赵仲穆画马

（明·贝琼）

吾闻冀北之马如云照川谷，八尺飞龙在天育。
滦河远幸翠华迟，柳林大猎金鞍簇。
是时四海为一家，东踰日本西流沙。
拂郎近献两骕骦，不数郭家狮子花。
公子前身岂曹霸，一马真轻百金价。
黄金台上倦为客，白发江南随意画。
骝騧骃駓各不同，饮泉龁草落笔工。
君不见，
龙庭苜蓿与天远，何人更收青海骢。

刘崧

刘崧（1321 ～ 1381 年），字子高，原名楚，号槎翁，元末明初文学家，江西泰和珠林（今属泰和塘洲镇）人，为江右诗派的代表人物，官至吏部尚书。

河上农家

（明 · 刘崧）

河上居人少，兵前草树繁。
牛羊还识路，鸡犬自成村。
衣夹绵花絮，盘分苜蓿餐。
可能无长物，容易足晨昏。

和答舍弟子彦自雩都寄诗并喜性举乱后归自殊乡

（明 · 刘崧）

春暮书回百感生，残年送别最关情。
云飞远道千峰暗，花落深林独树明。
苜蓿久荒良骥病，稻粱未足旅鸿惊。
遥怜稚子生还日，不得相从咏北征。

感念旧好

（明 · 刘崧）

故人旧别向西川，移谪淮山苜蓿田。
容易繁稀花着雨，寻常员缺月当天。
四章诗忆京城送，八月书闻历下传。
为报难兄竹园里，好催春酿候归船。

青萝山房诗为金华宋先生赋

（明 · 刘崧）

我有尘外想，长悬山水间。昨逢金华客，因问青萝山。
青萝几千仞，翠色净如洗。江上见数峰，分明紫霞里。
缅慕宋夫子，高栖在丘樊。扣舷沿桂溆，翻帙上松门。
幽寻聆涧淙，静坐看庭绿。著书三径荒，饮水一瓢足。
昔在山中住，声名天下闻。一朝被徵起，长笑下秋云。
官联玉堂署，诏入金銮殿。元史公是非，雄文掞雷电。

今年谢山县，稽礼移春官。并结芙蓉绶，仍餐苜蓿盘。
翩翩霞上鸾，皎皎雪中鹤。振佩朝天衢，回车睇云壑。
自从出山远，芳草满岩扃。弟子感时雨，里人瞻德星。
岂无京华乐，秖念山房好。恒恐归来迟，青萝笑人老。
仙岩勘灵笈，禹穴探古辞。此意在千载，世人安得知。

郑真

郑真（1322？～？），明诗文学家。字千之，号荣阳外史。鄞县（今属浙江）人。出生于文献世家，早年穷研六经，尤长于《春秋》，曾受知于吴澄。与其兄郑驹、弟郑凤并以学行擅名于时。洪武五年（1372年）成乡贡进士，翌年赴京候选，授临淮县儒学教谕。在临淮任职十余年，自述其生活“清苦日甚”。洪武十七年（1384年）自临淮入觐，改授江西广信府儒学教授。洪武二十年（1387年）后致仕，终老于家。著有《四明文献录》。

送柴教谕

（明·郑真）

玲玲琚佩飒天风，三载宫墙教育功。
馆阁名高霄汉表，山川妙入画图中。
云生晓席芙蕖动，日射春盘苜蓿空。
书满却看胜荐剡，未应皓首叹飞蓬。

再用韵三首贻文举训导（其三）

（明·郑真）

皋比掌教本非才，苜蓿盘空几席埃。
帝阙仰瞻三殿出，仙山遥望五云开。
多烦上客公车过，共迓先生聘币来。
藻叛生香冠佩集，锦篇新儗柏梁台。

寄凤阳府斯文诸君子其五洪希羽教谕

（明·郑真）

委羽仙人老见招，中都庠序近云霄。
圣神有赫瞻龙衮，俊选同趋飒佩瑶。
苜蓿盘空朝日上，虞庠歌罢晚香飘。
客中那得重相见，千里空令怅望遥。

用五河县孙驿丞行简秋凉感怀诗韵

（明·郑真）

呼酒邻家隔竹幽，杯行到手不论筹。
蒹葭水阔汀洲暗，苜蓿凉生苑囿秋。
解佩正须归旧隐，濯缨还许向中流。
相思坐对濠梁月，千里难禁宋玉愁。

送表兄范执中复任灵寿县知县

（明·郑真）

系出文华学士公，谁知异姓本同宗。
相逢共诧形容老，入觐应夸步武重。
燕马春郊肥苜蓿，淮船秋水映芙蓉。
遄归宠赐南宫宴，一曲周歌湛露浓。

题陈仲良所藏姚（阙）马图

（明·郑真）

献凯归来汗血流，将军万里已封侯。
长安新置飞龙厩，奈汝西风苜蓿秋。

八月中秋日宿郑文中家

（明·郑真）

团团一轮月，飞上黄金阙。
空斋兀坐悄无言，出门一笑天地白。
银河耿耿蟾宫秋，金波穆穆凝不流。
安得清风生两腋，奋身直上青云游。
我家本在东海住，三岛神仙隔烟雾。
年年八月看月明，广寒指点无多路。
去年作客向钱塘，翰墨鼓勇登文场。
嫦娥折赠一枝桂，霏霏满袖携天香。
郡府工歌听苹鹿，春日计偕登上国。
翩然捧檄濠梁来，苜蓿盘空照晴旭。
凄凉逆旅逢今宵，何用沽酒倾金瓢。
故乡远隔二千里，眼空碧落心飘飘。
闺中夜凉珠露滴，两儿同向楼头立。

云鬟玉臂思依依，舐犊恩慈怪违膝。
人生离合非偶然，纷纷万事俱由天。
古云千里同婵娟，莫道月圆人未圆。

杨基

杨基（1326 ～ 1378 年？），字孟载，号眉庵。其先居嘉州（今四川乐山县），徙吴中（今江苏吴县），明初为荥阳县知县，历官山西按察使，因事免官，卒于贬所，著有《眉庵集》。

春暮有感二首（其二）
（明 · 杨基）

啼鸟匆匆变物华，雨池科蚪渐成蛙。
青鞋谩踏闲边草，白发羞簪醉里花。
此日骅骝思苜蓿，当时鹦鹉唤琵琶。
遥怜箫鼓追游地，荠麦青青已没鸦。

朱元璋

朱元璋（1328 ～ 1398 年），明太祖，濠州钟离（今安徽凤阳县）人。幼为牧童，曾入寺为僧，1352 年投濠州郭子兴义军。因骁勇多智，遂不断发展壮大。1367 年在应天（今南京）称帝，建国号明。

征东至潇湘
（明 · 朱元璋）

马渡沙头苜蓿香，片云和雨过潇湘。
东风吹醒英雄梦，不是咸阳是洛阳。

陶宗仪

陶宗仪（1329 ～ 1421 年？），字九成，号南村。黄岩清阳（今属浙江台州）人。明代文史学家。20 岁离家赴考，因直言朝政而落第，定居在松江，以开馆授课、垦田躬耕为业，四次拒绝元明两朝皇家召旨，终身不入仕途，人称“南村先生”，誉为“立身之洁，终始费渝，真天下节义之士也”。著作除《辍耕录》外，有搜集金石碑刻、研究书法理论与历史的《书史会要》。

元日试笔次张泉民读书庄杂兴八首（其八）
（明·陶宗仪）

构室延虚白，临书捣硬黄。
但祈年大有，安问世炎凉。
苜蓿堪羞馔，芙蓉可集裳。
寿龄过八十，无梦到鹓行。

胡奎

胡奎（1331～？），字虚白，号斗南老人。浙江海宁人。明初以儒学征，官宁王府教授。有《斗南老人集》六卷。

次韵王继学滦河竹枝词
（明·胡奎）

山前马嘶苜蓿花，山下蘑菇似蕨芽。
细肋沙羊割红玉，不识雪水夜煎茶。

高启

高启（1336～1373年），字季迪，号槎轩，江苏苏州人，元末明初著名诗人，与杨基、张羽、徐贲被誉为“吴中四杰”，当时有人把他们比作“明初四杰”，又与王行等号“北郭十友”。洪武初，以荐参修《元史》，授翰林院国史编修官，受命教授诸王。擢户部右侍郎。苏州知府魏观在张士诚宫址改修府治，获罪被诛。高启曾为之作《上梁文》，有“龙蟠虎踞”四字，被疑为歌颂张士诚，连坐腰斩。著有《高太史大全集》《凫藻集》等。

金陵岁末
（明·高启）

霏霏雪意压重栏，罨罢坠梧天骤宽。
一夜潮声飞铁马，六朝诗句下青山。
消沉久寂鱼龙梦，清苦初尝苜蓿盘。
贤圣难追时易逝，霜鸿过处把书观。

朱朴

朱朴（1339～1381年），字彦诚，号诚斋。原籍海盐（今属浙江），以海患迁居钱塘（今浙江杭州）。体瘦长而音声琅琅，务农为生。工诗，有《西郇诗集》，许杞序而刻之。

和东滨谢詹少府惠酒之作

（明·朱朴）

花鸟西园梦亦安，一樽兼得助余欢。
绝怜少府松花瓮，尤称先生苜蓿盘。
秀句已酬青玉案，朱颜何必紫金丹。
及今正好看红药，莫待春风作晚寒。

王恭

王恭（1343 ～？），明诗人。字安中，号皆山樵者。长乐（今属福建）人。长期隐居于七岩山。明永乐初，以儒士荐修《永乐大典》，授翰林院典籍，但不久即辞归乡里。永乐九年（1411 年）尚在世。诗学唐代王维、孟浩然，为“闽中十子”之一。其诗凡结有三集，未仕前有《白云樵唱》《草泽狂歌》，官翰林典籍后有《凤台清啸》。

梅江送林中州归龙塘

（明·王恭）

清时尚不官，道在任家寒。
夜梦梅花帐，朝吟苜蓿盘。
鱼风吹鬓冷，蚌月照衣残。
归去乡林下，横塘竹万竿。

送人奉使市马

（明·王恭）

使节向宛西，承恩出御堤。
千金求骏骨，万里得霜蹄。
汉武思神骥，燕昭重駃騠。
归朝应早计，苜蓿苑中齐。

梅江送林中州归

（明·王恭）

不羡鱼羹饭，宁甘苜蓿香。
小斋邻蟹舍，曲几近蛟房。
别路分沙堰，行衣受海霜。
到家看旧竹，凉月满横塘。

题郑浮丘碧蕉书馆

（明·王恭）

郑老心闲却忘官，泮林唯对碧蕉闲。
盈轩色映乌纱帽，拂几凉生苜蓿盘。
半榻秋声寒外落，一帘幽梦月中残。
杜陵野老时相问，应遣题诗叶上看。

衮尘骝

（明·王恭）

暂卸银鞍赐浴归，锦尘香扑衮龙飞。
谁怜习战阴山北，满地黄埃苜蓿归。

画马图

（明·王恭）

淮泗云空苜蓿齐，圉人牵出踏青泥。
金舆不恋西池赏，虚负天寒十二蹄。

题屿南林遵性学圃轩

（明·王恭）

君家书室依林坰，日夕清辉多在庭。
出户时看花屿近，卷帷唯见董山青。
苍苔古木连深曲，悬萝石上孤云宿。
露叶垂篱菘薤香，水藤拂槛瓠瓜熟。
任是闲门客到疏，自甘萧散学犁锄。
新凿小池宜抱瓮，时闲高馆复携书。
纷纷甲第皆粱肉，何事丘园未干禄。
稚子能羞苜蓿盘，家人解压葡萄绿。
寂寂林扉绝四邻，角巾野杖亦容身。
公门若更栽桃李，先数林泉种圃人。

书松陵夏尚忠王明府道斋故人也明府绘望云图令其子归遗之索余题其上

（明·王恭）

毗陵客舍洮湖里，乡心祇忆吴江水。
关门千树别来青，笠泽孤云望中起。

孤云迢递故乡山，也似梁公马上看。
肤寸任随零雨散，飞扬还带莫天寒。
看君已抱连城璧，何事犹怀兔园笔。
朝饭歌残苜蓿盘，春衣梦绕斑烂色。
王郎此去揖清芬，明府缄书远念君。
他时好在青云上，回首姑苏是白云。

唐之淳

唐之淳（1350～1401年），字愚士，以字行，山明（今浙江绍兴）人。建文时官侍读预修书事。博闻多识，工诗文，善笔札。篆、隶得李斯、李阳冰体，楷法从欧阳询出。卒年五十二。

长安留题

（明·唐之淳）

晓阁疏钟午店鸡，客途风物剩堪题。
葡萄引蔓青缘屋，苜蓿垂花紫满畦。
雁塔雨痕迷鸟篆，龙池柳色送莺啼。
前朝冠盖多黄土，翁仲凄凉石马嘶。

陈琏

陈琏（1369～1454年），明代官员。字廷器，号琴轩，广东东莞人。洪武二十三年（1390年）中举人，初授桂林府教授。建文三年（1401年），升国子助教。永乐元年（1403年），以他有治理才能，擢为许州知州，永乐三年（1405年）改任滁州知州。他在任上百姓称他为“小欧阳”。皇帝以他治理滁州有功，特升他为杨州府知府掌滁州事，并赏财帛及赐宴以示奖励。永乐十七年（1419年），陈琏因父丧回籍守孝。陈琏于永乐二十二年（1424年）任四川按察使。宣德元年（1426年），调任南京通政使掌国子监事，管理全国的教育。翌年，因母丧回家守孝五年，后仍任通政使。皇帝特赐诰命，赠其祖父、父亲皆如其官，母与妻为淑人，以示褒扬。正统元年（1436年），调任礼部左侍郎，正统六年（1441年），已年逾七十，乃辞官归里。

送丁太仆维南

（明·陈琏）

国朝崇马政，考牧得才良。
群厩龙媒盛，郊原苜蓿香。

房星常炳焕，天驷自辉煌。
太史书成绩，千年著耿光。

解缙

解缙（1369～1415年），字大绅，一字缙绅，号春雨、喜易，明朝时吉水（今江西吉水）人，洪武二十一年（1388年）中进士，官至内阁首辅、右春坊大学士，参预机要事务。解缙以才高好直言为人所忌，屡遭贬黜，终以“无人臣礼”下狱，永乐十三年（1415年）冬被埋入雪堆冻死，卒年四十七，成化元年（1465年）赠朝议大夫，谥文毅。

追赋赵子实席上分韵
（明·解缙）

秋风唤客清溪傍，拍天照眼溪沙黄。
水流曲曲度桥去，绿发童子来行觞。
浇透心胸六经醉，欲去未去车生光。
善刀出室坐行割，主人为政今日羊。
青山夜长魏王瓠，苜蓿晓饭樗子囊。
肘中柳影坐云暖，庭下麦潦书画长。
公若不遣杯酒至，孔子亦死陈蔡乡。
浩歌径欲把北斗，人生一笑不可常。

郑潜

郑潜（生卒年不详，约1354年前后在世），字彦昭，歙县（今安徽黄山）人。事郑玉如叔父，玉尝称他“敏悟坚笃”。仕元，官至海北廉访司副使，泉州路总管。后寓居福州怀安，买田建立义学。又于县西南，设白苗、阳崎二渡，买田以给舟子之食。邑人立石记名，号为郑公渡。入明，起为宝应县主簿。迁潞州同知，致仕，卒。撰有《樗庵类稿》两卷。

送董之瑞
（明·郑潜）

送子京师去，宣文阁下行。
温然文翰质，藉甚典书名。
苜蓿朝餐薄，梅花夜梦清。
授经双白璧，珍重淑诸生。

胡俨

胡俨（1360～1443年），字若思，南昌人。通览天文、地理、律历、卜算等，尤对天文纬候学有较深造诣。洪武年间考中举人。明成祖朱棣时，以翰林检讨直文渊阁，迁侍讲。永乐二年（1404年）累拜国子监祭酒。重修《明太祖实录》《永乐大典》《天下图志》，皆充总裁官。洪熙时进太子宾客，仍兼祭酒。后退休回乡。同时擅长书画，著有《颐庵文选》《胡氏杂说》。

病中秋思八首（其六）

（明·胡俨）

未及重阳节，晨兴已觉寒。
雨侵烧药灶，风折护花栏。
暂饱雕胡饭，长吟苜蓿盘。
近闻禾黍熟，颇得老怀宽。

王绂

王绂（1362～1416年），一作芾，又作黻。字孟端，后以字行。号友石，别号鳌里，又号九龙山人、青城山人，江苏无锡人。少为弟子员，永乐初供事文渊阁，拜中书舍人。博学，工诗，擅画，能书，写山木竹石，妙绝一时。

和钱博士先生除夕感怀韵（仲益）

（明·王绂）

京华住久客囊殚，对影萧然守岁阑。
酒浸屠苏怜独饮，盘堆苜蓿共谁餐。
家山梦在相思切，心事逢人欲说难。
年复一年多白发，驻颜何处觅金丹。

盆里黄杨

（明·王绂）

黄杨乃嘉植，岷蜀多产之。乔柯起百尺，小干犹拱围。
作器不沾垢，栉具尤其宜。故人有好事，全株远相遗。
厥高仅盈咫，径不踰分厘。置之苜蓿丛，何繇别奇姿。
况兹种来久，十易寒暑时。颜色固自好，长茂何迟迟。
赋性恐或异，雨露宁有私。曾闻厄于闰，此理疑见欺。
水土托盆盎，滋养良可知。嗟予久寂寞，对此心神怡。

亲之若宾友，爱护如婴儿。清昼置书几，良宵露阶墀。
时时为灌洒，元气犹淋漓。丛叶蔼芳润，孤根尚撑支。
愿言保贞操，与世相推移。材良召斤斧，何用昂霄为。
唯应处岩壑，庶可全天资。

夏原吉

夏原吉（1367～1430年），明初重臣。字维喆，湖南湘阴人，祖籍德兴。以乡荐入太学，选入禁中书制诰。以诚笃干济为明太祖朱元璋所重。建文时先任户部右侍郎，后充采访使。任内政治清明，百姓皆悦服。靖难之役后，成祖即位，委夏原吉以重任，与蹇义并称于世。成祖后又相继辅佐仁、宣二宗，政绩卓越。宣宗宣德五年卒，年六十五。赠太师，谥忠靖。

赠祝仲山滁阳省父还番阳

（明·夏原吉）

伟哉太仆起名儒，一住琅琊十载余。
苜蓿雨肥晨考牧，梧桐月白夜观书。
达尊三备人咸羡，好句多吟我不如。
珍重问安贤孝子，古来毋惜道途迂。

老马

（明·夏原吉）

风霜摇落五花妆，留得枯羸似犬羊。
幸赖邦家能惠养，满川苜蓿华山阳。

黄淮

黄淮（1367～1449年），字宗豫，号介庵，浙江温州永嘉人，明朝大学士、进士。

和友人中秋月诗韵

（明·黄淮）

曾照当年苜蓿盘，却于今夕动愁端。
浊醪何自供杯斗，灏气多应彻肺肝。
夜漏无声天阙迥，露华如水井梧寒。
更祈早晚承恩诏，翰苑明年仔细看。

金幼孜

金幼孜（1367 ～ 1431 年），名善，以字行，号退庵。汉族江右民系。江西峡江人。建文二年（1400 年）进士，授户科给事中。永乐元年（1403 年）任翰林检讨。与吉水学士解缙同值文渊阁，升侍讲，为太子讲学，讲授《春秋》而进呈《春秋安旨》三卷。

送陈秉刚赴廉州照磨

（明 · 金幼孜）

阙下相逢话未休，一官又赴岭南州。
近郊苜蓿收残雨，高井梧桐动早秋。

史谨

史谨（生卒年不详，约 1367 前后在世），字公谨。洪武初，因事谪居云南。后用荐为应天府推官。降补湘阴县丞。寻罢归，侨居金陵，女子吟咏，工绘事，构独醉亭，卖药自给，以诗画终其身。

题马图

（明 · 史谨）

沙场百战已成功，万里归来汗血空。
莫道邦家无惠养，满川苜蓿雁来红。

龙潭八景其八旗山散牧

（明 · 史谨）

苜蓿连天万马肥，望中如在华山西。
龙媒应叹无人识，频向奚奴振鬣嘶。

画马歌

（明 · 史谨）

房公平生爱挥洒，醉扫骅骝动朝野。
致使无心入神妙，声名不在韩曹下。
复为何人写此图，意态深稳皆良驹。
奚官森列不敢骑，仗退畏脱黄金羁。
青骢衮尘赤骠嘶，落花缤纷满大堤。
后来八疋亦殊相，可与八骏争驱驰。

天上人间遗笔迹，华山之阳若云集。
凤膺龙眷总相似，苜蓿连天暮云碧。

杨荣

杨荣（1371 ～ 1440 年），原名子荣，字勉仁，号东杨，谥文敏，江浙等处行中书省建宁府建安县（今福建建瓯县）人。明朝内阁首辅、工部尚书兼谨身殿大学士，与杨士奇、杨溥共称“三杨”，是永乐盛世、仁宣之治的缔造者之一。著有《训子编》《北征记》《两京类稿》《玉堂遗稿》。

五马图

（明·杨荣）

霜蹄雾鬣气腾虹，日并天闲十二中。
自是清时无战伐，四郊苜蓿老西风。

曾棨

曾棨（1372 ～ 1432 年），字子棨，号西墅，江西永丰人。明永乐二年（1404 年）状元，人称“江西才子”。其为人如泉涌，廷对两万言不打草稿。曾出任《永乐大典》编纂。工书法，草书雄放，有晋人风度。

送陈郎中重使西域三首（其三）

（明·曾棨）

重宣恩诏向穷边，蕃落依稀似昔年。
酋长拜迎张绣幌，羌姬歌舞散金钱。
葡萄夜醉氍毹月，騕褭晨嘶苜蓿烟。
百宝嵌刀珠饰靶，部人知是汉张骞。

姚少师所藏八骏图

（明·曾棨）

周家八马如飞电，夙昔传闻今始见。
锐耳双分秋竹批，拳毛一片桃花旋。
肉鬃叠笋高崔嵬，权奇知此真龙媒。
霜蹄试踏层冰裂，骏尾欲掉长飙回。
瑶池宴罢归来早，络月羁金照京镐。
紫鞚飞时逐落花，雕鞍解处眠芳草。
由来骏骨健且驯，弄影骄嘶不动尘。

有时渴饮天津水，五色照见波粼粼。
圉官骑来难久驻，饮向春流最深处。
珠衔宝勒不敢疏，直恐飞腾化龙去。
古来善画韦与韩，此画岂同凡马看。
人间造次不可得，苜蓿秋深烟雨寒。

王洪

王洪（1379～1420年），明朝浙江钱塘人，字希范，号毅斋。少年时才思颖发，洪武二十九年（1396年）中进士，年仅十八岁。永乐初入翰林为检讨，与修《永乐大典》。帝颁佛曲于塞外，逡巡不应诏为文，受排挤，不复进用。与当时王称、王恭、王褒其称“词林四王”，均有才名。

送陈员外子鲁使西蕃

（明·王洪）

剑骑翩翩出武威，关河秋色照戎衣。
轮台雪满逢人少，蒲海天空见雁稀。
蕃部牛羊沙际没，羌民烟火碛中微。
兹行总为宣恩德，不带葡萄苜蓿归。

龚诩

龚诩（1381～1469年），明代学者。一名翊，字大章，号纯庵，江苏昆山人。建文时为金川门卒，燕兵至，恸哭遁归，隐居授徒，后周忱巡抚江南，两荐为学官，坚辞，有《野古集》。

漫兴

（明·龚诩）

草座麻衣苜蓿盘，虽贫未足害清欢。
阶前嫩草抽书带，溪上新篁长钓竿。
陶亮日从亲旧乐，庞公独遗子孙安。
闭门著得书盈箧，未许旁人得借看。

谢孔昭画山居图为存诚赋

（明·龚诩）

大山峨峨气凌众，小山拱揖如宾从。
流泉一派入溪遥，古木千章含雨重。
硕人自爱考槃乐，风光不减元公洞。

盘中苜蓿长阑干，松叶酿成香满瓮。
诗书万卷圣贤心，一生自足供我用。
世间名利等缰锁，岂肯垂头受羁鞚。
不到城中知几年，稚松尚忆移根种。
怜渠世路苦奔驰，得失总成蕉鹿梦。
我生虽久在樊笼，每向江湖羡鳞纵。
明当拂袖赋归来，风月烟霞幸分共。

于谦

于谦（1398～1457年），字廷益，浙江钱塘人，明朝名臣，民族英雄。永乐十九年（1421年）中进士。

祈雨蔬食

（明·于谦）

苜蓿盘中意味长，经旬不近酒杯香。
亦知厚禄惭司马，且守清斋学太常。
客底情怀空抑郁，冥中感应岂微茫。
黄齑百瓮皆前定，助我平生铁石肠。

处世若醉梦

（明·于谦）

处世若醉梦，忧乐付等闲。百事皆前定，对酒且自宽。
仰天歌呜呜，清风吹我冠。浊醪满瓦缶，苜蓿堆春盘。
无人劝我饮，自酌还自欢。醉眠白日晚，起看明月团。
拔剑舞中庭，浩歌振林峦。丈夫意如此，不学腐儒酸。

李昱

李昱（生卒年不详，约1367年前后在世），字宗表，号草阁，钱塘人。洪武中，官国子监助教。

答陶生羽渐寄诗

（明·李昱）

青袍白发归田后，依旧山林隐者风。
骐骥总宜肥苜蓿，凤凰终亦老梧桐。
要知维翰过裴皞，未许康成别马融。
十幅蒲帆挂烟雨，江流元不限西东。

题五马图

（明·李昱）

开元四十万匹马，谁是超然出群者。
曹韩笔刀非不工，须信真龙最难写。
真龙只有拳毛䯄，太宗骑此开唐家。
雄姿猛气世无敌，当年识者久叹嗟。
吴兴公子画五匹，满眼风云起萧瑟。
一匹玉花啮且骄，一匹飞黄甚飘逸。
驳文殊者一匹雄，一匹紫电奔长虹。
中央正立一匹胡青骢，遂令四马皆下风。
想见承华春苜蓿，此马由来字天育。
殷红盘袍帽纹縠，奚官秋策采监牧。
花萼楼前风日迟，五王宴罢何逶迤。
乃知画师用心苦，俟我落笔题新诗。
大明天子飞龙骑，汗血功成即天位。
真龙复出凡马空，眼见此图传万世。

王养端

王养端（生卒年不详，约1138年前后在世），字元渤，山阳人。以省试第二名，中宣和六年（1124年）甲科。绍兴初，累官起居舍人，知制诰，直徽猷阁，膳典三郡。晚守鄱阳，洪皓以使金归，人莫敢过其居。家清贫，衣食窭甚。甚好为诗，常兴曾几相唱和。

都台纪事四首（其二）

（明·王养端）

二月皇州春事稀，玉堤琼榭尽芳菲。
农官夜候醃寔降，苑监朝供苜蓿肥。
宝盖拂云双凤集，衮衣浮日六龙飞。
山人无路将芹曝，拟傍台阶颂紫微。

乌斯道

乌斯道（生卒年不详），元明之际诗人。字继善，号春草，慈溪（今属浙江）人。明洪武五年（1372年）徵为石龙（今属广东）县令，八年（1375年）改永新（今属江西）令，有惠政。坐事调戍定远，寻放还。卒于1390年之后。著有《秋吟稿》《春草斋集》等。

胡宗器使汾阳得韩干画马石刻归以见赠作歌遗之

（明·乌斯道）

胡君赠我韩干马一匹，乃是汾阳旧传刻。
雄姿逸态嗟夺真，真马见之俱辟易。
奔雷翻电不可见，更有绿蛇兼紫燕。
此马玄黄固难辨，筋出玄中亦堪美。
当时学得曹将军，笔有书法气有神。
顾影裴徊未超越，眼中恍惚如流云。
一傒倦坐困方伛，一傒裹胫曲未伸。
彷佛关头雨新霁，满郊苜蓿涵青春。
胡君曾度太行去，画里龙媒忽相遇。
涓人不用千黄金，自觉驽骀世无数。
出入空骑驿中马，挟此东归惬幽愫。
座间披览风为鸣，记得汾阳旧游处。
汾阳正有郭相家，恐是郭家狮子花。
千年相业尚不泯，马图亦忍沈泥沙。
我今得此重叹息，生者似今那复得。
信知房精在神骏，形影空为人爱惜。

程本立

程本立（？～1402年），字原道，号巽隐。明初浙江崇德（今浙江桐乡）人，宋儒程颐之后。其父程德刚，负才气不出仕。程本立从小就有大志，读书不事章句。洪武二十年（1387年）春，任周王府长史。洪武二十二年（1389年），周王弃藩国至凤阳，程本立坐累谪为云南马龙他郎甸长官司吏目，在此任职期间，为官贤泽，民夷安业。

赠庄浪王镇抚

（明·程本立）

左陈书史右弓刀，谁道边城军务劳。
万马秋风肥苜蓿，一鳝春水醉葡萄。
山山部落西戎静，夜夜旌旗北斗高。
政是太平无事日，不妨诗态忆吾曹。

题刘士平竹所卷

（明·程本立）

凤凰溪头十亩园，我昔种竹竹已蕃。
揃除杂乱扶正直，不使恶类相牵援。
春雷动地儿孙长，森然玉立参天上。
玄冬何嫌霜霰重，赤日自憩风飙爽。
一从宦辙梁宋游，熇埃眯目挥汗流。
琉璃八尺谁卷送，琅玕一个不可求。
腐儒本非食肉相，十年归梦随吴榜。
余生未了苜蓿盘，此身须付桃枝杖。
永嘉刘郎思故山，有庐亦在万竹间。
觅我狂歌托幽抱，歌成转觉俱愁颜。
长竿把得溪头钓，短箫吹作江南调。
此时烧笋饭刘郎，喷案不妨同一笑。

张穆

张穆（1417～？），明苏州府昆山人，字敬之。正统四年（1439年）进士。任工部主事，累官至浙江布政司右参政。有《勿斋集》。

忆故马名春风燕

（明·张穆）

轻同飞燕掠春波，奋进曾怜托坎坷。
惟剩广栽西苜蓿，年年风暖绿堤何。

丘浚

丘浚（1420/1421～1495年），政治家和思想家。字仲深、琼山，号深庵、玉峰，别号海山老人，广东琼山府城下田村（今海南省海口市琼山区金花村）人。明代景泰五年（1454年）进士，授翰林院编修，奉诏修《寰宇通志》，后累官至礼部右侍郎，加太子太保，兼文渊阁大学士。死后，被追封为太傅左柱国，谥号“文庄”。著有《邱文庄集》。

南京给事中童志昂和李商隐无题诗韵

（明·丘浚）

莫向鸿沟觅旧踪，一场春梦五更钟。

也知赐醢缘情薄，岂是分羹爱味浓。
万里使槎来苜蓿，半空仙掌出芙蓉。
蒙蒙黄雾连天起，不见秦关百二重。

送祁至和郎中使高丽
（明·丘浚）

鸾鹊天书五色裁，中原使者下天来。
白山绿水玄菟境，玉佩琼琚绣虎才。
绝域喜沾新雨露，远人惊见古樽罍。
悬知不是乘槎客，肯带葡萄苜蓿回。

童轩

童轩（1425～1498年），字志昂，鄱阳三庙前人，明代科学家、文学家。永乐初，以精天官学召入南京钦天监。景泰二年（1451年）进士，授南京给事中，进都给事中。弘治元年（1488年）复起为太常寺卿，仍掌天钦监事。升右副都御史提督西川（今四川与云南各一部）松潘军务，兼理巡抚，弘治四年迁南京吏部右侍郎，弘治七年升礼部尚书，十年致仕，弘治十一年（1498年）二月十九日卒。著有《清风亭稿》《枕肱集》《纪梦要览》《海岳涓埃》《筹边录》等。

题马图
（明·童轩）

曾逐天骄出汉关，归来孤影放空山。
可怜苜蓿西风夜，犹忆骐驎十二闲。

君马黄
（明·童轩）

君马黄，我马白，共拂巾车朝禁阙。
一朝君马生光辉，渭桥金市驰如飞。
翠丝作辔玉为勒，刍豆盈筐秋正肥。
吁嗟我马徒神骨，缓辔周行思湔泼。
西风一夜冻霜华，厩上空余干苜蓿。

张弼

张弼（1425～1487年），字汝弼，家近东海，故号东海，晚称东海翁。松江府华亭县（今上海松江）人。明宪宗成化二年（1466年）进士，久任兵部郎，议论无所顾忌，出为南安（今江西大余）知府，律己爱物，大得民和。长于诗文，草书甚佳，被评为“颠张复出”。尝自言吾书不如诗，诗不如文，著有《东海集》。

失题十七首（其二）（节选）

（明·张弼）

弋木甘棠频换主，滁阳苜蓿属何人。
寄来一握清风扇，好为南荒埽热尘。

次钱世恒绣衣韵（其一）

（明·张弼）

鱼城如块旁江安，叠鼓鸣笳接好官。
百粤飞霜千载遇，九霄明月万家看。
高怀欲挂榑桑剑，苦节何辞苜蓿盘。
最喜虞山春似海，绣衣彩服奉亲欢。

张宁

张宁（1426～1496年），字靖之，号方洲，一作芳洲，浙江海盐人，明朝中期大臣。景泰五年（1454年）进士，授礼科给事中。成化中出知汀州，先教后刑，境内利病悉罢行之。后为大臣所忌，弃官归，公卿交荐，不起。能诗画、善书法，著有《方洲集》等。

题子昂马图

（明·张宁）

沙碛春深苜蓿肥，锦鞍新卸远行归。
牧儿不敢从南牧，手挽弓梢看雁飞。

沈周

沈周（1427～1509年），明代杰出书画家。字启南，号石田、白石翁、玉田生、有竹居主人等。长洲（今江苏苏州）人。生于明宣德二年（1427年），卒于明正德四年（1509年），享年八十三。不应科举，专事诗文、书画，是明代中期文人画“吴派”的开创者，与文徵明、唐寅、仇英并称“明四家”。传世作品有《庐山高图》《秋林话旧图》《沧州趣图》。著有《石田集》《客座新闻》等。

读盛仲规遗诗

（明·沈周）

饭盘苜蓿漫阑干，自信书生骨相寒。
远落荒州悲燕幕，老收微禄笑鲇竿。
一梳坠雪方归国，万事浮云又盖棺。
灯下遗诗不堪读，读来句句与风酸。

李英

李英（生卒年不详），西番人，因父亲归附明朝有战功，得以承袭父亲的官职。后与外族交战，立有战功。李英为人骄纵不法，虽然屡次被弹劾，但总能被宽赦。宣德七年（1432年）被下狱，爵位被削，正统二年（1437年）获释，不久后去世。

怀苏隐君文甫

（明·李英）

所思劳梦寐，夜夜碧江飞。
只为云山阻，能令雁字稀。
炊餐惟苜蓿，避席掩柴扉。
闻道耽幽僻，行歌对落晖。

欧雷二子往游西粤见过宿别赋赠二首（其一）

（明·李英）

罢钓归时独掩门，客来肯对浊醪尊。
夜深苜蓿犹堪煮，自昔田家老瓦盆。

王佐

王佐（1428～1512年），字汝学，号桐乡。临高县蚕村（今海南省临高县博厚镇透滩村）人。明代海南著名诗人。

老骥行

（明·王佐）

老骥伏枥官厩里，八尺身长老龙体。
昂头向人不肯鸣，似择孙阳作知己。

孙阳世间不常有，此骥伏枥年岁久。
有时自跑千里足，有时自仰千金首。
目如飞电双炯炯，照夜白光秋月冷。
拳毛骃有污血渍，狮子花映灭没影。
问之此骥世何罕，渥洼水中天所产。
同产分入大宛国，贰师得之来贡汉。
武皇重马心如何，郊庙荐之天马歌。
夕养天闲饱苜蓿，朝牵辇道随鸣珂。
何时此种来海湄，宛如蹴踏长秋时。
汉代光宠已寂寞，千年龙种终崛奇。
邻厩有骥亦似之，几年伏枥嗟栖迟。
偶来相见似相慰，迥立长空相向嘶。
一嘶四蹄欲飞起，悲风索索来天倪。

唐马图（其二）
（明·王佐）

曾是天闲小乘黄，口衔金勒待文皇。
如今老去空毛骨，愁对西风苜蓿香。

吴宽

吴宽（1435～1504年），明代诗人、书画家，字原博，号匏奄，长洲人（今江苏苏州）人。明宪宗成化八年（1472年）会试、廷试获第一，入翰林，授修撰。曾侍孝宗东宫，孝宗即位，迁左庶子，预修《宪宗实录》，进少詹事兼侍读学士，后又升任吏部右侍郎、礼部尚书等。专典诰敕修《宪宗实录》，经明行修，粹然笃实，为当时馆阁巨手。吴宽70岁高龄后，身体多病，几次要求回乡，都被明孝宗朱祐樘挽留下来，最后竟病逝于任上。著有《匏庵家藏集》《书经正蒙》《平吴录》等。

入昌平学舍
（明·吴宽）

绕檐苍翠数峰齐，倦坐空堂意已跻。
高处川原浑历历，晡时风日稍凄凄。
行来假馆先思睡，诗就还家各有赍。
苜蓿满盘供饭足，坡翁休爱捣香齑。

重九日与萧汉文出游城南

（明·吴宽）

诗家长不负清秋，匹马城南又出游。
霜落茱萸经古泮，烟横苜蓿度高丘。
莫论来岁知谁健，还怪前人管蝶愁。
向晚悠然何所见，青山依旧满墙头。

黄仲昭

黄仲昭（1435～1508年），明代诗文家，方志学家。名潜，字以行、行十八，号退岩居士，学者称未轩先生，莆田县东里巷（今城厢区英龙街东里巷）人。世称其文“雄浑醇雅”，其诗“和易近人”，享有文名。著作有《未轩集》。

送刘景辉先生教谕万安

（明·黄仲昭）

花飘红雨点征鞍，教铎遥持向万安。
珠玉一囊吟卷重，虹蜺万大剑光寒。
谈经自识膏粱味，入馔宁嫌苜蓿盘。
桃李满门培植久，春风取次进金銮。

李孔修

李孔修（1436～1526年），广东顺德人，居广州，字子长，号抱真子。陈献章弟子。好读书，尤精《周易》。擅诗画，工书法。家贫，犹不肯投合于时。二十年不入城市。

贫居自述（其六十五）

（明·李孔修）

催人光景定如梭，白日无情莫浪过。
苜蓿饱餐忘世味，草堂兀坐养天和。
游春出去花粘履，钓罢归来月满蓑。
村北村南人鼓腹，便宜更唱太平歌。

贫居自述（其七十三）

（明·李孔修）

苜蓿苹蘩各一端，采归留客共相欢。

淡交有味情偏密，得意无肴酒易干。
破笠轻蓑浑不俗，空壶满坐也盘桓。
殷勤送客门前去，取债催科又上门。

庄昶

庄昶（1437～1499年），明代官员、学者。字孔旸，一作孔阳、孔抃，号木斋，晚号活水翁，学者称定山先生，汉族，江浦孝义（今江苏南京浦口区东门镇）人。成化二年进士，历翰林检讨。因反对朝庭灯彩焰火铺张浪费，不愿进诗献赋粉饰太平，与章懋、黄仲昭同谪，人称“翰林四谏”。被贬桂阳州判官，寻改南京行人司副。以忧归，卜居定山二十余年。弘治间，起为南京吏部郎中。罢归卒，追谥文节。昶诗仿击壤集之体。撰有《庄定山集》十卷。

画马

（明·庄昶）

苜蓿空山恋肯肥，性龙骨马本相违。
古今分定庖羲眼，伯乐虽看认恐非。
野草寒风卷雪干，病躯斜阁瘦斛干。
相逢刍豆人间者，谁把行天步骤看。

程敏政

程敏政（1445～1500年），字克勤，明休宁篁墩（今歙县屯溪）人，时人称为程篁墩。明成化二年（公元1466年），应殿试中进士，授翰林院编修。后被提升为侍讲学士。时人评论说，翰林中“学问渊博程敏政，文章最好李东阳”。他因才高自负故遭人所忌，弘治元年（1488年）被御史魏璋以暧昧之词弹劾，被免职，归南山读书。五年后，再次起用，任太常卿兼侍讲学士，掌院事。弘治十二年（1499年），会同李东阳主持会试，考生唐寅、徐经预先做的文章恰与试题吻合。他不愿为官，坚请免职。不久，因悲愤成疾，发痈而卒，终年五十五，追赠礼部尚书。程敏政在文学上与李东阳齐名，传世之作有《宋遗民录》《篁墩文集》《明文衡》《宋纪受终考》《新安文献志》等，并撰有明弘治本《休宁志》。

与廉伯世贤同至月河寺

（明·程敏政）

秋风吹雨净飞埃，十日东城两度来。
绕院绿阴留客住，一亭红艳对僧开。

芙蓉涧侧观澜去，苜蓿园西问稼回。
有约明朝更携手，望云同上雨花台。

予马与司言之马既脱羁靮遂相情好于绿阴青草间有感而作

（明·程敏政）

绿柳郊园百亩长，两驹初脱紫游缰。
翻身顾影交相惜，骈耳嘶风喜欲狂。
浑似弟兄联伯仲，不须牝牡辨骊黄。
何人驽骥能相挈，为写薰风苜蓿场。

题唐马

（明·程敏政）

青青苜蓿长初齐，十二天闲望不迷。
杨柳一株沙苑道，奚官来试骕霜蹄。

题四马图（其二）

（明·程敏政）

玉关初未解秋防，苜蓿春深绿更长。
好遣霜蹄空冀北，未容归老华山阳。

分得戏马台送李应祯舍人还江东

（明·程敏政）

拔山壮士重瞳子，一战睢阳万人死。
归来戏马筑高台，四顾凭陵剑光紫。
霜蹄騕褭空复多，骓不逝兮将奈何。
芳草千年台下土，西风一夕帐中歌。
王孙衣锦还江左，楚树青青系征舸。
登高把酒问兴亡，芒砀山头日初堕。
苜蓿花残春水生，怀古匆匆不尽情。
回首荒基何处是，淡烟疏柳隔彭城。

唐文凤

唐文凤（生卒年不详，约1414年前后在世），字子仪，号梦鹤，安徽歙县人。

生卒年均不详，约明成祖永乐中前后在世，年八十六。与祖元父桂芳俱以文学擅名。永乐中，荐授兴国县知县，政绩颇著。后改赵王府纪善。著有《梧冈集》。

题百马图

（明·唐文凤）

戴君胸中著金马，拂拭生绢恣挥洒。
雄姿百疋吐毫端，艺精肯在韩干下。
骁腾八尺俄成龙，宛在同州沙苑中。
丰草青青饭暖雨，长空漠漠嘶寒风。
或怒交踣如虎搏，或喜昂身同雀跃。
低头已卸白玉鞍，逸气肯受黄金络。
倦余抢地衮轻尘，落花乱点雪满身。
掠尾梳鬃浴江水，张唇浮鼻吞河津。
方瞳烨烨紫电掣，远道奔驰汗凝血。
有时揩树乌啄疮，危梢影动黄昏月。
子母回顾恰有恩，搀先退后咸超群。
十十五五工异态，出没隐见何纷纭。
君不见，
八龙九逸难再得，白兔飞黄有谁识。
遥怜教舞解衔杯，尚诧开元太平日。
左骖右骖无复施，四闲五闲随所宜。
渥洼异种不复有，千金市骨将奚为。
当今圣朝逢至治，卫霍穷兵事边鄙。
蒲萄苜蓿朔云深，按图一一献天子。

李东阳

李东阳（1447～1516年），字宾之，号西涯，湖南茶陵人。天顺八年（1464年）进士，官至华盖殿大学士。其诗文颇有影响，以他为首形成茶陵诗派，有《怀麓堂集》。

和韵寄答陈汝砺掌教

（明·李东阳）

寂寞天涯叹所依，海风江月意俱违。
茱萸岁改身仍健，苜蓿秋荒马不肥。
白雪屡传新调寡，青云半觉旧人非。
家山不隔长安路，应倚南楼望夕晖。

寄彭民望

（明·李东阳）

斫地哀歌兴未阑，归来长铗尚须弹。
秋风布褐衣犹短，夜雨江湖梦亦寒。
木叶下时惊岁晚，人情阅尽见交难。
长安旅食淹留地，惭愧先生苜蓿盘。

苏葵

苏葵（1450 ～ 1509 年），字伯诚，别号虚斋。顺德人。明宪宗成化二十三年（1487 年）进士。选庶吉士，授编修。孝宗弘治九年（1496 年），例当充会试同考官，会有权势为其私人通关节，葵坚却之，因朔望讲堂，与诸生研求正心诚意之旨。修饰大益书院，择文行之尤贤者读书其中，贤声丕著。屡迁至福建右布政使，卒于官，年六十。有《吹剑集》十二卷行世。

病马

（明·苏葵）

纤离气吐吴门练，力健蹄轻能逐电。
也曾骖辇蟠桃池，也曾立仗明光殿。
圉人不是孙阳流，眼底骊黄欠分辨。
概将刍豆等驽骀，龙骨槎枒尾凋线。
困眠恶土飧葱花，减价金台人厌见。
翘陆情慵瘦影寒，驱驰志在焦尾变。
天驷星辰夜不明，沙场苜蓿秋将遍。
笳鼓将军奏凯还，款段骄嘶路旁羡。
俯仰谁知报主心，萧条自固衔环愿。
呜呼安得天间药石恩，万里黄云供血战。

病马二首（其二）

（明·苏葵）

苜蓿萧萧练影寒，梦随天仗忆和鸾。
香飘阁道曾骖辇，觞罢瑶池未解鞍。
谁信沐猴能却疾，自怜良圉未加餐。
瘦来汗沫还流赭，怪杀孙阳会遇难。

秋兴二首（其一）

（明·苏葵）

浮云漠漠蔼苍冥，风劲郊原草木零。
苜蓿影寒千里瘦，梧桐枝老九苞鸣。
酒杯潋滟供秋兴，旅馆萧条触物情。
自古五侯嫌肮脏，误将多智薄君卿。

杨一清

杨一清（1454～1530年），明朝中期大臣。生于云南安宁，长于湖南巴陵，老于江南镇江，因此晚年自号“三南居士”。杨一清是明代重臣，《明史》有传。他一生历官五十余年，官至华盖殿大学士、内阁首辅，为明代中叶著名的政治家，其影响之大，当时就有人称其为“四朝元老，三边总戎，出将入相，文德武功”。著有《关中奏议》《石淙类稿》《西征日录》《车驾幸第录》。

固原重建钟鼓楼

（明·杨一清）

千里关河入望微，四山烟雨翠成围。
蒹葭浅水孤鸿尽，苜蓿秋风万马肥。
圣主不教勤远略，书生敢谓识戎机。
狂胡已撤穹庐遁，体国初心幸不违。

朱诚泳

朱诚泳（1458～1498年），号宾竹道人。明宗室，明太祖四世孙朱公锡之子，初封镇安郡王，明成化二十三年（1487年）袭封秦王。长安有鲁斋书院，久废，故址半为民居。诚泳别易地建正学书院，又于其旁建小学，择军士子弟，邀请儒生教授。工诗，著有《经进小鸣集》。弘治十一年（1498年）薨，卒谥简王。

送少司马王表伦赴京（其一）

（明·朱诚泳）

简书分陕羡贤劳，几见巡边树节旄。
战马不嘶饶苜蓿，耕农无事醉蒲萄。
三春雨露滋三辅，六籍经纶济六韬。
八座登庸还有待，好将忠赤荅恩褒。

祝允明

祝允明（1460 ～ 1527 年），字希哲，号枝山，因右手有六指，自号“枝指生”，又署枝山老樵、枝指山人等。长洲（今江苏苏州）人。祝枝山所书写的“六体书诗赋卷”“草书杜甫诗卷”“古诗十九首”“草书唐人诗卷”及“草书诗翰卷”等都是传世墨迹的精品。并与唐寅、文徵明、徐祯卿齐名，明历称其为“吴中四才子”之一。

胡马图

（明 · 祝允明）

骏骨千金产，名王万里归。风烟辞大漠，云电赴皇畿。
立仗容陪舞，从龙敢假威。此来空地类，苜蓿近郊肥。

借前韵赠韦博士

（明 · 祝允明）

胸有灵丹熟九还，刀圭能驻世人颜。
盘开苜蓿先生馔，书对神光学士山。
席上令行椰酒急，袖中香散桂枝攀。
英才满座沾时雨，莫信昌黎道鄂顽。

天马来（节选）

（明 · 祝允明）

群马辟立视天马，长安亦有苜蓿食。
饱天子，德天马，天马在宛野。

邵宝

邵宝（1460 ～ 1527 年），字国贤，号泉斋，别号二泉居士，南直隶无锡（今江苏无锡）人。成化二十年（1484 年）进士，授许州知州，历户部员外郎、郎中。正德四年（1509 年），以右副都御史，总督漕运。正德十六年（1521 年）八月十一日致仕。嘉靖六年（1527 年）卒，年六十八。赠太子太保，谥文庄。著作甚丰，有《学史》《端简二馀》《定性书说》《漕政举要》《容春堂集》等。

赠郴阳何都宪子元巡抚云南其二述职方事

（明·邵宝）

疆圉萧条轸帝心，职方使者奉纶音。
西关不杖张骞节，北野真贵郭隗金。
秋水骅骝千里近，春风苜蓿四郊深。
燕云一望连秦树，剩许山川入壮吟。

王缜

王缜（1462～1523年），字文哲，东莞厚街人。明成化二十二年（1486年）乡试中举人，弘治六年（1493年）登进士，选庶吉士，授兵科给事中。曾出使安南，国王设毡为拜具，并送他许多金银珠宝，他令将拜具撤去，金银珠宝不受，保持了使节的清正廉洁。后转为礼科右给事中，不久又升为工科都给事中。

偶作

（明·王缜）

阶前苜蓿傍兰干，任与傍人冷眼看。
莫怪书窗频掩昼，从来尘俗要关阑。

汤胤绩

汤胤绩（？～1467年），字公让。明朝开国元勋汤和的曾孙，明朝军事人物。汤胤绩善于文笔，颇有才气。江南巡抚、尚书周忱请他做文，汤胤绩即席下笔，成万言书。由锦衣卫百户官至指挥佥事。分守孤山堡卫鞑靼，战死。有《东谷集》。

题画唐马

（明·汤胤绩）

苜蓿含花草露斑，奚奴扰扰出沙湾。
尘飞大夏三千里，泥满东风十二闲。
直内铜符初上缴，征西铁甲未东还。
可怜绝代贤王手，少画渔阳阿罕山。

郭登

郭登（？～1472年），明凤阳府人，字元登。郭英孙。幼英敏，及长博闻强记，好谈兵。景泰初以都督佥事守大同。自土木堡兵败后，边将畏缩，不敢接敌。登侦知敌踪后，以少胜多，军气为之一振。捷闻，封定襄伯。登治军纪律严明，料敌制胜，动合机宜，一时称善。谥忠武。

自饮

（明·郭登）

我貌不逾人，幸自心不丑。清晨对明镜，白发惊老朽。
知音苦难遇，时事不挂口。朝盘堆苜蓿，且饮杯中酒。
倾阳忽西下，不谓沉酣久。山童笑相语，一醉须一斗。
边城曲米贵，未审翁知否。不惜典衣沽，但问谁家有。

费宏

费宏（1468 ～ 1535 年），字子充，号健斋。费宏自幼聪慧好学，十三岁中信州府童子试“文元”，十六岁中江西乡试“解元”，二十岁中殿试“状元”，深受宪宗皇帝朱见琛的赏识，把费宏留京任职。此后，官职屡迁，曾三次入阁。正德六年，武宗封授费宏为文渊阁大学士，第二年加封太子太保、武英殿大学士。嘉靖十四年（1535 年）病故。

谢姜宽送芋子

（明·费宏）

芋魁相送满筠笼，应念冰盘苜蓿空。
此日蹲鸱真损惠，当年黄独漫哀穷。
蒸时不厌葫芦烂，煨处还思榾柮红。
自是菜根滋味好，万钱谁复羡王公。

王韦

王韦（1470 ～ 1525 年），字钦佩，上元人，弘治乙丑年（1505 年）进士。先世自睢徙江浦，再徙金陵，遂为南京人。初选庶吉士，授南京吏部主事，后改兵部又迁礼部郎中，正德十四年（1519 年）又升河南副使，提督学校，终南太仆少卿。因丧母，毁脊卒，生平著有《南园集》七卷，现存卷五和卷七。

对酒

（明·王韦）

抱病逢春意暂欢，芳时对客更加餐。
即看乳燕双双入，无那飞花片片残。
潦倒不忘桃叶句，萧间应恋竹皮冠。
莫谕往昔清狂事，日醉花亭苜蓿盘。

李梦阳

李梦阳（1473 ～ 1530 年），初名莘，字献吉，号空同子，庆阳（在今甘肃省）人。明代诗人，“前七子”之一。明孝宗弘治七年（1494 年）进士，官至江西提学副史。反对明初台阁体浮华的文风，主张“文必秦汉，诗必盛唐”，但盲目复古，甚至以剽窃摹仿为能事，以文字的艰深掩盖内容的贫乏。

春日寄题崔学士后渠书屋七首六

（明 · 李梦阳）

赋笔多崔瑗，朋车愧吕安。
碧渠何日到，云树一春看。
南果枇杷活，西郊苜蓿宽。
觅君终系马，舣棹是何滩。

柬赵训导二首赵安边营将家子读易人也二

（明 · 李梦阳）

田园共傍古萧关，舞凤城临斩断山。
连茹实期王贡上，转蓬俄聚洛河间。
风尘落叶频惊眼，苜蓿深杯且破颜。
宋岳魏台俱不没，及秋骑马肯同攀。

戏赠周纪善

（明 · 李梦阳）

广文先生何为者，十欲出门九借马。
只今徒步襄水滨，衰鬓漠漠常风尘。
凤凰在笯鸡啄食，苜蓿阑干半青黑。
君不见，
楚筵醴罢暮归来，甑尘妻子无颜色。

边马行送太仆董卿

（明 · 李梦阳）

治贤在朝乱在野，唐虞围牧皆贤者。
国君之富马为急，次者仆卿首司马。
汉人五郡开河西，中土始间胡马嘶。
此马硊礧一直万，黄金宁轻璧可贱。

夺骏曾空大宛国，按图径上长安殿。
苜蓿虽夸近苑春，荆榛谁记沙场战。
致远番归草木功，清芽秀味走胡骢。
三边尽跨连钱种，六苑群嘶汗血风。
人亡世殊霜雪急，草豆萧瑟马骨立。
骅骝气丧甲士苦，长城窟寒鸿雁集。
朝廷每勤西顾忧，四岳拜手推董侯。
攻驹暂出薇花廨，揽辔远过葡萄州。
行卿官冷心不冷，固知董侯今伯冏。
碛沙日黄云锦乱，徵侯定上金华省。

黄衷

黄衷（1474 ～ 1553 年），字子和，别号病叟，南海人。弘治进士，授南京户部主事，出为湖州知府，历福建转运使、广西参政、云南布政使，终兵部侍郎。卒于世宗嘉靖三十二年（1553 年），年八十。

谢壁山惠茭菱
（明 · 黄衷）

笑向山庖苜蓿盘，朝来全洗腐儒酸。
翻波菰褪青芽润，满篚菱齐紫角寒。
细研银丝夸雪鲙，净调玉糁并霞餐。
万钱总下何曾箸，谁信园林一味难。

顾璘

顾璘（1476 ～ 1545 年），明代官员、文学家。字华玉，号东桥居士，长洲（今江苏省吴县）人，寓居上元（今江苏省南京市）。弘治间进士，授广平知县，累官至南京刑部尚书。少有才名，以诗著称于时，与其同里陈沂、王韦号称“金陵三俊”，后宝应朱应登起，时称“四大家”。著有《浮湘集》《山中集》《息园诗文稿》等。

春日病起十一首（其七）
（明 · 顾璘）

迢遰燕京道，音书海畔稀。
几年劳按剑，万国忆垂衣。
彩凤梧桐老，骅骝苜蓿肥。
中天看太白，亭午尚光辉。

见道上老马

（明·顾璘）

霜毛凋尽锦云斑，落日长鸣大道闲。
老去谁铺金埒卧，战时曾度玉门还。
尘沙风断三千塞，苜蓿秋空十二闲。
愿取敝帷终惠养，敢希枯骨动君颜。

边贡

边贡（1476～1532年），字廷实，因家居华泉附近，自号华泉子，历城（今山东济南市）人。明代著名诗人、文学家。弘治九年（1496年）丙辰科进士，官至太常丞。边贡以诗著称于弘治、正德年间，与李梦阳、何景明、徐祯卿并称“弘治四杰”。后来又加上康海、王九思、王廷相，合称为明代文学“前七子”。

草场

（明·边贡）

牧马场边苜蓿香，回龙宫外树苍苍。
当年骏骨今何处，曾被金鞍侍武皇。

陆深

陆深（1477～1544年），明代文学家、书法家。初名荣，字子渊，号俨山（此号取之于所居后乐园“土岗数里，宛转有情，俨然如山”之景），南直隶松江府（今上海）人。弘治十八年（1505年）进士，授编修，遭刘瑾忌，改南京主事，瑾诛，复职，累官四川左布政使，嘉靖中，官至詹事府詹事。卒，赠礼部右侍郎，谥文裕。陆深书法遒劲有法，如铁画银钩。著述宏富，为明代上海人中绝无仅有。上海陆家嘴也因其故宅和祖茔而得名。

霜后拾槐梢制为剔牙杖有作

（明·陆深）

金篦与象籤，净齿或伤廉。青青槐树枝，一一霜下尖。
偶闻长者谈，物眇用可兼。搜剔向老豁，其功颇胜盐。
两坚苦难入，薄肉忌太銛。眷此木气余，柔中末逾纤。
复有苦口利，用之代针砭。余官自槐市，日夕映斋檐。
西风动中宵，干雨鸣疏帘。呼童事收拾，把束若虬髯。
试以苜蓿余，风致殊清严。作诗示君子，取才慎弃捐。

谢类庵惠山菜数色

（明·陆深）

戢戢云能把，盈盈露带漙。琅玕难比色，苜蓿正虚盘。
百事俱堪做，千金欲报难。偏惭名未识，细捡国风看。

徐祯卿

徐祯卿（1479～1511年），字昌谷，一字昌国，吴县（今江苏苏州）人，祖籍常熟梅李镇，后迁居吴县。明代文学家，被人称为“吴中诗冠”，是“吴中四才子”（也称“江南四大才子”）之一。因“文章江左家家玉，烟月扬州树树花”之绝句而为人称誉。

答顾郎中华玉

（明·徐祯卿）

昔居长安西，今居长安北。
蓬门卧病秋潦繁，十日不出生荆棘。
牵泥匍匐入学宫，马瘦翻愁足无力。
慵疏颇被诸生讥，虚名何用时人识。
京师卖文贱于土，饥肠不救齑盐食。
去年作吏在法曹，月俸送官空署职。
床头一瓮不满储，囊里无钱作沽直。
归来困顿不得醉，儿女荒凉妇叹息。
今年调官去懊恼，苦笑先生禄太啬。
釜中粟少作糜薄，白碗盛来映肤色。
丈夫但免沟壑辱，日饮藜羹胜羊肉。
平生富贵亦何有，羸躯幸自弛耕牧。
但愿时丰民物安，官府清廉盗贼伏。
人歌鼓腹厌粱菽，先生虽病甘苜蓿。
一朝雷雨濯亨衢，坐见诸公执中轴。
先生翛然卷怀退，茆斋归向南山卜。

严嵩

严嵩（1480～1567年），字惟中，号勉庵、介溪、分宜等，汉族江右民系，江西新余市分宜县人，弘治十八年（1505年）二甲进士。他是明朝著名的权臣，擅专国政达二十年之久，累进吏部尚书，谨身殿大学士、少傅兼太子太师，少师、华盖殿大学士。进士出身，六十三岁拜相入阁。

赠仇总兵镇守甘肃

（明·严嵩）

出镇河西当妙选，眼中韬畧似君稀。
总戎正佩新金印，平虏犹传旧铁衣。
铙鼓暗惊关月落，旌旗遥拂陇云飞。
欲知皇化今无外，苜蓿春浓战马肥。

子昂马图题赠大梁李中丞

（明·严嵩）

卷中此马画者谁，毛鬣欲动骨法奇。
尺素能收上闲骏，意态便欲随风驰。
天闲十二纷相矗，想是郊晴初出牧。
大宛雄姿宿应房，渥洼异种龙为族。
金羁玉勒不须誇，且看连钱五色花。
欻见麒麟出东枥，还疑騄駬涉流沙。
沙边青草茸茸起，上有垂杨覆河水。
圉人骑放绿阴中，参差骕牝成云绮。
我观此马皆能过都历块捷有神，安得蓄息日适河之滨。
榆关已撤烽烟警，梁苑因同苜蓿春。
吴兴妙手谁堪伍，遗墨流传自今古。
人间驽辈徒纷纷，哲匠旁求心独苦。
拟将此幅比琼瑶，寄赠佳人云路迢。
天阙昔曾窥立仗，霜台今复忆乘轺。
亲持黄纸临中土，白日旌旗照开府。
皋夔事业待经邦，韩范威名先震虏。
氛祲潜消塞北场，河山坐镇汴封疆。
戍卒归来放战马，嵩阳今作华山阳。
吁嗟乎宵旰忧勤犹拊髀，殊勋早奏明光里。
愿徵颇牧入禁中，坐令天下之马休逸皆如此。

黄锦

黄锦（？～1567年），字尚，别号龙山，河南洛阳龙虎滩（今偃师市首阳山镇龙虎滩村）人，正德初年（1506年）入宫，被选派至兴王府为世子朱厚熜伴读。正德十六年（1521 年），朱厚熜入嗣帝位后，黄锦升为御用太监，此后又调任尚膳监、司设监、内官监太监。嘉靖二十四年（1545 年），被封为司礼监佥书，嘉靖三十二年（1553 年），掌司礼监事兼总督东厂。

坐门议百官助马

（明·黄锦）

坐破门毡意已枯，床头还得酒钱无。
空将苜蓿求天马，谁是筹沙却狡图。

何景明

何景明（1483～1521 年），字仲默，号白坡，又号大复山人，汉族，信阳（今属河南省）人。明代文人，终年仅三十九岁。弘治十五年（1502 年）进士，授中书舍人。正德初，宦官刘瑾擅权，何景明谢病归。刘瑾诛，官复原职。官至陕西提学副使。“前七子”之一，与李梦阳并称文坛领袖。著有《大复集》。

病马六首（其四）

（明·何景明）

老向关山里，龙媒世不知。
恩深思欲断，力尽泪空垂。
苜蓿辞天苑，尘沙别月氏。
东郊望春草，生意在何时。

病马六首（其六）

（明·何景明）

局蹐才难尽，踟蹰意若何。沙寒苜蓿短，路晚蒺藜多。
不复驰金市，犹思喷玉河。侧身千里外，常恐岁蹉跎。

悼马诗（并序）

（明·何景明）

乘尔方踰岁，何期病忽危。四蹄犹未凿，双泪泫长垂。
濯水千年降，房星一夜隳。早逢田子叹，终共塞翁悲。
顾影辞金络，遗骸恋敝帷。讵能酬饲秣，那复效驱驰。
苜蓿残空枥，莓苔满故池。风尘思骏力，烟海失龙姿。
惆怅玄黄句，凄凉赭白词。平生精志在，不愧主人知。

画马行

（明·何景明）

画马如画龙，纵横变化当无穷。
吾观月山子，落笔窥神工。
曾向天闲貌十马，十马意态无一同。
此马传来几百年，古绢犹开沙漠风。
树里河流新过雨，簇簇草芽寒刺水。
圉人双牵临水边，草色离离乱云绮。
令人疑到渥洼傍，波底风雷斗龙子。
细看不是白鼻騧，恐是当朝狮子花。
紫燕纤离各惆怅，其余驽劣何足夸。
忆昔爱马不惜千金货，君王勤政楼头坐。
胡奴黄衫双绣靴，厩中骑出楼前过。
红帕初笼汗血香，玉鞭轻拂桃花破。
吁嗟玩物竟何益，遗迹徒使丹青播。
只今烽炮西北来，沙场未闻千里才。
千里才，固有时，回头为问御者谁。
君看赤骥与骐骥，挽车太行岭。
心期田子方，踟蹰驾辕顷。
霜凋苜蓿汉郊冷，骨折秋风自嘶影。
君不见，
古人养马如养士，一饱能酬千里志。
今人养马如养豚，厩下常堆蒺藜刺。
古之良马何代无，可笑今人空按图。

郑善夫

郑善夫（1485～1523年），明代官员、儒学家（阳明学）。字继之，号少谷，又号少谷子、少谷山人等，闽县高湖乡（今福州郊区盖山镇高湖村）人。弘治进士，正德初始授户部主事，榷税浒墅，愤嬖幸用事，辞官。嘉靖初起为南京吏部郎中。善书画，诗仿杜甫。著有《郑少谷集》《经世要谈》。

侠客行

（明·郑善夫）

万里金微道，防秋世不同。秦城时借寇，汉女岁和戎。
落日吹杨柳，沙场恨未穷。莫收张掖北，复失酒泉东。

天子遑推毂，将军誓挂弓。黄金装雁辔，白璧饰蛇弰。
霸气天山雪，边声瀚海风。死生惟义激，部曲总骁雄。
羌笛回青草，燕歌感白虹。营开月晕破，战胜贺兰空。
直捣阏氏北，横行沙塞中。始知魏绛怯，岂说贰师功。
洗甲蒲昌海，扬兵苜蓿峰。驰归大宛马，一一渥洼龙。
赐邑连京雒，图形列上公。男儿雪国耻，不在藁街封。

孙承恩

孙承恩（1485～1565年），字贞甫，号毅斋，松江（今属上海市）人，孙衍子。正德六年（1511年）进士，授编修，官至礼部尚书，兼掌詹事府，嘉靖三十二年（1553年）斋宫设醮，以不肯遵旨穿道士服，罢职归。谥文简。

送陈佩昌赴龙游博士二首（其一）

（明·孙承恩）

剑水闻名日，燕台会面年。文场淹白首，世业只青毡。
夜雨弦歌静，秋风苜蓿鲜。知君敦古谊，志不在腾骞。

杨慎

杨慎（1488～1559年），字用修，号升庵，新都（今属四川）人。正德六年（1511年）进士第一及第，弃经筵讲官。后以直谏忤旨，被明世宗廷杖，谪戍云南永昌，死于贬所。

足唐人句效古塞下曲

（明·杨慎）

长榆塞上接龟沙，碎叶城边建虎牙。
夜夜月为青冢镜，年年雪作黑山花。
苏武白头持汉节，文姬红泪泣胡笳。
可怜苜蓿迷征马，谁见蒲桃入内家。

谢榛

谢榛（1495～1575年），字茂秦，号四溟山人，临清人。明代文学家，“后七子”之一。初与李攀龙、王世贞等结诗社，以他为首，倡导为诗摹拟盛唐，主张“选李杜十四家之最者，熟读之以夺神气，歌咏之以求声调，玩味之以裒精华”。后为李攀龙等排斥，客游诸藩王间。著有《四溟集》《四溟诗话》等。

送张太仆熙伯视马畿内

（明·谢榛）

司驭巡畿甸，飞旌指戍楼。
共传天马异，宁复大宛求。
月照昆吾冷，风生苜蓿秋。
张衡有词赋，独系汉家忧。

班马歌

（明·谢榛）

班马翩翩游帝畿，五侯金埒日相依。
明年惆怅石桥路，苜蓿花开归不归？

屠应埈

屠应埈（1502～1546年），字文升，号渐山、屠勋子。平湖人。嘉靖五年（1526年）中进士，初选为庶吉士，后授刑部主事。七年（1528年），受命典试江西。后调礼部，历任员外郎、郎中。在职期间，先后就定礼乐、建郊祠以及薛瑄（明代哲学家）从祀等，上奏朝廷，得到嘉靖帝的赏识。后改翰林院修撰，不久升右春坊右谕德兼侍读。著有《兰晖堂集》。

高阳行

（明·屠应埈）

君不见，
高阳酒徒气若虹，酒酣仗剑谒沛公。
褒衣侧注反遭骂，竖儒瞋目称而翁。
军门拾谒使者入，麾矛雪足来趋风。
儒冠自昔为人下，豪士累累走中野。
公卿半属舞刀人，尘埃谁是弹冠者。
侯门峨峨仁义存，金貂白玉多殊恩。
九逵车马若霆击，中台咳吐如春温。
丈夫风云不自致，宁能咿嚘龌龊趋华轩。
菁山先生真崛奇，文章重世光陆离。
悬黎结牛世莫识，阳春白雪和者谁？
忆昔予为门下士，诸子森森并兰峙。
白昼行歌秦驻云，醉后清心越溪水。

即今已及十余年，人事升沉岂堪纪。
凤仪未上金门书，吕生尚曳东郭履。
逢掖虽负鸿渐翼，失势青云未能举。
去年有诏收骏骨，霜蹄十蹶始一起。
先生岂是百里才，骥伏盐车垂两耳。
几年卧游湘水东，洞庭云梦清若空。
青蝇营营止丛棘，白露飒飒摧孤桐。
长安春半气犹烈，上林木冰柳条折。
潞水方舟不得行，匹马萧萧践冰雪。
高阳客舍行人疏，麋珠斧桂为晨裤。
天寒苜蓿芽未茁，夜深鼯鼬时相呼。
鹄袍诸生半僵卧，玉署谈经能听无。
君不见，
黄金峨峨千尺台，昭王乐毅俱蒿莱。
渐离击筑已绝响，荆卿易水歌空哀。
吁嗟乎！
人生得失何须数，尊前俯仰成今古。
时来北阙系金鱼，归去南山射猛虎。

袁袠

袁袠（1502～1547年），字永之，号胥台山人，南直隶苏州府吴县（今属江苏）人，袁鼏第四子。生于明孝宗弘治十五年（1502年），卒于世宗嘉靖二十六年（1547年）。

秋兴

（明·袁袠）

仙仗行宫旧内居，花间往往驻鸾舆。
徒闻汉帝横汾曲，不见长卿谏猎书。
天子射蛟开水殿，奚官牧马遍郊墟。
蒹葭苜蓿秋无限，怅望烟云万里余。

罗洪先

罗洪先（1504～1564年），字达夫，号念庵，汉族江右民系，江西吉安府吉水黄橙溪（今吉水县谷村）人，明代学者，杰出的地理制图学家。明世宗嘉靖八年（1529年）进士第一名，授翰林院修撰，迁左春房赞善。当时明世宗迷信道教，求长生，政治极为腐败。罗洪先看不惯朝廷的腐败，即请告归。嘉靖十八年（1539年），他出任廷官，因联名上《东宫朝贺疏》冒犯世宗皇帝而被撤职。从此罗洪先离开官场，开始了学者的生活，著书以终。著有《念庵集》《冬游记》。

闻虏犯保定

（明·罗洪先）

天险飞狐道，人传戎马过。
桑乾不可堑，三辅竟如何。
晚戍烽烟隔，秋郊苜蓿多。
无才资理乱，击剑自悲歌。

归有光

归有光（1506～1571年），明代官员、散文家。字熙甫，又字开甫，别号震川，又号项脊生，汉族，江苏昆山人。嘉靖十九年（1540年）举人。会试落第八次，徙居嘉定安亭江上，读书谈道，学徒众多，六十岁方成进士，历长兴知县、顺德通判、南京太仆寺丞，留掌内阁制敕房，参与编修《世宗实录》，卒于南京。归有光与唐顺之、王慎中两人均崇尚内容翔实、文字朴实的唐宋古文，并称为嘉靖三大家。由于归有光在散文创作方面的极深造诣，在当时被称为“今之欧阳修”，后人称赞其散文为“明文第一”，著有《震川集》《三吴水利录》等。

邢州叙述三首（其三）

（明·归有光）

为令既不卒，稍迁佐邢州。虽称三辅近，不异湘水投。
过家葺先庐，决意返田畴。所以泣歧路，进止不自由。
亦复恋微禄，俶装戒行舟。行行到齐鲁，园花开石榴。
舍舟遵广陆，梨枣列道周。始见栽苜蓿，入郡问骅骝。
维当抚彫瘵，天马不可求。闾阎省徵召，上下无怨尤。
汝南多名士，太守称贤侯。戴星理民政，宣风达皇猷。
郡务日稀简，吾得藉余休。闭门少将迎，古书得校雠。
自能容吏隐，退食每优游。但负平生志，莫分圣世忧。
伫待河冰泮，税驾归林丘。

尹台

尹台（1506～1579年），字崇基，号洞山，江西永新县人，嘉靖十四年（1535年）

进士，选庶吉士，授编修。时严嵩以同乡之故，对尹台颇有好感，欲与他结为姻亲。尹台为人耿直，予以拒绝。遂被外调为南京国子监祭酒。临行之前，尹台告诉严嵩：请皇上勿杀直言敢谏的杨继盛。严嵩不听，后尹台官至南京礼部尚书。万历二年（1574年）四月初十日致仕。万历七年（1579 年）卒。有《洞丽堂集》《思补轩稿》。

送潘生东田赴南昌因讯水洲诸公

（明·尹台）

怜君豪俊士，白首弊儒冠。旅食燕京市，长歌行路难。
一毡仍独抱，双剑向谁看。漫拭芙蓉匣，还吟苜蓿盘。
匡诗颐自解，董赋志堪叹。薄宦元饶隐，微名不累官。
西山长户牖，南浦任波澜。若过逢梅尉，为余讯勉餐。

唐顺之

唐顺之（1507 ～ 1560 年），明代散文家。字应德，一字义修。武进（今属江苏常州）人。嘉靖八年（1529 年）会试第一，官翰林编修，后调兵部主事。当时倭寇屡犯沿海，唐顺之以兵部郎中督师浙江，曾亲率兵船于崇明破倭寇于海上。升右佥都御史，巡抚凤阳，至通州（今南通）去世。崇祯时追谥襄文。学者称“荆川先生”。

登怀柔城

（明·唐顺之）

塞下孤城古白檀，半临平野半依山。
秋来亭徼无烽火，官马千家苜蓿闲。
小邑萧条恰似村，日中市井已扃门。
山田砂砾希禾黍，只有城西种果园。

冯惟敏

冯惟敏（1511 ～ 1590 年），明山东临朐人，字汝行，号海浮。冯惟重弟。嘉靖十六年（1537 年）举人。官保定通判。能诗文，尤工乐府。所著杂剧《梁状元不伏老》盛行于时。有《山堂词稿》《击节余音》。

玉芙蓉二首喜雨（其一）

（明·冯惟敏）

村城井水干，远近河流断，近新来好雨连绵。
田家接口荍秫饭，书馆充肠苜蓿盘。
年成变，欢颜笑颜，到秋来纳稼满场园。

高拱

高拱（1513 ～ 1578 年），字肃卿，号中玄。汉族，新郑人。中国明代嘉靖、隆庆时大臣。嘉靖二十年（1541 年）进士。朱载垕为裕王时，任侍讲学士。嘉靖四十五年（1566 年）以徐阶荐，拜文渊阁大学士。明神宗即位后，高拱以主幼，欲收司礼监之权，还之于内阁。与张居正谋，张居正与冯保交好，冯保进谗太后责高拱专恣，被勒令致仕。万历六年（1578 年）死于家中。万历七年（1579 年）赠复原官。著作有《高文襄公集》。

送宋柏崔分教赣榆

（明·高拱）

怜君鸿鹄志，寄迹广文庭。
夜榻琴声冷，春盘苜蓿青。
道尊须振铎，地僻好横经。

黎民表

黎民表（1515 ～ 1581 年），字惟敬，号瑶石、罗浮山樵、瑶石山人，广东从化人。嘉靖十三年（1534 年）中举人，累官河南布政参议。万历七年（1579 年）致仕。好读书，善诗词，喜作画，居广州粤秀山麓清泉精舍，与弟友唱和。为文自成一家。尝纂修广东、从化、罗浮诸志。

官舍杂咏（其七）

（明·黎民表）

灌园常不仕，沿牒偶为官。夜宿芸香阁，朝看苜蓿盘。
草玄能尚白，鍊骨未成丹。终拟藏名去，墙东老鹖冠。

宋登春

宋登春（约 1515 ～ 1586 年），字应元，号海翁、鹅池，明代诗人、画家，在世于嘉靖、隆庆、万历年间，真定府冀州新河县六户村（今河北省邢台市新河县新河镇六户村）人。

塞下曲二首

（明·宋登春）

金鞭白马出萧关，沙塞黄云五月寒。

明主恩深犹未报，阴山何日斩楼兰。
燕草初齐苜蓿肥，白狼山上客思归。
辕门昨夜军书到，又领残兵度武威。

古思边
（明·宋登春）

井上梧桐春作花，园中苜蓿初藏鸦。
少妇流黄挑棉字，将军提剑战龙沙。

夏日携王惟材陪曹公饮城东湖亭
（明·宋登春）

漠漠林塘五月寒，主人长日竹皮冠。
酒炉茶灶从儿理，菜圃爪田引客看。
老去坐忘青锁梦，归来囊贮紫金丹。
鹅池道者频相访，笑索村醪苜蓿盘。

欧大任

欧大任（1516～1596年），字桢伯，号仑山。因曾任南京工部虞衡郎中，别称欧虞部。广东顺德人。明正德十一年（1516年）出生于一个世代书香之家。嘉靖四十二年（1563年），四十七岁的欧大任才一鸣惊人，以岁贡生资格，试于大廷，考官展卷阅览，惊叹其为一代之才，特荐御览，列为第一。著有《虞部集》《百粤先贤志》。

西苑十二首其八芭蕉园
（明·欧大任）

谁道神山远，依然玄圃通。
琼瑶无隙地，苜蓿满离宫。
吹绿晴湖曲，飞霞小殿东。
史臣焚草后，蓂历万年同。

杜伯理诸寅夜过
（明·欧大任）

稍适过从兴，俱忘请谒劳。江淮今盛府，宾客有吾曹。
浊酒篱花冷，清歌海月高。自怜官舍里，苜蓿半蓬蒿。

寄袭克懋二首（其一）

（明·欧大任）

姓名闻海岱，始就竹西寻。傍汝飘零色，怜予涕泪深。
闭关存傲骨，说剑托雄心。苜蓿差相慰，无愁雪满簪。

司马曾公三甫过斋中得文字

（明·欧大任）

东序周旋日，高天鸿鹄群。眼青怜故态，头白愧斯文。
匣剑芙蓉出，盘餐苜蓿分。中朝枢筦贵，看尔报明君。

雪中张平叔杨汝德汪子建茅平仲诸君见过得钟字

（明·欧大任）

苜蓿饭不足，伊蒲馔稍供。持经吾尚病，问字客能从。
斋后容呼酒，醒时一扣钟。出门双树下，雪色满西峰。

元宵同李功甫陆华甫邵一坤邵格之汪禹乂金德润金上甫郑鲁文程鸣甫汪虞仲邵济时邵惟成邵汝恒集邵长孺环斋程子虚无过兄弟自歙适至分得高字

（明·欧大任）

丘中一士卧，门径尚蓬蒿。瓜自逃秦禄，兰曾入楚骚。
忆从邗上日，并赋广陵涛。越调谁令变，南音颇亦操。
盘宁嫌苜蓿，尊不待蒲萄。禅寺时同被，漕河数放舠。
诗传梅下阁，社结竹西皋。再别梁园隔，相思蓟北劳。
烟霞寻旧约，笔札有吾曹。交已倾肝胆，衰今感鬓毛。
海阳鸾凤渚，江左鹔鹴刀。麋至逢诸子，嘤鸣得二豪。
中兴人竞奋，右席客偏叨。筵敞灯花艳，庭看象纬高。
百牢纷折俎，四座俨挥毫。烨烨青萍色，翩翩白鹄袍。
罗浮归鲍靓，金马使王褒。揽袂平原饮，停车末路遭。
簪裾惭抚髀，风雨洽持螯。预恐离群去，何年问浊醪。

黄山人孔昭见过

（明·欧大任）

尔自何方至，丹青手自携。身游三辅北，家在七闽西。
廓落心俱远，逍遥物共齐。朱门慵削牍，丹壑惯扶藜。
笠小披山雾，鞋穿踏雪泥。隐囊双管玉，大布一袍绨。
班氏书堪借，扬亭酒欲赍。愁惟歌九咏，力肯破群迷。
揖客将军贵，工诗处士题。不嫌盘苜蓿，频约过禅栖。

伏日同徐子与顾汝和袁鲁望沈道桢顾汝所集文寿承斋中得家字

（明·欧大任）

同心曾海岳，握手偶京华。酒狎高阳侣，诗称博士家。
盘冰寒苜蓿，井碧泛甘瓜。独有留欢处，空庭日易斜。

酬周公瑕见过

（明·欧大任）

相逢意气酒垆傍，薄宦宁知俸一囊。
繁露书难追董相，醇醪交自得周郎。
朝朝苜蓿年堪老，处处芙蓉秋可裳。
且共扁舟公路浦，莼鲈吾亦忆江乡。

送张幼于还吴门

（明·欧大任）

双钩寒照白云天，离夜悲歌浊酒前。
吴楚星分公路浦，江淮秋送孝廉船。
岂堪苜蓿还相忆，几处蒹葭不可怜。
知尔五湖烟水阔，陆沉金马是何年。

甘泉山下答诸生相送

（明·欧大任）

雪里驱车路渐分，青山何以别诸君。
传经祗自惭刘向，问字徒劳念子云。
庭长琅玕鸾已散，斋荒苜蓿马能群。
风烟汝水千余里，回首江淮雁数闻。

邵长孺访余光州遂赴汳上

（明·欧大任）

三年汝海见君迟，念我江淮苜蓿时。
家故牛医游最久，世无狗监去何之。
平原十日偏能饮，梁苑诸生雅善诗。
西上吹台沙草绿，相思惟有白云期。

送王敬美使秦

（明·欧大任）

张旃西去赋皇华，朱邸筵开帝子家。
汉使简书惟笔札，秦城楼阁半烟霞。
明星夜照芙蓉锷，白马秋嘶苜蓿花。
计日郊迎携斗酒，莫令相忆滞天涯。

送董侍御惟益按秦中

（明·欧大任）

明光使者出金闺，细草尊前绿已萋。
春送法冠行蓟北，霜随绣斧入关西。
大宛苜蓿飞黄急，二华芙蓉太白低。
圣代防胡收上策，彩毫秋色待君题。

答朱正叔六首（其五）

（明·欧大任）

杨州烟月老江干，楚客年年苜蓿寒。
头白游梁今已倦，赋成那得寄君看。

九日王九德崔继甫沈恩甫见邀同吴虎臣饮八首（其八）

（明·欧大任）

邻斋秋酿熟多时，况是天涯九日期。
苜蓿满盘花满径，莫令京洛贵人知。

光州初雪邀林干夫王九德二僚饮苜蓿斋

（明·欧大任）

厌作悲秋客，欢逢赋雪游。玉关平岳色，银海入淮流。
酒薄青毡馆，诗工紫绮裘。未须期访戴，且醉汝南州。

郡中送膳钱至苜蓿斋渐有酒矣戏呈同僚二首（其一）

（明·欧大任）

馆里高歌似郑虔，藜羹麦饭已经年。
何来阿堵呼儿举，谁信先生只有毡。

郡中送膳钱至苜蓿斋渐有酒矣戏呈同僚二首（其二）

（明·欧大任）

江州刺史苏司业，似胜屠沽市上儿。
便可从君看山色，餐钱今作酒钱支。

送曾参军使还塞上

（明·欧大任）

稽首降王入汉家，吴罗蜀锦照胡沙。
渔阳正待君还日，万马群嘶苜蓿花。

酬刘仲子双鲤歌

（明·欧大任）

淮河春水高七尺，西入潢川浸蛇石。
千里汝南皆疾风，天地黤惨雷霆激。
蛟潭涛起龙宫幽，鹭走獭饥鱼尾赤。
刘君好事来欢呼，钓竿袅袅沉珊瑚。
出手获得四十九，送我长淮双鲤鱼。
贯之以柳尚瀺灂，庐儿三匝喜欲跃。
急呼饔人奏鸾刀，鲙出玉盘雪飞落。
先生惯饱南海鲭，一官苜蓿亦不薄。
得此引觞仍大嚼，紫驼翠釜非吾乐。
劳君尺素劝加餐，字字琳琅石上看。
君今正是投竿日，我已思归烟水寒。
他时鲈鳜傥堪煮，更有新诗报淮汝。

腊日敬美见过饮酒歌

（明·欧大任）

北风腊八寒云白，海子金堤冰一尺。
学宫之东禅院西，棲户商歌老夫宅。
谁来下马能相呼，问著便是高阳徒。
目摄鸱夷共解带，平头奴子向市酤。
即无十千买一斗，恰有三百提双壶。
厨中苜蓿稍可办，仓卒为君佐欢娱。
忆昔逢君广陵道，伏阙上书行草草。
强欲遮留小犊车，挥杯不顾伤怀抱。
我从光州持服行，访君兄弟娄江城。

扁舟相送昆山下，涓滴未饮涕满缨。
只今日月光华旦，弹冠交庆当隆汉。
君为至尊符玺郎，我作先生广文馆。
掀髯大酌未辞贫，握管分题亦堪玩。
此时不饮胡为乎，帘外雪花复零乱。
人生遇酒且尽欢，丈夫未足羞微官。
岭头我已捆行屦，湖上君曾持钓竿。
袖有吴钩何所用，藏虽越锷借谁看。
梅福讵知逃市易，刘伶岂但闭关难。
笑谓东方差解事，陆沉金马在长安。

种苜蓿

（明·欧大任）

陆沉自昔汉宫门，削牍闲锄苜蓿园。
一饱岂堪持饲客，秋风天马共衔恩。

立秋日卧病答黄希尹约游大明寺不赴

（明·欧大任）

苜蓿斋中一病身，井桐叶坠报萧晨。
枉期车马携尊酒，虚负烟霞笑角巾。
谢客能寻开社事，远公还待折腰人。
秋风九曲西池约，为扫隋家辇路尘。

张仲实过扬州为余写容赋此以别

（明·欧大任）

苜蓿斋前丘壑姿，雄飞君尚写当时。
青云不止山公启，白发空能水部诗。
三月烟花还此别，十年风雨几相思。
故园为扫罗浮石，归访轩辕已有期。

答周给谏兴叔过广陵见怀

（明·欧大任）

渡江忆我鬓萧骚，此地千秋见彩毫。
园且谈经帷更下，涛堪起色翰曾操。

菰蒲每狎鸥为客，苜蓿犹疑马是曹。
近侍只今趋锁闼，西京回首五云高。

西苑

（明·欧大任）

天开碣石筑琅琊，瑶水西通禁籞斜。
妆阁月高悬作镜，昆池风激荡成花。
麒麟献瑞来周甸，苜蓿移栽入汉家。
侍从王褒稀奏颂，独能窗里画云霞。

得张助甫凉州书以

（明·欧大任）

苜蓿成花酒作泉，龙沙何似鹭洲前。
繁钦赋亿天山夜，王粲軍还邺下年。
望闕星光迥睥睨，渡江秋色满櫜鞬。
知君不浅南楼兴，早晚烟波系客船。

周选部国雍张光撸元易见过得人字

（明·欧大任）

秋尽衡門黄叶新，频来二子转相亲。
名从海內推词伯，遊豈燕中傍酒人。
苜蓿堪娱吾且老，茅柴能饮未辞贫。
独憐此会今稀少，南北风烟易怆神。

送魏季朗赴镇江文学

（明·欧大任）

才子今为都讲师，曾将奏牍上彤墀。
书题京口三山长，工问延陵十字碑。
苜蓿有官无饱饭，茅柴何处不堪诗。
竹西尚记缁帷在，江上寻君自可期。

除前一夕用韵酬秦陈朱三同僚

（明·欧大任）

长安节序总堪怜，去住相看况别筵。

观出蜚廉朝紫阁，馆开碣石傍青天。
茅柴半落屠苏后，苜蓿羞供粉荔前。
莫向路岐频击筑，酒人谁似和歌年。

题马远画菜

（明·欧大任）

篱门青雨一畦春，酒醒偏宜菜甲新。
谁似先生盘苜蓿，于陵甘作灌园人。

梁彦国滦州书至

（明·欧大任）

疲马饥衔苜蓿嘶，怜予千里望辽西。
风驱朔雪卢龙近，云暗春城碣石低。
帐下谭经留客坐，斋中把酒听莺啼。
雄文最似相如赋，侍从河东待尔题。

雪中同梁彦国过文寿承学舍

（明·欧大任）

袖中怀刺倦尘沙，清晓寻君坐日斜。
客食空斋惟苜蓿，宦情高阁有梅花。
庭阴独下孤山鹤，禁雪遥栖万树鸦。
经学汉儒推博士，何人江左更名家。

闲游效邵尧夫体

（明·欧大任）

竹冠藤杖两棱鞖，老去闲游学打乖。
一饭至今仍苜蓿，三杯宁得厌茅柴。
敢期短发身长健，已许名山骨可埋。
千载几如彭泽令，翛然吾自委吾怀。

春日郭舜举学宪枉过洲上草堂

（明·欧大任）

井径何来豸绣衣，儿童旋为扫荆扉。
一江练似吴骖过，三月花犹剡雪飞。
苜蓿佐欢聊野饮，薜萝深赏及晨晖。
沧洲日日纶竿至，谁解星槎访钓矶。

送臧进士晋叔赴教荆州五首（其四）

（明·欧大任）

城上丹楼一片霞，西池茅舍是罗家。
持经都讲来相候，书带盈门苜蓿花。

徐中行

徐中行（1517～1578年），明代文学家，字子舆，一作子与，号龙湾，天目山长兴（今属浙江）人。美姿容，善饮酒。嘉靖二十九年（1550年）进士。初授刑部主事，历员外郎中，出为汀州知府，改汝宁。后谪长芦盐运判官，迁端州同知、山东佥事、云南参议、福建副使、参政等职，累官至江西布政使。

答孙侍御秦中见怀之作

（明·徐中行）

千里缄书报汉曹，新传使节在临洮。
西通大宛飞黄入，北上萧关太白高。
沙苑春深饶苜蓿，栢台秋晚醉葡萄。
谁知侍从回中后，更有词臣赋霖毫。

徐渭

徐渭（1521～1593年），汉族，绍兴府山阴（今浙江绍兴）人。初字文清，后改字文长，号天池山人，或署田水月、田丹水，青藤老人、青藤道人、青藤居士、天池渔隐、金垒、金回山人、山阴布衣、白鹇山人、鹅鼻山侬等别号。明代文学家、书画家和军事家。

赠李宣镇

（明·徐渭）

辽东大将把吴钩，坐笑筹边第几楼。
记室虎头谁投笔，将军猿臂自封侯。
厩分苜蓿镳中驷，酿取葡萄覆上流。
好事知君多料理，忠臣祠在保安州。

答嘉则

（明·徐渭）

十年纔一问平安，只尺浑如对面看。

旧日诗评虽有价，近来公论孰登坛。
百年忽已崦嵫暮，一齿时崩苜蓿盘。
腊雪秋潮同马日，何人不道是金兰。
他日云霄上，还看奋羽翎。

万历二年翰林院中白燕双乳辅臣以　献进两宫并赏殊瑞闻而赋之

（明·徐渭）

白燕自何方，双娇乳玉堂。
若非翻向壁，只道斫从梁。
易许青藜映，难教黑扇藏。
宫钗今两只，巷口几斜阳。
并语栽薇处，交栖视草旁。
春情堪与译，秋翮好填潢。
御水沿沟岸，名园隔苑墙。
穿花雪片叠，落絮剪刀长。
递拂宵麻素，争摇晓禁苍。
随珂迷贾至，遮字冷孙康。
未及郊禖候，先歌命鸟章。
两宫看带笑，万乘盼生光。
或向罘罳度，闲冯女寺量。
江南来舞苧，海国堕绡裆。
哺蝶欺残粉，捎蜂糁嫩黄。
古词卑苜蓿，新曲断沧浪。
出入皆清禁，差池半紫房。
姬姜红线系，姊妹缟巾扬。
巷咏偏谐谑，延裁必雅庄。
冰霜俱入句，咀嚼总生凉。
饮啄如知介，飞鸣迥不常。
琼瑶报圣主，文彩伴仙郎。
自古生贤佐，多因尔兆祥。
试看今稷契，还奉旧虞唐。

来知德

来知德（1526～1604年），明理学家。字矣鲜，别号瞿塘，明夔州府梁山县（今重庆梁平县）人。乡试中举人后，便“杜门谢客，穷研经史”。穆宗隆庆四年（1570

年）起，主要精力用于研究《周易》。神宗万历二十七年（1599年），完成《易经集注》一书。万历三十年（1602年），被特授翰林院侍读。死后建来子嗣，皇帝御赐“崛起真儒”匾额，以褒其贤。

前峰歌寿高前峰
（明·来知德）

小时挂冠不受禄，秋水蒹葭对苜蓿。
湖边清节重于山，桃李霏霏共湘竹。

卢柟

卢柟（1507～1560年），字次楩，一字少楩，又字子木，明代浚县人，著名文学家。卢柟的作品曾受到嘉靖年间进士、刑部主事王世贞的高度赞扬；卢柟遭际被冯梦龙编成《卢太学诗酒傲王侯》，收入《醒世恒言》；《明史》第二百八十七卷载有《卢柟传》；文学成就被收入《河南文学史》。

蠛蠓集（节选）
（明·卢柟）

春雨湿荷衣，秋风醉华宴。领教即同州，文旆辞御辇。
凄其燕坐毡，寂寞公堂鳝。盘中长苜蓿，衣上生苔藓。
整饬文字宗，手足成宿胼。乙科连佳士，芳声捷银匾。
铨曹籍哲行，圣意亲眷缱。制可决宸衷，衔命理东兖。
淮南多宾客，河间讨坟典。枕中鸿寳书，礼经得细阐。
其王似太宗，英睿天潢演。虬须多潇洒，虎步遗芳迹。

李攀龙

李攀龙（1514～1570年），字于鳞，号沧溟，历城（今山东济南）人。明代著名文学家。继“前七子”之后，与谢榛、王世贞等倡导文学复古运动，为“后七子”的领袖人物，被尊为“宗工巨匠”。

殷太史正甫马死诗以悼之
（明·李攀龙）

房星一夕堕燕台，苜蓿秋花空自开。
金勒萧条余鹤辔，玉堂惆怅失龙媒。
早朝尚忆嘶风去，夜醉犹怜踏月回。
此日召王已陈迹，中涓曾复问君来。

饶相

饶相（生卒年不详），明朝广东大埔县茶阳镇人，明代嘉靖十四年（1535 年）乙未科中进士，授予中书舍人，外任于云贵。

和州道中见隐者山居有感
（明 · 饶相）

晓发和阳城，飞舆度平陆。
远眺翠微中，晴空锁秋绿。
渐近见炊烟，乃知非空谷。
竹木翠交加，深藏数椽屋。
栋宇覆茅茨，周遭环朴蔌。
屋后插青峰，门前流碧玉。
悬檐挂薜萝，隔篱栽苜蓿。
我来憩其下，幽径何纡曲。
隐者无怀氏，胸次岂龌龊。
兴来酌郫醪，闲居友松竹。
力勤苦耕耘，薄田频收熟。
农圃毕余生，输官堆刍粟。
场廪无多余，自供聊亦足。
嗟我事轩冕，郎署惭微禄。
四牡即骈骈，半生空碌碌。
何以效涓埃，急须反初服。
长揖青云客，躬耕南山麓。

庞尚鹏

庞尚鹏（1524 ～ 1580 年），字少南，明朝官员。嘉靖三年（1524 年）生于南海叠滘乡。嘉靖三十二年（1553 年）进士，由乐平知县历巡按河南、浙江。万历年间上任福建巡抚，清廉自洁，《虚室行》诗云“细视瓶中久无粟，举火终朝待邻曲。长饥近午始一餐，敢望丰年收万斛。”隆庆二年（1568 年）任右佥御史。隆庆三年（1569 年）十二月，河东巡盐部永春劾尚鹏行事乘违。神宗即位，御史计坤亨等上疏言尚鹏无罪。万历四年（1576 年）福建巡抚庞尚鹏与胡守仁发生冲突，首辅张居正以重言谴责庞尚鹏。隔年罢官南归。万历八年（1580 年）卒于家。谥“惠敏”。著有《百可亭稿》《奏议》《殷鉴录》《行边漫议》《庞氏家训》。

元夕连雨苦寒
（明·庞尚鹏）

雨暗银灯灿，重檐溜未干。
那堪风飒飒，况复夜漫漫。
香散屠苏酒，寒深苜蓿盘。
却惭朱履客，愁杀踏青难。

立秋值七夕同乡燕会酬和卢方伯
（明·庞尚鹏）

白头相聚浣花村，坐久浑忘苜蓿盘。
万树秋声回落日，九天凉雨送清尊。
鹊桥缥渺银河路，庭竹萧森绿雪轩。
此日纷纷论乞巧，天工沉默总忘言。

王天性

王天性（1525～1609年），字槐轩，号别驾、绵公，绰号半憨，外砂镇林厝村（原王厝乡）人。绵公晚年竭力倡导乡民出钱出力修筑堤防，筑成外砂河西堤沈洲涵至今新溪双涵一带堤段。辛未年终于家乡外砂，终年八十四。

和徐北溪
（明·王天性）

伏枕沙村百兴赊，更逢秋色思无涯。
风悲平楚时时籁，日散遥山片片霞。
正羡高空挎羽翮，翻伤重露折蒹葭。
多君赠我相思句，矫首鳣堂苜蓿花。

王世贞

王世贞（1526～1590年），字元美，号凤洲，又号弇州山人。太仓（在今江苏省）人。明代诗人。明世宗嘉靖二十六年（1547年）进士，官至南京刑部尚书。与李攀龙同为“后七子”领袖，是“文必秦汉，诗必盛唐”的积极鼓吹者和勤奋实践者，写诗不少，但可读者不多。

有所闻作

（明·王世贞）

闻道弓旌及隐沦，可缘真遇爱龙人。
虚云展氏曾三黜，其那王尊仅一身。
苜蓿总肥沙塞晚，桃花无恙武陵春。
欲知元亮篮舆意，畏踏丹阳郭里尘。

奉寄淮漕传中丞三首（其三）

（明·王世贞）

著书空自舞干年，徙倚云霄望转悬。
岁晚陵阳依白璧，月明燕市泣朱弦。
官微短削甘牛后，兴尽归心托雁前。
代马亦知惭伯乐，萧条苜蓿五陵烟。

过欧广文苜蓿斋与子与同赋

（明·王世贞）

少年谁逐广文游，苜蓿盘空且为留。
暂割半毡遗子敬，还将一榻下南州。
抱来和璧知难夜，弹罢嵇琴别是秋。
莫怪相逢夸邺客，至今何处儗风流。

至归德过故人李宪副子中小饮

（明·王世贞）

握手踟蹰坐未安，旋看河斗畏将阑。
主人第进鸬鹚杓，稚子争先苜蓿盘。
天入中原真自好，路逢知己不辞难。
休追济上衣裳会，耆旧于今半已残。

过怀来罗将军驻兵因赠二绝（其二）

（明·王世贞）

将军按甲古妫川，万马骄嘶苜蓿天。
但使王庭能绝幕，未劳车骑勒燕然。

过昌平拟上经略许中丞

（明·王世贞）

豹隐终南夺，龙韬蓟北专。建牙三辅色，吹角七陵烟。

星斗青萍外，关河紫气前。双雕下鸣镝，万马听挥鞭。
辟易胭支岭，峥嵘苜蓿天。高楼明月啸，横槊大风篇。
白发筹边早，黄金募士偏。还应报烽火，不复近甘泉。

感述六十韵

（明·王世贞）

历历行藏事，秋霜积泪痕。十年曾结客，诗句满中原。
一跌身同赘，频惊舌屡扪。未风谁辨草，先火欲明璠。
避晋传江左，栖吴类武源。中丞双豹尾，刺史五熊轓。
奕叶陪皇运，生成总国恩。徵书向州府，束帛去丘樊。
识监羞司马，为儒陋叔孙。赋题秦女凤，班逐汉臣鹓。
所际垂衣主，宁期泣扇媛。侯门罢投谒，天路隔攀援。
勋业时名左，文章世态论。纵迟甘曳尾，那肯羡乘轩。
难已东方设，歌仍下里喧。四愁虚望岳，三刖竟悲昆。
黯澹白云署，风尘黄鹄翻。几人甘蠖屈，吾岂厌鹏骞。
才拙知何补，时平借不冤。寝兴惟早莫，朋旧绝寒温。
海席鲈鱼鲙，燕盘苜蓿飧。身安束湿久，道以积薪存。
休沐怜妻子，寅恭得季昆。篇成多和瑟，曲罢有吹埙。
颇解讥衰凤，无能托化鲲。迩来工上下，愁说会平反。
一旅勤王室，千秋启塞垣。紫衣归汉市，碧血洒周墦。
泣雨谁看粟，投晖尚覆盆。幸陪郎署席，亦负野人暄。
恋禄违辞绂，惊心阻叩阍。缇兵时络绎，中旨夜趋奔。
麋鹿何罹网，羝羊更触藩。向来边事棘，独使圣忧敦。
筹策明光秘，祠禖太乙尊。任方优将相，尘已动乾坤。
列帜蟠狐岭，连烽逼雁门。地炎边马习，月黑羽书繁。
飞饷三边转，材官六郡屯。元戎假黄钺，天子授朱鞬。
贾傅宁谈饵，娄生或请婚。女红全扫越，汗血未归宛。
野色徵龙战，原蒐益虎贲。鼓鼙秋转急，戈甲昼仍昏。
质子空都护，孤儿总陆浑。壮怀频舞逖，清啸久输琨。
智士甘怀宝，忠臣惜丧元。蛾眉各燕赵，鱼腹自湘沅。
岁月无乾土，生涯有故园。云齐吴渚稻，潮满沃洲荪。
熟柚金分筥，芳篘玉满樽。问津迷远楫，息路悟归辕。
其若频年使，仍传一札言。民穷怯蛇虎，吏巧猎鸡豚。
巧似驱渊獭，穷如失木猿。三江先雨涸，万柳后春髡。
垂老脂俱尽，公庭泪暗吞。衣冠十道使，烟火几家村。
羁旅余皮骨，朝廷问本根。茫茫竟何所，肠断赋招魂。

余赴太仆北上宴督漕王中丞新甫所感事有赠

（明 · 王世贞）

青灯浊酒坐相酬，感事惊心论旧游。
犯斗故怜双剑在，照车先让一珠收。
毋惊粒玉莪珂集，不靓台金蹀躞愁。
愧我老非张万岁，念君功待鄂千秋。
天空苜蓿霜难饱，春暖桃花水自流。
任是同书称太仆，何如计相拜通侯。

赋得养龙池送莫膳部视贵州学

（明 · 王世贞）

我闻贵竹罗施异西极，两山夹陂深莫测。
神物蜿蜒走其上，顷刻下降房星赤。
蜀王内厩五千匹，云锦丛中逞颜色。
遥将万里白玉墀，奚官执鞚不敢骑。
橐沙覆压三百日，辛苦风云国士知。
麟鬐染汗珠络惊，秋霜喷沫桃花明。
郊尘不动落日缓，六飞恍若空中行。
从此峰名号腾越，诏图真迹留神阙。
濠阳贵人凡几人，云阁勋名齐日月。
只今一百八十载，高岩大泽依然在。
房星不明五星聚，学士青衿盛文彩。
何当塞徼多驰驱，君王按图空踟蹰。
黄金筑台买死骨，骐骥碌碌悲盐车。
君不见，
养龙坑旁云气薄，咸阳苜蓿横秋漠。
长鸣发迹自有时，谁其驭者今伯乐。

岁暮行送周公瑕应聘北上

（明 · 王世贞）

岁云暮矣霜风戾，周子东装问江北。
阊门羔雁俄已群，蓟台骅骝欻生色。
碣石天高别筑宫，平津月照新虚席。
即辞太傅先奏记，又道司空勤见辟。
兔苑留裁上客赋，鸿都待洒中郎墨。
自吴词客推彭年，周子声价相后先。

中原骤得王李法，秀句欲柱东南天。
子墨客卿晚来贵，白云先生神与传。
吴兴练裙残半幅，蕺山羽扇争百钱。
鸡林虽买舍人句，狗监不荐赀郎篇。
以兹卧病桃花坞，苜蓿潇潇映环堵。
只字能飞鸿雁外，六尺居然蛙黾伍。
时来莫采南山薇，吾乡故事知者稀。
君不见，
先朝白首文供奉，小入蓬壶旋拂衣。

赵承旨天闲五马图歌

（明·王世贞）

吾闻天子之乘有六马，五马无乃诸王侯。
飞黄一骨立天仗，兹白廿足闲清秋。
有金不敢将络头，奚官屏立气致柔。
玉毫如霜落劲刷，俶傥暂摄归优游。
银槽苜蓿露不收，绿波滥吻芬锦鞲。
悬蚕齿戛快自酬，宛如双虹籥云浮。
功成身贵人不知，奉车骖乘白玉墀。
君王纵复日三顾，此足敢忘追咸池。
吴兴学士曹韩师，写出蹀躞千金姿。
得非饮至平南时，数百万匹皆权奇。
呜呼渥洼之种悲不悲，真龙却走阴山垂。

临江仙詹簿兄遗子鹅鲟鱼

（明·王世贞）

有客青州常从事，雨中相对留连。吾兄折简赤须传。
鹅儿黄似酒，鲟鼻大如船。
故国风光俱入眼，眼中偏爱偏怜。欲因弹铗问当年。
先生何所有，苜蓿满新盘。

白马篇

（明·王世贞）

白马西北驰，矫若云中电。胡锦作障泥，络头珊瑚钿。
片片汗桃花，喷嘶赤琼霰。捐身出大漠，雄才为君见。
祁连春如赭，白日苍黄变。所至自无坚，腾骁必居先。
横悬单于首，驰奏未央殿。改从中黄服，遂压天闲选。

苜蓿春正饶，力疲不成咽。遗像在凌烟，英风飒然变。亮无百年物，得施躯不贱。

咏荔子丹

（明·王世贞）

枫亭驿前荔子丹，万安桥下蛎房宽。
从教山水金陵好，总是难禁苜蓿盘。

陈提学藏百马图

（明·王世贞）

余尝见赵魏公天，闲五马图金羁玉。
勒徙倚流苏线下，四紫衫奚官极意。
秣刷噫贵则贵矣，孰与此所图百马。
骄嘶逸逐于平沙，大荒之为适也第。
龙鬐凤臆往往有，之而权奇之兰筋。
不露当是蒲萄宫，苜蓿过饱而肥耶。
今五单于解辫长，平冠军方高咏栢。
梁无所事粟汝歌，丰颂瑞之后旦夕。
东封五色云锦庶，几有攸赖哉陈君。
相士之九方歅也，必能别而曹骊黄。
牝牡之外第不审，谁无负千金价。

王司训超拜和平令赋此送之

（明·王世贞）

萧萧苜蓿广文多，忽作潘家花满柯。
久矣上书新礼乐，可能为政倦弦歌。
丹砂不必寻勾漏，桂酒还闻近博罗。
自是君身有仙骨，双凫非远问明河。

题春草驰情卷寄答孔炎宗侯

（明·王世贞）

胎簪秀色满罘罳，父子风流岂异时。
临得宛陵离后帖，裁将康乐梦回诗。
王孙不断蘼芜恨，天马长衔苜蓿悲。
若问吴台眠起处，一群麋鹿眼迷离。

邱云霄

邱云霄（生卒年不详，约1544年前后在世），字凌汉，号止山，崇安人。约明世宗嘉靖中前后在世。官柳城县知县。著有《南行集》《东游集》《北观集》《山中集》。

斋居书事

（明·邱云霄）

宦况怜今夕，孤怀傲世尘。溪山足吏隐，苜蓿长园春。
昼静云移榻，阶闲雀近人。古来毡亦冷，聊尔遂吾真。

江夜书感

（明·邱云霄）

月转林西夜意迟，云深斗北郁逶迤。
颜随玉镜风尘变，锦袭瑶琴日月驰。
縻禄自知堪苜蓿，名山空负长灵芝。
愁怜白首三千轴，梦断清时五百期。

张元凯

张元凯（生卒年不详，约1554年前后在世），字左虞，吴县（今江苏苏州）人。约明世宗嘉靖三十三年（1554年）前后在世。少受毛氏诗，折节读书。以世职为苏州卫指挥，再督漕北上，有功不得叙，自免归。元凯胸次夷旷，寄情诗酒，著有《伐檀斋集》。

塞上二首（其二）

（明·张元凯）

霍家初拜冠军侯，雀弁胡缨绣臂韝。
苜蓿总肥调宛马，鹈鹕新淬出吴钩。
月明青海无传箭，霜冷黄榆乍赐裘。
姓字不将麟阁贮，丈夫空作玉关游。

辕驹叹

（明·张元凯）

万物有荣瘁，修途多险虞。枥上曾称骏，辕下反为驹。
哀鸣望顾盼，主人恩不殊。不要骐骥驾，乃与驽蹇俱。
流沙千万里，秋风苜蓿枯。梦想燕然山，追逐大将符。
皮相亦何凭，骨立亦何图。傥再赐鞭策，犹堪任驰驱。

宗臣

宗臣（生卒年不详），明代文学家，北宋末南宋初著名抗金名将宗泽后人。嘉靖二十九年（1550 年）进士，由刑部主事调吏部，以病归，筑室百花洲上，读书其中，后历吏部稽勋员外郎，杨继盛死，臣赙以金，为严嵩所恶，出为福建参议，以御倭寇功升福建提学副使，卒官。诗文主张复古，与李攀龙等齐名，为“嘉靖七子”（“后七子”）之一。

送冒明府谪教杭州

（明·宗臣）

匹马天风听暮笳，南归尚醉故园花。
尺书在袖逢江雁，万里扬帆似汉槎。
帐下谈经余苜蓿，湖中对客半蒹葭。
钱塘岁岁春堪卧，莫忆渔竿返玉华。

盛时泰

盛时泰（1529 ～ 1578 年），明诗文家、史学家、画家。字仲交，号云浦，晚号大城山樵，上元（今南京）人。嘉靖进士（一说贡生）。终生不得志，卜居大城山中，生平博学多才，文气横溢，洒脱不羁。以书、画、文章擅名一时，尤善画，为吴派名画家。著有《秣陵盛氏族谱》《金陵人物志》《金陵纪胜》《牛首山志》《栖霞小志》《大城山志》《金陵品泉》《玄牍记》《茶事汇辑》《阅古编》《游吴杂记》《大城山全集》等。

岑嘉州参塞宴

（明·盛时泰）

苜蓿遍原野，春来马多肥。今日烽燧静，聊以解征衣。
置酒召朋侣，日暮不见归。何处射猎去，貂裘间轻绯。
昨日已赐爵，前时初解围。军中重胆略，无如君所为。
醉拥美人坐，不惜双珠琲。门前罗金钲，庭中插羽旂。
锦瑟时一弹，空侯在中帏。杯行不知算，入手如欲飞。
为谢众宾客，四座多光辉。何以报天子，从今羽檄稀。

董传策

董传策（？～ 1579 年），字原汉，号幼海。南直华亭县（今上海市松江）人，嘉靖二十九年（1550 年）进士，授刑部主事。嘉靖三十七年（1558 年）因偕同僚上疏弹劾奸相严嵩积恶误国六大罪，引起世宗震怒，被拘入狱，追究主谋，施以酷刑，几次死里逃生，后谪戍南宁。穆宗即位后，召他回京，官复原职。隆庆五年（1571 年）改南京大理卿，进南京工部右侍郎。万历元年（1573 年）改南京礼部右侍郎，同年九月二十一日以言官劾其受人贿赂，遂被罢归田。因苛责仆人引起众愤，被仆人所杀。著有《奏疏辑略》《采薇集》《幽贞集》《奇游漫记》等。

昆仑歌送顾侍御一贯出巡

（明·董传策）

昆仑山高控西粤，飞蟠千丈何奇绝。
青峰突出破大荒，赤螭夭矫森石滑。
气核横攒玉碎园，岩泉湾泻珠流沫。
怪树枯藤挂老崖，云屏叠断蚺蛇穴。
山精啸风瘴作雨，菁篁飒沓岚烟掣。
桄榔枝暗珊瑚拳，荔子花斑鹧鸪舌。
阳和偏落四时花，郁蒸不梦三冬雪。
羲景依微荡绿鬟，蛮疆一望迷丘垤。
星躔翼轸古隘关，邕管西迤领方接。
明都铜柱镇华夷，汴宋丑侬犹宰割。
经略曾标京观雄，奇兵一夜关南夺。
至今马狄并高勋，八寨还嗣新建烈。
沧屿不改戎机销，群丑跳梁谁式遏。
弥原荒顿转流移，生齿难繁声教阔。
使君行部踏春来，春光缥缈薰飚发。
绣斧擎翻瘴岭霞，花骢嘶控皇华节。
霜姿只饱苜蓿餐，满道清风洗炎热。
飘萧万里载驰驱，今古兴怀瑶吹彻。
我戍徒惭白面生，君巡自忆丹穹阙。
相逢且莫夸壮游，好向明时树宏业。
振衣八极被九垓，俯视昆仑成一撮。

叶春及

叶春及（1532 ~ 1595 年），字化甫，号絅斋，归善人（今广东省惠州市），明朝政治人物，官至户部郎中，与当时同样出身于惠州的叶萼、叶梦熊、李学一、杨起元合称为“湖上五先生”，著有《石洞集》。

李广文署夜谈
（明·叶春及）

十年苜蓿吾怜汝，客舍端州喜屡过。
白雪江湖知己少，青毡天地误人多。
春回门下看桃李，日暮尊前对薜萝。
痛饮忘形谁得似，鬼神何处且高歌。

王稚登

王稚登（1535 ～ 1612 年），字百谷、百穀、伯穀，号半偈长者、青羊君、广长庵主等。先世江阴人，后移居吴门（今苏州）。

昔者行赠别姜祭酒先生（节选）
（明·王稚登）

昔者薄游燕王都，燕人买骏皆买图。
汝南袁公善相骨，称我一匹桃花驹。
是时先帝论封禅，焚香日坐蓬莱殿。
二三元老书不停，记室竖儒供笔砚。
袁公手内金花笺，口召王生生不前。
安知徐福三山事，但忆苏秦二顷田。
我欲东归劝我留，满床诗草尽见投。
见时醉操银不律，雌黄灿熳珊瑚钩。
以兹感激国士知，新旧存亡不可移。
季札匣中镆铘剑，脱挂徐君坟树枝。
浮云世态那堪说，众人闻之皆不悦。
谢傅西州春草深，羊昙涕泪空成雪。
……
子虚欲奏虽未成，知己难忘杨意情。
长安国门同日出，我归金阊君石城。
璧水曾经黄屋坐，祭酒胡床尚虚左。
苜蓿先生三数公，桃李门人千百个。
纷纷入赀同舍生，春秋俱服左丘明。
君行未可轻此辈，万一中间有马卿。

赠张君敬

（明 · 王稚登）

明经莫道起家迟，对策归来鬓未丝。
醇谨石君书马尾，说诗匡鼎解人颐。
青编夜聚萤千点，玉树春栖凤一枝。
不厌广文餐苜蓿，江南风土最相宜。

王世懋

王世懋（1536～1588年），字敬美，号麟洲，明代文学家。文学家王世贞之弟。嘉靖三十八年（1559年）进士，官太常少卿。世懋聪明好学，以诗、文著名于世，其文学主张基本与世贞相同，在文坛上的地位仅次于世贞，有“少美”的美称。著作有《王仪部集》、诗话《艺圃撷余》等。

华夷互市图

（明 · 王世懋）

大漠高空寂建牙，两军相见醉琵琶。
天闲苜蓿多羌种，胡女胭脂尽汉家。
云里射生旋入市，日中归骑不飞沙。
金钱半减犁庭费，五利应知晋史夸。

周光镐

周光镐（1536～1616年），字国雍，号耿西，明朝嘉靖十五年（1536年）出生于潮州府潮阳县桃溪乡（今广东汕头潮南区桃溪乡）。嘉靖四十一年（1562年）举人，隆庆五年（1571年）进士，授浙江宁波府推官，先后兼署府属象山、奉化、慈溪三县事。历南京户部、吏部主事、郎中，四川顺庆府（府治今南充市）知府，以四川按察副使任建昌（今西昌）兵备道，兼平建昌越夷乱监军，升调陕西按察使，专职“整饬临邛兵备”。万历二十一年（1593年）加都察院右都御史衔，任宁夏巡抚。万历二十四年（1596年）辞官回乡，从事地方公益活动，并授徒讲学。万历四十四年逝世。

雪山歌（节选）

（明 · 周光镐）

雪山西来，横亘天南几千里。
排云划雾，直控穹窿而特起。

金沙西流赤日晖，山中之雪常凿凿。
忆昔提兵九月秋，雪风泠泠洞壑幽。
今来筑垒当长夏，旧雪崚嶒新雪下。
朝看剑锷倚青苍，暮落芙蓉片片霜。
疑是昆仑浮玉海，直愁花雨下天荒。
昨夜营头风瑟瑟，晓起嶙峋散空碧。
三军寒色满弓韬，大将霜威攒列戟。
……
羽檄遥来邛塞北，旌旗直度索撞西。
百折千盘冰路滑，崖崩石碎马蹄脱。
偏裨握槊惨不骄，壮士定力冻欲缺。
阴风杀气连宵起，山后山前半营垒。
九姓青羌随汉麾，六州番部俱南徙。
山头有海云是蛟龙宫，千寻百尺神物潜其中。
伐鼓摐金蛟子怒，飘风吹雹飞晴空。
当年汉帝思汗血，西极流沙通使节。
昆明渥水产神驹，苜蓿蒲梢归汉阙。
于今有道服群夷，不是唐蒙建节时。
我欲扫尽雪山砻片石，勒铭永照西南陲。

王叔承

王叔承（1537～1601年），明诗人。初名光允，字叔承，晚更名灵岳，字子幻，自号昆仑承山人，吴江人。喜游学，纵游齐、鲁、燕、赵，又入闽赴楚。在邺下，郑若庸荐之赵康王。著作有《潇湘编》《吴越游集》《宫词》《壮游编》《蟭螟寄杂录》《后吴越编》《荔子编》《岳色编》《芙蓉阁遗稿》等。

宫词一百首（其一）
（明·王叔承）

碧眼胡儿细剪毛，大宛宝马贡天槽。
殿前却奏长城曲，苜蓿秋风紫燕骄。

袁昌祚

袁昌祚（1538～1616年），原名炳，字茂文，号莞沙，广东东莞茶山横岗人。嘉靖三十四年（1555年）参加乡试，得第一名。

赠陈冲玄文学番庠考绩

（明·袁昌祚）

熙时嘉乐育，振铎向禺山。地接枌榆近，心随燕雀閒。
盘餐寒楚蓿，词藻重秦关。报最三春入，鸣珂帝里还。
但须另刮一双目，别来三日还相看。

余继登

余继登（1544～1600年），字世用，号云衢，北直隶交河县（今河北交河）人。万历五年（1577年）进士，改庶吉士，授翰林院检讨，参加纂修《大明会典》，进修撰，直讲经筵。万历二十六年（1598年），以礼部左侍郎署部事，上疏请罢一切诛求开采害民之矿税，撤回税使，又请明神宗亲临御政、册封皇太子，皆不用其言。为此，余继登郁郁成疾，万历二十八年（1600年）卒于官，年五十七，赠太子少保，谥文恪。著有《典故纪闻》《淡然轩集》。均《四库总目》并传于世。

君马黄

（明·余继登）

君马黄，臣马青，二马交驰君马停。臣骑青马间以骊，逐电横行向安西。
为君臣呼韩破郅，支斩楼兰灭龟兹。十年踏遍阴山雪，万里归来汗流血。
马上将军成大功，闲饱苜蓿嘶秋风。

于慎行

于慎行（1545～1607年），明代文学家、诗人。字可远，又字无垢。东阿县东阿镇（今属平阴）人。明隆庆二年（1568年）进士，改庶吉士，授编修。

寄冯志方博士二首（其二）

（明·于慎行）

幽人渺何许，江上旧儒冠。
客舍蒹葭雨，堂餐苜蓿盘。
楚天秋水阔，燕阙晓钟残。
怀袖双纨扇，因风欲寄难。

寄贾广文年伯兼谢惠毡

（明·于慎行）

极目漳南道，相思正杳漫。

愁时明月近，别后素书难。
雪暗芙蓉阁，春生苜蓿盘。
一毡犹寄远，应惜玉堂寒。

雪浪洪恩

雪浪洪恩（1545～1608年），字三怀，俗姓黄，金陵人。家本富室，父母皆持斋。年十八，即博通内典，分座副讲，闻者悚然。年二十一，始习世俗文字，所出声诗，三吴人士以为瑰宝。无极大师迁化后，即登讲座，尽扫训诂，单提文本，学者耳目焕然一新。嘉靖四十五年（1566年），大报恩寺塔遭雷火所焚，雪浪洪恩率众修葺，得时人助发，金钱集者，动以千百计，于万历年间募化修复完成。万历戊申年（1608年）十一月十五日因病圆寂于此，由弟子迎归南京雪浪山。

集双桂轩时公临至自楚罗敬叔还豫章

（明·雪浪洪恩）

再赋长杨计未收，且依丛桂暂淹留。
盘中苜蓿供谈冷，篱下黄花入望幽。
客到南州迎晏岁，人来荆国正悲秋。
碧云片片栖无定，日暮当筵怨惠休。

送静渊秀公北上应南宫札二绝（其一）

（明·雪浪洪恩）

日丽莺花雪正消，绿杨新水映河桥。
支公忽下云中诏，苜蓿初肥去马骄。

区大相

区大相（1549～1616年），明诗人，对岭南诗坛影响巨大。

秋圃诗（其三）

（明·区大相）

苜蓿先生馆，柴桑处士家。寒花娱晚节，老圃足生涯。
露重青毡薄，簪轻皂帽斜。谁言官独冷，秋至让繁华。

初夏蒋兆卿博士邀饮迟邓希父不至

（明·区大相）

讲后西斋苜蓿宽，俸钱供客晚逾欢。

玉杯沾醉留春易，宝剑论心逼夏寒。
绕屋林鸠呼雨急，衔泥梁燕怯人看。
纵令开径饶心事，咫尺求羊共过难。

平胡曲（其一）
（明·区大相）

休兵解甲卧沙场，归马离鞍苜蓿香。
报导将军百战力，欢传天子万年觞。

孙继皋

孙继皋（1550～1610年），字以德，号柏潭，江苏无锡人。其父孙雪窗是小儿痧痘科医生，母刘氏。七岁入塾，明代万历二年（1574年）状元，任翰林院修撰。历任经筵讲官、少詹事兼侍读学士、礼部转吏部侍郎等职。万历八年充任会试同考官时，提拔魏大中、顾宪成等。

夏日卧病得诗十首（其十）
（明·孙继皋）

官阁暑犹寒，生涯寄药栏。风尘吾意懒，岁月主恩宽。
短发牵丛桂，同心忆采兰。小盘甘苜蓿，时复一加餐。

张恒

张恒（1551～1611年），南翔人。明万历进士，曾任湖南茶陵、江西兴国知州。清官，断案如神，候审者无需多带粮食，被人们誉为“张半升”。

凉州词
（明·张恒）

垆头酒熟葡萄香，马足春深苜蓿长。
醉听古来横吹曲，雄心一片在西凉。

胡应麟

胡应麟（1551～1602年），明朝著名学者、诗人和文艺批评家，他在文献学、史学、诗学、小说及戏剧学方面都有突出成就。历官刑部主事、湖广参议、云南佥事。

阿四既留溪南士能命更呼刘生佐酒亦以事羁赋此嘲之

（明 · 胡应麟）

咫尺玄英宅，朱弦试一弹。
中原留上驷，蓬岛隔飞鸾。
酒压荼蘼瓮，春迟苜蓿盘。
美人期不至，惆怅月华残。

送人游塞上

（明 · 胡应麟）

晓发灞陵桥，弯弓箭在腰。
黄沙随地阔，紫塞极天遥。
玉乳蒲萄熟，金羁苜蓿骄。
贺兰千百仞，飞骑上岧嶤。

送沈广文之侯官

（明 · 胡应麟）

日暮河梁畔，归帆趁北风。
一毡初就日，双剑旧如虹。
驿路蒹葭外，斋头苜蓿中。
飘飘幔亭宴，霞色近人红。

送章博士之昆山

（明 · 胡应麟）

共作燕台客，君归思欲狂。
双鸿驰海岸，独马倦河梁。
故国兰苕近，新斋苜蓿长。
昆冈偕片玉，献岁到明堂。

张博士过访赋赠二首（其一）

（明 · 胡应麟）

世业明经旧，家声作赋隆。
四知传汉代，三绝擅唐宫。
匣剑芙蓉丽，盘飧苜蓿穷。
何人问奇字，旬月坐春风。

赠李广文

（明 · 胡应麟）

旧国天都近，新斋婺女悬。

彩飞江令笔，青挟郑公毡。
三洞云携屐，双溪雪放船。
无夸沈侯句，苜蓿诵嘉篇。

送汪山人归四明四首（其二）

（明·胡应麟）

相逢宁海岱，对语即江湖。
肯抱临淄瑟，聊携督亢图。
官衙吟苜蓿，客馆寄菰芦。
异日山阴兴，能来白玉壶。

柬彭稚脩

（明·胡应麟）

埋没乍看双剑紫，浮沈犹傍一毡青。
桃梅拂坐春相丽，苜蓿行杯午未停。
莫恋横经函丈底，碧山时过子云亭。

同黄季主金伯韶两生过伯符宅时傅明府先在坐

（明·胡应麟）

残雪初回万井春，一尊官舍暮留宾。
抽毫太液多名士，击筑长安尽酒人。
惨淡骥心逢处老，飞扬龙剑合来神。
盘中苜蓿犹堪饱，莫放仙凫去紫宸。

送广文闵先生之槜李二首（其一）

（明·胡应麟）

为美除书下日边，一官犹抱昔时毡。
菰芦旧业行偏近，苜蓿新斋坐更偏。
绣服春回苕水上，青衿云拥濲门前。
莫夸奇字空千载，蚤向扬亭授太玄。

钱参戎移任北平二首（其二）

（明·胡应麟）

一剑凌空舞雪花，双旌摇日动龙蛇。
从来骠骑能忧国，未灭匈奴肯顾家。
苜蓿城边吹筚篥，燕支山下奏琵琶。

大标铜柱祈连外，第一凌烟总浪夸。

杨博士招饮馆中

（明·胡应麟）

白板双扉护碧苔，何人携酒问奇来。
玄亭暂寄成都客，宣室初还洛下才。
座里杯盘仍苜蓿，宫前袍笏渐蓬莱。
无论麋鹿姑苏畔，蚤逐飞黄上蓟台。

周窾六招饮斋中

（明·胡应麟）

苜蓿空斋坐典坟，居然野鹤在鸡群。
前身宋玉偏能赋，早岁陈思善属文。
绝顶匡庐扪坠雪，深秋滕阁卧飞云。
何须更作如椽梦，粲烂朱华邺水喷。

张博士以壶觞过访余病不能起迓赋谢此章

（明·胡应麟）

野外孤篷系白茅，斋头长铗倚青郊。
壶倾博士莲花酿，盘载先生苜蓿殽。
海岱云霞驱别梦，天涯冰雪绾穷交。
亦知凡鸟堪题字，浪逐扬雄赋解嘲。

寄胡孟韬兼怀惟寅李子

（明·胡应麟）

乍别君山署，仍飞帝苑航。谈天来碣石，赋雪罢潇湘。
阙已蓬莱近，斋犹苜蓿长。芝兰寒馥郁，桃李树芬芳。
国子先生列，成均博士行。传经酬寂寞，问字斗趋跄。
安定才何屈，昌黎誉渐扬。论兵肝胆赤，谏猎鬓毛苍。
僚属频携粮，生徒竞裹粮。瑟寒朝煦日，毡薄夜凝霜。
五鹿新回座，三鳣旧报堂。九流穷竹素，六馆校青缃。
赠酒逢司业，持斋学太常。烟霞萦绣佛，雷电激干将。
晓殿游鹓鹊，春城宿凤凰。长扬催拄笏，太液待飞觞。
万寺西陵外，双扉北斗傍。垂鞭时觅句，缓带日成章。
永折徐陈社，谁登陆谢场。应怜李都尉，偃卧绿沉枪。

有遇不遇也

（明·胡应麟）

植处非金谷，移来是玉堂。玄亭潜借色，紫闼烂生光。
密叶团芝盖，疏花发米囊。鸡头形彷佛，马齿味参商。
万子绵瓜瓞，三浆沃荔房。随波萍实丽，入火芋魁香。
树拟蒲卢速，枝惭苜蓿长。朝兰偕饮露，晚菊互披霜。
祭敢劳先圣，斋惟狎太常。断齑闻学士，蒸瓠忆平章。
傅鼎调和熟，郇厨饾饤良。凭将遐贱质，浣涤助嘉芳。

新都汪司马伯玉

（明·胡应麟）

粤惟汉元封，司马两当轴。宇宙皆文章，千载被芬馥。
明德洪唐虞，朝举十六族。娄江洎新都，一网尽推毂。
弇州既龙奋，太函亦虎伏。白昼临高台，狂歌击燕筑。
是时西曹彦，年少四五六。诗篇甚张皇，文事稍局促。
丈夫志万古，不朽宁案牍。经天纬地业，九代丧空谷。
英雄倏相遇，群起赴秦鹿。上驷谁先登，遗编在斑竹。
丘坟并典索，乙夜朗披读。列庄孟荀韩，檀左吕公谷。
先秦数作者，鞭弭恣驰逐。当其神理臻，罔顾毫颖秃。
穹碑峙山陵，巨碣控河渎。余事拈风骚，不胫走遐陬。
烟涛涨渤澥，英声振獯鬻。腾身上将坛，号令鬼神哭。
追奔极穷岛，蛟蜃碎屠戮。华铭勒居胥，京观自天筑。
八翼摩丹阁，上谒九州牧。帝命总六师，长城倏如矗。
大纛巡边疆，军吏道匍匐。安危系中外，闽楚遍尸祝。
功成戒盛满，洞霄乞微禄。戏彩娱高堂，孙枝竞蹙鞠。
仙人凤与麟，园居各洗沐。居公季孟间，岁寒订松菊。
制作频赓酬，缄裁递往复。交亲剧杵臼，调洽迥敔柷。
沾沾问兰阴，笑我甘辐梀。相逢武林道，倾盖洞肝腹。
宛若平生欢，坐久屡更仆。床头出双剑，光焰凛霜镞。
感公思缠绵，囊底叩余蓄。花生七百字，草坠三十幅。
公时奋苍髯，夸我才万斛。眇论开醍醐，清言佐饘粥。
乘兴过弇山，诸峰插平陆。仙翁绝顶下，执手道寒燠。
黄池挟日饮，代兴话濠濮。巧匠无旁观，良工有预卜。
三人坐丙夜，相亲互以目。曾参唯曷疑，季路诺庸宿。
含凄别英风，衣袂尽渗漉。回瞻缥缈云，广厦遽倾覆。

轻舟发严滩，白榆讯孤独。儿童若走卒，竞指司马屋。
公也闻余来，倾筐倒庋簏。将余入后堂，明妆照罗縠。
椎牛擘黄熊，舆儓厌梁肉。吴生歌落梅，谢生辨幽菽。
凭陵屋如椽，东归记草木。五噫序穷愁，孤愤志幽鞫。
鸿章过十余，晨夕骤登录。睊睊啖名子，艺苑对鞶鞻。
余也百八章，呻吟亦成轴。河梁迮挥手，泪眼暮簌簌。
寥天仅一柱，灵光镇大麓。将偕石羊君，吾里永辟谷。
胡然跨飞鲸，倏尔残妖鹏。空观疑地文，神游恍天禄。
当年读书台，阑干长苜蓿。名已擅八荒，声犹借四服。
良哉副墨子，百代称郁郁。惟公晚遇余，盟契匪碌碌。
乾坤失遗老，病骨祇盈掬。举头拘翼宫，钧天醉秦穆。
山香舞未竟，飞花堕如蹴。知公究净业，不受转轮福。
追随无量寿，永劫住西竺。

林熙春

林熙春（1552～1631年），字志和，号仰晋，生于嘉靖三十一年（1552年），海阳龙溪（今潮安庵埠镇）宝陇村人，明万历十一年（1583年）中进士后，授四川巴陵县令，后被起用为福建将乐县令。林熙春到任后，建杨龟山祠，为《杨龟山文集》作序；同时，整修学宫，十分重视文化教育。此后，林熙春升任户科给事中，又历任礼科、兵科、工科都给事。

送广文杨东霍之楚

（明·林熙春）

泮水初开物色赊，公车同占上林花。
瓯西碧玉千金价，岭外青萍十里华。
世掌丝纶推彩凤，斋仍苜蓿动吹蛙。
荆阳亦是多才地，武文桃李即通家。

送启运弟之训清远（其一）

（明·林熙春）

银青一脈擅清华，俛首鳣堂玉峡斜。
曙色飞来连桂影，暗香浮动赋梅花。
莫将苜蓿称寒署，直令菁莪即大家。
冲主乘元烦远士，可无豪俊起天涯。

张萱

张萱（约 1553 ～ 1636 年），明著名藏书家、书法家。字孟奇，号九岳山人、青真居士，别号西园。博罗（今广东惠州）人。万历十年（1582 年）举人，授殿阁中书，历官户部郎中，官至平越知府。万历末，迁内阁敕房办事、中书舍人。

正月十四夜饮朱广文斋头

（明 · 张萱）

春风吹苜蓿，夜色净筼筜。
三五分今夕，寒暄叙一觞。
寻山聊辍轭，对月欲沾裳。
灯火归骖晚，应怜似葛疆。

黄逢永广文病足还里以便面一律见怀次来韵赋答

（明 · 张萱）

西园不断白云封，地僻惟留鹿豕踪。
忆汝拂衣辞苜蓿，愿言税驾馆芙蓉。
乘飙欲出三千界，柱杖还同四百峰。
尊足既存因退步，何须曳履蹑夔龙。

边马有归心阁试

（明 · 张萱）

剩有横行意，其如远道悲。
自矜洼水种，悔逐并州儿。
苜蓿春能几，蒲萄入尚迟。
因之嘶野草，不为朔风吹。

甲寅生日李康侯广文以诗见寿对使走笔用来韵

（明 · 张萱）

萧萧短径雨斑斑，何事投珠满竹关。
雌甲自怜同犬马，馀年祇合付溪山。
惊看苜蓿惭分饷，欲办茅柴共破颜。
珍重新晴堪把臂，入林休羡鸟知还。

姚士粦

姚士粦（1559～1644年），字叔祥。嘉兴海盐人。寓居秀水。十三岁为孤儿，二十岁仍不识字，作画为生，教谕曾曰见他资质不凡，亲自授以句读，才开始识字。三年学成。万历十六年（1588年）乡试不第。后与胡震亨同学，同郡沈思孝出抚陕西，召其入幕。思孝被调抚河南，士粦不复求仕。又与胡应麟、俞安期、曹学佺等常有问学往来。万历二十五年（1597年），入南京国子监，助冯梦祯校刻南北诸史。搜罗秦汉以来的遗文，助沈士龙、胡震亨撰《秘册汇函》，遇火板毁，后残板并入《津逮秘书》。万历三十九年（1611年），随屠乔孙等辑刻《十六国春秋》。另有《蒙吉堂集》《莲花幕记》《陆氏易解》一卷、《干宝易注》一卷、《见只编》三卷等。

见只编

（明·姚士粦）

为人严正，而接士宽厚。

官贫斋冷，苜蓿自甘，未尝与寒生计束修已上。

袁宗道

袁宗道（1560～1600年），字伯修，号玉蟠，又号石浦。明代文学家，明湖广公安（今属湖北）人。万历十四年（1586年）会试第一，选庶吉士，授编修，官至右庶子。“公安派”的发起者和领袖之一，与弟袁宏道、袁中道并称“公安三袁”。

携馆中兄弟游东郊即事得东字

（明·袁宗道）

芳草平原极远望，一尊绀殿与君同。
千畦醉踏松杉影，万马骄嘶苜蓿风。
白日悲歌徒似侠，青春说剑更谁雄。
聚星应识高阳侣，咫尺关门紫气东。

真定道中

（明·袁宗道）

凭高聊引睇，草色上征裾。
垣断暮山出，沙平江树疏。

清斋甘苜蓿，适意任蘧篨。
问我年来兴，东溪足钓鱼。

何南金

何南金（1561～1609年），字许卿，号丽泉。出生于书香门第，喜爱读书，他曾长期借住曲霞褚家圩的竹隐庵潜心读书，这件事泰兴县志有记载。得益于父教甚多，十六岁时就考上了秀才。以读书自娱，并不热衷于功名。著有《悲华馆集》。

冬日侍孙先生游庆云寺晚归祗公送过桥东

（明·何南金）

野服青鞋问给孤，济人争识醉尧夫。
日融冰地成金色，月出霜林堪玉壶。
不为广文歌苜蓿，何来香积供伊蒲。
若教送客溪东去，法戒曾将虎伏无。

赵崡

赵崡（1564～1618年），明著名金石学家、藏书家。字子函，一字屏国，自号中南敦物山人，陕西盩厔（今周至县）人。万历间，赵崡常和家人与拓工出入荒野丛中访拓碑文，并向经常游览四方的朋友索求。著《石墨镌华》。

茂陵

（明·赵崡）

黄山历尽见孤城，城上楼高眼倍明。
芳树寝园今北望，暮云宫阙旧西京。
芙蓉昼冷仙翁露，苜蓿春闲宛马声。
回首长杨夸猎地，何人得似子云名？

许兰雪轩

许兰雪轩（1563～1589年），朝鲜王朝中期的著名诗人，也是朝鲜历史上第一位有诗集传世的女诗人。她天资聪颖、才华横溢，幼年时即以《广寒殿白玉楼上梁文》享誉世人，获得“才女”称号。其诗清壮峻丽，成就卓著，收入《兰雪轩集》。

次仲兄筠高原望高台韵

（明·许兰雪轩）

崔嵬云栈接青霄，峰势侵天作汉标。
山脉北临三水绝，地形西压两河遥。
烟尘暮卷孤城出，苜蓿秋深万马骄。
东望塞垣鼙鼓急，几时重起霍嫖姚。

袁宏道

袁宏道（1568～1610年），明代文学家，字中郎，又字无学，号石公，又号六休。汉族，荆州公安（今属湖北公安）人。宏道在文学上反对“文必秦汉，诗必盛唐”的风气，提出“独抒性灵，不拘格套”的性灵说。与其兄袁宗道、弟袁中道并有才名，合称“公安三袁”。

见宫监走马

（明·袁宏道）

苜蓿风高万马齐，东华门里映花嘶。
平明挟弹西园去，白日晴翻碧玉蹄。

沈守正

沈守正（1572～1623年），字无回，钱塘人。《杭州府志》生有秀表，下笔千言立就。

山阴逢朱晋明

（明·沈守正）

山阴十月政秋冬，短鬓萧萧叹尔同。
诎对三人俱苜蓿，别离八载总飘蓬。
禹陵突兀名山古，大海苍茫灏气通。
鸿雁两行俱旧好，可怜踪迹亦西东。

王志坚

王志坚（1576～1633年），字弱生，一字闻修，号淑士，江苏昆山人。生于明神宗万历四年（1573年），卒于思宗崇祯六年，年五十八。举万历三十八年（1610年）进士。授南京兵部主事。迁员外郎中。暇日，邀同舍郎为读史社，撰《读史商语》。迁贵州提学佥事，不赴，乞侍养归。天启二年（1622年）起督浙江驿传。奔母丧归。

崇祯四年，复以佥事督湖广学政，卒于官。

河间道中杂兴二首（其二）
（明·王志坚）

驿马朝餐苜蓿肥，三鬃剪出疾于飞。
行人尽望红尘起，开府差人阙下归。

李孙宸

李孙宸（1576 ～ 1634 年），字代玄，别字伯襄，号小湾，小榄泰宁人。明万历举人、进士，官至南京礼部尚书，赠太子太保，谥文介。崇祀南京一品名宦。著有《建霞楼文集》十卷,《建霞楼诗集》二十一卷,《丰羽斋稿》《南沐斋稿》《北舟小草》《随笔》各一卷等集行世。

寄讯从父于岳感恩司训
（明·李孙宸）

登楼春色望漫漫，紫气朱崖万里宽。
家远最怜三载别，官闲仍拥一毡寒。
黎蛮岛外章缝地，桃李丛中苜蓿盘。
风韵竹林俱正好，一枝吾愧谢家兰。

韩日缵

韩日缵（1578 ～ 1636 年），字绪仲，号若海。出生于盛极一时的博罗书香世家。韩氏家族中科名最高且影响最大的是第三代韩日缵，其官至礼部尚书。明万历二十三年（1597 年）韩日缵“年十三补弟子员”；明万历二十五年（1597 年）举乡试第三；万历三十五年（1607 年）进士，选庶吉士；万历四十四年（1616 年），充会试同考官；此后历任左春坊左赞善、礼部右侍郎、南京礼部尚书等，曾先后两次充纂修实录和经筵讲官。一生刚正不阿，治学严谨，尤其是在纂修实录过程中积累了丰富的史志撰写经验。

送吴光卿年兄之教福安
（明·韩日缵）

结发从君游，兰臭托心期。摛拔敷金藻，流略引前滋。
操觚共追琢，千秋方自兹。抗志凌青冥，但惜岁月驰。
齐瑟谁为工，卞玉翻见疑。中道叹索居，羽翼各参差。

君从海上来，慰我长相思。缘念递还往，坐谭白日移。挥麈理滞义，刻烛赋新诗。斗酒岂不欢，离言聿云悲。我留疲执戟，君去闽海陲。一毡宁独冷，横经拥皋比。苜蓿有余清，剥啄时问奇。所嗟欢晤促，会须从此辞。当筵已凝念，况乃别路岐。顾君厉风规，眷言振羽仪。南雁终北翔，逸翮奋天池。

送妇翁车先生改保昌学职

（明·韩日缵）

我送舅氏去何之，吾道将南庾岭陲。
傲骨宁堪羁五斗，且辞薄领为人师。
一领青毡消不得，清斋苜蓿自支颐。
郑虔轗轲聊复尔，塞翁倚伏谁能知。
广文先生官太薄，庾岭梅花亦不恶。
闲来问字吏兼儒，倦去闭门人伴鹤。
匣有青萍案有书，门外青山俨如削。
朝来爽气助清吟，何似折腰绶若若。

送黎元之博士

（明·韩日缵）

公车廿载向明光，羽翼差池忆雁行。
三献不妨秦博士，一官犹是汉贤良。
堂前问字青毡冷，雨后窥园苜蓿香。
圣主只今还好赋，春风待尔奏长杨。

送卢闻希之教新会

（明·韩日缵）

下榻论文兴未阑，开樽聊复驻离欢。
不知燕市屠苏酒，可似江间苜蓿盘。
藻影春翻鱼浪煖，潮声夜落鳣堂寒。
莫嫌铩羽终流落，犹作云霄意气看。

寿陈行人大父（其二）

（明·韩日缵）

公车早见二难偕，老骥仍淹苜蓿斋。
尔子已看三世似，阿翁应戏若儿佳。

书来天际人人羡，意惬庭阶事事谐。
无事茹芝兼煮石，眼前鲍葛是同侪。

送余士翘之教东官
（明·韩日缵）

弱冠擅奇颖，芸编启秘扃。微言探坠绪，儒行仰先型。
标格谁当似，文心况复灵。一生甘作蠹，四十尚囊萤。
卞玉宁辞刖，庖刀正发硎。不妨秦博士，犹是汉明经。
鳣兆开南国，鹏抟起北溟。谈知君岳岳，衿见子青青。
秋色珠江冷，春宫苜蓿馨。客途双别泪，世事一浮萍。
壮志嗟流落，清襟豁杳冥。去家看复近，铩羽戢还宁。
问字屦常满，论诗杯不停。莫愁音寡和，终有子期听。

何吾驺

何吾驺（1581～1651年），字龙友，号象冈，初字瑞虎，晚号闲足道人。香山（今广东中山）小榄人。明代万历三十四年（1606年）丙午科举人，后授庶吉士。

别利生之琼山学博
（明·何吾驺）

荣公能取适，原宪岂真贫。
不见利生四十载，面扶菜色帝城春。
天真有眼予一官，从今气象日日新。
虽云苜蓿斋逾冷，锦衣归里谢所亲。
星言夙驾五指山，彼中豪杰不可论。
勤勤拂拭门下士，安知当今无仲深。

送孙公子还贵州
（明·何吾驺）

铁城凉风夜萧瑟，把酒酣歌情转剧。
相期双翮付青云，骊驹夜动何匆逼。
忆昔思亲万里趋，苜蓿斋头何所适。
吾师青毡一局寒，公子怀中双白璧。
锋露宁缘锥处囊，青天倚剑生颜色。
同调终当流水知，襟期共对能相识。
天下有情师与汝，岂但通家称莫逆。

行酒清斋续夜灯，梅花片片芬瑶席。
却言公子思南归，乍别同心增怆咽。
马首牵丝游子肠，羊城后夜先相忆。
虽然鸿鹄飞高天，安能膝下长侍侧。
丈夫出门耐风霜，逆旅穷愁应不惜。
扬帆且复赋新诗，粤山嵯峨粤水碧。
醉看百越几山川，何似梁州旧风物。
碧鸡归复故乡时，岭云为衣花作骨。
谁当远道寄相思，何以相逢在北极。

范景文

范景文（1587～1644年），明末殉节官员。字梦章，号思仁，别号质公，河间府吴桥（今属河北）人。万历四十一年（1613年）进士。历官东昌府推官、吏部文选郎中、工部尚书兼东阁大学士。著有《大臣谱》《战守全书》。

乙卯十九首（其九）
（明·范景文）

中贫人赈数升縠，持去连糠和苜蓿。
一勺分作两日餐，食尽还愁生计促。

方孔炤

方孔炤（1590～1655年），安徽桐城（今桐城市区凤仪里）人。字潜夫，号仁植。明神宗万历四十四年（1616年）进士，授嘉定州知州。易学家，方以智父。湖广巡抚，在剿匪中八战八捷，立下赫赫战功。著有《周易时论》。

召对之后谨献刍荛感而书此
（明·方孔炤）

当今第一病，所教非所用。岩廊相期许，但可称麟凤。
比之宋韩范，便谓祸机动。有司慕台省，台省论资俸。
别是上流人，巧享钧天梦。筹兵计何饷，故事毕倥偬。
外吏久偃蹇，塞责谓采葑。偶失疆场机，文深不轻纵。
安坐讲虚无，圆通暗相奉。所以谈兵家，目为含口赗。
抢攘皂白囊，奚补素丝缝。委蛇好容身，慷慨传言讽。
骄将赖白驼，卒谁肯饥冻。十库可改折，苜蓿与民共。

海运可召商，屯田宜募种。监军徒掣肘，建牙当专控。
听言才数事，左右手惶恐。突梯忌直言，植根善隆栋。
诸葛躬太轻，胡广道太重。袁安但饮泣，贾生安敢痛。
条对稍切骨，他端定巧中。庙堂不虚公，唐虞枉祝颂。
天下岌岌矣，坐见庸人送。

王彦泓

王彦泓（1593～1642年），字次回，金坛人，明末诗人，官华亭县训导。喜作艳体小诗，多而工，词不多作，而善改昔人词，著有《疑雨集》。

送阮逸孺之塞外逸孺故诸生忽有从军之志

（明·王彦泓）

湖海元龙气不除，悲歌宁为食无鱼。
厌看博士租驴券，奋读匈奴缚马书。
天子自欣栽苜蓿，秀才何暇恋菰芦。
毛锥不必轻投却，会向燕然一展舒。

张国维

张国维（1595～1646年），明浙江东阳人，字九一，号玉笥。天启二年（1622年）进士。授番禺知县。崇祯初擢刑科给事中，劾罢阉党副都御史杨所修等，尝谏帝“求治太锐，综核太严”。七年（1627年），擢右佥都御史、巡抚应天安庆等十府。以农民军势盛，请割安庆等府，另设巡抚。后代陈新甲为兵部尚书。十六年，以清兵入畿辅，下狱，旋得释。命赴江南练兵输饷。南都陷，请鲁王监国，任兵部尚书，督师江上。还守东阳，兵败投水死。有《吴中水利书》《张忠敏公遗集》。

有取苜蓿草而食者感赋

（明·张国维）

甑无半菽突无烟，苜草何堪佐果然。
谁是开仓追汲黯，空教遗种诵张骞。
祗因救死宁茹苦，只恐含悲讵下咽。
食寄荒原栖在路，行人那不泪潺湲。

许国佐

许国佐（1603～1646年），字钦翼，号班王，崇祯四年（1631年）进士，授富顺县正堂，在官有惠政：均贫富、抑豪强、废奴制，以忤豪霸恶绅落职，解京下部狱。

梦中诗（节选）

（明·许国佐）

维扬病剧，梦城隍召余作诗。限百韵，至九十八韵而觉，似殿前作赋者。予不能作诗，只作梦耳。觉乃追忆之。宜乎不伦不次，非风非雅，以当梦中之呓乎。句有同前人者，有同今人者，旧作者，俱不欲改正，改正则非梦云。

下帷掀帝度，结客赠龙渊。蓬矢知谁敌，兰桡信所牵。
嘤嘤求彼鸟，跕跕视飞鸢。自许挝铜鼓，相期傅左贤。
玉麟传信蚤，金粟注生前。捎网悲年少，射书忆鲁连。
小人能击缶，中妇解安弦。声气由侯在，门墙自邺仙。
肘方依旧好，腊屐近来穿。解带惭彭泽，从军笑仲宣。
高烟迟落照，夜雨妒荒椽。视彼骄方极，伊予力是绵。
填河疑夕七，孤注恰金千。纂纂闻歌枣，田田唱采莲。
香山人未老，南海客曾迁。仰止先鸿宝，近居谈幻玄。
峨峨姚给谏，巀巀黄经筵。蜀道惊心矣，秦廷痛哭焉。
带绳常自续，贫病岂须痊。钟响堪资步，僧装漫试肩。
流氛今已甚，荒歉又相联。臂指何其大，犬羊犹尚膻。
抗心希所尚，作事遂多邅。俱委无如奈，孰知所以然。
孔璋陈罪状，中散抒忧煎。淮水鲲鱼尽，梁山凤鸟颠。
人皆百代仰，道自六经先。传说星长晓，苌弘血正鲜。
麻生无曲直，骨傲有方圆。节度初开府，参军久备员。
须眉才觉长，涕泪已成涟。彼岸悠悠过，从头细细研。
贾生曾吊楚，苏子不居川。采石杯中物，青山望外烟。
微赀宁足道，大义实无愆。秋信停回雁，花时盼杜鹃。
外惭兼内负，昔羡与今怜。周道原如砥，人情可似弦。
催科还幸拙，补救总惟蠲。马爱随支遁，牛能附贾坚。
蝇头甘逐逐，蚁穴肯涓涓。文学来邹鲁，悲歌想赵燕。
能言鸟可赋，没字碑堪传。刺史凭无客，孝廉颇有船。
郑超宗楚楚，梁湛智翩翩。黎万诚胶漆，死生莫弃捐。
所伤犹猛虎，聒耳更哀蝉。枣栗联床戏，金焦对榻眠。
行行将辔揽，役役把裳褰。偶尔桓伊吹，遐哉祖逖鞭。
应当愁隙过，刿未绝带编。抱影吟看夜，临风酌扣舷。
飘蓬留泽国，薄业止山田。饥便呼仁祖，名曾试伯骞。
金阊又带远，铁汉一楼悬。易水冠曾指，孤山棹未过。
仍闻鄃子筑，艳说帝京篇。酬负心惟剑，击无礼则鹯。
凭高多慷慨，回首即秋千。数阅箜篌引，一团苜蓿毡。

斋心聊避俗，酒气忍通禅。不死方终幻，长年寿可延。
榻悬陈仲举，笔正柳公权。白发料难变，乌丝况欲湔。
词华徒委草，著述仅如笺。神禹分图怪，防风欠骨妍。

邝露

邝露（1604～1650年），字湛若，生于世代书香之家，明末南海著名诗人。年十三岁为诸生。工诸体书，能诗，诗有峤雅集，手书开雕，极精。善琴，喜蓄古器玩，永历帝时出使广州，清兵入粤，邝露与诸将戮力死守，凡十余月，城陷，不食，抱琴而死。

题肤功雅奏图（其一）

（明·邝露）

一曲清歌送谢安，青云天上忆弹冠。
千秋苜蓿归秦垒，九伐威仪肃汉官。
涿鹿月连弓影合，卢龙霜落剑花寒。
明时自笑终童老，欲请长缨愧羽翰。

梦中咏十九首隐几偶成（其一）

（明·邝露）

东方大笑张骞哭，去日池台生苜蓿。
明月停歌迥不飞，流霞入管更还促。

长安梦

（明·邝露）

武帝横汾继大风，凤衔丹诏出关中。
神羊高固能升铎，金马杨庄解荐雄。
苜蓿未移沙苑雪，葡萄终引驭娑宫。
十年留滞周南客，梦入长杨看射熊。

天街饮马行（节选）

（明·邝露）

皓腕轻笼煖玉鞍，葱佩时联翡翠衾。
各行买酒长安市，亦散寻花雒阳邑。
拂拂疏槐辇路旋，依依垂柳玉河烟。
逐客鄚侯权勒辔，欢儿京兆乍停鞭。

同看珂勒骓如豹，共指犀渠人似仙。
五陵冠盖本豪雄，青虬紫燕出离宫。
一过金门委双佩，皆攀玉甃饫飞熊。
绣镫铮铮齐乳虎，连钱喽喽乱秋鸿。
倍长精神上驰道，飞邀歌舞弄春风。
七香车盖朝还暮，百宝丝缰西复东。
意气英雄几历年，雕舆翠盖灼轩然。
侧见车中旋皓首，渐看轭下改奇权。
已袭朱轮骕骦韉，或更赤族的卢鞯。
故相鸱夷东海水，贰师神骏渥洼泉。
再来饮马复豪奢，台上黄金底用夸。
笑牵太厩龙媒种，射夺将军狮子花。
也响井栏争日月，谁知井上旧烟霞。
买骨讵留燕郭隗，飞龙不合晋张华。
可怜当日天马来，追风蹑电响人开。
素练如惊到潮汐，芙蓉饮恨闭泉台。
九方买尽骊黄去，千里空闻汗血回。
粉面霜蹄同下泪，桑田沧海不胜哀。
玉泽萧萧遁十州，州前苜蓿几经秋。
长羊伏枥供饥渴，白骨吞声那得休。

陈子龙

陈子龙（1608～1647年），明末官员、诗人、词人、散文家、骈文家、编辑。陈子龙不仅是明末著名烈士与英雄，也是明末重要作家，具有多方面的杰出成就。他的诗歌成就较高，诗风或悲壮苍凉，充满民族气节；或伟丽浓艳，直追齐梁初唐；或合两种风格于一体，形成沉雄瑰丽的独特风貌，为云间诗派首席，被公认为明代最后一个大诗人（“明诗殿军”），并对清代诗歌与诗学产生较大影响。陈子龙也是明末著名的编辑，曾主编巨著《皇明经世文编》，改徐光启《农政全书》并定稿，这两部巨著具有很重要的史学价值。

秋日杂感客吴中作十首（其七）

（明·陈子龙）

南台西苑柳如丝，凤辇龙舟向晚移。
春燕俄惊三月火，昏鸦空绕万年枝。

橐驼尽系明光殿，苜蓿新栽太液池。
苦忆教坊供奉伎，短箫横笛谱龟兹。

白云草（其十五）
（明·陈子龙）

马客幽州盛，将军大宛回。
蹀来驹万匹，不惜锦千堆。
苜蓿开新苑，风尘出异才。
还应空朔漠，此日号龙媒。

长安杂诗（其一）
（明·陈子龙）

少年走马汉宫墙，凄柝疏钟绕夜光。
玉露自寒栽苜蓿，金沟无梦到鸳鸯。
严城时带星河动，长笛新翻殿阁凉。
不敢悲歌离凤曲，方传天子在昭阳。

苜蓿
（明·陈子龙）

荒云连苜蓿，已傍战场开。
不向宛城闭，偏宜汉苑栽。
边愁生马邑，春色断龙堆。
何日嫖姚将，亲驱汗血来。

东平
（明·陈子龙）

陵谷何纡曲，平卢雄镇开。
暮云横戍嶂，春色断烽台。
苜蓿惊胡骑，菁蒿荐客杯。
乐郊还可赋，谁继阮生才？

释函可

释函可（1611～1659年），号剩人，俗姓韩，名宗騄，广东博罗人。他是明代最后一位礼部尚书韩日缵的长子，明清之际著名诗僧。年轻时为江南名士，后剃发遁入空门。顺治二年（1645年）春，在南京写下了传记体的《再变记》。顺治四年（1647年）九月出城时被清兵截获。被押解到了北京受审。翌年被清廷流放到冰天雪地的盛京，是身陷清朝文字狱的第一人。顺治七年（1650年）九月，与同被流放的江南人士成立“冰天诗社”。是东北历史上的第一家诗社。

得张觐仲书

（明·释函可）

忽惊天上寄来书，火尽西园一木余。
苜蓿有根开绛帐，芙蓉无蒂碎香车。
儒门淡泊思灵鹫，芸阁荒颓泣蠹鱼。
坔草尚沾半子泪，雪中翘首几踌躇。

示老马十首（其六）

（明·释函可）

惠养虽勤非素愿，茭刍苜蓿总堪羞。
但能不受黄金络，雪碛荒阡亦自由。

周皇后

周皇后（1611～1644年），崇祯帝皇后。甲申国变，于坤宁宫自尽殉国，与崇祯帝合葬于思陵。

悼崇祯

（明·周皇后）

传闻冀北捷书新，属国鸣弦战气振！
收复东京回鹘旅，弛驱帝室画麟身。
两甄痛饮葡萄酒，万骑争腾苜蓿春。
不道天山无箭后，行间尚有纳肝人。

陈子升

陈子升（1614～1673年以后），明代广东南海人，字乔生。陈子壮弟。明诸生。南明永历时任兵科右给事中，广东陷落后，流亡山泽间。工诗善琴。有《中洲草堂遗集》。

寄林信卿广文

（明·陈子升）

增江仙岭下，君寄一毡寒。欲饱青精饭，非耽苜蓿盘。
乌吟山户晓，虫篆竹书乾。我有怀仙操，横经试一看。

王夫之

王夫之（1619～1692年），字而农，号薑斋，衡阳（今属湖南）人。晚年居石船山，世称船山先生。明亡后，瞿式耜在广西拥立永历帝，王夫之帮助他守卫桂林，抵抗清兵。桂林陷落后，瞿式耜死难，他隐居瑶洞，伏处深山，勤恳著述40年，完发而终（一生没留辫子）。

广遣兴五十八首（其一十二）

（明·王夫之）

当年不夹丝毫汞，猛火烧心可自探。
借得金锤忘错误，烹来石鼎记酸咸。
贪栽苜蓿程生马，吝予柔桑蠋似蚕。
姬歇孔芹舌底事，世人浪说待回甘。

张煌言

张煌言（1620～1664年），南明大臣、文学家。字玄著，号苍水，浙江鄞县人。崇祯举人。曾官至南明兵部尚书。他的诗文多是在战斗生涯里写成。其诗质朴悲壮，充分表现出作家忧国忧民的爱国热情。张煌言诗文著作大半散佚，今有《张苍水集》行世，内收《冰槎集》《奇零草》《北征录》等。

三月十九，有感甲申之变三首（其三）

（明·张煌言）

汉家天仗肃仙班，一掷金椎不复还。
苜蓿祗肥秦塞外，樱桃谁荐晋陵间！
魂招蜀望花同碧，泪染姚华竹尽斑。
何处旌旗皆缟素，好传露布到阴山？

刘尔浩

刘尔浩（1622～1698年），今河北省邱县邱城镇东街人，明万历山西按察使司刘嘉遇四子，小字应云，字包乾，一字振衡，号摩珠，岁贡。不仅才隽，且性孝。刘尔浩才情甚高，工诗善文，然存世诗作不多。

寄报靳庠师

（明 · 刘尔浩）

六载快追随，诗文长质示。一旦成远离，岁华已三易。
夫子襟度饶，到处复何类。无云冷苜蓿，雀鳣且兆瑞。
吾亦落落者，径情聊自遂。途穷不向人，清梦适寤寐。
独念堂有母，讵能忘禄位。有藉娱高堂，中亦何所觊？
鸿飞自东来，慰诲感兼至。知君久不忘，有情谁能闭。
异地可神交，无惜音相嗣。

崔世召

崔世召（生卒年不详），字征仲，号霍霞，别号西叟。学问渊博，颇有诗名。万历二十八年（1600年）举人，天启五年（1625年）任江西崇仁县令、湖广桂东县令，转浙江盐运副使。著有《西叟全集》《秋谷集》《湖隐吟》等。

朝旭堂访薛明月故里

（明 · 崔世召）

补阙清班翰墨林，萧萧苜蓿想遗音。
唐家旧事传犹昨，韩坂高风说到今。
对尔只堪明月夜，何人能识岁寒心？
请看故里廉溪畔，山自孤高水自深。

徐熥

徐熥（生卒年不详），明藏书家。字惟和，别字调侯，闽县（今福建福州）人。著名藏书家徐火勃兄。明万历十六年（1588年）举人。学识渊博，不求闻达，致力于诗歌创作，其诗“俯仰古今，错综名理”。万历年间（1573～1600年），与其弟徐火勃在福州鳌峰坊建“红雨楼”“绿玉斋”“南损楼”以藏书、校勘图书为事。家不富却好周济，有“穷孟尝”之雅号。卒后入祀于乡贤祠。著有诗10卷、文10卷，结集为《幔亭集》，并辑明洪武至万历年间闽人诗作成《晋安风雅》，又撰有《陈金凤外传》。

送陈广文弃官还温陵

（明 · 徐熥）

白首厌微官，沧江恋钓竿。
隐耽初服贵，老怯旧毡寒。

绿酒枌榆社，清斋苜蓿盘。
好将平子赋，时对刺桐看。

过邵梦弼广文山居

（明 · 徐熥）

家傍城南薛老峰，衡茅长闭白云踪。
读书早已过袁豹，作赋元堪比士龙。
座上一盘餐苜蓿，匣中三尺挂芙蓉。
山间忽听苏门啸，知隔烟萝第几重。

淘江舟中送张博士之官镇海

（明 · 徐熥）

淘江此夜暂同舟，千里清漳君去游。
春雨满庭肥苜蓿，青山一路响钩辀。
云开蜃结空中市，昼静鳣飞海上楼。
自是官闲堪坐啸，刺桐花下日淹留。

夏完淳

夏完淳（1631 ～ 1647 年），原名复，字存古，号小隐、灵首（一作灵胥），乳名端哥，汉族，明松江府华亭县（现上海市松江）人，少年抗清英雄，民族英雄。夏允彝子。七岁能诗文。十四岁从父及陈子龙参加抗清活动。鲁王监国授中书舍人。事败被捕下狱，赋绝命诗，遗母与妻，临刑神色不变。著有《南冠草》《续幸存录》等。

大哀赋

（明 · 夏完淳）

然兵由积弱，政以贿崇。敝箄不能止宣房之绝，勺水安得熄骊山之红；
见伊川之披发，鸣天山而挂弓，笳鼓震于辽阳，旌旗明于塞上；
问九鼎之重轻，窥三川之保障，嘶风则苜蓿千群，卧雪则駒駼万帐，
定远非万里之侯，嫖姚无百战之将。

沈演

沈演（生卒年不详），浙江承宣布政使司湖州府乌程县（今浙江省湖州市）人，明朝南京刑部尚书，进士出身。沈节甫之子，沈淮之弟。

清江引

（明·沈演）

岁风云秋月管，子夜吴歌散。
蒹葭苜蓿滩，白黍黄鸡饭。
看尽落花秋梦懒。

王禹声

王禹声（生平不详）。

古意分得独字

（明·王禹声）

蓟北多浮云，云中下双鹜。愿言问双鹜，我征胡不复。
苜蓿青如何，蘼芜几度绿。昨暮尺书至，将军出上谷。
生还未云期，归计焉能卜。顾此盈尊酒，举觞当谁属。
有时梦君还，仓皇理膏沐。梦回明月光，依然照孤独。

王逢元

王逢元（生卒年不详），字子新，号吉山，明应天府上元（今江苏省南京市）人。为“金陵三俊”之一王韦之子，顾璘待其如同自已的儿子。工书善画，海内擅书名，正、草书庄重沉着，书学赵孟頫，笔力疏秀，楷法钟繇，草法王羲之父子。父子俱善书，人遂以大令（王羲之）称，乞书者盈门。又长于诗歌，其他事迹不详。

对酒

（明·王逢元）

抱病逢春亦暂欢，芳时对客更加餐。
即看乳燕双双入，无那飞花片片残。
潦倒不忘桃叶句，萧闲应恋竹皮冠。
莫论往昔清狂事，且醉荒亭苜蓿盘。

王嗣经

王嗣经（生平不详）。

悲寒荄

（明 · 王嗣经）

王孙行未归，春草秋更绿。鹈渼忽以鸣，衰朽一何速。
柯叶向凋残，华滋谢芬馥。物去新而就故，每伤心于触目。
临高台之凤凰，望绝塞之鸡鹿。此苕华之云暮，况兜铃与苜蓿。
去日远兮忧思烦，抚蕙草兮不敢言。
春朝负彼阳春色，秋夜禁兹秋露繁。
被女萝兮带茹走匐，肴兰芷兮蒸文无。
余慕子兮甘如荠，荃何谓兮集于枯。
集枯兮去滋，辞荣兮若遗。顺生杀以成岁，得大易之随时。
随时兮狼籍美，如英兮憯无色。想衣带之余芬，恋綦组之旧迹。
虽根荄之日陈，宁无意乎弱植；谅芳心之不死，庶春风而还碧。

刘绩

刘绩（生卒年不详），明朝诗人。字孟熙，家有西江草堂，人称西江先生。山阴（今浙江绍兴）人。通经学，隐居不仕，教授乡里为生。家贫，转徙无常地，所至，署卖文榜于门，有所值则沽酒而饮。诗以雄健为长。著有《崇阳集》，未见传本。另有笔记《绩雪录》，今存。

寄内敬

（明 · 刘绩）

草没龙城不见家，远随毡骑猎平沙。
知君五载思乡泪，滴损营前苜蓿花。

邢参

邢参（生卒年不详），明代弘治年间学者。字丽文，南直隶苏州府长洲（今江苏苏州）人，邢量从孙。为人沉静，能宽容人。少年苦志读书，博古洽今。家贫教授乡里，以著述自娱。

怀友诗 · 吴奕嗣业

（明 · 邢参）

共泛荒溪际，匆匆两月来。
薰风老苜蓿，霖雨熟杨梅。
裹茗寻僧试，看花许客陪。
遥知明月夜，独棹酒船回。

吴履

吴履（生卒年不详），字德基，兰溪人，是明朝有名的循吏。少受业于闻人梦吉，通《春秋》诸史。先任南康丞，为丞六年，百姓爱之。迁安化知县，居八年，调吴江，后坐事谪戍。久之，以老病放归。道河内，河内民竞持羊酒为寿，钦固辞不得，一夕遁去。

送云南教授刘复耕

（明·吴履）

见说思陵过五溪，热云蒸火瘴天低。
星联南极穷朱鸟，山抱中流界碧鸡。
苜蓿照盘官况冷，芭蕉夹道驿程迷。
巍巍尧德元无外，未必文风阻远黎。

杨承鲲

杨承鲲（生平不详）。

长歌行寄吕中甫山人

（明·杨承鲲）

壮游归来一何晚，雪里黄精不得饭。
太行句注俱眼前，只尺青霞梦修阪。
潞洲鲜红味辛剧，广野毡氍太缱绻。
顾笑催成雪色绢，归梢骏马如旋风。
七尺丰躯三尺剑，紫貂红罽光蒙茸。
一去燕云几回首，戚家将军汝最厚。
射雕每出祁连山，走马时经古北口。
日暮归营欢宴多，黄羊白雁行紫驼。
琵琶怨发昭君曲，羌笛哀生公主歌。
帘高烛明月半白，坐对卢龙雪犹积。
北风三日吹行云，边城健儿不忍闻。
少小离家三十年，年年辛苦去防边。
胡儿饮马长城窟，汉将弯弧大漠天。
大漠阴沉风雪色，蒲梢苜蓿冰沙黑。
亭障迢遥六千里，角干腾骧三十国。
皇家财赋盛东南，汉代咽喉重西北。

北宸北望无可期，南国南归断消息。
山人归来感慨豪，扼腕绝叹心力劳。
镇南将军奉朝贵，灵武度支忧转漕。
国家雄俊古有以，吁嗟边事如猬毛。
长挽短扒去复乐，明日种葵东废皋。

龚敩

龚敩（生卒年不详），明江西铅山人。洪武时以明经分教广信，以荐入为四辅官，未几致仕。复起为国子司业，历祭酒。坐放诸生假不奏闻，免。有《鹅湖集》《经野类钞》。

游鸡鸣寺和伍助教朝宾（其四）
（明 · 龚敩）

鸡鸣之上接清庙，画栋翚飞出林杪。
马埒风高苜蓿秋，凤台日上梧桐晓。
云消天宇山色明，潮落江堤水声小。
垂老何因乐意多，吾皇整顿乾坤了。

释妙声

释妙声（生平不详）。

题老马图
（明 · 释妙声）

老弃东郊道，空思冀北群。萧条千里足，错莫五花文。
苜蓿秋风远，蘼芜落日曛。太平无一事，愁杀故将军。

秋兴
（明 · 释妙声）

溪上凉风吹早秋，长空澹澹水东流。
芙蓉露泣吴宫怨，苜蓿烟连汉苑愁。
贡赋未全通上国，王师近报下西州。
关山万里同明月，遍照诗人自白头。

杂题画（其九）
（明 · 释妙声）

何人画此好头赤，绝胜天厩玉连钱。
龙媒散落在何处，苜蓿秋风生暮烟。

蓝智

蓝智（生卒年不详），元明间福建崇安人，字明之，一作性之。蓝仁弟。元末与兄往武夷师徒杜本，绝意科学，一心为诗。明洪武十年以荐授广西按察司佥事，以清廉仁惠著称。其诗清新婉约，与兄齐名。有《蓝涧集》。

题璋上人所藏温日观墨蒲萄

（明·蓝智）

鲛人织绡翡翠宫，骊珠滴露垂玲珑。
老禅定起写秋影，空山月转双梧桐。
忆昔初移大宛种，苜蓿榴花俱入贡。
蓬莱别馆绿云深，太液晴波水晶重。
贝南之国昙所居，生纸颠倒长藤枯。
墨池秃尽白兔颖，天风吹堕青龙须。
祇园马乳秋初熟，点缀鹅湖云一幅。
醉草犹疑怀素狂，寒梅顿觉华光俗。
野棠千尺手所栽，兵戈芜没同蒿莱。
日斜对画独回首，诗成谁置西凉酒。

滕毅

滕毅（生卒年不详），字仲弘。太祖征吴，以儒士见，留徐达幕下。寻除起居注。命与杨训文集古无道之君若桀、纣、秦始皇、隋炀帝行事以进。吴元年出为湖广按察使。寻召还，擢居吏部一月，改江西行省参政，卒。

次韵黄秀才秋兴二首（其二）

（明·滕毅）

虎战龙争二十秋，江波日夜自东流。
道傍无语王孙泣，天际含颦帝子愁。
苜蓿风烟空壁垒，蒹葭霜露满汀洲。
古来惟有西山月，永夜依依照白头。

陈燧

陈燧（生平不详）。

别景大

（明 · 陈燧）

力疾微吟苜蓿盘，忽闻君已驾征鞍。
江湖千里去来易，故旧一樽离别难。
荒草马蹄山色远，古藤松树莫阴寒。
钱塘风物归吟稿，须寄山翁洗眼看。

魏时敏

魏时敏（生平不详）。

寄全汝盛

（明 · 魏时敏）

久旱村园豆麦焦，凿池引水灌田苗。
篱疏野竹横窗户，潮满春帆碍浦桥。
酌酒不愁无苜蓿，挥毫深喜有芭蕉。
人生适意应如此，莫怪渊明懒折腰。

崔鹏

崔鹏（生平不详）。

松山平鲁

（明 · 崔鹏）

桓桓虎队出车期，漠漠龙沙奏凯时。
鲁灭全收唐土地，兵回争拥汉旌旗。
葡萄酒冷征人醉，苜蓿花深戍马迟。
听取琵琶弹月夜，短箫长笛咽凉圻。

薛书岩

薛书岩（生平不详）。

秋草

（明 · 薛书岩）

芳草天涯送夕晖，浮烟远近尽霏微。

吴江水落香莼冷，秦塞风高苜蓿肥。
鹰眼荒原飞去疾，蛾眉曲槛斗来稀。
王孙自耻功名薄，秋色何心挽客衣。

陶振

陶振（生平不详）。

题分湖客馆壁

（明·陶振）

草堂新筑东湖上，琴剑相随逆旅中。
脱颖休夸赵毛遂，草玄甘学汉杨雄。
芦花絮被秋云白，苜蓿堆盘晓日红。
应胜京华冠珮客，早朝辛苦大明宫。

江源

江源（生平不详）。

送萧宗鲁赴任二首（其二）

（明·江源）

先生规范任从容，教历延安两郡中。
坐见文风千里泱，不知吾道几人东。
蘼芜满院看生意，苜蓿堆盘胜晚菘。
料得杏花坛上讲，故交应有士希同。

袁天麒

袁天麒（生平不详）。

五十书事

（明·袁天麒）

转眼韶光五十人，但嫌衰老不嫌贫。
一盆苜蓿青毡旧，满地江湖白发新。
合领烟霞归岁月，敢云时世负经纶。
偷闲到处宽怀抱，何处莺花不是春。

李义壮

李义壮（生平不详）。

天马歌

（明·李义壮）

先皇法古轻时巡，属车九九磨重轮。
长驱八骏日不息，坐令四海无纤尘。
先皇去后几千载，内厩名驹果安在。
人间牢落仅见此，雾鬣霜蹄如有待。
平原苜蓿黄埃深，胡笳一曲胡儿心。
明月照南不照北，北风猎猎天河阴。
忆昔饮尔长城窟，图画相逢犹仿佛。
孙阳老矣王良衰，市上何人收骏骨。
尔来千里将何之，驽骖羸服同驱驰。
顿令终夜伏枥志，时时梦绕天山飞。
四十余年汗行血，零乱霜花冷如铁。
四家将士锦联镳，空言踏破祁连雪。
流沙寂寞青海云，钟鼓城头日易曛。
都人共指镇国府，至今犹自思将军。
塞徼春回尘不动，元戎一出丘山重。
房星耿耿十二闲，圉师不数王毛仲。

无名氏

题松雪画马

（明·无名氏）

塞马肥时苜蓿枯，奚官早已著貂狐。
可怜松雪当年笔，不识檀溪写的卢。

饶与龄

饶与龄（生卒年不详），明朝广东大埔县茶阳镇人，嘉靖十四年（1535年）进士饶相之长子，于明万历十七年己丑科（1589年）中进士，曾试政都察院，后因父母年老乞假归省。居家常周济穷人。父病逝服满之后，他被补为中书舍人，到任只两个月卒于任所。

摹写陆行风景亦促句换韵

（明·饶与龄）

青草连天一色空，长庚西见启明东，马蹄信步踏春风。
燕台杳渺日引领，盘羞苜蓿枵腹忍，第恐囊中诗句窘。
路傍花鸟触兴新，下马村酤竹叶春，风月伴我成三人。

邓云霄

邓云霄（约1613年前后在世），字玄度，东莞人。生卒年均不详，约明神宗万历四十一年前后在世。万历二十六年（1598年）进士，除长洲县。累官至广西布政使参政。

燕京中秋十五首（其四）

（明·邓云霄）

冉冉东流竟不回，年华漏箭暗相催。
严风乱卷胡霜去，明月还浮朔吹来。
白草连天迷渥水，黄金无地觅燕台。
谁怜蹭蹬龙媒老，苜蓿萧梢晚自哀。

问讯区用孺谪居滁阳囧寺

（明·邓云霄）

谁读遗骚怨谪居，风烟南望眇愁予。
怀人不隔三湘水，经岁难逢尺素书。
世往亭荒空对酒，卧中山色尽环滁。
遥怜苜蓿秋原满，天马歌残意有余。

闰六月末伏立秋后五日广文邱鸣珂先生过访小园泛杯芳荪亭同用秋字

（明·邓云霄）

客来同调自相求，杯泛鸣泉共枕流。
小径藤萝经雨密，仙家鸡犬隔村幽。
暑残三伏仍逢闰，竹冷千竿早入秋。
惭愧行厨似香积，还输苜蓿在斋头。

题博望驿

（明 · 邓云霄）

驿楼明月影徘徊，应照沙城骨变灰。
叛将半随胡虏去，寻源谁似汉臣回？
龙媒何日随天仗？苜蓿空看饲老骀。
试听鼓鼙思壮士，始知博望是边材。

送韩孟郁赴南宫试

（明 · 邓云霄）

鸣笳迭鼓送行舟，数幅蒲帆挂早秋。
苜蓿久淹官舍冷，莺花今向曲江游。
一枝夺锦摇雄笔，三策筹边具壮猷。
战胜由来在樽俎，何须乘障觅封侯？

送吴县广文王道锡之马平令六首（其四）

（明 · 邓云霄）

丈夫期报国，不为一微官。愿学莱芜甑，毋忘苜蓿盘。
征徭诸洞急，矿税几家残。无限烹鲜意，循良在静安。

燕京春怀八首（其八）

（明 · 邓云霄）

豺虎中原尚爪牙，氛霾飒飒惨风沙。
也知漆室能忧国，却笑荆门独忆家。
宛马天山肥苜蓿，宣房春水涨桃花。
老成南北烦筹策，翘首云边待相麻。

送周太翁北上应选二首（其一）

（明 · 邓云霄）

红云西北望长安，祖道棠阴散晓寒。
彩笔万人惊倒峡，雄风千里起弹冠。
王程迢递关山月，宦况凄清苜蓿盘。
三绝郑虔谁得似，凤池应属广文官。

秋日戏咏铁马四首（其四）

（明 · 邓云霄）

连城风动影横斜，谁信名驹在渥洼？
劲骨不肥春苜蓿，哀音如咽汉琵琶。

疑将苍竹批双耳，更剪乌云罩五花。
神物若能同剑化，锦鞯应得到流沙。

拟古宫词一百首（其五十七）
（明·邓云霄）

渥洼神骏自西方，一入天冰苜蓿香。
莫怪新妆梳堕马，君王昨日御乘黄。

靳学颜

靳学颜（生卒年不详），字子愚，济宁（今山东省济宁市）人。明朝政治人物，嘉靖年间曾建议改革金融制度。靳学颜于嘉靖十三年（1534 年）举乡试第一。翌年（1535 年）成进士，授南阳推官，以清廉著称。历官吉安知府，累迁左布政使。隆庆初年，入京为太仆寺卿，改光禄寺卿。不久，拜为右副都御史，巡抚山西。后任工部右侍郎，改至吏部，晋升为左侍郎。高拱任首辅，把持朝政，靳学颜称病归，卒于乡。著作颇多，没后仅存十之二三。有《雨城集》二十卷行于世。

谒王母宫感汉武故事而作歌
（明·靳学颜）

千山俨龙马非，一丘忽凤伫。
星河回夜波，玑衡转天步。
紫气高盘王母宫，青霞低护长生树。
汉皇作后圣作武，坐临寓县压尘土。
端拱凝旒叩至精，白日青霄降王母。
王母躬持千岁桃，金支翠葆拥云霄。
淋漓羽扇千灵集，窈窕云妆孤舄飘。
隐隐七香停月驭，翩翩耦鹤载云。
手指东方老岁星，侍儿复有董双成。
灵文奥闷帝亲授，妙诀微茫众莫听。
传山未寒淑景晏，轻霞拂阴琳琅远。
邂逅应如春梦中，光芒却着承华殿。
凝神似失不自怡，天上人间徒缱绻。
缱绻复缱绻，回鸾向深宫。
蕙质兰心满金屋，清歌丽舞盈雕栊。
万斛明珠收夜烛，千林琪树摇春风。
春风秋月那相俟，榆塞皋兰烽烟炽。

龙庭战骨绕寒莎，鸳阁芳情论锦字。
旌旗日映昆明开，苜蓿花香天马至。
犹到崆峒拜广成，复思帝所奏钧声。
龙髯曾堕鼎湖泪，凰背曾闻洛浦笙。
绛雪青霜真可致，万乘四海秋云轻。
高居华盖朝元会，总览王籍无恐怖。
不然海上无垂衣，不到泾原有方外。
泾原逝水几时回，游客年年策马来。
丰草离离侵辇道，寒烟缕缕出香台。
灵风吹叶全疑佩，黼坐流苏半是苔。
洒雪千岩玉为屑，挂月孤峰金作堆。
玉屑金堆供象罔，山精魑魅交来往。
薜影婆娑舞女移，松涛仿佛云和响。
翠华昔享瑶池觞，华表今疑承露掌。
山川是昔人事非，白云黄竹共凄腓。
岁时独有随阳鸟，飞来飞去傍翠微。

区怀年

区怀年（生平不详）。

咏马缨丹
（明·区怀年）

杜宇啼春血易残，紫驼宫锦见应难。
香风不解珊瑚勒，丽影遥分苜蓿栏。
天上火云蓊郁改，日南琼树陆离看。
从教别却追风足，自倚红妆照合欢。

黄伯振

黄伯振（生平不详）。

暮秋梁园言怀呈体方伯振二诗伯
（明·黄伯振）

一夕青霜木叶残，地炉无火客衣单。
敢思潋滟葡萄酿，孰压阑干苜蓿盘。

交到忘形贫亦好，拙知学步老尤难。
涓埃未报君恩重，不欲归田学挂冠。

熊伟

熊伟（生卒年不详），字彦卿，明代宣府前卫（今张家口宣化）人。熊伟自幼苦读史书，勤奋自勉。弘治八年（1495 年），登进士第，被朝廷任命为兵科给事中。熊伟博学广识，所提的建议大多数都被采纳实行，因此很受朝廷器重。弘治十一年（1498 年），被提升为通政。在任一年期间，朝中奸宦还派人向熊伟索要财物，熊伟没有给，便被罢职。回乡后，熊伟专心研读经书，写作诗文，夏忘挥扇，冬忘拥炉。宣府镇各地到处留下他的足迹，也到处留下他的诗文。

洋河腊日洗马
（明 · 熊伟）

十万疆场汗血驹，金羁络脑浴寒漪。
敲冰尚忆交河夜，蹴浪真疑渥水湄。
百战腥尘齐荡涤，五花云锦尽淋漓。
千斤骏骨无人识，惟许晴郊苜蓿知。

吴捷

吴捷（生平不详）。

送黄学师之崖州
（明 · 吴捷）

珠崖今复见苏湖，五指排空接帝都。
琼海宗风归叔度，岭南文学羡番禺。
一盘苜蓿留青署，十载寒毡割郡符。
此去莫嫌方外僻，天涯有路到天衢。

区益

区益（生卒年不详），明正德、嘉靖间人，字叔谦，广东佛山市高明镇阮涌村人。明嘉靖十九年（1540 年）乡试举人。授任江西都昌知县。为官公正廉明，有政绩。区益 4 次出任府、县长官，为当地百姓大办了许多好事，清廉正直，但都因不肯迎合上官而离职。

答钟穗坡太仆见赠

（明·区益）

当年司驾近黄扉，苜蓿春深宛马肥。
云锦久辞仙阙绶，薜萝空恋故人衣。
月明穗圃应添桂，春满罗浮定长薇。
一曲高深千古意，孤琴易奏子期稀。

李之世

李之世（生卒年不详），字长庆，号鹤汀，新会（今广东新会）人。著有《新会县志》《冈州遗稿》《朵云山房遗稿》。

闻警（其四）

（明·李之世）

金缯徒自误和戎，究竟殊无五利功。
闻道匈奴频牧马，可怜战士尽如熊。
南侵苜蓿肥马厩，西望葡萄绝汉宫。
漫恃居庸天外险，古来形胜至今同。

访容植之山馆

（明·李之世）

山径少逢迎，幽居无俗情。
密云过户湿，细雨入池平。
插架琴书静，侵阶苜蓿荣。
高谈二三子，终日有余清。

途中杂咏（其三）

（明·李之世）

北地殊风候，兼之岁欲残。
辟尘缯覆面，冲雪革为冠。
苦水酴酥酒，腥羹苜蓿盘。
罄囊持一饭，未结主人欢。

闲居

（明·李之世）

寻常都忘盥栉，宾客不习衣冠。
帙散云霞生座，尊开苜蓿在盘。

唐穆

唐穆（生卒年不详），琼山东厢（今海南省海口市攀丹）人，明嘉靖十七年（1538年）戊戌，茅瓒榜进士，户部主事，改礼部主客司员外郎。

送周清溪先生福州司训　从员山周家谱采入

（明·唐穆）

广文官冷未为贫，木铎声高道自尊。
二载烟尘辞九陌，一襟风月占三山。
久甘苜蓿寒牙嚼，肯厌虫鱼白首斑。
济济英才星斗望，古风远矣看追还。

梁煌晰

梁煌晰（生卒年不详），字伯瘖，号生洲。东莞人。明思宗崇祯间诸生。著有《春秋约旨》《风木余旨》。事见民国张其淦《东莞诗录》卷二二。

寄刘广文

（明·梁煌晰）

刘向传经愿不违，海阳芹藻有光辉。
苏湖二代吾何有，邹鲁诸生谁与归。
绛帐笙歌聊自适，春盘苜蓿顾应肥。
莫嫌官冷淹黄绶，暂借毡堂伴彩帏。

李聪

李聪（生平不详）。

寄潜山学博弟慧

（明·李聪）

鸿雁分飞忽十年，梦回池草益凄然。
蕨薇春好先投绂，苜蓿秋深尚拥毡。
望复位衔杨震雀，才雄期着祖生鞭。
沽钱莫问今多少，永夜相思各一天。

欧必元

欧必元（生卒年不详），字子建，生于明万历年间，广东顺德陈村人，卒于清顺治年间。著有《勾漏草》《罗浮草》《溪上草》《琭玉斋集》。

答傅逊之舒城见寄

（明·欧必元）

劳君万里寄瑶章，苜蓿斋头逸兴长。
经术久推秦博士，除书曾擅汉循良。
诗裁楚泽兰芳句，隐似淮南桂树傍。
纵使折腰贫更苦，胜从渔父咏沧浪。

饮黄尊元隐居

（明·欧必元）

羊城一别六年曾，尺素难将雁足凭。
白发故人今聚首，青山到处喜同登。
沿阶过雨滋兰砌，绕屋经时长蔓藤。
莫笑盘中饶苜蓿，尊前还送酒如渑。

送傅逊之先生宰容县

（明·欧必元）

翩翩傅毅自名家，三仕犹乘八桂槎。
抛却广文新苜蓿，种多潘令旧桃花。
山童入市供絺葛，溪女临流浣缝纱。
安得与君从吏隐，更寻勾漏觅丹砂。

送刘道子游闽兼赴其仲兄文学署中

（明·欧必元）

俯仰百年内，聚散成蕉鹿。
功名富贵等浮云，株守蓬门亦碌碌。
君不见，
李太白在咸阳，朝朝醉卧美人床。
又不见西京太史公，东趋禹穴北崆峒。
人生快意情非一，有酒可饮山可陟。
醉来拔剑起放歌，顿令山岳增颜色。

刘生岁杪理巾车，别我明朝将安之。
见道七闽山水好，担囊东去采仙芝。
丈夫悬弧志四海，何必乡关恋别离。
览胜书奇凭丝笔，倚马万言可立得。
抽思似涌大江涛，庾也清新鲍俊逸。
到时共对梅萼春，苜蓿斋头酒百巡。
挥弦试鼓高山调，风尘落落少知音。
以君意气薄苍灏，何处逢人不倾倒。
一言得意当千金，大醉宁知天地老。
只今世事日已非，如君肮脏古所稀。
小子嘐嘐雅慕古，生平不与世人期。
斗酒逢君醉自足，狂言浪笑露肝腹。
兹行不作别离看，为君翻赋游闽曲。

王邦畿

王邦畿（生卒年不详），明末清初人。与程可则、方殿元及恭尹等称“岭南七子”。王邦畿《耳鸣集》自序：“十年以前不复存，十年以后不敢存，其或托微辞以自见，亦自听之，人不得已而听之也，故曰耳鸣云”，有诗云“已知世界全无地，遂令波涛尽拍天”。

送谭天水入闽中寄周还梅

（明·王邦畿）

客情乡语路迢迢，大海邻邦隔水潮。
山色旧游凭鹤到，梅花新梦倩云招。
琵琶不速红亭别，苜蓿难驯白马骄。
为报河西桥畔月，手栽桐树不曾雕。
不容酥酪奠，神灵咫尺寝园边。
纵使折腰贫更苦，胜从渔父咏沧浪。

吴明乡

吴明乡（生平不详）。

寄王元美塞上

（明·吴明乡）

王郎别我未销魂，六传飞扬出蓟门。

鼓角秋声回地轴，佩刀寒色照天阍。
马肥苜蓿黄金勒，客醉蒲萄白玉尊。
回首中原风雨过，不知挥泪向谁论。

吴仕训

吴仕训（生卒年不详），字光卿，潮阳人。明万历二十五年（1597年）丁酉科举人，福州郡丞。

文马碣
（明·吴仕训）

东皋苜蓿正萧萧，文相飞黄不可招。
腾露夜过峰顶月，嘶风晓逐海门潮。

朱应登

朱应登（生卒年不详），明朝著名文学家，年五十。应登才思泉涌，落笔千言，诗宗盛唐，格调高古，与李梦阳、何景明等称“十才子”，又为“弘治七子”之一，还与顾璘、陈沂、王韦并称“金陵四家”。弘治十二年（1499年）进士，历官南京户部主事、知延平府，以副使提学陕西调云南，升迁为布政司右参政，所至以文学饰吏事。后因恃才傲物，中飞语，罢归。卒后李梦阳为作墓志。应登著有《淩溪先生集》十八卷行于世。明末俞宪所辑《盛明百家诗》中将朱应登与朱日藩诗作合并编成《二朱诗集》。子日籓，嘉靖间进士，终九江知府。能文章，世其家。

顾东桥赴台州，朱凌溪湖上送别
（明·朱应登）

子从京华来，问我沧洲路。
暂作淮南留，相淹桂华树。
桂树团团荫楚宫，秋来树树起香风。
归骖向夕停金路，宝剑当门解玉虹。
主人闻客来，终日笑颜开。
盘中苜蓿阑干颖，瓮里琼浆琥珀醅。
五湖云水归无埃，疑是山阴雪下回。
放浪每为河朔饮，风流重接建安才。
一夕复一夕，开轩偶瑶席。
不知逸兴安从生，坐使穷愁向君失。
我生未闻道，四十已归田。

岂为折腰思绝粒，翻翻伤翮恶惊弦。
黄河之清不可俟，世人视我寻常耳。
钓竿不挂吞舟鱼，畴昔论交竟谁是？
感君山岳心，眷我无转移。
送君江海上，悔不相追随。
他时若有天台兴，傥寄兴公一赋之。

孟思

孟思（生卒年不详），字叔正，浚县人。明嘉靖举人，选南阳通判，未赴卒。有《龙川文集》二十卷。

桂枝香·贺陈一泉广文奖

（明·孟思）

关西夫子。便唾手功名，摘拾青紫。
小试龙吟，且取芹池春水。
文章华国才伊吕，非寻常、广文苜蓿，冷官而已。
试看一飞，冲天而起。
陈仲举、英名如许。观黎阳东壁分野，德星又聚。
推毂当时，说是公门桃李。
山公启事书君字，岂能滞、青年外史。
春雷震泮池龙去，翻腾霖雨。

王旷

王旷（生平不详）。

省觐汶上

（明·王旷）

遗经初授古中都，圣泽千年尚有无。
颓庙秋风鸣老桧，残碑落日照平芜。
鳣鱼已见呈佳兆，苜蓿何言不壮图。
最是闲斋堪坐啸，独操片玉瑛冰壶。

林鸿

林鸿（生卒年不详），明洪武十六年（1383年）前后在世。字子羽，福建福清县城宏（横）街人。洪武初年，以《龙池春晓》和《孤雁》两诗得到明太祖赏识，荐授将乐训导，洪武七年（1374年）拜礼部精膳司员外郎。年未四十自免归。善作诗，诗法盛唐，为“闽中十才子”之首。诗法盛唐，书临晋帖，殆逼真矣，惜惟得其貌。林鸿著作有《林鸿诗》1卷、《鸣盛词》1卷、《鸣盛集》4卷。明代曾刊印《闽中十子诗抄》一书，收录有林鸿诗作。

题桃花马

（明·林鸿）

王墀迴立如龙游，金鞍照耀云锦浮。
灞桥浴水落花雨，沙苑追风苜蓿秋。
圉人尽皆轻碌屏，将军不复事骅骝。
请看千里喷汗血，蹴踏风云不肯收。

李能茂

李能茂（生卒年不详），字允达，东阳人，李学道仲子，故亦称仲达或称仲子。少负气，从学道至斋鲁间，见济南琅琊诗，遂有兴起之志。弱冠补诸生，才名藉甚。归与同郡胡应麟作诗论文，颇为相得，应麟亟称之，时称“胡李”。于王世贞有俊朗之目数赠以诗，所以属之者良重。年三十余，抱疴卒，惜未能竟其才牧野。诗以才气胜，五七言古诗尤奇绝。所著有《卑迩亭稿》《武林倡和集》《友疴山房集》，惜今皆未见传本。

老马行和赵山

（明·李能茂）

惜昔大宛汗血姿，承恩一顾骄自知。
天闲十二尽其亚，意态骄杰无衡蹄。
不辞踯躅致身早，边尘一去迹如扫。
从鞭朝绝玉关尘，回镳暮啮天山草。
岂知转盼流光来，骨疲筋驽气力衰。
蹉跎忍置主人意，老耄宁甘伯乐哀。
霜槽苜蓿冷于水，谁言伏枥仍千里。
青丝络头黄金辔，梦魂恍惚长风起。

唐龙

唐龙（生卒年不详），字虞佐，兰谿人。正德三年登进士第，除郯城令，有禦盗功，征授御史，巡按云南。嘉靖十一年，陕西饥，吉囊拥众临边，延绥告警，进龙兵部尚书，总理三边军务，兼理振济。龙至，奏行救荒十四事，用总兵官王效、梁震数败吉囊兵。召入为刑部尚书，会九庙成，覃恩奏上大礼大狱，建言诸臣，获罪应赦者百四十人，率得宥。

塞上曲为邃翁先生作

（明·唐龙）

朔风猎猎吹大荒，河流浩浩冰为梁。
敌兵十万黄河外，躍马关门射白狼。
阵云黯淡塞河平，苜蓿槽边万马鸣。
立雪不忘雄武略，因风时听鼓鼙声。
黄榆塞口旌旗卷，白草山头烽火收。
春动茫茫水如雪，家家河碛饮耕牛。
按队归来边马鸣，将军塞外罢西征。
羽书早献金门捷，玉管新题铜柱名。

卢龙云

卢龙云（生卒年不详），字少从，佛山市九江镇沙头人。明万历十一年（1583年）进士。

同一中夜集慈华寺

（明·卢龙云）

南北飘零寡所欢，驱驰空自愧微官。
秋风念旧鲈鱼脍，夜雨怜君苜蓿盘。
客路相逢乡语熟，禅房深坐漏声寒。
何时得共罗浮月，松露潇潇洒鹖冠。

陈司训膺奖

（明·卢龙云）

璧水谈经道已尊，霜台飞檄誉兼存。
苏湖教化新移俗，邹鲁诸生并在门。
桃李风前争自媚，鹍鹏霄际待齐骞。
讲堂喜报三鳣兆，何厌阑干苜蓿盘。

岑徵

岑徵（生平不详）。

琼州春日席上贻李方水梁彦腾吴谓远三广文

（明·岑徵）

韶华荏苒岁方新，相对城南莫厌频。
故里虽遥忘作客，广文强半是交亲。
青云任奋天池翼，白首重逢海国春。
到处春盘供苜蓿，深杯聊醉落花辰。

送吴谓远广文还会学署

（明·岑徵）

去岁乘春返五羊，又逢春信别家乡。
青毡九载人犹少，白发中旬日正长。
旅食旧烦分苜蓿，留题曾记满宫墙。
相思有梦频来往，水驿山程路不忘。

琼州寄答何不偕（其二）

（明·岑徵）

广文海外半同乡，苜蓿经春得饱尝。
君亦惠城曾饱过，惠城争似海南香。

李云龙

李云龙（生平不详）。

学博陈冲师奏最

（明·李云龙）

夙擅阳春调，曾登作者坛。
家徒四壁立，物有一毡寒。
马瘦桃花落，盘空苜蓿残。
不知公府去，奏最是何官。

李良柱

李良柱（生卒年不详），明神宗万历二年（1574年）进士，官广西布政司参议。

事见清道光《广东通志》卷六九。

花朝曲（其五）
（明·李良柱）

玉塞朝朝有雁归，羽书应不到金微。
葡萄酒熟銮奴醉，苜蓿花开苑马肥。

陈堂

陈堂（生卒年不详），字明佐，南海人。明穆宗隆庆二年（1568年）进士。授严州司理，征拜南京监察御史。屡奉敕巡视京营及上下江监兑漕粮。明神宗万历五年（1577年），以星变，上疏论河套贡市漕河段匹诸宜兴革状，及请斥权珰、易枢部、宥谏臣。因忤大臣张居正，被贬归。后复起用，历官广西佥事、光禄寺少卿、南京尚宝司卿。致仕家居，肆力著述，靡所营树。有《朱明洞稿》及《湘南》《皇华》《南归》诸集。清温汝能《粤东诗海》卷三四有传。

百粤吟（其一）
（明·陈堂）

粤王台上气萧萧，万木惊秋景寂寥。
马首凭陵伤苜蓿，鹊巢栖断怨鸱鸮。
笳声月落心如折，雁字风高影欲摇。
野老临江空怅望，乘槎欲泛海边潮。

陈履

陈履（生平不详）。

广陵访欧博士桢伯
（明·陈履）

烟水长芙蕖，芜城五月初。为怜羁旅客，来访广文居。
问字怀偏切，论文兴有余。三年殊契阔，一见重踌躇。
地僻堪留客，官闲可著书。吟轩饶苜蓿，讲肆落鳣鱼。
宦业休论薄，时名信不虚。芝兰争秀发，桃李自扶疏。
行迹惭漂梗，归心忆敝庐。漫将牢落意，聊向故人摅。
春殿开金马，天门敞石渠。悬知汉家诏，早晚召严徐。

郑学醇

郑学醇（生卒年不详），明广东顺德人，字承孟。隆庆元年举人。任武缘知县。有《句漏集》。

史记三十六首（其三十四）
（明·郑学醇）

张骞西使大宛通，苜蓿葡萄满汉宫。
多少征人归不得，论恩先赏贰师功。

曾仕鉴

曾仕鉴（生卒年不详），字明吾，一字人倩。南海人。明神宗万历十三年（1585年）举人。二十年（1592年）任内阁中书，历官户部主事。时值倭寇入侵，赵文懿延仕鉴画策。仕鉴着《兵略》上之，宋经略应昌得之，疏请加仕鉴职衔。

饮赵文学江阴斋中
（明·曾仕鉴）

忆尔谈经处，萧然过吕安。蓬蒿三径没，苜蓿一毡寒。
浊酒歌谁和，青灯剑自看。他乡逢握手，未觉路行难。

释今沼

释今沼（生卒年不详），字铁机，俗姓曾，原名帏，字自昭。

赠莫先生
（明·释今沼）

乱离多籍老儒冠，一宦曾经海岛寒。
对案斋心犹苜蓿，逢人变色是波澜。
诗篇遣兴多容易，世路无心不觉难。
近爱禅门好消落，拟将心境问求安。

黎民衷

黎民衷（生平不详）。

边事（其一）

（明·黎民衷）

沙场暂报息氛埃，苜蓿初肥马市开。
百万金缯飞辇尽，中原谁复见龙媒。

清代苜蓿诗

苜蓿，《别录》上品。西北种之畦中，宿根肥雪，绿叶早春与麦齐浪，被陇如云怀风之名，信非虚矣。夏时紫萼颖竖，映日争辉……

野苜蓿，俱如家苜蓿而叶尖瘦，花黄三瓣，干则紫黑，唯拖秧铺地，不能植立，移种亦然。《群芳谱》云紫花，《本草纲目》云黄花，皆各就所见为说……

野苜蓿又一种，生江西废圃中，长蔓拖地；一枝三叶，叶圆有缺，茎际开小黄花，无摘食者，李时珍谓苜蓿黄花者，当即此，非西北之苜蓿也。

——清·吴其濬《植物名实图考》

高士奇

高士奇（1645～1704年），字澹人，号江村。清代著名学者。今匡堰镇高家村人。家贫，在朝廷以打杂为生，后在詹事府做记录官。康熙十五年（1676年）迁内阁中书，领六品俸薪，住在赏赐给他的西安门内。每日为康熙帝讲书释疑，评析书画，极得信任。官至詹事府少詹事兼翰林院侍读学士。晚年又特授詹事府詹事、礼部侍郎。死后，被封谥号文恪。他学识渊博，能诗文、擅书法、精考证、善鉴赏，所藏书画甚富。著有史学著作《左传纪事本末》五十三卷，《清吟堂集》等。

塞外忆北墅书两子信后二十首（其八）

（清·高士奇）

紫荷花草遍青郊，绣错川原夏始交。
莫向汉宫求苜蓿，移栽上苑秣蒲梢。

张云章

张云章（1648～1726年），清代学者，嘉定六君子之一。字汉瞻，号倬庵，又号朴村，江南嘉定（今属上海）人，国子监生。康熙初举孝廉方正，议叙知县。曾主潞河书院。著有《朴村诗集》。

题廷尉李公射猎图四首（其一）

（清·张云章）

臂弓腰箭落鸧鹙，苜蓿初肥骋紫骝；
错认关西风气在，唐尧大理正其俦。

钱谦益

钱谦益（1582～1664年），字受之，号牧斋，晚号蒙叟，东涧老人。学者称虞山先生。清初诗坛的盟主之一。常熟人。明史说他“至启、祯时，准北宋之矩矱”明万历三十八年（1610年）一甲三名进士，东林党的首领之一，官至礼部侍郎，因与温体仁争权失败而被革职。在明末他作为东林党首领，颇具影响。马士英、阮大铖在南京拥立福王，钱谦益依附之，为礼部尚书。后降清，仍为礼部侍郎。

吴期生金吾生日诗二首

（清·钱谦益）

绕膝才称八十觞，长筵罗列又成行。
先朝第宅尚书坞，小弟班联御史床。
甲子趋庭随绛县，庚申侍寝直丹房。
樵阳屡趣登真会，定在兰亭禹庙旁。
锦衣阙下请行时，秘策家传玉帐奇。
马沃市场余苜蓿，婢膏胡妇剩燕支。
剑花芒吐耶溪晓，箭竹风生射的知。
春酒酌来成一笑，黄龙曾约醉深卮。

良乡

（清·钱谦益）

揽辔尝新一叹嗟，山梨易栗带胡沙。
宜春小苑芳菲日，苜蓿葡萄属内家。

题大鸟图

（清·钱谦益）

漫道昆明有劫灰，蒲陶苜蓿至今栽。
不知此日乘槎客，谁见条支大鸟来？

谈迁

谈迁（1594～1657年），明清之际学者、诗人。初名以训，字观若，明亡改名迁，字孺木，一字若观，又字仲木、冠木，号枣林。浙江海宁人。南明弘光朝，以布衣佐高砼斋、张慎言幕，二公颇为引重，荐授中书，召入史馆，固辞不就。入清弃儒冠，抱遗民之痛，浪迹江湖。北走昌平拜明思陵，复欲赴阳城哭张慎言，未至而卒。平生关注明朝典故，著史书《国榷》，稿成失窃，又以坚强毅力重著。工诗，陈田《明诗纪事》谓其“长于咏古，多哀艳之音”。另著有《枣林诗集》《枣林杂俎》《艺篑》《北游录》。

英王墓（下半首）

（清·谈迁）

花门一望种苜蓿，南苑今为饮马池。
英王敢战气如虎，胡床解甲罗歌舞。

邸第斜连鳷鹊旁，妖鬟尽隶仙韶部。
急管繁弦春复春，曰周曰召浸情亲。
倏焉日匿西山下，高冢祁连宿草新。
阖闾寂寞殉剑锷，桓山石椁三泉涸。
燕昭墓上穿老狐，几度酸风叹萧索。

冯班

冯班（1602～1671年），明末清初诗人。字定远，晚号钝吟老人。江苏常熟人。明末诸生，从钱谦益学诗，少时与兄冯舒齐名，人称“海虞二冯”。入清未仕，常常就座中恸哭，人称其为“二痴”。冯班是虞山诗派的重要人物，论诗讲究“无字无来历气”，反对严羽《沧浪诗话》的妙悟说。有《钝吟集》《钝吟杂录》《钝吟书要》《钝吟诗文稿》等。

游仙诗

（清·冯班）

龙伯无人钓饵闲，黄金双阙自遍斓。
燕昭老去秦皇死，可惜蓬莱在脚间。
配直长林禁散行，飘飘羽帐缀珠缨。
偶然梦见歌谣处，却是风吹玉树声。
金母东家狞小郎，摩挲宝剑倚天长。
笑他后羿调弓矢，不射妖星射太阳。
回首空城一掬灰，谁知白骨是仙才。
辽东城郭非如故，何不丁仙更一来。
灵文深秘莫轻论，空学玄谈未合真。
好笑少年王辅嗣，洞宫长作守门人。
台观茫茫苜蓿肥，至今汾上白云飞。
岁星便是骑龙客，辜负君王独自归。

钱澄之

钱澄之（1612～1693年），初名秉镫，字饮光，一字幼光，晚号田间老人、西顽道人。汉族，安徽桐城县（今枞阳县）人。明末爱国志士、文学家。钱澄之自小随父读书，十一岁能写文章，崇祯时中秀才。南明桂王时，担任翰林院庶吉士。诗文尤负重名，与徐元文有书信往来，《与徐公肃司成书》曾披露顾炎武偏激的一面。王夫之推崇他“诗体整健”。著有《田间集》《田间诗集》《田间文集》《藏山阁集》等。

广文歌

（清·钱澄之）

丙戌作

广文先生老且贤，角巾已破乌皮穿。
执板折腰殊不谙，见人木强无周旋。
盘桓苜蓿风尘陡，招降使者声如吼。
箕踞学宫召诸生，问渠广文不开口。
振袖大骂杯掷空，区区头颅复何有！
宣圣昔却莱夷戈，子羔肯由狗窦走？
君不闻鬷蔑一语叔向倾，毛遂捧盘平原惊？
丈夫意气临危见，岂在人貌与荣名！

龚鼎孳

龚鼎孳（1615 ～ 1673 年），清文学家。字孝升，号芝麓。安徽合肥人。明崇祯七年（1634 年）进士，官兵科给事中。李自成入京城，授直指使。入清，历官礼科给事中、太常寺少卿、左都御史、刑部尚书。谥端毅。晚贵显，倾囊恤穷，出气力以荫庇遗民志节之士，士论往往恕其堕节。著有《定山堂诗集》《香严词》等，合辑为《定山堂遗书》。

雪航侍御还朝

（清·龚鼎孳）

青霜一夕起鸳班，有客乘骢万里还。
苜蓿夜肥西极马，葡萄秋入玉门关。
盛名博望槎同远，往事朱游槛独攀。
长为膺滂生意气，盈廷卿相已摧颜。

燕邸秋怀和朱玉籀韵八首（其五）

（清·龚鼎孳）

军中苜蓿秋偏瘦，乱后荆榛鬼不存。
忍死健儿还借一，莫因野哭但销魂。

陈忱

陈忱（1615 ～ 1670 年），明末清初小说家。字遐心，一字敬夫，号雁宕山樵、默容居士。乌程（今浙江湖州）人。明亡后绝意仕进，以卖卜为生，曾与顾炎武、归庄组织惊隐诗社，晚年著长篇小说《水浒后传》，于书中寄寓自己的亡国之痛和憧憬恢复之心。

挽严开止

（清·陈忱）

周粟先辞苜蓿盘，高风谁念子陵滩。
麟经大旨通三传，野火空堂闭九棺。
单绞殓时零白露，双盲孙自守儒冠。
孤坟就筑吟壇上，云暮低空土不干。

曹尔堪

曹尔堪（1617～1679年），清诗文家。字子顾，号顾庵。浙江嘉善人。顺治九年（1652年）进士，改庶吉士，授编修，迁侍读，升侍讲学士。有经世之志，为清圣祖所赏，许为学问最优，坐是见嫉，中蜚语罢归，优游田园以卒。著有《南溪文略》《词略》《杜鹃亭稿》。

薄暮抵封丘寄宿荒庙

（清·曹尔堪）

家居好吟行路难，不知行路摧心肝。
竟日枵然难一饱，惫驴向暮尤蹒跚。
鞭驱古道日已黑，行近孤城邑半残。
茅店拒人无处宿，仅叩荒祠许投足。
开门暂解苜蓿装，充饥那办芜菁粥。
井边无绠不得汲，橐中有米何从熟。
道人卖药贫无裈，枯坐谁燃薪火温。
席地可栖愿已惬，突黔如漆安足论。
犹戒征人噤不语，墙外官兵来打门。

张养重

张养重（1617～1684年），明清之际诗人，是淮安（旧名山阳）清初诗坛魁首，时称“张山阳”。他以其坚贞的人格与高洁的诗品赢得了当世名流，如王士祯、阎尔梅、杜溶等的称道。更赢得了其后学人由衷的敬仰。

送张鞠存吏部谪黑水监

（清 · 张养重）

官谪西陲一冷曹，闻君远别转牢骚。
署临黑水边云暗，歌动凉州汉月高。
宛马渡河嘶苜蓿，羌人吹笛醉蒲桃。
天闲此日求龙种，莫向风尘感二毛。

申涵煜

申涵煜（1618 ～ 1677 年），明末清初文学家，河朔诗派领袖人物。字孚孟，一字和孟，号凫盟、凫明、聪山等，明太仆寺丞申佳胤长子。直隶永年（今河北永年县）人，一作河北广平人。少年时即以诗名闻河朔间，与殷岳、张盖合称“畿南三才子”。清顺治中恩贡生，绝意仁进，累荐不就。其诗以杜甫为宗，兼采众家之长。著有《聪山集》《荆园小语》等。

送张寅揆还蒙化

（清 · 申涵煜）

文字烟萝结习深，暂归应尔费招寻。
两年猿鹤山中梦，一曲骊驹客里心。
旧折桂枝香尚在，新餐苜蓿病交侵。
调高自有钟期赏，珍重朱弦太古琴。

尤侗

尤侗（1618 ～ 1704 年），明末清初著名诗人、戏曲家，曾被顺治誉为“真才子”；康熙誉为“老名士”。字展成，一字同人，早年自号三中子，又号悔庵，晚号良斋、西堂老人、鹤栖老人、梅花道人等，苏州府长洲（今江苏省苏州市）人。于康熙十八年（1679 年）举博学鸿儒，授翰林院检讨，参与修《明史》，分撰列传 300 余篇、《艺文志》五卷，二十二年（1683 年）告老归家。四十二年（1703 年）康熙南巡，得晋官号为侍讲，享年八十七。侗天才富赡，诗多新警之思，杂以谐谑，每一篇出，传诵遍人口，著述颇丰，有《西堂全集》。

小桃红

（清 · 尤侗）

记得未央前殿月轮高，辇路生秋草。
回首长安在天末，紫宸遥便，离宫冷落也。难重到。
只望见苜蓿烽烧，萌声水激，玉门关外老班昭。

侯方域

侯方域（1618～1655年），字朝宗，明朝归德府（今河南商丘）人，清代散文三大家之一、明末“四公子”之一，复社领袖。

奉送王将军归田天城

（清·侯方域）

送尔天城去，深杯照眼浓。
风蹄寒苜蓿，剑气老芙蓉。
醉尉怜新戍，开关怆故封。
逢时惭用武，瓜畔好从农。

村西草堂歌

（清·侯方域）

少年曾居三重堂，咸阳一炬归平谷。
旄头照地二十秋，万家旧址生苜蓿。
玉华妖鼠窜古瓦，珠帘画栋胡为者。
行人夜过钟山下，但见双门立石马。

沈谦

沈谦（1620～1670年），字去矜，号东江，仁和临平（今余杭临平镇）人。明末清初韵学家。少颖慧，六岁能辨四声。长益笃学，尤好诗、古文。隐于临平之东乡。著有《东江草堂集》《清史列传》行于世。

读书堆

（清·沈谦）

褚氏千年后，萧条烟雨中。
春风余苜蓿，秋月落梧桐。
龙吼吞孤渚，萤飞照碧空。
揣摩当日事，异代不相同。

梁清标

梁清标（1620～1691年），字玉立，号棠村、蕉林、苍岩，直隶真定（今河北省正定县）人，明崇祯十六年（1643年）进士，清顺治元年（1644年）补翰林院庶吉士，授编修，历任宏文院编修、国史院侍讲学、詹事府詹事、礼部左侍郎、吏部右侍郎、吏部左侍郎、兵部尚书、礼部尚书、刑部尚书、户部尚书、保和殿大学士等职。著有《蕉林诗集》《棠村词》等。

金菊对芙蓉赠杨亭玉学博

（清·梁清标）

新雁穿云，苍葭缀露，伤离最是清秋。正客星渐远，数赋登楼。
比邻一载频携手，听旧雨、茗碗灯篝。士龙已去，巨源又别，萍散皇州。
祓被兰若迟留。更客到龙眠，共醉垆头。叹广文独冷，旅鬓霜稠。
才人憔悴哀庾信，青衫拥、长揖公侯。莫嫌禄薄，盘中苜蓿，儒吏风流。

顾景星

顾景星（1621～1687年），清代文学家，字赤方，号黄公，蕲州（今湖北蕲春）人。明末贡生，南明弘光朝时考授推官。入清后屡征不仕。康熙己未（1679年）荐举博学鸿词，称病不就。

题内府所藏唐人百马卷子

（清·顾景星）

开元厩马四十万，天宝从龙最谁健。
夜偃火鼓延秋门，昼争豆莝咸阳店。
万里桥头百存一，骑去东宫还几匹。
当时刍秣尽凡才，急难何曾见腾逸。
此图蒲稍仅百马，毋乃乐坊教成者。
细看不是临陈姿，可惜登床汗流赭。
黄衫奚官三五人，镂花玉带绣抹巾。
羁前宝络坠金铎，覆以罗帕承锦茵。
可怜贼破西京后，此马全为承嗣有。
鼓声应节反见妖，血碎桃花死犹吼。
图藏内府已千年，相传画手南唐前。
画师有意惜奇骏，不遣驱驰供舞筵。
君见老骥还遭放，尽有骅骝气凋丧。
苜蓿难逢下宛种，苁蓉屡湿边庭瘴。
俶傥何须四百蹄，壮观争多真画师。
转思騕褭不世出，天子独乘何所之。

丁澎

丁澎（1622～1691年之后），字飞涛，号药园，浙江仁和（今杭州）人。明崇祯十五年（1642年）举人，清顺治十二年（1655年）进士，历官刑部主事，后因科场案牵系，流徙靖安五年。放归后，以诗文遍游天下。

东郊十首（其七）

（清·丁澎）

城边苜蓿近开迟，宝袷雕弧异昔时。
片石寨云迷猎骑，万花楼树赛荒祠。
紫貂斜鞾燕支女，白马横行陇上儿。
别部龟兹兼破阵，都将双管夜中吹。

王钺

王钺（1623～1703年），字仲威，号任庵，诸城人。顺治己亥进士，官西宁知县。康熙间任广东西宁知县，常与诸生论文。三藩乱起，钺团练土兵，枕戈以待。旋以地方难保，引疾归。家居二十余年而卒。著有《水西纪略》《世德堂集》等。

送洪区邱先生教谕长清

（清·王钺）

白发焉能逐队行，一官独冷称长清。
遗民自识康成草，博士家传伏氏经。
瘦马骨高疲远道，古槐根出枕荒城。
应怜到日多幽赏，松桂高风苜蓿羹。

谭吉璁

谭吉璁（1624～1680年），嘉兴人，为朱彝尊之表兄。据《嘉区文献》载：字舟石，监生出身。清初官延安府同知，副将朱龙叛，守榆林城有功。康熙己未（1679年）时召试博学鸿词。迁登州知府。著有《延绥志》《肃松录》《尔雅广义》《喜树堂集》。

鸳鸯湖棹歌（节选）

（清·谭吉璁）

三径西邻杨柳斜，经年塞上镇风沙。
不闻竹里提壶鸟，惟见墙阴苜蓿花。

苏小坟前水北流，苕花梧叶满园秋。
月华不与高城隔，飞上星湖第一楼。

陈维崧

陈维崧（1625～1682年），清代词人、骈文作家。字其年，号迦陵。宜兴（今属江苏）人。清初诸生，康熙十八年（1679年）举博学鸿词，授翰林院检讨，54岁时参与修纂《明史》，四年后卒于任所。现存《湖海楼词》尚有1600多首。风格豪迈奔放，接近宋代的苏派、辛派。

钱唐浴马行

（清·陈维崧）

杭州八月秋风早，极目江头皆白草。
凤山门前铁骑横，花马营中水泉好。
阿谁黄须称奚官，白靴毳帐红罽袄。
是日牵来一万匹，云锦连天色杲杲。
钱塘江渚多菰蒲，晴江空翠微卷舒。
嬉游尽向此间去，边儿十岁名花奴。
忽闻一声吹觱篥，千群争放桃花驹。
红泉骀宕自然丽，凡鬃灭没何其都。
一匹娇嘶一匹啮，十匹骄矜汗流血。
须臾五花浮满红，万顷寒涛蹴飞雪。
龙堂少女神悄绝，雾鬣烟蹄半明灭。
少焉不动齐徜徉，江流欲静江云凉。
极浦湘娥鼓文瑟，中流江妾拖红裳。
此时观者倾城国，中有军人泪沾臆。
自言十五隶金吾，滁阳苑马亲承直。
犹见先皇校猎时，金风初到万年枝。
青骢细食雕胡饭，翠拨轻笼杨柳丝。
天育忽逢沧海变，从此麒麟罢欢宴。
苜蓿翻栽太液池，骅骝直上昭阳殿。
紫台青海日从征，马上琵琶塞上情。
温泉十载无消息，忍唱钱塘浴马行。

沁园春为泗州谢震生广文题影，兼送其之任山阳

（清·陈维崧）

我爱先生，其冷者官，其热者肠。

羡康乐宣城，君之家世，玭珠浮磬，此是家乡。
人道马曹，我知鱼乐，苜蓿堆盘也不妨。
吴绫上、问传神阿堵，何物长康。
才成半阕凄凉。忽念尔将离黯自伤。
记淡月微风，曾经批抹，好花新茗，相与平章。
此去淮阴，古多恶少，我欲来游醉几场。
君求我，在韩侯台下，漂母祠旁。

黎士弘

黎士弘（1626？～1705年？），清福建长汀濯田陈屋村人，字愧曾。顺治十一年（1654年）举人，授江西广信推官。康熙间官至布政司参政，乞归，家居二十八年卒，年八十。少时师事李世熊，称入室弟子。以诗文名。有《托素斋诗文集》《仁恕斋笔记》《理信存稿》。

怀用柬知我

（清·黎士弘）

万里黄河飞一线，五州棋错东西面。大旗日落照孤城，画角声低迷故县。
秦人百二夸山河，明驼骏马羌唱歌。硖水淙淙石齿齿，祁连千仞高嵯峨。
白头父老说前事，举边还指战场地。射残铁镞半段枪，得来换酒谋朝醉。
马兰苜蓿生沙州，荒邮短驿连古沟。四月寒山催种麦，风高六月犹披裘。
夹道鳞鳞见番族，放马满山羊满谷。天巴岁岁说防秋，未必饮河能果腹。
河西僧人著黄衣，蚁蜉经卷银字肥。吞针罗什不长见，斗室维摩仍有妻。
或云此辈便其俗，要使羁縻压荒服。时平不问燕雀安，防微深恐鼠蛇伏。
前生草地纷请求，闭关却谢诚良筹。岂可鸿沟割项羽，宁容子敬分荆州。
庙堂胜策坚壁垒，得使澄澜安弱水。曾无佛骨与仙才，来束单车结双轨。
书生落落真自豪，一斗伊凉笑尔曹。朝来起看雪山雪，夜卧贪窥星汉高。
甘州四山积雪，经夏不消。金瓶新摘青粿，万颗匀圆荐红玉。
长枪江米压囊香，听尽甘州垂手曲。曲中何曲最断肠，银笙吹月出半衔。
尊前铁石硕司马，肯教闲泪浇青衫。经年此处似差乐，土房煤瓮倾羊酪。
譬如生长作边人，那识金斋开碧阁。衙散清斋一事无，还能忆我前读书。
凿空博望出下策，欲将缯币联康居。缯币东来千万轴，单于城畔高粱肉。
单于城去镇百里。纵使贰师出渥洼，何如八骏追周穆。
还想子公破月支，当时壮节称魁奇。而我不烦折一矢，谈笑欲狭前人规。
几人称王几人帝，槐柯蚁蛭真儿戏。重华空上建业疏，蒙逊解乞搜神记。

不知何代何王宫，阴房鬼火遮路红。彩虹已逐瓜蔓水，尺碣挂壁夸奇功。
看乌西飞兔东走，功名富贵亦何有。巧鹳当径啄新蒲，跛羊卧路啮残柳。
监仓公子无乃愚，不算升斗量锱铢。作诗索句如追逋，胡为嘐嘐嗤古徒。
我不敢效我友逸，粗了簿书吟抱膝。虎头燕颔百不须，坐享清时懒投笔。

屈大均

屈大均（1630～1696年），初名邵龙，又名邵隆，号非池，字骚余，又字翁山、介子，号菜圃，汉族，广东番禺人。清代著名学者、诗人，与陈恭尹、梁佩兰并称“岭南三大家”，有“广东徐霞客”的美称。曾与魏耕等进行反清活动。后避祸为僧，中年仍改儒服。诗有李白、屈原的遗风，著作多毁于雍正、乾隆两朝，后人辑有《翁山诗外》《翁山文外》《翁山易外》《广东新语》及《四朝成仁录》，合称“屈沱五书”。

义象行

（清·屈大均）

将军来从夜郎天，万里精气横海边；
左右名王青玉斧，西南君长执长鞭。
因之问罪尉佗国，兵胜由来骄气作；
美女聊为歌舞欢，谋臣自有孙吴略。
营中何物高嵯峨？十四雄象相荡摩。
久向滇池习战斗，凭之触敌计长善；
蛮奴一下紫金钩，蹴踏沙场山岳转。
岂意中宵敌溃围，不诛庄贯损军威，
至尊方有平城危，丞相频从泸水归。
谁言不败由天幸，自是无功因数奇；
神龙失水困蝼蚁，往日风雷因已矣。
梅岭关上阵云崩，伏波祠前鼓声死。
象兮尽入橐驼群，口衔苜蓿泪纷纷，
蕃将骑向天山道，汉使愁看黑水滨。
中间一象独不驯，天子曾封为将军，
势每奔腾蹂万马，声如喑哑废千人。
曾击长沙城阙碎，如虎如熊谁不爱？
皇天不欲兴神州，致使六军齐受害。
由来犬马思报主，况乃瑶光星降汝，
曾被雷惊花入牙，御前妙舞如骞翥。
唐朝不拜赤心儿，今日宁降老上师？

几夜偷营多杀伤，田单火牛宁足奇，
堪嗟巨炮争丛击，战场孤力终难支。
皮可寝兮肉可食，死为雄鬼游八极，
从来骥也称其德，人不如兽徒千亿！

赠潘仲子新婚

（清·屈大均）

绕膝芝兰尔父多，衣怜仲子舞婆娑。
夫妻桃李酣春日，兄弟鸳鸯戏绿波。
苜蓿盘香勤进馔，芙蓉阙近缓鸣珂。
新开湖镜当门外，读罢相携影翠娥。

和友人朝天宫之作

（清·屈大均）

冶城宫殿旧朝天，剑佩千官肃几筵。
自举玉衣当九庙，人疑银海在三泉。
騊駼卧处边云满，苜蓿开时战血鲜。
雷雨不容酥酪奠，神灵咫尺寝园边。

灵谷探梅

（清·屈大均）

几树榜朝阳，犹承日月光。
白头宫监在，攀折荐高皇。
上苑樱桃尽，华林苜蓿长。

宝勒

（清·屈大均）

宝勒五花骢，骄嘶天育东。久辞关塞雪，共舞绮罗风。
金埒沙尘细，春槽苜蓿红。只愁安乐后，无力逐英雄。

闭瓮菜

（清·屈大均）

北人重御冬，菜茹多旨蓄。芥美在霜根，下体甲诸菽。
秋脍用多余，瀹汤杀其酷。芗料糁屡加，茴香与椒目。
实之大小罂，卵盐相渗漉。封口水泥坚，芬馨瓮中复。
一闭天地房，氤氲历凉燠。出之佐齐豉，辛脆宜糜粥。
膏腴餍饫时，爽口凭一匊。薄切蜩翼微，三朝无白醭。

下酒庋烝雏，烧雉及腒鱐。浙东糟笋苞，吴阊醢莱菔。
莴苣称秣陵，黄芽说安肃。岂如斯味嘉，嗜之非口腹。
性温夺七菜，宁惟胜榆肉。荼苦既不同，荠甘亦非族。
使君撤俎时，以兹雪公悚。马驮自宝坻，羸瓶苦不速。
故乡风味存，和调自家督。北人喜芳辣，姜桂日餐服。
牲用煎茱萸，濡鱼多实蓼。贵以辟天寒，口体非相逐。
化食通五中，为菹及金伏。岁暮百草萎，市无生菜鬻。
腌者先温菘，藏者及蘡薁。地炕蕴火多，郁养催瓜菽。
冬生物性违，非时嗟殭孰。在芥虽易生，秋收忌霜触。
富家千甒瓺，于芥靡羸缩。贫亦拾滞遗，寒争一日暴。
宁如我岭南，腊月嘉蔬足。三蒿与二蓝，纷葩滋五沃。
莙荙蔽田塍，菠蓤弥水澳。一稞三两钱，畦畦杂穜稑。
叶青连露葵，花黄若时菊。冰雪昧平生，微雨时膏沐。
人家菜脯稀，鲜食乘芳郁。蘋芋如丘山，为饭代粳粟。
豕饲余芜菁，马衔兼苜蓿。芥薹四尺强，芼羹亦碌碌。
茎股九蒸晒，间用吴风俗。野人方灌园，荷锄先僮仆。
三餐厌葱韭，匕箸惭华屋。从君乞此方，今冬作数斛。
南中水土殊，滋味恐未淑。须君岁见贻，银鱼及醽渌。

万树

万树（1630～1688年），字红友，一字花农，号山翁、山农，明常州府宜兴（今江苏宜兴县）人。明末戏曲作家吴炳的外甥。清顺治年间以监生游学北京，未得官而归。康熙年间入两广总督吴兴祚幕府作幕僚，一切奏议皆由其执笔，闲暇时作剧供吴家伶人演出。清初著名诗人、词学家、戏曲文学作家。

满庭芳

（清·万树）

苜蓿邀鞭，芙蓉挽佩，深惭缟苎天涯。
清河佳客，文绮烂青霞。
合赠晶盐缥酒，闻钟欬、时对蒹葭。
看题徧，云烟寺壁，宜看碧笼纱。
筝琶。相倚处，高呼白堕，细听红牙。
拟重为周郎，别选词华。
迟而灯边月底，拼投砾、同载钿车。
休留殢，春风笑里，红映小桃花。

董俞

董俞（1631～1688年），清代文学家，字苍水，号樗亭，又号莼乡钓客。江南金山（今上海市金山区）人。童时即喜读古诗，顺治十七年（1660年）举人。康熙十八年（1679年），举博学鸿词，罢归。康熙时以奏销案除名，因弃举业，致力于诗词辞赋。晚年卜筑南村灌园自娱。工诗文，尤善赋，尝与王士禛相唱和。与兄含并有文名，时称“二董”，又与钱芳标齐名，人称“钱董’。

百字令赠周冈生日

（清·董俞）

当年公瑾，早三五文社，誉蜚龙腹。
滚滚毫端夸丽藻，不数江潘海陆。
探得灵珠，夺来花箪，久侧时贤目。
沉冥埋照，一杯常满醽醁。
回想玉勒京华，侯鲭分饷，华馆燃红烛。
赋罢凌云词客老，空赏谈天炙毂。
笔傲千秋，丹成九转，长啸须眉绿。
官衙昼静，春风吹动苜蓿。

钱芳标

钱芳标(生卒年不详)，原名鼎瑞，字宝汾，一字葆馚，江南华亭人。康熙丙午举人，官内阁中书。己未举博学鸿词。钱芳标是云间词派后期代表人物之一，与董俞齐名，人称“钱董”。他的《湘瑟词》以才气见长，乃才人之词。其词格调疏朗，多隐逸之思。《湘瑟词》和董俞的《玉凫词》标志着云间词派的终结。

长椿寺病马行

（清·钱芳标）

招提二马一马病，腕折蹄长气犹劲。
伏枥虽虚千里心，脱鞿翻适长林性。
人言此马初买时，射堂陈孔蹀躞驰。
双瞳夹镜耳批竹，青丝为络黄金羁。
孟门坂峻羊肠滑，骏足蹷陨一朝蹶。
昔夸金埒云满身，今同洮水冰伤骨。
负盐驾鼓力不任，豢养却依支道林。
天晴放饮井泉白，春晚卧嘶园草深。

君不见，
长安城中千万骑，飞尘蹴天光照地。
长鞭短策无不施，齿老旋随敝帷弃。
又不见，
将军铁驷来渥洼，东行沧海西流沙。
苜蓿虽衔不遑食，功成鹊印归虎牙。
何如此马辞骖服，纵病还同塞翁福。
身闲早得华山归，害去讵劳襄野牧。
乃知不材造物怜，豫章见斫樗散全。
无用之用世罕识，达哉庄叟何其贤！

陈恭尹

陈恭尹（1631～1700年），字元孝，初号半峰，晚号独漉子，又号罗浮布衣，汉族，广东顺德县（今佛山顺德区）龙山乡人。著名抗清志士陈邦彦之子。清初诗人，与屈大均、梁佩兰同称岭南三大家。又工书法，时称清初广东第一隶书高手。有《独漉堂全集》，诗文各十五卷，词一卷。

归自吴越与家皖翁庞艺长赉予弟握手龙津醉后成诗

（清·陈恭尹）

松溪残雨湿征衣，小泊村桥叩竹扉。
万里共惊吾尚在，三年偏讶信何稀。
棘林雪尽铜驼冷，苜蓿春生铁马肥。
醉死君家都莫惜，天涯多有未能归。

送家昭德之官长宁

（清·陈恭尹）

片帆春色上循州，二月东江浪尚柔。
薄俸未能离苜蓿，一官重得对罗浮。
峰云佳处同谁赏，桃李蹊前与士游。
倘到东坡亭下泊，老夫还拟共维舟。

赠郭幼隗（其二）

（清·陈恭尹）

驽马出大宛，絷之在汉阙。长鸣眷西极，万里走空阔。
物老德不称，筋衰力先夺。繁阴盛淫雨，修途泞不达。

侧首见骅骝，尘中问饥渴。言恋父母国，已恐贰师拔。
踟蹰立长坂，泪杂沟中沫。苜蓿未可希，生刍欲归秣。

潘问奇

潘问奇（1632～1695年），清浙江钱塘人，字雪帆，又字云程、云客。诸生。家贫，游食四方。至大梁，拜信陵君墓；至湖南，吊屈原于汨罗；入蜀，悼诸葛武侯；又北谒明十三陵。后入扬州天宁寺为僧。有《拜鹃堂集》。

秋兴

（清·潘问奇）

少小襟期与世违，布袍时复傲轻肥。
为寻无忌栖梁苑，曾吊灵均入秭归。
苜蓿花寒天马病，神仙字老蠹鱼饥。
晴窗检点奚囊句，风月年年有是非。

曹贞吉

曹贞吉（1634～1698年），清代著名诗词家。字升六，又字升阶、迪清，号实庵，安丘县城东关（今属山东省）人。曹申吉之兄。康熙三年（1664年）进士，官至礼部郎中，以疾辞湖广学政，归里卒。嗜书，工诗文，与嘉善诗人曹尔堪并称为“南北二曹”，词尤有名，被誉为清初词坛上“最为大雅”的词家。

尉迟杯咏朱碧山银槎照蔡松年词填

（清·曹贞吉）

黄流注。送扁舟似叶、凌云渡。虫书犹记当年，想见良工心苦。
何人称杜举。都不管、华堂几朝暮。但茫茫、醉了还醒，梦里居然千古。
因思博望去远，纵苜蓿葡萄，回首非故。太乙炉开，朱提液冷，好泛明河深处。
问此去、盈盈一水，曾否有、黄姑相逢语。慢学他、羽化神奇，酌尽天浆无数。

画屏秋色　送舅氏之唐山广文任

（清·曹贞吉）

行李萧条去。骋远目、禾黍芃芃驿路。督亢陂荒，滹沲浪急，乱云天暮。
韦杜旧家声，早打叠、寒毡辛苦。听一片、鸣蝉诉。况梦绕西州，衰湍坏道，知在斜阳一带，苍然平楚。
无语。销魂羁旅。更莫去、伤今怀古。十年踪迹，一番离别，悲欢无据。
马首又他乡，乌衣巷口人何处。苜蓿阑干堪煮。上日及新秋，为语天边好月，分照两人愁绪。

徐釚

徐釚（1636 ～ 1708 年），清代词人，政治人物。南直隶苏州府吴江县（今江苏省吴江县）人，徐釚为监生出身。康熙十八年（1679 年），登博学鸿词科，授翰林院检讨，参与修撰《明史》。此外著有《南州草堂集》《南州草堂续集》《词苑丛谈》《南洲草堂词话》《枫江渔父图咏》等。

游王氏园林四首（其一）

（清 · 徐釚）

忆昔屯兵日，清秋散橐驼。
至今饶苜蓿，空使向藤梦。
白鹭低飞急，青山入望多。
来朝好乘兴，载酒复相过。

谢池春柬毛大千广文，兼寄大可

（清 · 徐釚）

大小毛生，岂让谢家池草。验鬓丝、心情不老。
马曹萧寂，苜蓿盘空抱，妒歌楼、碧笙缥缈。
劈笺索米，何日寻君醉倒。被晴湖、桃花微笑。
堪怜好景，过苏堤春晓。暮潮回、且乘烟棹。

寄寿宋既庭先生七十

（清 · 徐釚）

几年仕隐心无着，苜蓿空嗟负盛名。
雅志每思常理屐，高怀直欲更骑鲸。

余宾硕

余宾硕（1637 ～？），字玄霸、石农，号鸿客。原籍福建莆田，客居金陵吴门。幼承家学。著有《金陵览古》。

幕府山

（清 · 余宾硕）

渡口沙暄鸟雀哗，当年丞相此开衙。
铜驼独下中原泪，苜蓿犹衔北地花。

五马南来龙已化，三星东聚月初斜。
始安遗墓今何在，芳草萋萋怨岁华。

成鹫

成鹫（1637～1719年），俗姓方，名颛恺，字趾麟。出家后法名光鹫，字即山；后易名成鹫，字迹删。广东番禺人。明举人方国骅之子。年十三补诸生。以时世苦乱，于清圣祖康熙十六年（1677年）自行落发，康熙二十年（1681年）禀受十戒。曾住会同县（今琼海）多异山海潮岩灵泉寺、香山县（今中山）东林庵、澳门普济禅院、广州河南大通寺、肇庆鼎湖山庆云寺，为当时著名遗民僧。工诗文，一时名卿巨公多与往还。论者谓其文源于《周易》，变化于《庄》《骚》，其诗在灵运、香山之间。年八十五圆寂于广州。

客夜中秋怀吴谓远广文在郡未返

（清·成鹫）

苜蓿先生久不归，西风吹叶拥柴扉。
海蟾过雨当中见，皋鹤凌秋独自飞。
远水一镫青入榻，隔花微露白侵衣。
郡斋今夜吟诗否，只恐当筵和者稀。

李广文苍水招游长乐留别山中诸子

（清·成鹫）

吾侪生而有志在四方，胡越秦楚同一堂。
盛年负剑去乡国，纵横八荒周五岳。
君不见，
席不暇煖突不黔，千秋万古称圣贤。
我生恨不逢二子，负书担囊随骥尾。
骐骕局踏同驽骀，老死枥下真可哀。
故人知我爱游走，远札招邀来谷口。
谷口秋高瓜满园，思量穷老终闭门。
今朝名山兴无那，东行路打罗浮过。
罗浮仙人为葛洪，相逢别去何匆匆。
临岐赠我双白鹤，千里高飞到长乐。
到时九月秋正寒，主人苜蓿供盘餐。
饱食登高纵归目，回首故山见茅屋。
茅屋中间有阿谁，因风寄语遥相思。

嗟哉人生岂得长麇聚，白日西驰水东去。
去矣乎，去矣乎，天生我辈无贤愚，圣贤不学皆凡夫。
凡夫圣贤何所学，觉即不迷迷不觉。
一朝臭腐化神奇，典坟丘索成糟粕。
我今垂出门，安知行路难。
百里半九十，前路何漫漫。
但须另刮一双目，别来三日还相看。

秋杪过新州访李方水广文兼寄潘完子

（清·成鹫）

野人半生但株守，虽在人间少游走。
梦里名山草草过，虾跳何曾会出斗。
因寻獦獠到新州，满眼秋光正重九。
入城不见卖柴人，直到泽宫逢好友。
先生久病不出门，闻我远来叹希有。
登堂七发愧枚生，话到深宵月当牖。
主人就枕客亦然，珍重明朝更携手。
饱餐苜蓿高兴生，登临未敢辞衰朽。
天露峰高在眼前，龙山旧路重回首。
祖庭秋晚漫淹留，笑别官衙返南亩。
故人家住官峒头，觌面相逢良不偶。
剡溪兴尽且归去，他年未卜重来否。

送吴芥舟赴沅江县

（清·成鹫）

世涂仕宦如沸鼎，芥舟先生心独冷。
世情临别多惆怅，东樵老僧笑鼓掌。
旁人问我笑何事，欲语不语难为计。
默默谁知世外心，哓哓恐触时人讳。
请君听我款款陈，男儿出处各有真。
山林朝市总一辙，伊周巢许非两人。
两人相知畴可匹，芥舟选官吾选佛。
沅江岩邑大如拳，湖上官衙仅容膝。
强似山僧不出山，土壁茅茨蔽风日。
时人莫笑沅江小，四面湖光周八表。

时人莫笑沅江贫，龙宫鲛室罗百珍。
时人莫笑沅江僻，日近长安天咫尺。
时人莫笑沅江闲，弹琴隐几看青山。
我笑先生怀利器，错节盘根曾未试。
藏锋敛锷直至今，甘与铅刀同钝置。
我笑先生游兴高，六年两度陵波涛。
长风破浪理舟楫，春满洞庭如感劳。
我笑先生最潇洒，琴鹤轻车随上下。
吟诗一路出湘潭，闲看儿童骑竹马。
我笑先生清且廉，盘中苜蓿水晶盐。
移来粉署伴冰檗，清风拂拂吹紫髯。
先生行矣勿复道，眼中之人殊草草。
长歌一曲反归来，彭泽闻之应笑倒。
别后相思笑不休，笑到官成人已老。

送容西渡典教饶平

（清·成鹫）

先生于我称世友，曾记鸡坛逐游走。
绛帐趋庭莱子衣，玄亭问字侯芭酒。
酒阑舞罢各西东，阶前老树摇悲风。
大鱼化鹏奋奇翼，鸴鸠斥鷃随飞蓬。
路旁车笠一相见，云泥惆怅何匆匆。
前年客自冈州至，闻说园林多胜事。
凿池引水种莲花，叠石为山起平地。
主人爱道不爱金，布地延僧宣妙义。
寄语能来及早来，尘世闲人闲不易。
我闻客语信还疑，琼林讵有鷦鹩枝。
山僧只合居岩谷，国士筵中实不宜。
缄书报命无可说，大笑还山弄明月。
葭苍露白正怀人，香浦秋风又离别。
琴书满载广文船，倾城祖饯车骈阗。
摩挲老眼烟霞外，新诗遥寄水云边。
我闻饶平好山水，东去潮阳方百里。
昌黎过后寂无人，八代文章凭振起。
莫道先生官秩卑，圣朝重道先尊师。
莫道先生致身晚，白首青云兴不浅。

莫道先生斋舍清，拥书万卷当百城。
莫道先生薪俸薄，苜蓿晶盐堪细嚼。
先生行矣勿复道，济溺起衰非草草。
暂时别却好园林，直向环桥采芹藻。
芹藻何如池上花，一度繁华一枯槁。
功成名遂早归来，只恐寻僧僧已老。

送李广文远霞司训揭阳

（清·成鹫）

臣也师也父兄也，如鼎三足车四马。
富人贵人闲道人，如行有伴居有邻。
三者缺一均不可，一之二之成彼我。
闲道人，畴不尔，富贵贫贱皆相似。
师臣父兄谁克当，揭阳先生马山李。
东樵之友孔门徒，柱下之孙崇义子。
一朝受命作儒臣，倾城祖饯车辚辚。
白鹅潭上钓鱼叟，仰首青云识故人。
临岐欲赠无可说，笑指前车看前辙。
前涂那得有闲缘，闲到为官忙不歇。
朝逢迎，暮干谒，日接诸生苛礼节。
苜蓿阑干希送钱，冷署寒毡谁立雪。
门前桃李成畏途，望风疾走争回车。
内圣外王等糟粕，出名入利交锱铢。
前车覂驾后当戒，岂效若辈徒区区。
崇义传家应不薄，两袖清风归负郭。
父肯播，子肯穫，方寸良田任开拓。
清白之后大有人，天将以子为木铎。
提聋警聩振颓风，老我闲人甘寂寞。

送石广文赴西粤分考

（清·成鹫）

香山广文石娥啸，学究谈禅穷典要。
斋珠缀领作朝珠，古调希声成别调。
麟经领荐是何年，走马金台正英妙。
抟风奋起北溟鹏，开笼放出新罗鹞。
蹉跎几度上公车，抱玉还山赋遂初。

谢公久注苍生望，陶令先回白社车。
寻师亲入圆通室，契道参同教外书。
虚空打破作明镜，窠臼掀翻擎智珠。
智珠系在儒巾角，抛却簿书徇木铎。
手握金篦入铁城，净刷嚣尘归澹薄。
苜蓿盘中谁送钱，棂星门外堪罗雀。
诸生屏迹萧生来，说有谈无差不恶。
先生本是佛仙儒，萧生自号古之愚。
师资针芥良不偶，问奇载酒徒区区。
山僧近住鹅潭上，钓得锦江双鲤鱼。
静山冷署见宾主，烟雨空林念索居。
索居室迩人不远，出岫云心自舒卷。
断科使者一纸书，撮合神交来早晚。
三生石上一相寻，半月扁舟频往返。
坐消暑气散尘襟，又赋西征趋棘院。
漫说闲官闲似僧，捧檄驱车去不停。
才经五里又千里，行过山程更水程。
临岐欲赠难为赠，一抱无弦弹月明。
曲终我亦还山去，云水茫茫空复情。

姜宸英

姜宸英（1638～1699年），字西溟，浙江慈溪人。他虽然七十多岁才考中进士，文名却早已蜚声南北。几次北上进京，与朝野名流相周旋。以布衣才子、狂傲名士，出入满、汉达官贵人之家。最后连康熙皇帝都闻其名，并谙熟其书法。

送容若奉使西域

（清·姜宸英）

吹笳落日乱山低，帐饮连宵惜解携。
别梦已惊千里雁，征心唯听五更鸡。
侍中诏许离丹禁，都护声先过月题。
会看乌孙早人质，蒲桃苜蓿正来西。

郑经

郑经（1642～1681年），字贤之、元之，号式天，昵称“锦舍”，台湾的统治者，郑成功长子，袭封其父延平郡王的爵位。

偕胡修六都闲望滕王阁故址

（清·郑经）

客舍萧然揽夕晖，闲中野马动微微。
烟横南浦平空卷，云落西山著地飞。
簪芴百龄尘事起，晨昏万里素心违。
幽州老将凭栏望，笑指秋原苜蓿肥。

戴梓

戴梓（1649～1726年），清代火器制造家。字文开，号耕烟，汉族，浙江仁和（今杭州）人。通兵法，懂天文算法，擅长诗书绘画。曾制造了“连珠火铳”和“子母炮”。曾侨居扬州，晚年在辽东自号耕烟老人，生于清顺治六年，卒于雍正四年。戴梓博学多能，通晓天文、历法、河渠、诗画、史籍等，是著名的机械、兵器制造家。他出生在官吏之家，自幼聪颖不凡。在父亲的影响下，少年时的戴梓喜欢上了机械制造，曾自己制造出多种火器，其中的一种能击中百步以外的目标。

悼马

（清·戴梓）

司寇先生马可哀，朝骑入署暮归来。
簿书务剧阶长立，边塞霜深猎未回。
苜蓿不甘金勒敝，珊瑚空老玉蹄摧。
精疲力尽何能久，圉者徒劳病漫猜。

西征闻捷三首（其三）

（清·戴梓）

昨宵驰报到留都，报说乌斯入版图。
沙塞马肥秋苜蓿，火山人饮夜醍醐。
风清瓯脱闻鸣鹿，日射边亭见画乌。
从此恩膏敷绝漠，九天九地一人扶。

博尔都

博尔都（1649～1708年），字问亭，号东皋渔父，辅国悫厚公培拜孙。袭辅国将军。有《问亭诗集》《白燕栖草》。

送素庵监牧口北

（清·博尔都）

分手河桥木叶黄，白沙衰草遍横塘。

月明回首人千里，碛冷惊心雁几行。
玉塞云深堆苜蓿，银蹄秋老破风霜。
居庸翠涌群峰秀，定有新诗贮锦囊。

杨宾

杨宾（1650～1720年），字可师，号大瓢、耕夫，浙江山阴人。生于顺治七年（1650年），卒于康熙五十九年（1720年）。13岁时，父坐累戍宁古塔，与弟宝请代不许，乃间关往诗。父殁，例不归葬，宾走京师，日哀诉于当道，因得迎母奉父柩归。康熙十七年（1678年）侨寓吴门，巡抚举应“博学鸿儒”科，力辞去。宾侍父戍所时，著有《塞外诗》《大瓢偶笔》《杂文》《柳边纪略》《力耕堂诗稿》等。

次开原县

（清·杨宾）

风卷平沙荐草齐，夫余城上夕阳低。
葡萄酒禁谁能醉，苜蓿场空马自嘶。
郡县未分威远北，人家多住塔山西。
明朝更出条边口，朔雪塞云处处迷。

王世芳

王世芳（1669～1808年），字徽德，一字芝圃，号南亭，一百四十岁寿星，七代同堂，旷世鲜见。康熙五十六年（1717年），四十九岁中秀才，乾隆十三年（1748年），八十岁选为贡生，二十九年（1764年），九十六岁官遂昌训导，任期届满，乾隆皇帝下旨觐见，特赏六品官衔。世芳善书法，凡有人请他写字，他每每都写一“寿”字相赠，字大二尺见方，笔力矫健，受者视为珍宝，悬于厅堂。

一百一十岁述怀四首

（清·王世芳）

（一）

建子星回斗转寅，居然一百十年春。
灌花拭竹闲中课，问水寻山物外身。
击壤但知歌帝力，炷香惟有感苍旻。
桑榆筋骨还强健，历数前因话劫尘。

（二）

豢龙驯虎事争传，御寇曾亲矢石先。

总以精诚孚物类，敢夸踪迹似神仙。
早年壮志消磨尽，此日闲云自在眠。
身世都忘空色相，蒲团趺坐学枯禅。

（三）

青衫一领阻鹏程，坐拥皋比禄代耕。
化雨缁林师往圣，春风槐市集群英。
恩叨别业惭罗绮，手抱遗经羡伏生。
十载冷官餐苜蓿，归来依旧卧柴荆。

（四）

扶杖康衢识圣颜，锦衣有赐诏频颁。
喜同野老迎銮辂，优许微臣列鹭班。
身历四朝沾浩荡，眼看六代舞斑斓。
赤城便拟蓬莱苑，布袜棕鞋任往还。

塞尔赫

塞尔赫（1677～1747年），一作赛尔赫。清宗室，字慄庵，号晓亭，自号北阡季子。康熙三十七年（1698年）封奉国将军，官至总督仓场侍郎。爱诗，遇能诗人，虽樵夫牧竖，必屈己下之。所作气格清旷。著有《晓亭诗钞》。

马

（清·塞尔赫）

不识天闲路，徒甘塞草肥。
有时冲雪去，何处踏花归。
苜蓿三秋老，风尘一顾稀。
更堪悲伏枥，千里壮心违。

郭钟岳

郭钟岳（1680～？），字叔吾，又字叔藩，号外峰，福建人。《清史稿》记载：乾隆四十九年，以福建钦赐进士郭钟岳，来浙迎銮，赏国子监司业。九十七岁中举，在温州三十九年，算起来至少有一百三十六岁。其他的记载，乾隆五十年（1785年）正月六日，被接到北京参加千叟宴，在宴会上受皇帝赏赐甚丰。乾隆皇帝还特赠诗，有“诚云天下老”句。

清明扫墓

（清·郭钟岳）

蚕豆花开苜蓿肥，乡村几处掩柴扉。
画船箫鼓斜阳外，知是清明扫墓归。

张希杰

张希杰（1689～1763年），生于济南孝感巷圆通庵东自家的百忍堂，字汉张，号东山，别号练塘，又取济南名泉尤多之意，自号七十二泉渔人。原籍浙江萧山，其父张士凤大约是一位绍兴师爷，来济南为人做幕宾。张希杰自幼选定了读书仕进的道路。他五岁即开始读书，先后师从名儒吴仕望、毛禹珍等。二十二岁（1710年）时，曾来泰安青岩书院师从当时颇有点名气、后来做了高官的赵国麟学习，他也曾受到过先后任山东学政、山东按察使的黄叔琳的赏识。在岁试选为贡生之后，连续考取功名不得，凡十三试不举，被拒之于仕途之外，其间四处奔波以幕僚讲书为生，最终在大明湖边授徒乡里抑郁而终。

念旧年之谊

（清·张希杰）

昔年把臂上文坛，风雨芸窗气似兰。
只道相逢须下马，更无得意便夸官。
几重绛帐笙歌丽，一片青毡苜蓿寒。
皋比何妨还勇撤，故人可许庆弹冠。

郑板桥

郑板桥（1693～1765年），清代官吏、书画家、文学家。名燮，字克柔，汉族，江苏兴化人。康熙秀才、雍正举人、乾隆元年进士。中进士后曾历官河南范县、山东潍县知县，有惠政。以请臻饥民忤大吏，乞疾归。一生主要客居扬州，以卖画为生。“扬州八怪”之一。其诗、书、画均旷世独立，世称“三绝”，擅画兰、竹、松、菊等植物，其中画竹已五十余年，成就最为突出。著有《板桥全集》。

范县诗

（清·郑板桥）

臭麦一区，饥鸡弗顾，甜瓜五色，美于甘瓠。
结草为庵，扶翳远树，苜蓿绵芊，荞花锦互。
三豆为上，小豆斯附，绿质黑皮，匀圆如注。

将之范县拜辞紫琼崖主人

（清·郑板桥）

红杏花开应教频，东风吹动马头尘。
阑干苜蓿尝来少，琬琰诗篇捧去新。

周长发

周长发（1696～1760年），字兰坡，号石帆，别号石帆山人，学者称石帆先生，山阴（今浙江绍兴）人。清雍正二年（1724年）甲辰科二甲进士，书擅赵孟頫，兼褚遂良。著有《赐书堂诗抄》八卷。

次前韵又得一首

（清·周长发）

东入海，西泛湖，两年两浙游遍无？
我生自遂麋鹿性，何妨人世牛马呼。
吻黄何必怀雏挐，碧天双雁成欢娱。
闲看苍翠幞巾帻，绝胜青紫粉拖纡。
此行自觉安吾庐，弟兄踔踸迹未孤。
疗饥顿顿煮苜蓿，驻颜节节寻菖蒲。
功名不屑通子夫，蜉蝣楚羽荣晨晡。
袖中玩弄米颠石，壁上泼湿黄痴图。
彼哉戋戋障篾余，笑看杂沓同菅蘧。
得钱投肆不计逋，蹉跎景失难追摹。

沈大成

沈大成（1700～1771年），字举子，号沃田，江苏华亭人。博闻强识，以诗古文。名父乔堂卒官，家遂中落。自是屡就幕府徵，由粤而闽而浙而皖，前后四十余年。然性勤敏，虽舟车往来，必以四部书自随。晚游维扬，客运使卢见曾所，交惠栋、戴震、王鸣盛等，益以学业相砥砺。大成壮年时，耽心经籍，通经史百家之书，及天文、乐律、九章诸术。

龙池鲫歌

（清·沈大成）

灵岩山阳白龙池，中有神物不敢窥。
风雨变化产金鲫，腹腴修凸甘而肥。

常时齾者触龙怒，辟历往往随人驰。
岁寒霜雪老龙蛰，罾网乃敢临渊施。
一尾入市一金直，物少嗜众宜居奇。
犹忆童时侍膝下，阑干苜蓿同尝之。
荏苒五十有余载，食指虽动杳难期。
今兹中孚交卦气，旅馆大雪飞如簁。
老夫瑟缩蚕在茧，忽见银鹿褰书帷。
素鳞翕翕眼犹动，柳枝脱叶横穿腮。
曰此良友自远致，主人相馈佐酒卮。
纵之盆盎始圉圉，斗升之水亦扬鬐。
金齑玉鲙吾所欲，灶觚况复劳相思。
亟呼饔人煮冰水，芼以葱兼姜桂滋。
上箸白于剖良玉，沾唇腻若含凝脂。
尤爱鱼脑及鱼尾，水晶碎嚼吞胶饴。
巷南同志招共食，既醉捉笔还为诗。
冯煖弹铗古无取，蒙庄涸澈亦足嗤。
乐王羊舌皆何在，且微昏礼观爻辞。

任举

任举（1703 ～ 1748 年），字汉冲，山西大同人，清朝将领。雍正甲辰武进士，历官重庆镇总兵，随征金川阵亡。追赠都督同知，谥号勇烈。生前著有《任勇烈诗集》。

秋夜出塞

（清·任举）

故国迷离梦里秋，几重山水几重愁。
宁辞啮雪同苏武，肯为飞鸢念少游。
苜蓿饱嘶天驷马，酪浆渴饮月氏头。
徘徊不减筹边虑，岂有勋名后代留。

弘历

弘历（1711 ～ 1799 年），爱新觉罗·弘历。清朝第六位皇帝，清朝入关以来的第四位皇帝，1735 ～ 1795 年在位，年号“乾隆”。乾隆帝是雍正帝第四子。于雍正十三年（1735 年）即位，乾隆六十年（1795 年），因继位之时有在位时间不越祖父康熙帝之誓言，故而禅位于子颙琰，即为清仁宗嘉庆帝。此时的乾隆虽为太上皇，但依然“训政”，在宫内仍然沿用乾隆年号，为实际上的最高统治者，直至嘉庆四年（1799年）驾崩，成为中国历史上执政时间最长的皇帝（共计六十三年），而其祖父康熙帝在位时间为六十一年。

赵伯驹六马图歌

（清·弘历）

平川苜蓿丰且滋，清泉映带沙冈披。
戎人习马知马性，此处调马实所宜。
牵者櫼者二皆骝，白驹黑鬣绁柳枝。
昂藏翘足骊其色，一戎跨背鞍不施。
紫骝回首嘶厥匹，有驲龁草意自怡。
骥不称力称其德，况复一一皆英奇。
作者寓意应有在，夏官遗法谁深知。
即今大宛致汗血，骨格皆合图中姿。
亦不渥洼诩作瑞，亦不交河资兴师。
迥立阊阖跌荡荡，欲起王孙走笔为。

高其佩指头画马

（清·弘历）

平川苜蓿烟蒙蒙，一株老柳秋阳中。
二马昂藏趁西风，连钱蹀躞杰且雄。
一匹摩痒一匹卧，惊鸿脱兔凡马空。
当年画马称韩干，安排笔墨成款段。
何如一指运千钧，墨汁淋漓法不乱。
自今绘苑传奇观，不在毫端在指端。

视而不见

（清·弘历）

苜蓿平川数十里，几株杨柳秋风裹。
两驹并驰若惊鸿，一匹龁草间且喜。
卧者有二立者一，老马摩痒如龙视。
就中紫骝独称神，滚地生风尘欲起。
奚官无事但立望，两人容与踈林底。
古人画马用秋毫，高君画马用十指。
腕下生风何足云，指头运意得神髓。
悬之高堂秋意多，西余兴在南海子。

申光洙

申光洙（1712～1775年），字圣渊，号石北，曾任宁越府使。

登岳阳楼叹关山戎马

（清·申光洙）

秋江寂寞鱼龙冷，人在西风仲宣楼。
梅花万国听暮笛，桃竹残年随白鸥。
乌蛮落照倚槛恨，直北兵尘何日休。
春花故国溅泪后，何处江山非我愁。
新蒲细柳曲江岸，玉露清枫夔子州。
青袍一上万里船，洞庭如天波始秋。
无边草色七百里，自古高楼湖上浮。
秋声乍倚落木天，眼力初穷青草洲。
风烟非不满目来，不幸东南飘泊游。
中原几处战鼓声，臣甫先为天下忧。
青山白水寡妇哭，苜蓿葡萄胡骑啾。
开元花鸟锁绣岭，泣听江南红豆讴。
西垣梧竹旧拾遗，楚户霜砧余白头。
萧萧孤棹泛百蛮，暮年生涯三峡舟。
风尘弟妹泪欲枯，湖海亲朋书不投。
如萍天地此楼高，乱代登临悲楚囚。
西京万事弈棋场，北望黄屋平安不。
巴陵春酒不成醉，锦囊无心风物收。

袁枚

袁枚（1716～1797年），字子才，号简斋，晚年自号仓山居士、随园主人、随园老人，清代诗人、散文家、文学评论家，钱塘（今浙江杭州）人。乾隆四年（1739年）进士，授翰林院庶吉士。乾隆七年外调做官，先后于江苏历任溧水、江宁、江浦、沭阳任县令七年，为官政治勤政颇有名声，奈仕途不顺，无意吏禄；于乾隆十四年（1749年）辞官隐居于南京小仓山随园。在江宁小仓山下筑随园，吟咏其中，著述以终老，世称随园先生。袁枚与纪晓岚素有“北纪南袁”之称，袁枚倡导“性灵说”，为乾隆、嘉庆时期代表诗人之一，与赵翼、蒋士铨合称为“乾隆三大家”。有《小仓山房集》《随园诗话》及《补遗》，《子不语》《续子不语》等著作传世。

慰广文虞东皋以老被劾

（清·袁枚）

从古广文先生官不饱，镇日盘堆苜蓿草。
先生时愁苜蓿清，苜蓿还嫌先生老。
先生猎缨而坐叹且吁，将使搏熊逐麋斗力乎？
若然甚矣吾衰也，否则伏生辕固方登车。
我道君毋忧，麦禾各有秋。
君不见，迦陵宰相公同年，身拖紫绶归黄泉。

胡建伟

胡建伟（1718～1796年），又名式懋、勉亭。乐平古灶村人。少时聪敏好学，因勤劳过度咯血，仍苦读不辍。乾隆三年（1738年）考中举人，翌年又考取进士。先后任河北无极、正定及福建福鼎知县。后升任福州知府，兼澎湖通判和护粮工作。身兼三职而理事有条不紊。以后他又相继出任漳州南胜同知、台湾北路理番同知，卒于任所。生前著作甚丰，有《澎湖记略》十二卷、《江湄集》八卷。

澎湖纪略　仕途（节选）

（清·胡建伟）

居官三载，斋头苜蓿，自甘淡薄，不受诸生贽礼。
教人不倦。尝言人以立品敦行为重，文章词藻其枝叶也。
品之不立，则本实先拨，叶将焉附？
纵有佳文，风云月露，无补于身心、无益于政治，亦何取焉！

丁腹松

丁腹松（生卒年不详），字木公，号挺夫，又号左山。清静海乡人。康熙四十二年（1703年）进士，授内阁中书，出知扶风。除苛剔烦，与民同疾苦，有吏绩。疾归居军山。雍正十年（1732年）江潮泛溢，飓风大作，山木尽拔。男妇裸奔投松，给以衣食，活灾民八百余人。

送广文崔世伯携眷赴任石梁　讳松承号果园海门人

（清·丁腹松）

伯翁偕伯母，七十始之官。
一孙子珍鹿，分餐苜蓿盘。
名区开绛帐，多士拜儒冠，
当遇梁公荐，无将老至看。

送宋广文　讳进之字退庵　归五山旋之京师引见

（清·丁腹松）

孝廉文藻倾当代，十载滁阳秉铎迟。
不惜冷官亲苜蓿，应分花县属龙夔。
成行桃李东门酒，大会风云北关诗。
归去故山休恋恋，天恩早晚问名师。

孙士毅

孙士毅（1720～1796年），清朝大臣。字智冶，一字补山，浙江仁和人。少颖异，力学。乾隆二十六年（1761年）进士，以知县归班待铨。二十七年（1762年），高宗南巡，召试，授内阁中书，充军机章京。迁侍读。大学士傅恒督师讨缅甸，以士毅典章奏。叙劳，迁户部郎中。擢大理寺少卿。出为广西布政使。擢云南巡抚。总督李侍尧以赃败，士毅坐不先举劾，夺职，遣戍伊犁，录其家，不名一钱。上嘉其廉，命纂校《四库全书》，授翰林院编修。书成，擢太常寺少卿。

醉马草

（清·孙士毅）

西行不到酒泉郡，此地那有槽邱台。
东风吹马马无力，一痕芳草浓于醅。
眼前栈豆不足恋，中野踟蹰鸣声哀。
哺槽啜醨亦何好，坐使神驹成驽骀。
独不见，
蒲桃苜蓿几万里，腾骧天马从西来。

李中简

李中简（1721～1781），清直隶人（今河北任丘人）。字廉衣，室名僦树轩、嘉树轩、嘉树山房。传世有《嘉树山房诗集》十八卷，《嘉树山房文集》六卷。李中简是清乾隆时期享誉文坛的诗人，与纪晓岚、刘炳、戈岱、边连宝、边继祖、戈涛并称“瀛洲七子”。在诗作方面尊崇汉唐及宋代的诗歌传统，但并不拘守汉魏，或抱残唐宋，而是把握中国诗歌发展的整体脉络，因此，对《嘉树山房诗集》整理研究有一定的文学价值。

録録

（清·李中简）

録録复録録，野风吹苜蓿。
苜蓿自有花，天马自有足。
跌荡天门开，蹬蹀天马来。

秋风引

（清·李中简）

秋风已崛穷巷堁，豆棚架倒白花碎。
东家有枣西家扑，苜蓿先生食无菜。
白云影细摇远空，鸿雁声高来紫塞。
孤村野水寒更波，故园禾黍今如何。

恒阳学舍歌赠崔广文玉林广文余姐夫

（清·李中简）

宛邱学舍如舟小，恒阳学舍如邱老。
白首广文抱遗经，哦坐寒毡暮复晓。
我来叩门惊啄木，大儿应门小儿读。
二八娇女绽海图，曳地布裙无完幅。
荆钗沦茗伴著书，满眼丹铅非案牍。
闻人足音喜跫然，恒阳学舍如空谷。
恒阳学舍开讲堂，怪草秀发文禽翔。
皋比座土有重席，苜蓿盘中无异粻。
是非黜陟逃重听，心精奕奕追义皇。
伐木河干守毚兔，春风十载薰恒阳。
忆昔文坛推盟主，戚党后来独我许。
君会倒屐为方回，我有头文责子羽。
至今白发老学舍，知命安排余何嗜。
渊明岂为贪升斗，向平聊欲毕婚嫁。
古来卑棲有丈夫，低眉手版行遭骂。
爱君根华晚更荣，生可宾乡没祭社。
我歌恒阳思攒攒，恒阳学舍天风寒。
落木影静缁林壇，援琴为君操猗兰。
明年桂岩丛桂发，迟君把酒邀岩月。

赠董教授曲江

（清·李中简）

曲江官冷贫可怜，曲江才名三十年。
北溟云翼翄天阙，神鸾威凤皆联翩。
锦袍浪迹吟秋浦，烟月扬州坐怀古。
红桥乐府度吴娘，春梦三年无处所。
仙班沦谪意无聊，陶令何曾解折腰。

宦情冷落黄紬被，客兴缠绵渌酒瓢。
归来无恙便便腹，照眼一盘春苜蓿。
不道离群恨事添，翻珍在抱欢情续。
买宅为家不问田，新诗即事转清妍。
胶西老守重明叔，洛下贤侯识玉川。
几年握手铜驼陌，君鬓如漆今雪白。
东郡风花高下飞，且对流光洗胸臆。

杨世纶

杨世纶（1727～1822年），字尚因，又字弥之。清通州人。乾隆三十三年（1768年）举人。登中正榜，授中书，入直枢廷。出为建宁同知。林爽文据台湾，从福康安征鹿耳门，条陈平台十策。以功记名御史，任廉州知府。旋告归。筑一壶庵以老。著有《读礼偶笺》《读史质疑》《机庭退食录》《尚志堂诗集》。

潘广文自临淮枉过　讳景瓒字鲁英
（清·杨世纶）

苜蓿官斋冷，临濠十载过。
还来寻故旧，天地一渔蓑。

戴亨

戴亨（生卒年不详），字通乾，号遂堂，沈阳人，原籍钱塘。汉军旗人。康熙六十年（1721年）进士。官山东齐河县知县，以抗直忤上官，解组去。寄居京师，家益贫，晏如也。为人笃于至性，不轻然诺，夙敦风义。其诗宗杜少陵，上溯汉、魏，卓然名家。有《庆芝堂诗集》。

题猛虎惊群图
（清·戴亨）

君不见，
辽东东北数千里，连峰迭嶂烟云紫。
中产苜蓿丰且肥，春夏青葱冬不死。
夷王牧马任胡儿，毛色缤纷散锦绮。
填沟委壑自为群，牝牡骊黄难数纪。
扬蹄翘尾嬉天和，雪落冰飞朔风起。

朔风萧萧胡地寒，草枯木槁徒荒原。
饥兽纷驰肆攫猎，虓虎震吼声摇山。
万马詟伏缩如猬，凶挐猛噬充贪残。
群兽因之尽余肉，岂解驽骏分憎怜。
九方皋徐无鬼相，马真能入骨髓此。
中岂无超群绝足，材埋没荒原杂泥。
滓纵教履尾幸全生，谁解惊奇献燕市。
吾闻道逢老骥脱盐车，仰天嘶沫感知己。
世间伯乐不长生，龙媒困顿应如此。

述怀六首（其二）

（清·戴亨）

饥寒苦岩穴，驰情慕宠荣。居此讵不乐，称此责非轻。
所嗟当途子，纷纷但奔营。我岂耽苜蓿，度德素已明。
谈经迪英俊，足以娱我情。春雨日已滋，兰蕙日已生。
馨香满怀袖，此非众所争。

荼宗室八十初度

（清·戴亨）

乔松何不凋，苍根结深谷。老鹤何长年，霜毛戢幽麓。
缅彼遐龄子，韬机寡营逐。世苦纷自戕，心悴形讵淑。
盈缩不在天，达人解真福。祖烈晋王封，丕承隆帝族。
富贵等秕糠，抱道甘岩宿。静寂可忘年，真机畅幽独。
耆德表群公，教育董天属。忠孝督童蒙，敬慎儆夕夙。
圣意眷方隆，虚怀忧覆餗。告休缱绻衷，岂为侣鸥鹿。
三凤声闻高，风翮九霄速。继述尽英奇，烟霞遂贪欲。
轩车下蓬蒿，迂儒荷青目。忘分交情深，坦白露真朴。
值君杖朝期，称觥惭苜蓿。何有罄交欢，荒词为君祝。

岁暮馆阿员外宅

（清·戴亨）

纸田墨稼稔收难，时序催人岁复残。
压塞冻云含雪暗，失林孤雀堕风寒。
马融旧拥笙歌帐，薛令长吟苜蓿盘。
惭愧程门曾立雪，长安落魄笑儒冠。

教授顺天府（雍正辛亥）（其一）

（清·戴亨）

谩道嵇康七不堪，偶因稽古服微官。
宦情莫敌烟霞癖，儒味聊甘苜蓿盘。
一代勋猷归鼎鼐，千秋书策属单寒。
闲开讲席临轩坐，已见熏风长蕙兰。

秋日寄怀任东涧

（清·戴亨）

君住山阳淮水畔，余家辽左鸭江滨。
一朝邂逅怜同调，千古文章信有神。
待价骅骝虚苜蓿，高栖鸾鹤老松筠。
相思北望秋将晚，鸿雁声高落叶频。

寿河间陈太守十四韵

（清·戴亨）

冠冕南都丽，文章北斗悬。太邱光史册，东武轶陶甄。
帜拔巍科早，风移太邑传。彤廷隆誉洽，瀛郡德星连。
抚字劳丰歉，恩膏匝陌阡。珠光辉合浦，麦颖秀旻天。
邵杜声华着，龚黄事业肩。腐儒依绛帐，旧物有青毡。
蠹饱神仙字，炊荒苜蓿田。徒闻三绝誉，深愧两斋贤。
雪酿梅花白，春归柳絮妍。觞称腊去后，筵敞月来先。
覆冒承殊渥，输忱鲜滴涓。叨陪群属末，泥首祝遐年。

郭雍

郭雍（生卒年不详），字仲穆，号约园，又号书禅，福建福清人。康熙五十二年（1713年）举人。事母孝，性高洁，博学能诗文。书法规摹锺、王。有《田园诗集》《福建通志》。

集荔水庄夜雨

（清·郭雍）

高窗开荔水，客至弄渔竿。
细雨论诗后，行杯远漏残。
簟平荷气入，萤小草根寒。
明发仍泥泞，愁君苜蓿盘。

纪昀

纪昀（1724～1805年），字晓岚，一字春帆，晚号石云，道号观弈道人。清乾隆年间的著名学者，政治人物，直隶献县（今中国河北献县）人。乾隆十九年（1754年）进士。历雍正、乾隆、嘉庆三朝，官至礼部尚书、协办大学士。乾隆三十三年（1768年）因言获罪，遣戍乌鲁木齐，三十五年（1770年）赦回。曾任《四库全书》总纂修官。代表作品《阅微草堂笔记》。

乌鲁木齐杂诗（其十）

（清·纪昀）

配盐幽菽偶登厨，隔岭携来贵似珠。
只有山家豌豆好，不劳苜蓿秣宛驹。

寄董曲江

（清·纪昀）

五纬宵明壁府宽，风云翕合竟弹冠。
相携诸子蓬莱岛，时忆先生苜蓿盘。
名士为官原洒落，词人垂老半饥寒。
只应雪夜咏新句，且付彭城魏衍看。

新泰令使馈食品诗以却之

（清·纪昀）

山驿风霜特地寒，劳君珍重劝加餐。
词臣只是儒官长，已办三年苜蓿盘。

王昶

王昶（1725～1806年），字德甫，号述庵，又号兰泉，青浦（今上海市青浦区）朱家角人。著有《使楚从谭》《征缅纪闻》《春融堂诗文集》。辑有《明词综》《国朝词综》《湖海诗传》《湖海文传》等书。

徵招三首（其一）

（清·王昶）

博士少从容，耽古艺、郑服兼通邹夹。苜蓿一盘寒，好著书盈箧。
盛衰今古事，且莫怨、秦淮残劫，明晨去、为寄双鱼，趁进潮风急。

赵翼

赵翼（1727～1814年），清代文学家、史学家。字云崧，一字耘崧，号瓯北，又号裘萼，晚号三半老人，汉族，江苏阳湖（今江苏常州）人。乾隆二十六年（1761年）进士。官至贵西兵备道。旋辞官，主讲安定书院。长于史学，考据精赅。论诗主“独创”，反摹拟。五言、七言古诗中有些作品嘲讽理学，隐寓对时政的不满之情，与袁枚、张问陶并称清代性灵派三大家。所著《廿二史札记》与王鸣盛《十七史商榷》、钱大昕《二十二史考异》合称清代三大史学名著。

供给单

（清·赵翼）

食品开明二等殊，仍防中饱落厨夫。
漫疑乞米书成帖，不比充饥饼在图。
日有只鸡公膳半，夜无斗酒客谈孤。
歌鱼讵敢弹长铗？苜蓿儒餐分已逾。

李合

李合（生卒年不详），字墅云，元谋县人，康熙壬子举人，曾任郎岱同知等职。雍正壬子年（1732年）中举人，授河东猗氏知县。不久遂投劾归隐，回元谋之月旧山，以山水自娱。时该地盛产五色豆，墅云作《五豆吟》一首，为人所传，被人称为“五豆先生”。

五豆吟

（清·李合）

老贫不厌山居陋，禡雨耕烟人竟瘦；
妻孥共饱落箕餐，每饭先生登五豆。
五豆何如五鼎烹，制作甘于无病诟；
况复力耕只在斯，苜蓿较量为已厚。
田祖居歆腐一盆，饭牛饲马充斋厩；
豆花开后菊花开，竹叶青浮眉懒邹。
衣冠甚伟谁为之，意谓商芝能引寿。

李御

李御（1729～1796年？），字琴夫，号萝村，晚号小花山人或小花樵长，丹徒人。

与王文治、鲍雅堂等以诗齐名，有京江五凤之称。乾隆二十六年（1761年），应王文治之邀到北京。在北京所作《琉球刀歌》《晚菊》《寒夜读三国志》《题陈迦陵填词图》《黄蓉山庄红豆树歌》等都是传诵一时的名作。

秋草四首同唐再可宋小岳曹竹虚王禹卿作（其一）

（清·李御）

北风塞马听悲鸣，见说明妃冢有灵。
朔雪早飞边地白，荒坏独对汉宫青。
故人别后蘼芜晚，老将亡来苜蓿零。
欲向博孤城上望，霜笳满地不堪听。

王曾翼

王曾翼（1732～1794年），字敬之，号芍坡，江苏吴江人。乾隆二十五年（1760年）进士，授户部主事。曾任兵道、知府、兵备道。乾隆五十年（1785年）四月随陕甘总督福长安前往新疆巴里坤视察屯田。曾两度出关。

吐鲁番

（清·王曾翼）

古郡传唐代，寻碑访旧城。
花门瓜作饭，屯地马能耕。
苜蓿经霜翠，葡萄入市盈。
初冬偏觉暖，应有火州名。

吴骞

吴骞（1733～1813年），字槎客，号兔床，海宁人，诸生。著名藏书家，家有拜经楼，据《海昌备志》：吴骞“笃嗜典籍，遇善本倾囊购之弗惜。所得不下五万卷，筑拜经楼藏之。晨夕坐楼中，展诵摩挲，非同志不得登也。”吴骞《愚谷文存·桐阴日省编》则自述藏书曰：“吾家先世颇乏藏书，余生平酷嗜典籍，几寝馈以之。”自束发迄衰老，置得书万本，性复喜厚帙，计不下四五万卷。

感题

（清·吴骞）

菽水能怡苜蓿前，何曾白首一官迁。
祗怜有道文成后，不见丁兰又六年。

谢启昆

谢启昆（1737～1802年），字良壁，号蕴山，又号苏潭。清乾隆初年（1736年）出生于江西省南康县城东街步坊后。他由科举入仕，历官编修、乡试主考、知府、按察使、布政使、巡抚等职，成为当时政绩卓著、清正廉明的省级长官，著名学者、方志学家。

张骞

（清·谢启昆）

博望初乘贯月搓，龙庭万里欲为家。
玉门以外安亭障，金马从西致渥洼。
凿空安能得要领，开边不异控褒斜。
轮台诏下陈哀痛，上苑犹栽苜蓿花。

钱维乔

钱维乔（1739～1806年），清文学家、戏曲家。字树参，季木，小字阿逾，号曙川，又号竹初、半园道人、半竺道人、半园逸叟、林栖居士等。江苏武进人。乾隆十年（1745年）状元钱维城之弟。乾隆二十七年（1762年）举人。曾讲学于如皋露香草堂，门前种竹，自号竹初居士。

赠吕甥叔讷

（清·钱维乔）

燕台风劲木潇骚，感遇三冬首漫搔。
游子盘惟求苜蓿，才人笔偶赋樱桃甥有《芸阁赋》，为歌童作也。
丹青重洒羊昙泪予偕甥游琉璃厂，得先文敏兄画一帧，霜雪偏萦须
贯袍甥所衣裘，自云塞上故人所寄。
珍重岁寒生计好，得归免使倚阁劳。

谢重辉

谢重辉（1644～1711年），字千仞，号方山，又号匏斋，清初德州城南关街人，致仕后定居德城区黄河涯镇谢家坟村。父亲谢升，明万历三十五年（1607年）进士，官至吏部尚书、建极殿大学士，入清后仍任建极殿大学士管吏部尚书。

谢张教官馈春肉

（清·谢重辉）

白木盘盛羊豕财，红鲜膻义含腰厚。
日暮斋夫急打门，馈赔茅奔慰衰杇。
拜受虽喜汽羊存，放箸未忍辄充口。
城中斗米值千钱，农夫田妇持腹久。
去年苦雨伤禾苗，千村万落化乌有。
人家纵使荷销犁，波涛良难辨南亩。
流离异域秋风吹，官府抵死促丘首。
朝廷虽施浩荡恩，今黎已亡十八九。
今年瘦疫复大作，性命调丧同蒲柳。
老夫伤心时暗弟，泪痕晨拭每及商。
分肉感君意气深，区区一饱仗宾友。
安得倾君苜蓿盘，遍及闾阎任尽取。
便可法渠千万人，畜眼看君君能否。

福庆

福庆（1742～1819年），字仲余，号兰泉，钮祜禄氏，满洲镶黄旗人，内大臣一等子额亦都裔孙。乾隆二十八年（1763年）考取笔帖式。历任笔帖式、同知、知府、安肃道、镇迪道、按察使、布政使、巡抚、尚书、都统等职。乾隆五十九年（1794年），调镇迪道，乾隆六十年（1795年）六月任事。嘉庆三年（1798年）十月卸事，调甘凉道。嘉庆三年（1798年）十一月七日入关。福庆任安肃道、甘凉道三年，任镇迪道四年，“边倖七年”是其整个仕宦生涯中夺目的一章。其间他创作了大量的文学作品，特别是在为宦新疆时的诗作，独具风采。

西域怀古杂咏

（清·福庆）

张骞持节出阳关，长夏披裘雪满山。
大宛归来称善马，贰师何处度沙湾。
蜀通大夏接乌孙，扼要轮台旧汉屯。
欲制匈奴断右臂，先从盐泽逐河源。
车师前后有王庭，浞野功成马不停。
才虏楼兰轻骑破，酒泉亭障玉门屏。
采将苜蓿种离宫，武帝曾夸葱岭东。

元凤羞贻行刺诈，漫言介子有奇功。
羁縻西域是宣城，光武中兴令不行。
可惜属夷三十六，莎车当日任纵横。
班超谋勇足褒崇，鄯善于阗在计中。
三十七人通属国，浑身是胆见英风。
焉耆疏勒畏雄师，威震龟兹降月氏。
五十余帮四万里，一时重译赋东驰。
定远军容整大纲，岂知任尚少筹疆。
父风犹在推班勇，张朗邀功志未偿。

陈烺

陈烺（1743 ～ 1827 年），字士辉，号东村，又号榕西逸客，闽县（今福州）人。陈烺博学多才，但科举不利。乾隆四十二年（1777 年）中举，乾隆五十八年（1793 年）官德化县训导，后因病归里，卒于道光七年（1827 年）丁亥五月，享年八十五。陈烺有《庄子注》《杜诗注》《垂老诗集》及传奇《紫霞巾》《花月痕》等。

东崎林兆泰

（清 · 陈烺）

君真觅句陈无己，我愧谈诗叶石林。
忽听江南断肠曲，也教幽恨起瑶琴。
忍看白壁掩尘埃，好事多磨信可哀。
究竟情深磨不断，紫巾还是旧良媒。
休将旧调按旗亭，且把新声奏后庭。
寄语彭宣诸弟子，一编风雅是传经。
阑干苜蓿冷于秋，数阕清歌自解愁。
唱到完巾声入破，三鳝堂外月如钩。

畹滋谢春兰

（清 · 陈烺）

苜蓿秋开冷署花，官闲才调较清华。
瑶池阿母擎杯问，果否填词亦紫霞。
情海茫茫百感增，淮扬烟月隔帘灯。
玉人吹断箫声后，梦在红楼第几层。

笏冯缙

（清·陈烺）

一肩行李到吾庐，异宝惊将引贾胡。
苜蓿满囊犹有此，可知薏苡是真珠。
先生自德化回，即寓寒斋，因先得见此。
诛茅斜傍半轩梅，寒居近移梅枝里，细蕊何当羯鼓催。
忽听紫霞歌一曲，满枝香雪一时开。

洪亮吉

洪亮吉（1746～1809年），字君直，一字稚存，号北江。清江苏阳湖人。乾隆五十五年（1790年）一甲第二名进士，授编修。后于乾隆五十七年（1792年）在顺天乡试同考官中，奉视学贵州之命，乃于九月二十四日挈家上路。乾隆六十年（1795年）九月将报满回京。嘉庆元年丙辰（1796年）四月，散馆一等，奉旨留馆。嘉庆四年（1799年）上书军机大臣言事，极论时政，免死戍新疆伊犁。翌年释还，自号更生居士，居家十年而卒。

张检讨问陶

（清·洪亮吉）

西蜀奇人作冷官，青毡犹剩十分寒。
何妨日住蓬莱顶，不改常餐苜蓿盘。
子美数间吟舍窄，淳于一石酒肠宽。
金钗典尽眉常敛，欲画仍须拂镜看。

吕学博星垣

（清·洪亮吉）

卅载词场志已灰，狂名犹被世人推。
好奇欲破古今格，傲俗肯交中下才。
不觉一官餐苜蓿，依然十幅写玫瑰。
年年避债君尤窘，曾与同登百尺台。

杨廷理

杨廷理（1747～1813年），字清和，号双梧，籍贯广西柳州，1747年生于广西左江，多次担任台湾清治时期的台湾知府、台湾道。于任内设噶玛兰厅，趋走海盗朱濆，另外也有“杨廷理败地理”的中国台湾民间传奇故事。

偶成

（清·杨廷理）

羌夷款塞巩藩疆，辟土当年百战场。
细柳营悬金锁甲，荷戈客老玉门霜。
龙沙月照边庭冷。苜蓿春深宛马良。
汉代亭台在何处，绥城金碧耀斜阳。

师范

师范（1751～1811年），字端人，号荔扉，又号金华山樵，云南省大理人。1801～1808年任安徽望江（今安徽省望江县）知县。乾隆三十九年（1774年）甲午科中举人后，六次应礼部会试皆不及第。1787年，任剑川州学正。在剑川七年，培养了大批人才。1791年，时逢官军西征廓尔喀，师范被派驻丽江，辅佐运粮事宜。“凡剑川应运，该出其手”。1797年受到嘉奖举荐，被选授安徽望江知县。不料此年师范的父亲去世，按制要守孝3年。1801年，师范赴望江就职，任知县八年。1808年，以病解任罢官后，贫不能归，以卖文为生。1811年，师范客死望江，身无余财，惟存书千卷，由挚友张溟洲、张鹏升等合力筹办，送其灵柩回弥渡，葬于东山。

祝贺任宜良县训导

（清·师范）

盘陈苜蓿年方冠，诸葛营边拥鼻吟。
自是诗人宜有后，一官差慰九原心。

赵怀玉

赵怀玉（1747～1823年），字忆孙，又字味辛，号映川，晚号牧庵居士，江苏武进（今常州市）人。乾隆四十五年恩科举人，授内阁中书。嘉庆六年任山东青州海防同知，升登州、兖州知府。嘉庆八年丁父忧归，遂不复出。晚主江苏通州文正书院、陕西关中书院及浙江湖州爱山书院。精校勘之学。与洪亮吉、黄景仁、孙星衍、杨伦、吕星垣、徐书受并称“毗陵七子”。著有《亦有生斋集词》五卷。

念奴娇二十四首（其一）

（清·赵怀玉）

出门西笑，又长安小住，流光如驶。

回首南云亲舍隔，屈指路三千里。
春盎重帏，树荣双荫，此乐谁能拟。
无端作客，思量难怪游子。
且喜天禄归来，儒官暂就，更遂承欢意。
黉舍横经多暇日，便是名山基址。
架庋缥缃，盘堆苜蓿，洁养陔华里。
青云方近，在君还算余事。

祁韵士

祁韵士（1751～1815年），字鹤皋，号访山，山西寿阳县平舒村人，清代中期的史学家、文学家。从小入家塾读书，学作诗文，尤喜史地。乾隆四十三年（1778年）中进士，初任翰林院编修，乾隆四十七年（1782年）任国史馆纂修官，官至户部郎中、宝泉局（即铸币局）监督。

苜蓿

（清·祁韵士）

欲随青草斗芳菲，求牧偏宜野龁肥。
几处嘶风声不断，沙原日暮马群归。

蒲忭

蒲忭（1751？～1815年？），字快亭，江苏清河人。嘉庆七年（1802年）壬戌科三甲第一百六十名进士（“孙山”前一名），曾任苏州教授。著《南园吏隐诗存》。

恭次元韵四首（其一）

（清·蒲忭）

蓬瀛不可极，尽域依香土。
问佛佛无言，缤纷散花雨。
搔首对东风，醉持如意舞。
高会来群仙，苜蓿先生补。
分无青紫及，敢云拾芥取。
拟结蒲团因，面壁学初祖。

铁保

铁保（1752～1824年），清满洲正黄旗人，姓觉罗氏，后改栋鄂氏。世为将系。

字冶亭，又字铁卿，号一字梅庵，怀清斋。因其年轻才高，颇得大学士阿桂的器重，屡次保荐，获乾隆帝赏识，授以翰林院侍读、侍讲学士、内阁学士，乾隆五十四年（1789年）升任礼部侍郎。嘉庆十年（1805年）官至两江总督，多次因事遣戍。后遭流放到新疆、吉林。仕途上也几经坎坷，历经近五十年宦海沉浮，最高时官居一品。道光元年（1821年）因目疾乞休时，只蒙赐三品卿衔致仕。三年后病死。著有《惟清斋》全集；书法上先后辑有《惟清斋字帖》《人帖》《惟清斋法帖》等，为艺林所重。

塞上曲

（清·铁保）

高原苜蓿饱骅骝，风起龙堆塞草秋。
陌上健儿同牧马，一声齐唱大刀头。

法式善

法式善（1752～1813年），清代官吏、文学家。字开文，别号时帆、梧门、陶庐、小西涯居士。乾隆四十五年（1780年）进士，授检讨，官至侍读。乾隆帝盛赞其才，赐名“法式善”，满语“奋勉有为”之意。曾参与编纂武英殴分校《四库全书》，是我国蒙古族中唯一参加编纂《四库全书》的作者，著有《存素堂集》《梧门诗话》《陶庐杂录》《清秘述闻》等。

送王惕甫归里就官广文

（清·法式善）

拂槛樱桃熟，堆盘苜蓿香。
青山买难必，纸帐睡何妨。
心早看云淡，身偏作字忙。
不须居庑下，琴瑟久徜徉。

元日食豆腐渣四首（其一）

（清·法式善）

未殊苜蓿先生馔，雅称蓬蒿处士风。
惜处竟如鸡肋弃，辨来可与菜根同。
略添况味糟糠外，别署头街澹泊中。
转恤馑年治废圃，朝朝携瓮灌葵菘。

唐仲冕

唐仲冕（1753～1827年）清代官员、学者。字云枳，号陶山居士，世称唐陶山。

原籍善化（今湖南长沙），后客居肥城县（今肥城市）涧北村。乾隆五十八年进士，历官江苏荆溪等县知县。道光年间累官陕西布政使。所在建书院，修水渠。知吴县时曾访得唐寅墓。有《岱览》《陶山集》等。

陶山赋

（清·唐仲冕）

木则白榆翠柏，果则文杏绯桃。
柿垂垂而叶赤，枣纂纂而香飘。
春原肥苜蓿，秋架蔓葡萄。

伊秉绶

伊秉绶（1754～1815年），字祖似，号墨卿，晚号默庵，清代书法家，福建汀州府宁化县人，故人又称"伊汀州"。乾隆四十四年（1779年）举人，乾隆五十四年（1789年）进士，历任刑部主事，后擢员外郎。嘉庆四年任惠州知府，因与其直属长官、两广总督吉庆发生争执，被谪戍军台，昭雪后又升为扬州知府，嘉庆七年（1802年），伊秉绶五十四岁时，因父病死，去官奉棺回乡，扬州数万市民洒泪送别。六十二岁病逝后，扬州人为仰慕其遗德，在当地"三贤祠"（祀欧阳修、苏轼、王士祯三人之祠）中并祀伊秉绶，改称"四贤祠"。

送何道生出守宁夏

（清·伊秉绶）

君不见，贺兰山高高接天，柳枝红似珊瑚鞭。
君不见，黄河流过鸣沙东，神龙峡口磨青铜，其源盈尺桃花水。
急报雍梁一千里，我欲山头筑成戏马台。
倒倾黄河入酒杯，受降西城尽蛮服。
萧关东道来龙媒，使君五马一马骢。
初衔恩命蓬莱宫，汉唐弧矢防边处。
圣朝耕凿屯田功，屯田有年多秬秠。
地大物博风渐靡，稚牛击鼓吹笙竽。
红氍毹照吴姝美，使君称诗魏与唐。
土风好乐思无荒，方今都护所隶疆。
葡萄苜蓿走且僵，有不庭者鞭遐荒。
我歌此诗告边吏，雪励精神风作气。
马腾士歌尽地力，慎守封圻千万世。

王芑孙

王芑孙（1755～1817年），字念丰，号惕甫，一号铁夫、云房，又号楞枷山人，长洲(今江苏苏州)人。乾隆五十三年(1788年)召试举人,官华亭教谕。工书逼刘墉，不期而合。

渊雅堂

（清·王芑孙）

君今六十一，我亦五十六。未必少壮时，此身甘屈伏。
与君同里门，卅载非碌碌。许我张一军，敢望后尘逐。
长安人海中，一例困场屋。君方傲贵游，岂肯干薄禄。
途穷始卖文，才大不谐俗。我思采蘼芜，君已弃苜蓿。
归耕楞伽山，门对青山渌。集成渊雅堂，早看万人读。
老笔写沤波，墨琴楷本缩。有子且抱孙，俛仰能自足。
何必求硕仙，即此享真福。巍然鲁灵光，侍郎匠轮断。
诗境晚逾甘，疑义共商确。千秋得两贤，坡公友山谷。
相待十年余，后集刊行续。椟材非枣梨，生圹且迟筑。
嗟余堕蛮烟，偏逢瘴疠酷。此心等蚕丛，宛转向谁告。
忍寒熏药苗，疗饥噉芭谷。有时托啸歌，杂入山鬼哭。
方知李青莲，当年赦书速。若久留夜郎，江月何须捉。
悠悠历星霜，弃置同槁木。昕喜入山深，堆案尠留牍。
三载当黜陟，书考无荣辱。长官悯投荒，随辈一推毂。
行当上长安，舂粮无隔宿。求退转未能，先后羽书促。
蛾眉生入关，谁肯千金赎。因思陶先生，去来遂所欲。
当其赴官时，琴书先已束。宁待秋风生，眷怀三径菊。
我年少于君，齿豁头已秃。阿琅十四龄，课之尚逃塾。

缪公恩

缪公恩（1756～1841年），沈阳人。原名公侽，字立庄，号楳澥，别号兰皋。缪公恩家世代为官，曾随父亲宦游江南近20年，饱受江南文化的濡染，喜交文人雅士。

哭寿安表弟

（清·缪公恩）

霜落金台柿叶丹，秋镫相对夜初寒。

君能身作芝兰客，我只竽吹苜蓿盘。
有母存孤生已幸，无儿承后死应难。
空馀匣里端溪砚，鸲鸽双枯泪眼乾。

费锡章

费锡章（？～1817年），清浙江归安人，字焕槎，又字西墉。乾隆四十九年（1784年）举人。嘉庆间官至顺天府尹。尝奉使琉球册封。因坐事降级留任。博学工文，有经世志。有《续琉球国志略》《治平要略》《赐砚斋集》等。

琉球纪事一百韵

（清·费锡章）

积水通旸谷，横流划大荒。山从波底拔，人向岛间忙。
喷薄鱼龙气，昭回日月光。溯源盘古埒，戡乱舜天强。
遗种滋蕃育，余黎浸炽昌。隋书名始著，明史氏衫彰。
久矣怀中夏，幡然耻夜郎。艰危勤栉沐，宛转达梯航。
龄冒才开楚，椒聊已咏唐。翼缘侵沃灭，虢亦侍虞亡。
自此连三省，因而擅一方。辨戈承系统，当壁验真王。
世业经兴替，私衷倍悚惶。首先依定鼎，踵接贺垂裳。
序次句骊右，班联御幄傍。衮旒施祖考，币帛逮嫔嫱。
奉朔遵时宪，于东奠土疆。戚休萦眷注，灾患许扶匡。
习俗沿蒙昧，专员代测量。地稽吴越近，星订女牛祥。
属籍刊盟府，功宗纪太常。五朝修职贡，七姓效励勷。
厥篚陈蕉苎，充闲罢骕骦。蛮笺翻侧理，阴火斸硫磺。
扇冀皇风拂，刀呈武库藏。鉴诚恒奖纳，厚往必优偿。
睿藻颁题额，彤云拥画梁。战图麟阁贮，辍赐雀屏张。
彝器樽兼卣，奇珍琥与璜。缤纷周黼黻，斑驳汉琳琅。
既普菁莪化，还贻翰墨香。凡兹宏在宥，孰是感能忘。
乃者遭多难，嗟哉悼幼殇。告哀循故典，嗣服进邮章。
举国知重耳，群情爱子臧。痛维藟庇本，敢谓雁分行。
摄位仔肩荷，殚精庶政康。慎封虔镇抚，主鬯妥烝尝。
惟帝恢无外，宣纶出未央。八驺迎簜节，双舸下虬洋。
存殁均焘怙，君臣俨对扬。祭怜新鬼小，恩溥旧邦长。
载启延宾馆，咸升敷命堂。瓦甗攒玳瑁，门牡闳鸳鸯。
围棘姑罗干，崇墉砺石墙。赳桓屯虎旅，瓯脱坼蜂房。
笳吹晨昏剧，饩牵旦夕将。挽输划独木，供亿顶柔筐。

亟见台米馈，翻愁跑用伤。醰醰澄酒醴，霍霍伺猪羊。
束缚蛇皮黑，支撑蟹距黄。鉅烘乾噬腊，米咂腻含浆。
漫说频加饭，何曾暂彻姜。平生几食料，异域具膏粱。
好证游仙梦，遐思选佛场。敲棋疑鹄至，仿帖眩鸾翔。
文惮韩苏健，诗惊李杜芒。沁脾咀蔗尾，燥吻擘瓜瓤。
不暑晴添热，非秋雨送凉。蛟涎朝更毒，蜃雾晚尤沧。
蜥蜴声如鹊，蚊蚊阵若蝗。但逢寒燠换，便觉起居妨。
吟啸消岑寂，登临展眺望。携童寻胜迹，杖策步层冈。
迤逦停舟港，参差系马柳。两崖排铁板，百雉巩金汤。
融结成都会，衣冠萃济跄。归仁藩分壮，守礼燕诒庆。
井养疏泉窦，师贞戢剑铓。申宫严禁卫，徼道设亭障。
弼教爰增律，誉髦并建痒。富须广树艺，暇即浚池隍。
欲继前规扩，全凭治法良。顺途招父老，憩坐话农桑。
质朴形殊琐，兜离语却详。公田卿以下，偕乐岁之穰。
薯蓣贫家粮，凫茨野处粮。钱轻鸠目刮，笔硬鹿毛僵。
剔抉螺称贝，陶镕锡号钢。民庞羞狗盗，里美贱狐倡。
志录犹仍误，咨诹待细商。迢遥南暨北，荏苒露为霜。
聆乐偏惆怅，闻鸡每激昂。扫除徐孺榻，点检郁林装。
赠贿仪终亵，坚辞意岂傭。裒编庋苊箧，丛绘袭巾箱。
客静搜残帙，奴顽笑涩囊。骈仓深比阱，麻力矮于床。
吉果圆揉粉，彩糕滑糁糖。菜肥搴苜蓿，面洁磨桃榔。
信宿奚求备，绸缪且预防。喧呼伐钲鼓，踊跃挂帆樯。
隐念祈呵护，斋心默祷禳。再看涛滚滚，又涉浸茫茫。
熟路沧溟阔，恬瀛圣泽瀼。回头夷壤杳，屈指岭梅芳。
曼寿皆欢喜，千官正拜飏。微忱徒缮缒，傈直后趋跄。
缥缈瞻壶峤，晶荧认角亢。乘槎旋海屋，愿晋万年觞。

曾燠

曾燠（1759～1831年），字庶蕃，一字宾谷，晚号西溪渔隐。江西南城人。官至贵州巡抚。清代中叶著名诗人、骈文名家、书画家和典籍选刻家，被誉为清代骈文八大家之一。曾廷澐之子。

寄吴白庵

（清·曾燠）

广文先生今郑虔，有才三绝无一钱。

前年上书不得意，挂帆飞渡巴陵烟。
巴陵烟开庾楼月，虞公宴客笙歌发。
汉江一醉三百杯，落笔波澜与江阔。
却乘黄鹤还故乡，故乡妻子饥且僵。
劝君俯就升斗禄，需次从此居南昌。
而君落拓犹故常，闻君东湖之涘赁华屋，推与贫交同信宿。
堂中食客常百人，不计广文饭不足。
怀中安得余琅轩，盘里从来厌苜蓿。
吾侪豪气穷不衰，黄金到手辄尽之。
平生浪说买山隐，徒有空囊诚可哂。

刘凤诰

刘凤诰（1760～1830年），字丞牧，号金门，江西萍乡人。乾隆五十四年（1789年）进士，授编修。超擢侍读学士，提督广西学政。官至吏部右侍郎，以罪戍齐齐哈尔。释回，给编修。道光元年（1821年），因病回籍。道光十年（1830年），病逝于扬州。凤诰工古文，著有《存悔斋集》传于世。

黄豆瓣儿曲

（清·刘凤诰）

豆瓣儿飞复飞，朝食草子暮草栖。飞飞高高复飞下，王孙挟弹不得射。
豆瓣儿乐莫乐，人家燕雀工处幕，汝独仓黄止屋角，纥干山头风雨恶。
豆瓣儿何处啼，啼复啼时时可悲，一声两声乌夜怨，三声四声马肠断。
不愿络黄金羁，亦不愿守苜蓿肥。但愿主人视我鸱鸢啄疮肉，
忍为牧厮厩卒日夕相嘲箠。吁嗟乎！豆瓣儿！

冯镇峦

冯镇峦（1760～1830年），字远村，清重庆府合州（今重庆市合川区）人，嘉庆后期曾在四川汉源作过学官，著有《红椒山房笔记》等，评点过《聊斋志异》。乾隆五十七年（1792年），以诸生中式乡榜，数上公车不第，乃就大挑得二等，以校官用。道光十年（1830年），三次考满循例截取广东龙门知县，未之任而卒，年七十一。

自寿诗十首（其一）

（清·冯镇峦）

举头四顾天地宽，七十龄来任自然。

富贵当场成一笑，文章过眼想千年。
慈心我愿人皆佛，古貌群疑世有仙。
寂寞光阴偏耐久，阶前苜蓿翠芊芊。

鲍台

鲍台（1761～1854年），字石芝，嘉庆十九年（1814年）岁贡。先祖自平阳岭门（今属昆阳镇）徙迁江南翁处（今属苍南县），后迁荻浦（今属平阳县萧江镇）。祖父鲍陈彰，康熙间邑庠生。父鲍梅，字敬亭，乾隆间诸生。曾常诵前贤“但存方寸地，留于子孙耕”句，叹为至言，因筑“留耕书屋”以训后人。至鲍台，先迁至柳嘉垟，再迁至金舟乡夏口（今属苍南县钱库镇），隐居灵峰瀛水之间十余载，授徒讲学，诲人不倦，对年青学子常多勉励：“羡汝红颜好，嗟余白发生。风流豪士意，迟暮美人情。学海凭长绠，诗歌有正声”。

秋日门士黄云谷青霄，携鱼酒见赠，赋此以谢兼答其寄怀之作四首（其三）

（清·鲍台）

苜蓿空盘剩几枝，茶烟轻飏鬓丝丝。
双鱼斗酒劳持赠，可少青莲七字诗。

仲夏日集粲花楼赋赠叶松云茂才

（清·鲍台）

一时裙屐擅风流，声隽春黉二十秋。
访旧曷来通德里，登高直上仲宣楼。
元亭酒载奇争问，白练书成笔更遒。
且喜遭逢贤地主，空盘苜蓿不须愁。
为华绰如题春山，访友图兼以留别。

为华绰如题春山访友图兼以留别

（清·鲍台）

华生不羁才，清风满人耳。
唇舌楼君卿，玉貌鲁连子目已无诸伧，胸乃罗全史。
苍茫蒲海滨，自驾琴高鲤。
求友感嘤鸣，行歌采兰芷。
岁晚缚行縢，访我城西市。
气呵凤岫云，足濯龙湖水。
北海敬仲宣，得不起倒屣。

顾无鹔鹴裘，为君换醇醴。
嗤嗤苜蓿盘，腐儒安足齿。
行矣不我留，凌空跨騄駬。

杨新甲

杨新甲（1762～1824年），字振华，一字艾山。他屡屈于乡试，以文行重于乡，从学者如归市。其持身慈和而伉直。他的诗多抒沉沦泥途，壮志未申的痛楚之情，《和薛澧浦秋感韵》云："我亦身希百尺竿，至今犹是老方干。儒冠纵误抛仍恋，世路虽宽行便难。何处沧波能借润，几年针孔尚求安。青衫也满穷途泪，多恐知交不忍看"。

六十自述（节选）
（清·杨新甲）

马牛碌碌，几忘揽揆之辰；乌兔茫茫，不觉杖乡之及。
多寿较诸夭寿，达者惟是齐观；有生何似无生，佛家以为大患。
甲也平头六十，抱愧万千。
少岁颠连，枯鱼过河而欲泣；中年眊氉，冻蝇钻纸以何功？
今即梦醒芙蓉，怨已忘于红勒；然犹盘餐苜蓿，债未了乎青毡，所以蜷曲里门。

鲍桂星

鲍桂星（1764～1826年），字双五，一字觉生，安徽歙县人。嘉庆进士，累官工部侍郎，中蜚语落职。宣宗即位，以编修召对，历詹事，卒官。性质直敢任事。邃于文书，初定从吴定学诗古文，后师姚鼐，为诗能合唐宋之长。有《进奉文钞》《觉生诗钞》《咏史怀人诗》，又用司空图说，辑《唐诗品》八十五卷。

张薇庭维垣之广文任
（清·鲍桂星）

叨闻鲤对五春冬，破砚寒毡滞客踪。
先我荒厨营苜蓿，待君神剑跃芙蓉。
河声酒外桑干水，秋色鸿边日观峰。
此去好栽桃李树，清芬吹偏舞衣浓。

汤贻汾

汤贻汾（1778～1853年），字若仪，号雨生、琴隐道人，晚号粥翁，武进（今江苏常州）人。清代武官、诗人、画家。以祖、父荫袭云骑尉，授扬州三江营守备。擢浙江抚标中军参将、乐清协副将。与林则徐友契，与法式善、费丹旭等文人墨客多有交游。晚寓居南京，筑琴隐园。精骑射，娴韬略，精音律，且通天文、地理及百家之学。书负盛名，为嘉道后大家。工诗文，书画宗董其昌，闲淡超逸，画梅极有神韵。其妻董婉贞也为当时著名画家。晚年退居金陵，咸丰三年（1853 年），太平军破城后投水死，谥贞愍。著有《琴隐园诗集》《琴隐园词集》《书荃析览》，杂剧《逍遥巾》等。

苜蓿

（清·汤贻汾）

吾官亦云冷，苜蓿餐自宜。
肯以牧吾马，马肥吾当饥。
农家不肯食，朽以粪亩洼。
乃知真率味，如人与时违。
兼恐乘槎人，亦未咀得之。

卖马

（清·汤贻汾）

晨呼厩卒至堂下，尔行入市卖我马。
我马行步工，纵不神骏非驽庸。
溽暑严寒无病苦，骨相亦非不利主。
边城无地堪寻幽，终年伏枥同牢囚。
春风紫陌渺何许，苜蓿空怜天尽头。
爱马岂惜值，但虑风尘希赏识。
卖钱不嫌少，要令莝豆长得饱。
官厨三日无火光，我饥则宜尔可伤。
玉禾醴泉仙枣脯，岂在德力方能当。
行兮勿回顾，漫论重逢无定处。
呜呼！承平何事宜骅骝，一竿归去寻扁舟。

邓显鹤

邓显鹤（1777 ～ 1851 年），字子立，一字湘皋，湖南新化人。生于清高宗乾隆四十二年（1777 年），卒于文宗咸丰元年（1851 年），年七十五。少与同里欧阳辂友善，以诗相砥砺。嘉庆九年（1804 年）举人。因将王夫之的大量作品进行点校刊刻，而使船山之学得以显扬于世。湖南后学尊他为“楚南文献第一人”，而梁启超则称他为“湘学复兴之导师”。

秋猎

（清·邓显鹤）

鹰呼大漠草茫茫，野戍荒凉古战场。
猎火秋阴连塞紫，边云日落带沙黄。
风干苜蓿秋肥马，天近穹庐夜雨霜。
莫叹北平飞将老，封侯骨相本无望。

赠驴

（清·邓显鹤）

竭来燕市影伶仃，长路风尘记几经。
如汝人才何患蹇，为谁鞭策总难停。
关河落落身将老，铃铎艰球响怕听。
萁豆啮残容易饱，故山苜蓿正青青。

杨炳堃

杨炳堃（1785～1858年），浙江省归安县（今湖州市）人，嘉庆十八年（1813年）拔贡，道光二年（1822年）密县任知县七年。在密县其间，他勤政爱民，励精图治，造福一方，清正廉洁，两袖清风，上级给他的评语是："才具明敏，尽心民情。"离任时"粮款手续，有盈无绌，虽司者多方挑剔，竟以无懈可击而止。"事迹受到新密百姓赞颂。

望天山作

（清·杨炳堃）

好与天山结净缘，时时相见马头前。
上留太古难消雪，长作人间不涸泉。
苜蓿春深朝牧马，菑畬岁熟旧屯田。
边疆生计资滕六，合建灵祠祀几筵。

朱绶

朱绶（1789～1840年），字仲环，又字仲洁，号酉生，江苏元和人。道光十一年（1831年）举人。尝佐梁章钜幕，章奏多出其手。又勤学敦行，廉清简默，为来所重。

无题

（清·朱绶）

乱后相寻处士家，秋原何处觅寒花。
芙蓉自落江亭晚，苜蓿空随关路赊。

岂意百年留劲草，独存三径傲霜华。
虚堂展卷悲人代，几树西风噪暮鸦。

吴其濬

吴其濬（1789～1847年），字季深，一字瀹斋，别号吉兰，号雩娄农。不同于清代一般官吏，他对植物学与矿产学有深厚的造诣，著有《植物名实图考》《植物名实图考长篇》《滇南矿厂图略》和《滇行纪程集》等书，这些书都有很高的学术价值。

施州草木诗九首（其一）
（清·吴其濬）

櫌锄剔山骨，爬土得盈握。
乱石如犁齿，仰刺牯牛足。
豌豆苗寒藤，枯槎寄瘦绿。
蔓弱不自胜，倒垂玉钩曲。
采撷供朝餐，脆滑压苜蓿。
但恐羊踏园，不愁鱼疾腹。
土人相惊猜，嗜歠鼻为蹙。
他日元修来，餐尽冬山绿。
贮药吾未能，此事差免俗。

苏鹤成

苏鹤成（生卒年不详，1748年前后在世），字语年，号野汀。幼颖慧，十五岁通春秋三礼，乾隆二年（1737年）成进士，尽孝道，父卒匍匐奔丧，母丧扶柩归葬，绝意仕进。所著有《野汀诗稿》三卷。

去年与刘艾园汲泉共饮今年余客南皮渡河归来感而纪之
（清·苏鹤成）

忆酌寒泉沁齿牙，马嘶高柳避尘沙。
无端一夜霏微雨，开遍沿村苜蓿花。

讷尔朴

讷尔朴（生卒年不详），号拙庵，袭一等男爵，曾以曹郎供奉中正殿。康熙年间人，约康熙四十五年（1706 年），以事戍齐齐哈尔，他是卜奎城接纳清朝流放到这里的第一位流人。康熙六十年（1721 年），赦归京师供职。

感兴

（清·讷尔朴）

纷纷征骑向龙沙，争龁天山苜蓿花。
雨露渐敷边外土，风尘犹滞海东涯。
请缨空拟陈新策，仗节无由泛旧槎。
剩有铅刀堪一割，敢辞垂老事轻车?

魏源

魏源（1794 ～ 1857 年），清代启蒙思想家、政治家、文学家，近代中国“睁眼看世界”的先行者之一。名远达，字默深，又字墨生、汉士，号良图，汉族，湖南邵阳隆回人，道光二年（1822 年）举人，二十五年始成进士，官高邮知州，晚年弃官归隐，潜心佛学，法名承贯。著有《海国图志》，总结出“师夷之长技以制夷”的新思想。

寰海十章选二

（清·魏源）

千舶东南提举使，九边茶马驭戎韬。
但须重典惩群饮，那必奇淫杜旅獒。
周礼刑书周诰法，大宛苜蓿大秦艘。
欲师夷技收夷用，丘策惟当选节旄。
曾闻兵革话承平，几见承平话战争?
鹤尽羽书风尽檄，儿谈海国婢谈兵。
梦中疏草苍生泪，诗里莺花稗史情。
官匪拾遗休学社，徒惊绛灌汉公卿。

牛焘

牛焘（1795 ～ 1860 年），字涵万，号笠午，出生在丽江古城四方街北侧卖鸡巷一个纳西人家，清道光丁酉拔贡，历官镇沅、安宁、罗平、邓川等县教谕，是清代诗人兼音乐家。

六十一戏作自寿

（清·牛焘）

甲子重逢庆寿筵，盘中苜蓿对青毡。
算从今后纪初度，盼到古稀又十年。

薄俸已邀天禄贵，轻身无累地行仙。
儿曹欲拟罔陵祝，那及闲吟自擘笺。

寄同斋尹虞卿
（清·牛焘）

虞卿少年蕴才华，懊懊雅度俨方家。
儒官一洗清毡旧，日费不惜万钱奢。
在昔文山传高足，祇今边徼多士服。
我来与君同职司，惭愧栏杆长苜蓿。
羡君英年耐皋比，满座春风佛绛帷。
云移讲树书声静，花满闲阶蝶梦迷。
相逢数倾北海酒，豪情不计石与斗。
我亦诗狂旧酒徒，可惜衰残今白首。
白首遐荒多寂寥，山川迢递故乡遥。
登楼作赋我愁剧，对客挥毫君兴饶。
三年边塞扫烟雾，千里云山来亲故。
桑落秋香月满庭，琴弹昼静蝉鸣树。
闲评木石发幽光，空心确凿金刚香。
君真好奇搜求怪，镌劖造物尽文章。
文章本自天才逸，赵国虞卿徒抑郁。
几人作宦定显扬，未必穷愁方著述。
君不见，毛公檄书老莱衣，人生乐事在庭帏。
喜君萱堂春正永，他年昆华衣锦归，愿晋霞觞庆古稀。

顾太清

顾太清（1799～1876年），名春，字梅仙。满洲镶蓝旗人。嫁为贝勒奕绘的侧福晋。她被现代文学界公认为“清代第一女词人”。晚年以道号“云槎外史”之名著作小说《红楼梦影》，成为中国小说史上第一位女性小说家。顾太清不仅才华绝世，而且生得清秀，身量适中，温婉贤淑，令奕绘钟情十分。虽为侧福晋一生却诞育了四子三女，其中几位儿子都有很大作为。

青山相送迎接
（清·顾太清）

角声悲，雁行归，苜蓿西风战马肥。
毡庐傍水支。塞云飞，暮烟炊，野岸平沙细柳垂。
秋山积翠微。

郑献甫

郑献甫（1801 ～ 1872 年），象州县寺村乡白石村人，自号识字耕田夫。郑献甫生活俭朴，酷爱读书，手不释卷，博学强记。嘉庆二十年（1815 年），应童试，中秀才并考入州学。道光五年（1825 年），中拔贡举人。道光十五年（1835 年），第四次进京考试始中进士，任刑部主事。一年零两个月后，以双亲年老乞养为由，辞官回乡。同治六年（1867 年）五月，清廷以他“孝友廉洁守正不阿”赏给五品卿衔。郑献甫大半生在两广从事教学，被誉为“两粤宗师。”先后在广西雒容设馆教学，广西德胜书院、庆江书院、榕湖书院、秀峰书院、象台书院、柳江书院，广东顺德之凤山书院、广州越华书院等任主讲。同治十一年（1872 年），在桂林孝廉书院病逝。

丙辰夏苦雨三四旬未止排闷偶成

（清 · 郑献甫）

薜荔衣裳苜蓿餐，庭前长日怯凭栏。
三农将废稻云熟，六月忽惊梅雨寒。
碧水丹山秋隐隐，绿窗红烛夜漫漫。
那堪故纸堆中住，欹枕闲听捲幔看。

姚燮

姚燮（1805 ～ 1864 年），晚清文学家、画家。字梅伯，号复庄，又号大梅山民、上湖生、某伯、大某山民、复翁、复道人、野桥、东海生等，浙江镇海（今宁波北仑）人。道光举人，以著作教授终身。治学广涉经史、地理、释道、戏曲、小说。工诗画，尤善人物、梅花。著有《今乐考证》《大梅山馆集》《疏影楼词》。

城西废寺

（清 · 姚燮）

阒寂重门闭网丝，我来叉手步逶迟。
廊眉烟铫茶初熟，檐角风幡柳共吹。
苜蓿场荒僧舞槊，杪椤堂古客扪碑。
谁从佛阁敲疏磬，冷照沈沈鸽影移。

月当厅

（清 · 姚燮）

苜蓿靡曼莓苔满，何人记里，来咏居诸。

但有断竿悬堠，髡树当闾。
多为柴荆塞重，辟摩笄、旧道听烟芜。
只留得，轻囊痛仆，冷宦还车。

沈善宝

沈善宝（1808～1862年），清字湘佩，钱塘（今浙江杭州）人。江西义宁州判学琳女。咸丰时吏部郎中武凌云继室。陈文述弟子。沈氏幼秉家学，工于诗词，著述甚丰，有《鸿雪楼诗选初集》《鸿雪楼词》及《名媛诗话》传世。沈善宝一生游走南北，广结各方才媛，尤其是通过《名媛诗话》的编撰，奠定了她在清道咸年间女性文坛上的领袖地位。

安平道中

（清·沈善宝）

西风瑟瑟路迢迢，秋老平林叶未凋。
几叠浮屠知远寺，一湾流水见危桥。
蒹葭露白飞鸿急，苜蓿霜红猎马骄。
料得倚闾人望久，肯教缓缓策征轺？

王士雄

王士雄（1808～1868年？），字孟英，号梦隐（一作梦影），又号潜斋，别号半痴山人，睡乡散人、随息居隐士、海昌野云氏（又作野云氏），祖籍浙江海宁盐官，迁居钱塘（杭州）。中医温病学家。其毕生致力于中医临床和理论研究，对温病学说的发展作出了承前启后的贡献，尤其对霍乱的辨证和治疗有独到的见解。重视环境卫生，对预防疫病提出了不少有价值的观点。

随息居饮食谱

（清·王士雄）

稻露养胃生津；苜蓿露清心明目；
韭露凉血止噎；荷露清暑怡神；
菊露养血息风。

张穆

张穆（1808～1849年），初名瀛暹，字诵风，一字石洲，号殷斋。山西平定州（今平定县）人。思想家、地理学家、诗人和书法家。幼丧双亲，随继母李氏而居，道光十一年（1831年）贡生，候选知县，因对权贵不满，谢绝举子业，“左图右史，日以讨论为事”，一意著述。点校书籍，以精审称道，各书肆争相刊刻。富于藏书，编纂有《张石洲所藏书籍总目》，著录其藏书1000余种，其中地方志有120多种，集部、史部亦为丰富。曾为杨尚文校刻《连筠簃丛书》，与山西代州藏书家冯志沂等交往甚密，多有互借互抄书籍之事。著《延昌地形志》《俄罗斯事补辑》《元裔表》《蒙古游牧记》《海疆善后宜重守令论》《乌斋诗文集》等。

庚子二月喜三兄叔正至都相探越八十日仍谋返里赋诗相送聊以写其患难离别之怀口所不能言者诗更不足以达之也

（清·张穆）

聚面曾几时，归期又转迫。归程劣及千，聚日未盈百。
生平兄弟欢，强半异形迹。年皆非少壮，光阴尚行客。
回首廿年前，层折遘家戹。怙恃一朝失，营魂丧其魄。
惟时兄及我，差得免交谪。感荷仲兄恩，抚教俨帷帟。
百虑不相关，培养奋飞融。独力挂门楣，策励壮宗祏。
怆绝庚寅夏，篪声如裂帛。大厦忽不支，兄复嗟行役。
饥驱济南道，怅睇关山隔。九月始江归，一痛哀填嗌。
从此老兄弟，元福更安席。越岁试并州，如戏角双觡。
辰春更北征，车尘困络绎。四载秏餐钱，一官沐渥泽。
兄亦恬进退，薄禄谋将伯。谁知苜蓿槃，艰难等棨戟。
未腊薄言旋，百债纷狼藉。草草岁仪帖，感怀成寤擗。
初夏仍北迈，遑顾形影双。太岁建作噩，交劝揽秋碧。
冒雨事西驰，快晤晋阳陌。敢哆裘马都，枉被腐鼠吓。
旁皇身世计，血债不可脉。厨烟然旦旦，灶觚空昔昔。
双鲤南中来，念我意良剧。南中山水胜，幽怀冀或释。
酷署沿桂筍，深冬泥归舶。可怜骑省戚，客次泪为格。
荒唐伏枥思，骋怀到闭掖。风吹舵脚转，引首九阊辟。
愧乏神仙姿，顿遭蓬岛谪。涕痕何足湔，我罪在怀璧。
敬谢伯兄慈，遣子慰匡索。群惜阮修鳏，醵聘奠尺宅。
家声兼友谊，中宵起槃辟。积愤摧人肝，衔德梦无斁。
寒侵增夜嗽，中郁苦气逆。秘疾滞音问，传闻颇啧啧。
兄意滋不安，勉振春郊策。连日方闷损，乾鹊噪檐隙。
叩扉语音熟，觌面互畴啨。忍涕寻欢颜，情话风雨夕。
寒镫幸复煦，仲春月始霸。荏苒逾初夏，归思日又积。
离觞不易斟，况当惩辛螫。旧业日以萎，前涂日以窄。
作宦信孔艰，救贫计尤棘。失声叹奈何，谋野讵有获。
汩汩痍园波，英英山堂柏。发苍结后望，耽书信所癖。

念兄有二子，其一马眉白。祖业系阿咸，芜弃良可惜。
洗觞更酌兄，后会良非易。后会亦不难，努力秋士籍。
落莫广文官，况味犹茹檗。试探函牛鼎，中自足千蹠。

刘家谋

刘家谋（1813～1853年），字仲为、芑川，侯官县（今福建福州）人。道光十二年（1832年）中举，后任宁德、台湾教谕。所到之处，努力收集掌故。在宁德，著《鹤场漫录》二卷；在台湾四年中，著《海音》二卷，对台湾的风土人情及官吏施政利弊，皆有论述。咸丰二年（1852年），卒于府署。

海音诗
（清·刘家谋）

己、庚、辛、壬，历四载矣。
四年炎海寄微官，虚吃天朝苜蓿餐。
留得秦中新乐府，议婚伤宅总忧叹。

前贤标榜
（清·刘家谋）

谢郑瀛东负重名，吾侪画虎可能成。
敢云傲俗头难俛，自觉怜才意太明。
官小岂容还降志，时艰未得遂忘情。
一盘苜蓿餐何易，先路犹期导我行。

陈维英

陈维英（1811～1869年），台湾教育家，字实之、硕之，号迂谷。台湾淡水人。他的父亲陈逊言在1788年由福建渡海来台，兴建了今天的陈悦记大厝，并捐钱兴建学海书院，教育乡里子弟，陈维英继承父亲遗愿，扩充学海书院，大厝所在被表扬为“树德之门”，咸丰元年（1851年）他因为品行端方，诏举为“孝廉方正”，地位备受尊崇，咸丰九年（1859年），他更以四十九岁之龄，考上咸丰举人，后任福建闽侯县教谕。在任上，他颇有举措和政绩，并身体力行倡导教育。晚年他在台湾剑潭旁边建起一屋，起名为“太古巢”。著作文集有《乡党质疑》《偷闲集》《太古巢联集》。

谒马仰山书院纪事
（清·陈维英）

拓土开疆廿载营，版图初入我初生；杨公始建鳣堂迥，朱子重修鹿洞成。

学海共源怀梓里，仰山对崎表兰城；席前地接文昌府，门下天生武库英。
枉坐虎皮谈易竭，自惭马骨相难精；额增月课辛勤校，指摘雷同子细评。
养士贵无寒士气，衡人故不得人情；苞苴屏却青毡冷，苜蓿烹来白水清。
教重身心轻翰墨，儒先经术后科名；恐荒豚犬三余业，忍唱骊歌一曲声。
东道攀舆行且止，北郊张乐送如迎；苍苍云树百回首，槐市风光梦寝萦。

史梦兰

史梦兰 (1812 ～ 1898 年)，清文学家、晚清著名诗人、作家、藏书家。字香崖，一作湘崖，一字秀崖，号砚农，祖籍江阴，明万历间迁至直隶乐亭（今属河北）西南大港。少孤力学，于书无所不窥，尤长于史。每纵谈天下事，了如指掌。道光二十年（1840 年）举人，选山东朝城知县，以母老不赴。筑别业于碣石山，名曰止园，奉母其中，藏书数万卷，日以经史自娱。曾国藩总督直隶，手书招致，深器之。幕中方宗诚、吴汝纶、游智开皆折节与交。曾国藩留主莲池书院，辞归。总督李鸿章延修《畿辅通志》，又与王灏参纂《畿辅艺文考》。性和易乐善，尤喜奖掖后进。学政周德润以学行荐，旨加四品卿衔。史梦兰所为诗文，以抒写性灵为主，不拘格调。

宫词

（清 · 史梦兰）

大被同眠友爱长，连枝应并草齐芳。
可怜养德储宫日，竟使官奴送缘囊。

简释:《西京杂记》载，乐游苑自生玫瑰树，下有苜蓿，日照其花有光彩，茂陵人谓之“连枝草”。

沈衍庆

沈衍庆（1813 ～ 1853 年)，号槐卿，籍贯为安徽石埭。道光十五年（1835 年）中进士后，为官江右，代理金溪帘缺、署兴国、任安义、补泰和、调鄱阳，为官期间兢兢业业，尤善断案，重视教育，体恤百姓；平时关注国事，交友广泛，而且著述颇丰，曾作《学制草》六册，但后被盗遗失。

题张鲁冈学博春水归船图

（清 · 沈衍庆）

桃花三月春涨平，一舟欸乃天际行。
舟中有客推篷坐，侧听两岸鹃啼声。
鹃啼岁岁催归去，欲归不归空日暮。
一笑功名付逝波，雪泥鸿爪怀前度。
前度芙蓉镜里人，乘查使者宰官身。

琴庭偶看仙凫集，绣陇争闻野雉驯。
频年潘岳板舆奉，乌私欲报亲恩重。
菰米从来梓里香，萱堂夜作还乡梦。
陈情牒上把簪投，惹得攀辕父老愁。
新安少甘棠树，枝枝都为召公留。
官清行李总萧然，琴鹤图书载一船。
回首多情皖水月，迢遥送到故乡天。
故乡三径期终老，闲去仍餐苜蓿草。
何嫌官冷换头衔，旧游还爱江南好。
我亦曾经宦海宽，茫茫四海多波澜。
几人砥柱中流镇，自古回篙急水难。
君不见，在山泉清，出山浊，输君还得真面目，莫夸乘风破浪一宗悫。

尹耕云

尹耕云（1814？～1877年），字杏农，江苏桃源人，清朝官吏。道光三十年（1850年）进士，授礼部主事，再迁郎中。咸丰五年（1855年），粤匪犯畿辅，惠亲王绵愉为大将军，僧格林沁参赞军务，辟耕云佐幕府，上书论防务，为文宗所知。咸丰八年（1858年），授湖广道监察御史，署户科给事中。时方多事，封章月数上。直隶总督讷尔经额坐贻误封疆罢，复起。

打粮兵

（清·尹耕云）

去年三辅岁不熟，夏苦焦原秋泽国。
黍徐粳稻俱不收，剜肉补疮种荞麦。
挑挖野蒿掘菜菔，和土连根煮苜蓿。
富者犹闻饼屑糠，穷人哪有榆煎粥。
窖藏岂无升斗谷，留与高年作旨蓄。
仓黄夜半贼马来，十舍逃亡九空屋。
贼去人还家，空仓啼老鸦。
土堆粪壤刮遗粒，拾取秕糠淘泥沙。
全家恃此以为生，哀哉又遇打粮兵。

郭柏苍

郭柏苍（1815～1890年），清藏书家、水利学家。又名弥苞，字蒹秋、青郎，侯官县（今福州市区）人。道光二十年（1840年）中举。曾任县学训导，捐资为内阁中书，长期里居，承揽盐税。柏苍家资富有，热心地方公益事业，在福州乌石山修建学校，在福州西湖兴修李纲祠堂。道光二十四年（1844年）旅经杭州时，倡建义山、义祠，让闽籍客死他乡者安葬或停棺。还在福州东关外建造普济堂。咸丰七年（1857年），因办福州团练得力，授主事，赏员外郎衔。同治五年（1866年），主持修建福州南城，疏浚城濠；浚通三元沟、七星沟。光绪三年（1877年），疏浚怀安、洪塘、濂浦诸河，以减轻省城水患。

秦州杂咏

（清·郭柏苍）

咸阳西出贺兰东，百二关河在眼中。碧水有心分渭汭，青山无恙老崆峒。
营前铁马秦城渺，棘里铜驼汉苑空。昔日攀髯龙已老，春阴寂寂鼎湖宫。
甘泉太乙削芙蓉，西望层峦隔万重。碧柳长门迷辇路，黄榆古戍渡卢龙。
春深不见祁连草，雪积长寒太白峰。羽檄频传青海箭，三城高处是秦封。
飞燕轻风太液寒，未央花柳倚阑干。天回逆雪深三月，地涌秦关度六盘。
岂有豳岐今俎豆，莫言韦杜昔衣冠。行年八十磻溪叟，依旧春秋一钓竿。
昔年大将度胡庐，左右贤王宴玉壶。帐下紫骝移苜蓿，楼前火树贡珊瑚。
风过榆塞千军肃，雪满天山片月孤。会见七城皆属国，黄花古戍出伊吾。
汉家骠骑拥霓旌，符节登坛在远征。天子雄威过九塞，将军降敌筑三城。
秋风吹断环河水，夜月高悬细柳营。极目平原堪吊古，玉关西望不胜情。
琱戈宝剑旧登坛，独上龙堆立马看。水入黄河流不返，草连青冢梦犹寒。
楼前砧杵鸿声断，笛里关山月色残。昔日嫖姚征战地，长旌万里卷皋兰。
十年鼙鼓拥前旌，迢递青山堠火明。仗剑经秋回北斗，挥戈落日恋西征。
筑宫未就无秦帝，出塞为家老汉兵。纵使蒙恬身不死，犹能饮马过长城。
金风玉帐斗牛间，沙碛无人两鬓还。破敌先过张掖郡，歌铙初徙贺兰山。
孤臣白雪看持节，戍妇青灯照卜环。几处秋声吹夜角，月明飞渡穆陵关。

何栻

何栻（1816～1872年），字廉昉，又作莲舫，号悔馀，道光二十五年（1845年）进士，江阴人士。咸丰六年（1856年）出任建昌知府，以城陷夺职。之后入曾国藩幕，颇得赏识，有“才人之笔，人人叹之”语。同治元年（1862年）在曾国藩力助之下，得以复官吉州知府，但同年又以嫌去职。廉昉于是游走江西、浙江、安徽、江苏等地，寻找商机，致成巨富。与屈大均、梁佩兰、陈恭尹、吴韦、王隼辈唱和。创立湖心诗社。著有《悔余庵文稿》《悔余庵诗稿》《南塘渔父诗钞》《闻和见晓斋初稿》。

种菜歌为郑稼夫（淦）作

（清·何栻）

田园将芜归去来，欲行不行心徘徊，嗟我肉食非其才。
我不能蛴螬聚蠹食半李，蚂蚁分膻钻大槐。充肠亦自足藜藿，糊口何用辞蒿莱。
朔来岂屑一囊粟，隗始正慕千金台。安知饮啄已前定，命薄不受天栽培。
噫嘻，芸生柢地岂有殊根荄，彼荼此荠谁其主者纷安排。
不识我于禄籍注何等，异日饥驱饱卧今日安能猜？
今之人兮，但知李叔平翟子威。龙阳洲上藏木奴，鸿却陂中收芋魁。
君不见，郑馀庆，整顿葫芦治宾餐，薛令之阑干苜蓿充官斋。
仙厨鸾凤乃如此，而我离蔬释屩何为哉。稼夫学稼兼学圃，有田在吴身在鲁。
长镵大笠长相左，君自不归归亦许。我昔游姑苏，独倚金阊眺平楚。
半州绿水半州山，一寸黄金一寸土。当日荒台纵鹿游，于今列舍争蜂聚。
虎邱飒沓涌仙梵，鹤市掀騒巷屠酤。人声如潮沸子午，不习更桑习歌舞。
闹处但闻争璞鼠。桔槔那怪有机事，锄铻正愁无隙所。
但需负郭二百亩，未要封侯十万户。天悭独不畀区区，人满故难营膴膴。
岂知众人所弃君所取，聚族携孥远城府。雄才久蓄计然计，雌伏甘如处女处。
求田要作多田翁，治生原为养生主。从监河侯贷升斗，与洞庭君裂土宇。
兔园旧册种树篇，鸿宝新书井田谱。蓑衣箬笠长谢东诸侯，琅菜琼蔬待乞西王母。
种分白璧何累累，花散黄金亦栩栩。晚菘早韭足誇周，细菌寒匏那羡庾。
痴肥蘋菔易生儿，老辣芥姜应共祖。红丁簇簇绽蒌蒿，绿甲森森䙴莴苣。
葱挐龙爪蕨舒拳，苋挺狮头茄发乳。青黄碧绿难为名，芼炙烹羹胥听汝。
梦酣定不斗羊蔬，客至犹堪侑鸡黍。君不见，庾郎食鲑二十七，太常斋期三百五。
天茁此徒佐鼎俎，强欲得之天不与。世人饕餮事口腹，口腹未甘心已苦。
岁租十县给初筵，日费万钱谋下箸。赌射呼奴解俊牛，过厅命侣推肥羜。
传餐新配五侯鲭，置驿远封千里脯。直分膏润丐三彭，自蓄腥昏招二竖。
啮肥岂独齿先亡，蕴毒将无脾半腐。嗜好酸咸那可医，性灵淡泊谁能咀。
豉香盐白最宜人，饮血茹毛终胜古。养贤何必尽大烹，食淡岂惟为小补。
真香融洽留齿牙，元气清虚还脏腑。已办冰壶作佳传，更从玉版参禅语。
久含此意何时吐，乐事行将与君赌。候鸟惊人呼九扈，可惜流光去如弩。
岂不怀归念终窭，安能缩地师壶公，从此栖山友巢父。
谁非沮溺徒，乃与绛灌伍，使我有田可芸门可杜。
胡不脱冠为履苴，笔研将来投一炬。吁嗟乎，刍狗文牺何足数，灌园叟，
卖菜佣，闭门何地无英雄。
君不见，邵平锄瓜东门外，杨恽种豆南山中。当时亦复肉五鼎、粟万钟，
一跌遂与农夫同。

何若留侯辟谷从赤松，不然采芝径蹑东园公。可怜桃梗畏春雨，却忆莼菜惊秋风。身无缰锁谁羁笼，驱之驱之吾欲东。人定不忧天不从，君其圃矣吾其农。

谢章铤

谢章铤(1820 ～ 1903 年)，字枚如，福建长乐县人。晚清进士、诗人。不殿试而归，大吏聘为致用书院山长，谢章铤深于情，好游山水，尝至岭南、秦赣诸地。后绝意仕途。主讲陕西同州、丰登书院。工诗词，有《赌棋山庄集》传于世。咸丰元年（1851 年），主讲漳州丹霞、芝山两书院。同治三年（1864 年）中举。同治八年（1869 年），为陕西兵备道赵新幕僚。光绪三年（1877 年）中进士，官内阁中书。光绪十年（1883 年）任江西白鹿洞书院山长。

感怀漫书（其二）

（清 · 谢章铤）

鸾鹤无声天际来，海边骏风久蒿莱。
郑虔苜蓿嗟何极，杨仆戈船事愈哀。
宫府谁关天下计，山川苦忆古今才。
飘零文字犹如许，崔蔡应知泣夜台。

林占梅

林占梅（1821 ～ 1868 年），字雪村，号鹤山，清代台湾淡水厅竹堑（今新竹市）人，生于道光元年（1821 年），祖籍福建省泉州府同安县。曾任全台团练大臣。曾在英军舰队侵犯鸡笼沿海时，捐巨款建炮台协防。同治二年（1863 年）十月，他更亲率两千精兵，进攻被戴潮春占据之地，同年十二月戴氏乱平，闽浙等督抚打算重用林占梅，林却婉言谢绝；可能是树大招风，接踵而来的闲言闲语令林占梅无意仕途，同治七年（1868 年）林死去，享年不满五十岁。

感今忆昔，以歌当哭

（清 · 林占梅）

苍天曷有极，悠悠恨莫平。年残家计窘，又当痛内兄。
内兄在榕省，广文官独冷。半世历穷途，壮年当逆境。
孀妇赖以全，德门赖以整。弱弟躬提携，慈亲勤定省。
苦志长下帷，乡荐幸早领。藉此开亲颜，饱煖犹难永。
我谊忝葭莩，与粟常五秉。得此为西江，一饱无奢请。
羡君真血性，孝友复温醇。喜怒不形色，毁谤不沾唇。

能文惊笔阵，饮酒见天真。因饮生议议，可叹少完人。
荷锸方刘伶，投辖类陈遵。三百六十日，狼籍污车茵。
小饮能养性，大饮定伤身。嗜痂已成癖，戒语徒书绅。
粉白与黛绿，妍媸无别甄。每值如泥时，醉眼睨横陈。
旦旦双斧伐，枯树难复春。相别始六载，远隔沧海滨。
我家被灾后，二年绝指菌。欲援无余力，惆怅乃伤神。
近来多笔札，觉非君所亲。识为三弟书，句句是吟呻。
中皆诀别言，辞简意切要。家贫事事难，儿稚弟犹少。
与我隔重洋，两心谅相照。都此凄怆辞，不觉涕倾掉。
缅忆弱冠时，随侍居京师。我亦从负笈，东床坦腹嬉。
我少也落拓，边幅不修治。每至颠沛际，辄赖君扶持。
比予归海上，迢迢送不辞。解装未阅月，一病几垂危。
幸得逢卢扁，半载始展眉。回京拜膝下，相见喜复悲。
椿萱能承顺，侍奉无差池。前年琴断弦，是岁失埴篪。
严君忽弃养，合家困莫支。况复家万里，廿口无归期。
尚幸贤乔梓，美誉久飚驰。宗有名公在，倡义首捐赀。
集腋充囊橐，舆榇始有资。死生关情处，尽入人心脾。
阮籍悲穷途，杨朱哭路歧。况君恂恂者，赖公免流离。
奉母及幼弱，跋涉相追随。教弟更成立，学行无瑕疵。
咸谓可安享，食报固其宜。岂意天难测，理者不可推。
老母遽终堂，弟媳丧在兹。苜蓿一散员，俸薄官似橘。
加之数年来，茑萝共萧瑟。自赡犹未能，何暇相周恤。
稚小口嗷嗷，待哺纷绕膝。窀穸并婚姻，更仆数难悉。
苦况百端凌，沉痾一朝剧。伏枕嘱遗言，字下血随笔。
其言犹哀惨，泣读不忍毕。嗟予自断弦，伉俪虚正室。
嘒彼虽小星，聊足侍中栉。知予故剑怀，终始情如一。
但愿常聚首，畅叙共披襟。不图溘然逝，魂梦何处寻。
絮酒及烹鸡，遥奠窆莫临。思君命坎壈，嗟我步崎嶔。
我兴琴自鼓，君乐酒频斟。我有阮瞻癖，君同潘岳心。
恰好亦郎舅，总角结诚忱。望君我本奢，平地冀高岑。
讵知壮志日，作此断肠吟。君已辞杯酒，我亦懒鼓琴。
问我何不鼓，从此少知音。

丁日昌

丁日昌（1823～1882年），字禹生，又作雨生，号持静，汉族，潮汕人。祖籍潮州府海阳县磷溪镇仙田村，出生于潮州府丰顺县汤坑圩金屋围（今丰顺县城）。清朝军事家、政治家，洋务运动主要人物。他在政务之余，悉心读书，尤酷爱搜聚典籍，是清代三大藏书家之一，辑有《持静斋书目》。工书法，所存多为手札，皆自然高雅。光绪八年（1882 年）二月二十七日逝世于广东揭阳家中，葬于揭阳榕城。

过鉴湖兄苜蓿轩即赠

（清·丁日昌）

开窗借看邻家月，绕道闲呼市上船。
卜居我欲邻东郭，何日池塘梦阿连。

瑞常

瑞常（？～1872 年），字芝生，号西樵，蒙古镶红旗人，晚清大臣。道光十二年（1832 年）进士，选庶吉士，授编修。大考二等，六迁至少詹事。二十四年（1844 年），连擢光禄寺卿、内阁学士。二十五年（1845 年），迁兵部侍郎，兼镶红旗汉军副都统。二十九年（1849 年），充册封朝鲜正使。调吏部，历兼左、右翼总兵。同治十年（1871 年）拜文渊阁大学士，管理刑部。十一年（1872 年），卒，赠太保、谥文端，入祀贤良祠。瑞常历事三朝，端谨无过，累司文柄，时称耆硕。

寄怀吟香

（清·瑞常）

白菡甚边应赏雨，碧梧桐下定吟诗。
燕台客况君休问，仍是盘堆苜蓿时。

黄钧宰

黄钧宰（1826～1895），原名振钧，生活在清中后期的戏剧家、文学家。江苏淮安人。

荻庄补禊·四农先生独成七古一篇

（清·黄钧宰）

春光到眼酒到手，城西水绿如春酒。
借得荒园酒人，东风船系门前柳。
风雨楼空柳弄春，碧苔痕旧草痕新。
石畔断桥今日路，花前歌板昔年人。
人去人来如过鸟，飘零陈迹知多少。
百岁长拚汗漫游，一尊便觉江湖小。

千里江湖几点萍，偶然幽境续兰亭。
莺啼两岸树阴绿，鸥泛一池天影青。
娄东才子群书库，老农南郭烟霞趣。
吾舅庐敖一辈人，邱迟诗句黄滔赋。
披襟一笑话清寒，贵客还推苜蓿盘。
画上青山何处卖，囊中绿绮向谁弹。
今古风流入萧瑟，石栏自点词人笔。
谁家低唱醉红裙，吾辈清吟消白日。
白日低山飞乱鸦，一声归桨落溪霞。
重来此地寻秋禊，渔唱西风荻又花。

朱凤毛

朱凤毛（1829～1900年），字济美，号竹卿，又号莲香居士，浙江义朱店人。

访芑田，方督小僮种菜

（清·朱凤毛）

侵晨叩柴扉，寻君无处所。疑作抚松人，或约看花侣。
谁知正灌园，须也请为圃。拍手一揶揄，生涯奈何许。
斯民惭菜色，老人讳菜肚。园踏夙愁羊，蔬余犹虑鼠。
胡贪菜甲肥，竟伴园丁苦。先生哑然笑，所儿何胶柱。
英雄事韬晦，闭门刘先主。文士赋羁愁，小园庾开府。
余何独不然，迸亦山行古。冬蓄储晨霜，春韭剪夜雨。
豆棚瓜架闲，秋凉风楚楚。君辈不速来，杯盘相尔汝。
种任嘲十八，耦堪聊二五。无烦买求益，差喜穷能御。
况余号芑田，顾名义何取？群盗方纵横，蔓延遍寰宇。
当道未芟夷，肉食故不武。长揖军门前，借箸气一吐。
安知新田功，知味吾何与？他日苜蓿盘，莫使儒同腐。

李慈铭

李慈铭（1830～1894年），晚清官员，著名文史学家。初名模，字式侯，后改今名，字爱伯，号莼客，室名越缦堂，晚年自署越缦老人。会稽（今浙江绍兴）西郭霞川村人。光绪六年进士，官至山西道监察御史。数上封事，不避权要。日记三十余年不断，读书心得无不收录。学识渊博，承乾嘉汉学之余绪，治经学、史学，蔚然可观，被称为“旧文学的殿军”。

贺新郎二十首（其一）

（清·李慈铭）

爆竹填起。又家家、花饧秸马，髻神行矣。

局促春明常寄食，五载一瓢而已。

总不见、釜鱼甑米。绝倒平津成久客，只栏干、苜蓿烦料理。

弹铗送、为君礼。

董文涣

董文涣（1833～1877年），字尧章，号研秋、研樵，平阳府洪洞县杜戍村（今临汾市洪洞县）人。清咸丰、同治年间名诗人、诗律学家。

经院署有感

（清·董文涣）

十年方补外，补外亦蹉跎。科第惭先达，飞腾让后多。

葡萄宁许换，苜蓿自能歌。回首金门路，何时定再过。

王闿运

王闿运（1833～1916年），晚清经学家、文学家。字壬秋，又字壬父，号湘绮，世称湘绮先生。咸丰二年（1852年）举人，曾任肃顺家庭教师，后入曾国藩幕府。1880年入川，主持成都尊经书院。后主讲于长沙思贤讲舍、衡州船山书院、南昌高等学堂。授翰林院检讨，加侍读衔。辛亥革命后任清史馆馆长。著有湘绮楼诗集、文集、日记等。

送廖荪畡还山

（清·王闿运）

西湖三日陪清宴，笙歌酒煖飞霜散。

归来乘月度寒林，始悟欢筵有离怨。

临承形胜扼中游，义军初起振湘洲。

文武龙骧四十载，宾寮高士尽高流。

我先避地仍留客，君亦借才分一席。

每同游赏得新诗，偶说乱离成旧迹。

中兴艰苦信徒劳，坐看鸟迹兽蹄交。

不恨枢机迷政本，反空杼柚困钱刀。

昔岁蜀滇论拱利，弹冠笑谢非吾事。

闻君投笔把长镵，能与故人借指臂。

陈侯不用老生言，顿空库藏损囊钱。
虽知百万银铅涌，始验中丞计划宽。
众离群疑方一雪，君自清寒人自热。
浮江万舸宝光腾，闭户一氈清与发。
功成身退古今同，况复富强非远功。
不肯齐厨餐苜蓿，安能幕府倚梧桐？
清湘波静擕家去，何减扁舟五湖趣。
回思风雪五峰间，却望匡庐九江路。
余欲乘欙度醴东，便沿牵水看霜枫。
山中爔酒知同熟，有约珠泉放钓筒。

施补华

施补华（1835～1890年），清代诗人，字均甫，浙江乌程人。初入左宗棠幕，性沉默，人疑其骄，多毁之。后出嘉峪关，循天山南下，至阿克苏，入张曜幕，深受重用，光绪三年（1877年），随西征清军驱逐阿古柏。张曜抚山东，令其治河道有功。光绪十六年（1891年）病死，张曜哀恸，斶万金归其丧，为刊遗集。著有《泽雅堂文集》《岘佣说诗》。

托和奈作

（清·施补华）

龟兹城东七十里，蝶飞燕语春风温。
杨柳青随一湾水，桃花红入三家村。
山童盘姗作胡舞，野老钩辀能汉言。
苜蓿葡萄笑相献，年来渐识官人尊。

高心夔

高心夔（1835～1883年），原名高梦汉，字伯足，号碧湄，又号陶堂、东蠡，江西湖口县城山人。咸丰九年（1859年）进士，两次考试都因在“十三元”一韵上出了差错，被摈为四等，后官吴县知县。工诗文，善书，又擅篆刻，著有《陶堂志微录》。高心夔与王闿运、龙汝霖、李寿蓉和黄锡焘曾为清末宗室贵族肃顺的幕府，号称“肃门五君子”。

鄱阳翁

（清·高心夔）

今我刺舟康郎曲，舟前老翁走且哭。蒙袂赤跣剑小男，问之与我涕相续。
饶州城南旧姓子，出入辇人被华服。岂知醉饱有时尽，晚遭乱离日枵腹。

往年县官沈与李，仓卒教民执弓椠。长男二十视贼轻，两官俱死死亦足。
去年始见防东军，三月筑城废耕牧。军中夜嚣书又哗，往往潜占山村宿。
后来将军毕金科，能奔虏卒如豕鹿。饶人亡归再团练，中男白晰时十六。
将军马号连钱总，授儿揃剔刍苜蓿。此马迎陈健如虎，将军雷吼马电逐。
昨怒追风景德镇，但腭千人去不复。将军无身有血食，马后吾儿乌啄肉。
命当战死那望生，如此雄师惜摧衄。不然拒壁城东头，棘手谁能拔五岳?
蜀黔骑士绝猛激，守戍胡令简书促。郡人已无好肌肤，莫再相惊堕鸡谷。
此时老翁仰吞声，舌卷入喉眼血瞠。衣敝踵穿不自救，原客且念怀中婴。
呜呼谁知此翁痛，羸老无力操州兵。山云莽莽燐四出，湖上黑波明素旌。
大帅一肩系百城，一将柱折东南倾。我入无家出忧国，对翁兀兀伤难平。
筐饭劳翁勿涕零，穷途吾属皆偷生。

杨恩寿

杨恩寿（1835～1891年），字鹤俦，号蓬海、坦园，长沙人，晚清著名戏曲家和戏曲理论家。

贺李申甫方伯迎养四首（其一）

（清·杨恩寿）

小人何计慰昏晨？七十龙钟奉老亲。
南海荔支新酿熟，西风苜蓿冷官贫。
誉儿有癖怜予季，捧檄无时愧此身。
稍幸乔柯依大庇，望衡相与庆长春。

吴大澄

吴大澄（吴大瀓）（1835～1902年），初名大淳，字止敬，又字清卿，号恒轩，晚年又号窸斋，江苏吴县（今江苏苏州）人。清代官员、学者、金石学家、书画家。善画山水、花卉，书法精于篆书。

补录初九日一绝句

（清·吴大澄）

斗大州城新设官，花封分辖地犹宽。
弘歌风化初开日，冷落先生苜蓿盘。

郑如兰

郑如兰（1835～1911年），字香谷，号芝田，淡水厅竹堑（今台湾新竹）人。

郑用锡之侄。年少补博士弟子员，举乡试不第。光绪十五年（1889年）因办理团练有功，授候选主事，赏戴花翎，后加授道衔。有诗集《偏远堂吟草》一卷。

夜谈，和水田韵二首（其一）
（晚清·郑如兰）

从来学校仗儒官，诗骨休嫌瘦与寒！
此去青毡须爱惜，何时绛帐再盘桓？
栋梁志大材无负，苜蓿香清禄岂干！
记取吾家三绝技，广文珍重古衣冠！

冯秀莹

冯秀莹（1836～1897年），诗人，文学家。字子哲，晚号握月生。顺天大兴（今属北京）人，祖籍浙江慈溪。文学家冯栻从子。咸丰二年（1852年）举人，充景山教习。同治二年（1863年）授云南恩安知县。晚年主讲四川芙蓉、少城、锦官诸书院，卒于蜀。妻沈仲懿亦能诗词，夫妻唱和，互为师友。婚后七年仲懿卒，秀莹誓不再娶，自号桐根居士，名其斋曰“守雁山房”。诗文均有名于世，词尤工。著有《蕙襟集》。

题孙铁珊横云书屋集
（清·冯秀莹）

穷冬客潞河，风顽石亦冻。愁如虎狼秦，欲避苦无洞。
走寻吾好友，狂谈快始纵。归携横云集，秉烛饮且诵。
满室烟冥冥，倏然廓尘霿。君才信奇绝，啾鸟一威凤。
潘陆并廊庑，班傅参伯仲。诗篇尤巨擘，郁乎作文栋。
歌行勇可贾，律绝姿善弄。想当墨濡豪，有若鞭就鞚。
百家效驰驱，万象随磬控。伐材歌章辨，椠柢风雅颂。
神瀵轩其波，天衣灭尽缝。匪独工设色，兼亦妙托讽。
音激中散哀，时感太傅恸。麾彼訡痴符，饷之益智粽。
睥睨在三唐，不知世有宋。于戏如斯人，乃困苜蓿俸。
射策失甲乙，徇铎劳倥偬。令我块难平，欲叩九阍讼。
忆昔定交因，新声卖花送。款关夜相访，嘤鸣和簧哢。
见即超故知，盖倾忱已贡。淄渑证味合，城府谢甲衷。
从兹数晨夕，书史互磨砻。寒解淮阴衣，眠欹鲖阳瓮。
属意各千秋，语不顾惊众。刚肠取舍同，胜游追逐共。
秀莹落拓者，散木谁赏赣。先生加咳唾，腐草得露种。
握兰齿以序，攻茅痼必中。养性无嫉情，譬诸饮乳湩。

手词更招邀，角酒闲陪从。敢狎齐晋盟，窃效邹鲁巷。
屈指今十年，转瞬春过梦。衰毛星半皤，窘状月屡空。
回首光景非，怦怦此心恫。赁改梁鸿舂，机断苏蕙综。
南宫三点额，望杏尚余痛。幽忧日抱疾，恒铸岛佛供。
章句何足臧，君言岂我哄。缅怀古人志，生才定有用。
先生人中杰，余事继文统。眼小四沧溟，胸吞九云梦。
终当曳绣裳，与世覆锦幪。大鼓掀天风，直扫挂树凇。
露布下吴越，持节复秦雍。吐气壮吾侪，诗仍以人重。

陈铁香

陈铁香（1837～1903年），讳棨仁，又字戟门，祖籍福建晋江永宁，幼年随父定居泉州府城（今鲤城区）象峰巷，同治甲戌（1874年）中进士，钦点翰林。散馆改官刑部主事，迁直隶知州，后诰授中宪大夫花翎知府衔（为从三品文官阶）。澹于荣利，光绪初年假归不出。其后数十年都在闽南一带主讲书院和著述。

送黄益斋广文

（清·陈铁香）

莫笑青毡一席寒，春风横海足游观。
诗从儋耳窥和仲，帽盍辽阳着幼安。
苜蓿盘深添石芋，槟榔赘到杂生蛮。
三貂岭上停车计，谁信郑虔独冷官？

曾纪泽

曾纪泽（1839～1890年），字劼刚，汉族。湖南双峰荷叶人，曾国藩次子。袭父一等毅勇侯爵。同治年间相继出使英、法、俄诸国，与俄人力争，毁崇厚已订之约，更立新议，交还伊犁及乌众岛山、帖克斯川诸要隘，有功于新疆甚大，官至户部左侍郎。1890年卒，谥号惠敏。纪泽学贯中西，有诗古文及奏疏若干卷，早岁所著，有《佩文韵来古编》《说文重文本部考》《群经说》等传于世。

杂感

（清·曾纪泽）

骥服盐车上太行，眼中驽蹇任超骧。
九方皋死心先冷，八尺身存项总强。
岂有蔷薇颁皂枥，误寻苜蓿走沙场。
何年外阪争途罢，一骋兰筋陟六方。

祭文正公文

（清·曾纪泽）

俭素持躬，不啬寒士，蔬粝苜蓿，每食四簋。
补缀之衣，縻蠹之裘，身处台铉，志在林丘。

叶炜

叶炜（1839 ～ 1903 年），字松石，号梦鸥，浙江嘉兴人。晚清诗人。自曾祖以下皆官守备，兄柽凌是金山卫守备。六岁丧父，十二岁丧母，依兄以居。虽家世习武而独能自力于学，且好为诗，曾参加淮军，非其志而去。

寄谭广文廷献

（清·叶炜）

不见谭生久，经年绝寄诗。
春山肥苜蓿，暮夜耿相思。
花落衙斋晚，书来驿路迟。
怀君无尽意，江畔立多时。

潘衍桐

潘衍桐（1841 ～ 1899 年），字莑廷，号峄琴。南海人，十三岁应童子试，同治七年（1868 年）成进士入翰林。历任国史馆纂修、越华书院主讲、陕西副考官、国字监司业、文渊阁校理、翰林院侍讲学士、侍读学士、浙江督学等职。学识渊博，1897 年在广州创办《岭学报》并任主编。著有《两浙轩续录》《朱子论语集注训诂话》三卷、《拙余堂诗文集》四卷。

两浙輶轩录节选择

（清·潘衍桐）

门前绿阳树，树下有斑骓。出门挂长剑，惘惘欲何之。
步兵哭途穷，将军悲数奇。脱剑长太息，请与斑骓辞。
渥洼产神驹，蹄轻汗流血。悲风鸣萧萧，苜蓿秋不实。
岂无千里心，伏沥空仰秣。不逢九方皋，盐车老骏骨。

王先谦

王先谦（1842 ～ 1917 年），字益吾，号葵园，湖南长沙人。同治进士。历任国子监祭酒，江苏学政，湖南岳麓书院院长，内阁学士。他是晚清著名学者和文学家，著有《汉书补注》《虚受堂诗文集》等。

乘槎亭

（清·王先谦）

博望门前贯月华，蓬莱山外引云车。
岁时著记从荆楚，牛斗穷源说汉家。
世事又看尘起海，我来真是客乘槎。
青盘苜蓿分明在，月与曜仙一笑夸。

李传元

李传元（生卒年不详），字橘农。江苏宝应人。光绪十五年（1889 年）进士，散馆授编修。充光绪二十七年（1901 年）广西主考官。官至浙江提学使。

题甘泉乡人冷斋读书图

（清·李传元）

二石儒林宗，高名继坡颍。家书七百通，学术商之稔。
岳岳衎石翁，碑版照五岭。晚岁刊经说，传注遍收捃。
参考阙其疑，雠校心惟谨。先生学尤力，万轴朱蓝靓。
琳琅诸父贻，卷过南阳井。学海为上驷，文鉴亦神品。
览观不自足，异籍频搜诇。经访公库本，韵求汲古影。
吴郡怀杜诗，南阳忆耿秉。惟时藏书家，别下迹最近。
振绮若拜经，一瓻乞通请。善本遇辄校，三史尤精审。
缺漏补正义，杂揉理索隐。班有特斋藏，志取南雍本。
副墨曾过录，细字目为眚。嗟从雕搜兴，一书恒数锓。
数曲亦已难，竣取那可尽。何况字句间，异同细已甚。
半部蟫蠹余，求之金百饼。书仓困检点，舟车艰载捆。
奚如萃一编，朝夕便观省。肉弗义不遗，眉列目易醒。
坐卧挟与共，得一余可屏。先生老学官，辛苦仰寸廪。
豪侈输绛云，浩翰谢千顷。徒以精力勤，敌彼金布赈。
孤灯一对勘，百城俪吞并。平生苜蓿感，官斋颜以冷。
犹闻念长安，千里致脩脡。爰知友于笃，匪直文誉并。
厚德族党钦，清芬子孙引。一帧六丁遗，宝视宗彝鼎。

冯誉骥

冯誉骥（？～1883 年），字仲良，号展云、崧湖，晚年号卓如、钝叟，斋名为绿伽楠馆。道光二十年（1840年），领乡荐。道光二十四年（1844年），考取进士二甲第六名，授翰林院编修，累督山东、湖北学政。同治年间（1861～1875年），回端州"丁优"，受聘主讲广州应元书院。光绪五年（1879年）八月，擢陕西巡抚。光绪九年（1883年）七月，陕西道监察御史刘恩溥弹劾其贪渎、任用非人，于十月被革职，致仕居扬州。平生嗜书画。

杂诗

（清·冯誉骥）

朔风班马鸣，边草萋以绿。战士戍龙庭，秋高肥苜蓿。
不见汉家营，但见秦时月。古驿零杨柳，我室已蟋蟀。
代马与越鸟，苦思故林宿。玉门有飞雁，尽唱征人曲。
征人远未归，霜雪寒无衣。君思古离别，岁暮定何依。

傅龙标

傅龙标（生平不详）。

牛首山怀古（节选）

（清·傅龙标）

楚人一炬三月红，烈烟飞入上林宫。
泗上亭长三尺剑，手持琢鹿都关中。
关中从此多兴筑，别馆离宫三十六。
射熊较猎长扬间，天马西来食苜蓿。
至今名胜已多湮，仿佛高低麦菜田。
往往游人寻古迹，幸而父老尚能言。
惟有诗人名不朽，渼陂有鱼岑家酒。
公今一去已千年，陂上有祠属杜某。

毛澄

毛澄（1843～1906年），字叔云，号瀚丰，道光三十三年（1843年）生于仁寿镇子场（今骑虎乡），幼即聪慧好学。光绪三年（1876年）以县学生考取优贡第一，四川督学张之洞很赏识他。当时，张之洞在成都创办尊经书院，四方俊秀之士趋聚一堂，都以经史词章互争高下，毛澄独兼众长，同辈尊之为兄长。光绪六年（1880年）会经试，毛澄中进士，殿试三甲、朝考第一等，授翰林院庶吉士，以知县待选。

新秋感兴十二首（其七）

（清·毛澄）

花门疏勒久逋逃，上相西征落节旄。
宛马不闻肥苜蓿，番氓几见贡葡萄。
天阴雪断交河树，风急沙翻瀚海涛。
多少征人望乡处，碛西回首月轮高。

赵尔巽

赵尔巽（1844～1927年），字公镶，号次珊，又名次山，又号无补，清末汉军正蓝旗人，奉天铁岭人（今铁岭市），祖籍山东蓬莱。清同治年间进士，授翰林院编修。历任安徽、陕西各省按察使，又任甘肃、新疆、山西布政使，后任湖南巡抚、户部尚书、盛京将军、湖广总督、四川总督等职，宣统三年（1911年）任东三省总督。民国成立，任奉天都督，旋辞职。1914年任清史馆总裁，主编《清史稿》。袁世凯称帝时，被尊为“嵩山四友”之一。1925年段祺瑞执政期间，任善后会议议长、临时参议院议长。

乾隆二十五年，平定西陲，凯歌四十章（其二十一）

（清·赵尔巽）

殊方何幸戴尧天，从此坤城列市廛。
薄赋但教供苜蓿，同文先为易金钱。

大凌河

（清·赵尔巽）

大凌河，爽垲高明。
被春皋，细草敷荣。
擢纤柯，苜蓿秋来盛。

方仁渊

方仁渊（1844～1926年），字耕霞，江苏江阴人，清代民间医学家。初习举子业，好诗文，攻经史，从名医王旭高学医。在苏州药店学徒，后移居常熟悬壶，医术精进，医德高尚。尝辑《新编汤头歌诀》，另有《倚云轩医案》《倚云轩医论》等，另整理《王旭高医案》行世。

潘幼南比部任扬州教授六年矣，一毡坐冷，鸡肋难归，
今春寄诗述其近况，因答三律代简（其三）
（清·方仁渊）

彩霞飞尽剩孤云，鲁殿灵光只有君。
苜蓿斋厨怀旧友，莼鲈风味怨离群。
一春阴雨连天暗，三月寒衣待日曛。
菜麦已伤薪米贵，故乡风景报于君。

缪荃孙

缪荃孙（1844～1919年），清代著名学者，字炎之，一字筱珊，晚号艺风，江苏江阴人，出身于封建知识分子家庭，接受过书香门第的严格教育。1864年到成都后，他博览群书，研究文史，与名人学者交往，学业大进，曾协助张之洞编撰《书目答问》。1876年中进士后，曾任翰林院编修、清史馆总纂。

萧寺养疴焚香枯坐怀人感旧得三十篇柬锦里
同人兼寄都门旧友（其四）
（清·缪荃孙）

袁淑文辞艳，虞翻骨相寒。
依人歌剑铗，误我只儒冠。
暂别芙蓉幕，仍餐苜蓿盘。
淮云鸿雁杳，不寄尺书看。

张百熙

张百熙（1847～1907年），湖南长沙县沙坪乡人。曾任清代礼部、工部、刑部、户部、吏部、邮传部等部尚书及左都御史、管学大臣等要职，是我国近代著名进步政治家、杰出教育改革家。

南园画马为翁尚书题
（清·张百熙）

天不见房星化马如化龙，地不闻渥洼产马成青骢。
腥膻六合尽泥滓，谁与汗血收奇功。
咄哉何处得此种，意态雄奇声价重。
轩然神力扫驽骀，似恐驰驱忧驾覂。
南园画笔迥绝伦，此马一出真空群。
想当奇气发胸臆，泼墨淋漓如有神。
意匠经营工画骨，刍霍精灵下云物。

径思揽骏籥昆仑，伫盼成龙蹴溟渤。
豪情壮志不可偿，风尘万里天苍茫。
沙寒草衰苜蓿短，但见凡马多肉夸腾骧。
监牧天闲有专政，御马深期知马性。
骊黄牝牡亦何有，要豢长材成上乘。
黄金骑，绿玉螭，绝足不假劳鞭笞。
识途之效古所重，发纵指示今其时。
按图低徊求画意，闻道人中有骐骥。

黄遵宪

黄遵宪（1848～1905年），晚清诗人，外交家、政治家、教育家。字公度，汉族客家人，广东梅州人，光绪二年（1876年）举人，历充师日参赞、旧金山总领事、驻英参赞、新加坡总领事，“戊戌变法”期间署湖南按察使，助巡抚陈宝箴推行新政。工诗，喜以新事物熔铸入诗，有“诗界革新导师”之称。黄遵宪有《人镜庐诗草》《日本国志》《日本杂事诗》。被誉为“近代中国走向世界第一人”。

春夜招乡人饮（节选）
（清·黄遵宪）

诸胡饱腥膻，四族出饕餮，饤盘比塔高，硬饼藉刀截。
菜香苜蓿肥，酒艳葡萄泼。冷淘粘山蚝，浓汁爬沙鳖。
动指思异味，谅子固不屑。古称美须眉，今亦夸白皙。
紫髯盘蟠虬，碧眼闪健鹘。子年未四十，鬑鬑须在颊。
诸毛纷绕涿，东涂复西抹。得毋逐臭夫，习染求容悦。
子如夸狄强，应举巨觥罚。谬称夜郎大，能步禹迹阔。
试披地球图，万国仅虮虱。岂非谈天衍，妄论工剽窃。
一唱十随和，此默彼又聒。醉喝杯箸翻，笑震屋瓦裂。
平生意气颇，滔滔论不歇。到此穷诘屈，口箝舌反结。
自作沧溟游，积日多於发。所见了无奇，无异在眉睫。
山经伯翳知，坤图怀仁说。足迹未遍历，安敢遽排讦。
大鹏恣扶摇，暂作六月息。尚拟汗漫游，一将耳目豁。
再阅十年归，一一详论列。

王鹏运

王鹏运（1849～1904年），清官员、词人。字佑遐，一字幼霞，中年自号半塘老人，又号鹜翁，晚年号半塘僧鹜。广西临桂（今桂林）人，原籍浙江山阴。同治九年

（1870年）举人，光绪间官至礼科给事中，在谏垣十年，上疏数十，皆关政要。二十八年离京，至扬州主学堂，卒于苏州。工词，与况周颐、朱孝臧、郑文焯合称“清末四大家”，鹏运居首。著有《味梨词》《鹜翁词》等集，后删定为《半塘定稿》。王鹏运曾汇刻《花间集》及宋、元诸家词为《四印斋所刻词》。

浣溪沙题丁兵备文画马

（清·王鹏运）

苜蓿阑干满上林，西风残秣独沉吟。遗台何处是黄金?
空阔已无千里志，驰驱枉抱百年心。夕阳山影自萧森。

薛时雨

薛时雨（生卒年不详），字慰农，一字澍生，晚号桑根老农。安徽全椒人。咸丰三年（1853年）进士。曾官杭州知府，兼督粮道，代行布政、按察两司事。著有《藤香馆集》，附词《西湖橹唱》《江舟欸乃》。为台湾第一巡抚刘铭传亲家。

离亭燕伯兄前数日过皖不及把晤闻径赴杭州矣

（清·薛时雨）

苜蓿一盘潇洒。投笔先生归也。
老至邮亭逢骨肉，世上金绘无价。
极目皖公山，只见暮云如画。
滚滚大江东下。渺渺片帆高挂。
君去我来无十日，悭此水天清话。
有约在西湖，记取一樽重把。

萧雄

萧雄（？～1893年），字皋谟，号听园山人。约在清道光初年出生于湖南省益阳县一个“累世诗书孝文”的封建文人家庭。他先曾在都统全顺和提督张曜幕府作过参军，后随左宗棠镇压西北回民起义军。在边陲“旁午于十余年之中，驰骋于二万里之内”。多年的戎马生活，使他获得了长期接触并深入考察风土人情的机会。他的《西疆杂述诗》四卷，正是身临其境、占有第一手材料而积累的丰硕成果。约当光绪十八年（1892年壬辰），完成其诗稿后不久，便客死长沙，终年估计在六十五岁以上。

苜蓿赞

（清·萧雄）

苜蓿黄芦旧句哀，席萁曾借马班才。
须知寸草心坚实，堪并琅玕作贡材。

杨深秀

杨深秀（1849～1898年），号耆耆子，字漪村或仪村，山西闻喜人。清末维新变法人士，光绪进士。精通中西数学。授刑部主事，累迁郎中，后授山东道监察御史。1898年3月，与宋伯鲁等在北京成立关学会，又列名保国会。6月上疏请定国是，弹劾礼部尚书总理各国事务衙门大臣许应騤阻挠新政事。维新派湖南巡抚陈宝箴被人胁制时，他上疏辩护。戊戌政变中，不避艰危，援引古义，请慈禧撤帘归政，遂遇害，为“戊戌六君子”之一。

兄割草

（清·杨深秀）

一痴一醒童子，半读半耕秀才。
记得饭牛芟草，茸茸苜蓿花开。
田中稳跨乌犍，山外时闻杜鹃。
一带苍烟如垒，半规红日犹圆。

叶昌炽

叶昌炽（1849～1917年），字兰裳，又字鞠裳、鞠常，自署歇后翁，晚号缘督庐主人。原籍浙江绍兴，后入籍江苏长洲（今苏州市）。晚清金石学家、文献学家、收藏家。光绪进士，历任翰林院庶吉士、国史馆协修、纂修、总纂官，参与撰《清史》，后入会典馆，修《武备图说》，迁国子监司业，加侍讲衔，擢甘肃学政，引疾归，有五百经幢馆，藏书三万卷。著有《语石》《藏书纪事诗》《缘裻庐日记钞》等。

咏王雨楼

（清·叶昌炽）

苜蓿阑干老广文，江南双鲤寄殷勤。
论诗欲订疑年录，未必礼堂事郑事。

王树枏

王树枏（1851～1936年），字晋卿，直隶小兴州人，自幼迁居保定，先后任四川青神及宁夏中卫知县、兰州道、新疆布政使。

瓜棚闲话题

（清·王树枏）

苜蓿阑干寄此身，谑言庄语座生春。

闲来一卷瓜棚话，汉朔齐髡有替人。
赢得宽闲岁月多，不知身世有风波。
占晴课雨瓜棚下，便是君家安乐窝。

万慎

万慎（1856～1923年），原名万人敌，字斐成，号慎子，泸州本州岛安贤乡云锦人。光绪八年（1882年），翰林院孔目。光绪二十八年（1902年）后，任安岳凤山书院山长、泸州中学堂堂长，民国年间，任铜梁县知事；四川咨政局、清末咨政院议员；叙永、泸州修志局总纂。曾与苏启元、温筱泉、陶开永等以诗酒解愁结成“怡园”诗社，并参加了朱德组织的“振华诗社”。

成都唐斐青

（清·万慎）

饱尝苜蓿鬓毛摧，撷得湘兰沅芷回。
豪饮逢趁郫酒熟，新诗应自粉湖来。
犹思蓟北三年聚，共说江东二妙才。
莫讶商瞿生子晚，夕阳红处好花开。

秀山朱虹父

（清·万慎）

抛得盈盈苜蓿盘，白盐赤甲九疑滩。
侧身天地杜工部，骈体文章王子安。
有药医贫叩灵素，无儿承嗣况商丹。
写书亦是风流过，可惜当年强入官。

程颂万

程颂万（1865～1932年），字子大，一字鹿川，号鹿川田父、十发，晚号十发居士、十发老人。曾自取海绥为号，与伯翰兄商议认为不当，遂以其父所命“子大”为字。室名十发盦、十发寄庐，别署定巢、石巢，又室名楚望阁、鹿川阁、美人长寿盦。程颂万是近代著名的诗人、教育家、实干家，在近代诗坛上享有盛名，王闿运、陈三立等都对其诗歌极为赞誉。他一生创作了大量的诗歌，现存诗歌著作达十种，收录诗歌四千多首。

群马

（清·程颂万）

落日一夫长，清秋众马奔。迸蹄贪草短，隅目近君门。

濡迹中原日，秦方已绝伦。失群谁纵汝，少秣仅能驯。
汉浴桃花雨，关连苜蓿新。笑予方马走，渴饮畏风尘。

蒋业晋

蒋业晋（生平不详）。

龚开画瘦马行（节选）

（清·蒋业晋）

古来画马推曹霸，韩幹画肉况其下。
谁拈秃笔状奇姿，不顾俗目矜高价。
未逢伯乐中心伤，苜蓿安得充饥肠。
骨耸只形四蹄劲。肉脱逾见双瞳方。
开生宋季号穷士，淮右沉沦室乏几。
烟鬃雾鬣予背成，奇笔奇情乃有此。
风尘倾洞王室昏，地上空使行麒麟。
死生可脱俟知己，在野那用肥其身。
锦鞯玉勒去结束，庸奴贱隶漫鞭朴。
骅骝失意骨不丧，卓立天成耻食肉。
此本流传世几轻，惨淡落笔摇房星。
空堂展玩忽异色，云雾昼晦疑通灵。
杜陵不作谁咏马，高怀虚寄丹青写。
眼中无物笔有神，直欲群空冀北野。

王荣商

王荣商（1852～1921年），字友莱，高塘田三洋（今属新碶街道）人。十五岁考取秀才，光绪八年（1882年）中举，光绪十二年（1886年）考中进士。由翰林院庶吉士，授编修、升侍讲、转侍读。历任国史馆纂修、文渊阁校理。曾任顺天同考官和四川正考官。民国七年任《镇海县志》总纂。着有《容膝轩文稿》八卷。《容膝轩诗集》十二卷，《蛟川耆旧诗补》等十余种。

郊行有感

（清·王荣商）

倦鸟投林早息机，蓟门回首夕阳微。
苍茫世事残棋局，淡泊家风旧布衣。

白发无多遗老尽，青山如昨主人非。
村农不识兴亡感，自爱春田苜蓿肥。

方鹤斋

方鹤斋（1852～1940年），名旭，鹤斋为其号。安徽桐城县人。桐城派古文家。今存《鹤斋诗存》《鹤斋文存》，皆门人以寿金刊印。《诗存》所收，从七十岁起，鹤斋本意如此。

感旧四首（其一）
（清·方鹤斋）

庑下新婚蜀两孤，有家难别甚于无。
三春燕入莲花幕，四月鲥来菜子湖。
茅屋青灯裁布袜，苜盘丹荔想罗襦。
槐花黄后催归棹，报罢声中又戒途。

裴景福

裴景福（1854～1924年），字伯谦，又字安浦，号臆闇，安徽霍邱县新店人。光绪十二年（1886年）进士。历任广东陆丰、番禺、潮阳、南海县令，因收集字画古董，为时任两广总督岑春喧嫉恨，被迫暂避澳门。岑仍将他革职，投入南海监狱。上奏朝廷谓其“两广县令，裴为贪首，凭籍外力，藐视国法”，但查无实据，不能重判，遂远戍新疆。到新疆后，适逢该省台宪与他同榜，加上边省文化落后，人才缺乏，委他为代理电报局局长。民国初年，任安徽省政务长。晚年辞职回乡安居，以收藏书画、古董自娱。著有《壮陶图书画录》《河海昆仑录》《睫周诗抄》等。民国十三年病逝。

登嘉峪关
（清·裴景福）

长城高与白云齐，一蹑危楼万堞低。
锁钥九边联漠北，丸泥四郡划安西。
雪中苜蓿绿鹰嘴，天上桃花红马蹄。
飞将神兵纷出塞，圣恩可许到伊犁。

许南英

许南英（1855～1917年），现代著名作家许地山的父亲。他是台湾安平（今台南市）

人，号蕴白，别号“窥园主人”和“留发头陀”。许南英作为台湾历史上第二十五位进士，他的一生浓缩了中国近代知识分子的种种际遇。他留下的诗集《窥园留草》记录了时代的方方面面。

题颜汀如画蛱蝶探花图

（清·许南英）

苜蓿凋残苣蔻鲜，春风二月嫁人天。
痴男原不移痴志，勉读召南第十篇。
久为西席忽东床，礼分遥知叙桂堂。
本是王郎渡桃叶，翻教桃叶渡王郎！

赠张鲁恂广文

（清·许南英）

阑干苜蓿伴孤标，闻道先生不寂寥。
健妇能为开化种，佳儿便是读书苗。
美人别泪恩犹在，良友钟情意也消。
挑战以诗原韵事，寄声我让倚楼超。

范天烈

范天烈（生卒年不详），字绍先，四川永川人。光绪二十八年（1902年）举人，官内阁中书。辛亥革命后历任成都资中县丞。工书法，有颜真卿遗意。卒年七十。著《颐园全集》。

塞上

（清·范天烈）

苜蓿秋高万马肥，满天霜雪有鸿飞。
黄云断塞寻鹰去，又见将军射虎归。

屠寄

屠寄（1856～1921年），字敬山，于清咸丰六年（1856年）出生在常州临川里屠宅（今毁）。光绪十一年（1885年）考中举人后，到江西、湖北等地襄理学务。光绪十四年（1888年）应两广总督张之洞之邀到广州，任广雅书局校阅兼广东舆地局总纂。光绪十八年（1892年）中进士后，踏上了十多年的坎坷仕途。曾任浙江淳安知县、工部主事、黑龙江舆地局总办、京师大学堂（北京大学前身）正教习、奉天大学堂总教习、南通国文专修馆馆长，工作之余悉心钻研蒙古史。1910年返回故里，回乡不久辛亥革命便爆发，后被选为常州首任民政长。1913年袁世凯篡政，他愤而辞职，坦言："我年近花甲，世间禄位，久已视同浮云！"在此继续从事《蒙兀儿史记》的写作，终使一代名著问世。1917年，应蔡元培之聘，任北京大学国史馆总纂，之后经常往返京、常间。1920年返回常州，又历任武进县水利总董、武进红十字会会长等职，并继续研究蒙古史。

边愁

（清·屠寄）

忆昨狼烽照上都，祇今鲛室遍通衢。
离宫苜蓿春烟没，飞舶金银海水枯。
白雉几曾重译献，黄龙安得及时输。
汉廷解守和戎策，五利他年恐矫诬。

感事

（清·屠寄）

天马自西极，连翩东南驰。曾食汉苜蓿，不屑黄金羁。
高高禺同山，下有昆明池。舳舻霮云日，波涛扬旌旗。
请缨抑何壮，据鞍亦未衰。忠贞谁能嗣，亮节良易亏。
繁华上官日，嗫嚅对簿时。

魏元旷

魏元旷（1856～1935年），原名焕章，号潜园，又号斯逸、逸叟，南昌县人。光绪二十一年（1895年）己未骆成骧榜进士。历任刑部主事，民政部署高等审判厅推事。辛亥革命后归故里，应胡思敬约，校勘《豫章丛书》。其思想与胡思敬相近，于立宪派、洋务派概持异议，主张君主专制，近于迂顽。其诗源出杜甫，沉郁苍凉，多蕴涵因易代而忧闷之情。潜心著述，曾任《南昌县志》总纂，此书与胡思敬《盐乘》并称近代江西两部名志。编纂《西山志》六卷。著有《潜园全集》，内有《蕉鹿诗话》《潜园诗集》《蕉鹿随笔》等。

沙苑行

（清·魏元旷）

龙媒远出渥洼水，绝态雄姿日千里。
转悲良骥老始成，请看神驹已如此。
麟蹄隅目信希有，不用终须伏枥死。
沙苑秋风苜蓿肥，往往娇嘶思北鄙。

秣饲同登监牧门，千群万匹如云屯。
世无伯乐骅骝贱，仆有王良腰袅尊。
独居仗下备巡幸，鸾声中节威仪存。
繁缨玉勒耀殊宠，驔鱼骓驱何足论。
大绥甫下惊貐窦，金舆震骇疑颠越。
踣轻险出尘不惊，但见血毛翻兽窟。
天颜有喜顾圉人，低徊赤汗生斑鳞。
圣人原不苟驱策，呵护非关有百神。

刘光阁

刘光阁（1857～1921年），字星南，四川夹江人。1909年四川官班法政学堂毕业，署井研县教谕。入民国，历任中小学教师，以教读终其身。

饯送王肇侯先生二首（其一）

（清·刘光阁）

亲老家贫为作官，雄心怎许挽狂澜。
俸廉笑说曹公肋，情好宁收闵贡肝。
且事冰盘调苜蓿，常教气味化芝兰。
青毡倏忽携将去，祖帐临歧酒怕干。

吴朝品

吴朝品（1858～？），字立卿，四川绵州（今属四川绵阳）人。自言三十五岁始食饩，四十岁始得八品官。观其诗，盖成都学署司训也。着有《涪雅堂诗草》。

学舍创自乾隆辛丑二月荒废不可居因修葺之

（清·吴朝品）

广文官舍冷于冰，苜蓿长斋似老僧。
自笑牵萝聊补屋，惟期曲木尽从绳。
酒钱牢落苏司业，风味萧疏王右丞。
守静安贫元是福，夜凉禅诵喜篝灯。

李岳瑞

李岳瑞（1862～1927年），字孟符。陕西咸阳庇李村（今属咸阳市渭城区）人。

清光绪八年（1882 年）中举，翌年中进士，选庶吉士，散馆授工部主事，迁工部屯田司员外郎，兼充总理各国事务衙门章京，办铁路矿务事。

关将军义马行（节选）

（清·李岳瑞）

将军已死马尚在，贼奴竟思骑而行。
蓦然踢空海云裂，阳侯避浪冯夷惊。
呜呼将军真壮士，养马犹能识忠义。
若教临阵成大功，辟易应看走千骑。
西风萧萧海波立，万马归来汗流血。
粤人重马痛将军，至竟挥戈欲杀贼。
锦鞯饰马身，黄金络马头。
飘珠喷玉四蹄疾，平原苜蓿当清秋。
伏枥哀鸣志千里，文绣盐车等闲事。
秋风感激报恩心，侧目苍穹望箕尾。
如龙之骏老天闲，壮士闻之尽拊髀。
君不见，
殿头仗马兀不动，日日恩叨大官奉。

丘逢甲

丘逢甲（1864 ～ 1912 年），客家人，字仙根，又字吉甫，号蛰庵、仲阏、华严子，别署海东遗民、南武山人、仓海君。辛亥革命后以仓海为名。晚清爱国诗人、教育家、抗日保台志士。

秋怀八首，次覃孝方韵（其一）

（清·丘逢甲）

蓬山沦没阻东归，看惯年年海水飞。
剩有壶公教地缩，更无苌叔与天违。
篨篨落日神猿哭，苜蓿秋风虏马肥。
今日秦庭非复昔，休将九顿拜无衣。

黄摩西

黄摩西（1866 ～ 1913 年），江苏常熟人，字慕韩。他是中国近代文学史上重要的文学家、小说理论家，同时也是一位社会活动家，在清末被学林称为一代奇人。他是中国近代百科全书型的工具书《普通百科新大辞典》的编纂者。

满庭芳

（清·黄摩西）

飞兔含豪，骄驼无色，一般天骨惊人。功成句里，助我起风云。
却笑奚囊心血，疲驴背、直恁逡巡。骚坛上，虹芒贯月，露布又催春。
芳辰叉手处，桃花映血，芳草铺茵。更探幽蹑险，不动纤尘。
到此骅骝气丧，丹青在，声价休论。何日使船归去，苜蓿误鲈莼。

又和秋梦步病鹤秋日杂兴韵二首（其二）

（清·黄摩西）

红树黄花著色娇，秋人心上绘无聊。
菰蒲浅水龙头老，苜蓿西风骏骨消。
夙业懒参禅五叶，浇愁未蓄量三蕉。
藤情屐兴销磨尽，日坐黄尘夜听潮。

洪繻

洪繻（1866～1928年），本名攀桂，学名一枝，字月樵。台湾沦日后，取《汉书·终军传终军传》“弃繻生”之说，改名繻，字弃生。清彰化鹿港人，原籍福建南安，其先大父至忠公流寓台湾鹿港，遂家焉。少习举业，光绪十七年（1891年）以案首入泮。十九年（1893年）乡试不中。乙未年（1895年）割台之役，与丘逢甲、许肇清等同倡抗战，任中路筹饷局委员。后绝意仕进，潜心于诗古文辞。由于身居弃地，洪繻采取“不妥协、不合作”的应世态度，以遗民终其身。

感事

（清·洪繻）

千古极沧桑，华夷杂犬羊；长天生苜蓿，远海接鸿荒。
地阻虚闽、粤，时危变汉、唐；寰留寰宇外，晦迹得昂藏！

徐珂

徐珂（1869～1928年），原名昌，字仲可，浙江杭县（今杭州市）人。光绪年间（1889年）举人。后任商务印书馆编辑。参加南社。曾担任袁世凯在天津小站练兵时的幕僚，不久离去。1901 年在上海担任了《外交报》《东方杂志》的编辑，1911 年，接管《东方杂志》的“杂纂部”。与潘仕成、王晋卿、王辑塘、冒鹤亭等友好。编有《清稗类钞》《历代白话诗选》《古今词选集评》等。

八宝豆腐羹（节选）

（清 · 徐珂）

俗称教官为豆腐官。

君之亲朋，既皆大人先生，可为奥援者若是之多，而犹寂守苜蓿；

则此豆腐必异寻常，当为八宝豆腐羹也。

君诚足以自豪矣。

林朝崧

林朝崧（1875 ～ 1915 年），字俊堂，号痴仙，台湾彰化县雾峰乡人。林朝崧出身于武功之家，其父亲林利卿、族伯林文察、族兄林朝栋均是清朝同治、光绪年间颇有战功的将领。林朝崧作为栎社的发起人和首任理事，在台湾地方文学发展史上占有重要地位，被誉为“全台诗界泰斗”。

呈槐庭四首（其一）

（清 · 林朝崧）

累世万金产，到君家已贫。训蒙能恤友，学佛不违亲。

古寺蒲牢晓，空斋苜蓿春。扫除才子气，一任笑头巾。

何兆渤

何兆渤（生卒年不详），字扶鲸，洛阳人，雍正八年（1730 年）由贡生任光州训导。

文笔野峦

（清 · 何兆渤）

秀列层峦驾水滨，龙门瑞色霭秋旻。

潢流叠浪成文绮，奎阁重檐绕汉津。

灵气自为黉序结，笔峰恰与泮宫邻。

渐余苜蓿齐中老，强作木天染翰人。

梅云程

梅云程（生卒年不详），字腾远，号怡园，南城人。乾隆戊辰进士，官知县。

有《怡园诗集》。

九日

（清·梅云程）

官舍萧萧似野村，又逢佳节倒清尊。
芙蓉开谢秋心在，苜蓿凄凉宦味存。
腕下难成风雨句，鬓边易染雪霜痕。
逡巡懒着登高屐，对坐南山翠拥门。

欧阳公晋

欧阳公晋（生平不详）。

闻北门失守

（清·欧阳公晋）

苜蓿何堪抵蕨薇，坦然全受亦全归。
十年养得干霄气，化作贞魂一片飞。
调高自有钟期赏，珍重朱弦太古琴。

许之渐

许之渐（生平不详）。

清明后一日按部之暇宴东湖苑在亭酬万大参

（清·许之渐）

圣湖别已久，荡漾纷在目。
芳菲遘良辰，明霞散绮縠。
今来入秦川，昕昏罕停毂。
连山浩无垠，飞埃翳荒陆。
披图数感会，迷方徒蹙蹙。
仲春达扶风，周道良有踧。
都忘令节临，檄书纷颖秃。
万君饶美度，念我欲投轴。
为言凤城东，湖潭清可掬。
苏子倅郡时，来游日往复。
清浅涨华池，莲香姿芳郁。
更建君子亭，不愧愚公谷。

曲堤环沧漪，山樽成小筑。
西子擅东南，明媚此所独。
片云对层城，渺然属清澳。
陇酒时再斟，春盘陈苜蓿。
俯仰瑶池前，想望昆仑麓。
渊沦黛色收，杳霭烛光煜。
入怀延阻修，尘岔邈炎燠。
缅焉念昔人，适静虑如沐。
岂无沧州情，携手返初服。

易寿松

易寿松（生平不详）。

齐克腾木感怀
（清·易寿松）

奉檄西来不计程，边风飒飒晚烟轻。
晴融古雪山逾净，暗度春风草不生。
鼙鼓喧阗思往事，琵琶哀怨客中情。
盘弓勒马双雕健，也学当年李北平。
砧杵谁家捣戍衣，关山路渺雁书违。
杯螺夜酌葡萄熟，宛马春餐苜蓿肥。
客里容颜应减瘦，荒中村树认依稀。
此生不作巢由隐，漫向江头枕石矶。

永珹

永珹（生平不详）。

南海子行
（清·永瑊）

君不见，
飞放之泊传自元，百六十里周缭垣。
红门四辟通苑路，苑中极目皆平原。
略无高山有流水，长林迤逦丰草繁。
头鹅诈马有余闲，于焉较猎悬鶉貆。

胜地一从归胜国，仁虞旧院无人识。
扫除榛莽拨禁军，曾记英公亲奉敕。
官衙忽被阉寺专，豹房尚指荒丘侧。
太阿旁落国步难，遑问区区此疆域。
我朝龙兴天下归，千里和会尊邦畿。
废苑从兹作灵囿，豫游几暇扬鸾旗。
云闲八阵时阅武，风卷三驱大合围。
殷勤习劳奉家法，扈从棣萼欣交辉。
百年海户千人守，七十二桥通泽薮。
三台连峙三海深，指点团河近双柳。
新池饮鹿间苇蒿，旧迹晾鹰存培塿。
官庄分设四五家，岁纳刍茭别无取。
颇见道观杂僧庐，灵风梵雨来空虚。
酒内茅山失法派，瞿昙种类尤纷如。
膏腴宽敞便飞走，大壑于牣还多鱼。
雨露栽培经岁月，离宫鼎足皆皇居。
诘戎大事首马政，雁臣贡入龙媒盛。
六厩超遥八骏蹄，监牧攻驹严禁令。
何须苜蓿与渥洼，甘草如饴水如镜。
云锦照眼胜谷量，土壤宜之顺其性。
围场习猎凡几回，黑头顿觉青春催。
伯仲当初我最少，今日俄携诸季来。
更怜子侄并壮大，短衣晨夕想追陪。
弯弓敢辞臂力软，怅触旧况增清哀。
况复从游怀杖履，自别音尘几弹指。
人间屡叹絮酒倾，天上频嗟玉楼起。
赏花得句能几春，也复伤神判生死。
者番经幄集群贤，只有蔡侯还到此。
临风无限古今情，天开陆海依神京。
长杨熊馆讵足拟，驰骋信足豪生平。
喧笑未终感慨集，莺蹄燕语兼蛙鸣。
转眼清和赋归去，挑镫且快挥毫成。

于东昶

于东昶(生卒年不详)，字汤谷，号兹山，平湖人。康熙庚子副贡。有《锦璇阁诗稿》。

杂感

（清·于东昶）

岂是人间行路难，可怜天遣作儒酸。
蹉跎学士葫芦样，潦倒先生苜蓿盘。
检历乍惊佳节过，披图聊觅好山看。
汉阳穷鸟吾真是，何日翻飞纵羽翰。

张国学

张国学（生平不详）。

神马篇

（清·张国学）

良乡县马三百匹，苜蓿春肥百不一。
可怜骨瘦如堵墙，那得蹄高夸踣铁。
连朝络绎来官差，食料才半出马牌。
岂无一二大宛种，长途力尽死即埋。
厩中一马雄顾盼，似向天育图中见。
额高九寸毛尽拳，镜夹双瞳焰如电。
县中健儿控不得，云是厩神之脚力。
无端驰突迹无穷，倏尔归来汗流赤。
或闻此语变颜色，事涉虚无勿为惑。
君不见，周王八骏天下行，
又不见，夏后双龙天降精。
任尔腾骧号神骏，呈才天厩名始成。
彼独胡为但放纵，抑或不遇王良控。
倘鉴驽骀能死忠，盍贬情性乘时用。
呜呼，盍贬情性乘时用！

蔡国琳

蔡国琳（生卒年不详），安平人，居府治，举光绪壬午乡荐，设教延平王祠，及门多俊士。后任蓬壶书院山长。着《丛桂堂诗钞》四卷，未刊。有秋日谒延平郡王祠一首，可为集中杰作。

秋日谒延平郡王祠

（清·蔡国琳）

长松盘空瘦蛟舞，败叶飒飒如秋雨。
红墙一角暮云平，郑王祠宇昭千古。
圣代褒封祀典崇，鼎新庙貌极穹窿。
易名忠节辉青史，俎豆春秋拜下风。
太息前明丁季造，只身欲挽狂澜倒。
雄心虽说效扶余，比似田横栖海岛。
焚罢蓝衫换战衣，鲸鱼到处碧波飞。
滇南犹有嗣君在，闽事无成涕几挥。
厦金两屿全师抗，舳舻千里谋北向。
三军齐唱望江南，未许香焚孝陵上。
九皋航海往来频，正朔犹存天祐春。
退步洪荒开世界，天心亦似爱孤臣。
相从文武多俊杰，余生草里苌弘血。
返日挥戈恨未能，幕府西召泪凄咽。
由来烈母有奇儿，庭下寒梅挺古姿。
可惜将星旋告陨，渡河宗泽恨终垂。
大厦已倾支不得，长耳草鸡谶群识。
甯心耻作陈宜中，力战何殊李定国。
古木荒凉噪暮鸦，寺称海会几年华。
杜鹃血染王孙草，精卫冤含帝子花。
记室鳞鸿绝命词，舍人苜蓿大哀赋。
零丁洋里叹零丁，吮毫欲续文山句。
人生忠孝本难全，移孝作忠可与权。
瞿张所处堪伯仲，文肃吁恳荩疏传。
同甫气豪有健笔，楹联字字胸臆出。
我今瞻拜荐馨香，采风簪笔记其实。
开地擎天伟绩彰，葵倾私慕民难忘。
怒涛犹作灵胥恨，多少诗人吊夕阳。

陈梦雷

陈梦雷（生卒年不详）。

丁卯孟夏云思草堂落成步黄叔威原韵四首（其一）

（清·陈梦雷）

谁信投荒日，犹居帝里西。迁莺依近树，巢燕宿新泥。
烟冷蘼芜迳，风吹苜蓿畦。乡关惊旅梦，夜起待晨鸡。

陈豫朋

陈豫朋（生卒年不详），字尧凯，号濂村，泽州人。康熙甲戌进士，改庶吉士，授编修，历官福建盐驿道。有《濂村诗集》。

北平射虎歌

（清·陈豫朋）

秋风削耳塞草枯，将军夜持金仆姑。
一发辄殪双于菟，金石既贯精诚符。
再发不入理岂诬，有心求合翻成愚。
汉军数出击匈奴，大宛苜蓿饲名驹。
将军志欲封狼胥，前茅后出迷道途。
七十余战血模糊，数奇不赏徒区区。
人事翻覆如辘轳，白云苍狗变须臾。
君不见，
邵平罢相还独居，种瓜自荷青门锄。

桂敬顺

桂敬顺（生卒年不详），字昭翼，号介轩，附贡生，乾隆二十二年（1757 年）底任山西浑源州知州，著有《介轩诗钞》《恒山志》和《浑源州志》。桂敬顺是一个勤政爱民的好官。

次杨丈懿莽登繁峙旧城韵

（清·桂敬顺）

仲宣兀兀感蓬飞，欲却乡愁计总非。
台麓星霜凋鬓影，女墙薜荔冷秋衣。
吴鸿行断菰蒲远，代马雄嘶苜蓿肥。
我亦浪游将十载，登高一度一思归。

郭瑞龄

郭瑞龄（生平不详）。

醉乡可游不可溺

（清·郭瑞龄）

老翁今年六十七，生平颇有刘伶癖。
学书学剑两无成，博得寒毡分半席。
官卑职散俸无多，苜蓿将来换三百。
晨朝一壶晚千钟，醉倒懵腾百忧释。
那知藉酒欲消愁，酒结成痂贮胸臆。
恍然自悟酒无功，愁不能销病来迫。
因之止酒保我躯，善酿何须说仪狄？
偶然宴赏来嘉宾，赌胜欢肠甘败北。
为我寄误王无功，醉乡可游不可溺。

何绍禹

何绍禹（生平不详）。

种菊诗次族兄南塘见赠原韵并序

（清·何绍禹）

壬子余自琼南归里，求消永日法不得，偶读归去来辞至三径就荒松菊犹存二语，恍为悟焉。遂泽菊于圃中，劚地编篱，日以艺菊为业，非敢托渊明之爱也，实为九秋花放，佐餐入酒计耳。

腰折更无五斗贪，篱东归去见山南，忘忧岂为金钱缀，真意聊凭彩笔函；
且喜盘中余苜蓿，何妨阶下植宜男，秋来老圃饶佳色，酌酒题诗赋盍簪。

李希圣

李希圣（生卒年不详），字亦元，号卧公，湘乡人。光绪壬辰进士，官刑部主事，荐举经济特科。有《雁影斋诗》。

海上晤葛侍郎连日谈西安事临别有赠

（清·李希圣）

去住无消息，传闻有是非。

艰难天险在，予夺圣心违。
驿路梅花发，官筵苜蓿肥。
孤臣中夜泪，霑洒向征衣。

闻道
（清·李希圣）

闻道君王起渐台，方壶员峤象崔嵬。
离宫苜蓿参差长，别殿芙蓉烂漫开。
新辟条支求鸟卵，更通碎叶问龙媒。
太平天子无愁思，愿颂南山献寿杯。

高粱桥
（清·李希圣）

西来宛马镇相寻，苜蓿葡萄极望深。
清绝晓钟仙杖句，无人解作蓼花吟。

刘曾璇

刘曾璇（生卒年不详），字荫渠，盐山人。乾隆壬子举人，由学正历官泰安知县。有《莲窗书室诗钞》。

自嘲
（清·刘曾璇）

生平文字最相亲，竟为斗升羁此身。
得米如添新宝物，看书似遇故乡人。
荒斋也可为安宅，徒步何妨当画轮。
盘里犹余陈苜蓿，无须逢客说清贫。

陆以

陆以（生平不详）。

赤城杂诗八首（其一）
（清·陆以）

廿年旧雨溯依依，苜蓿休嫌壮志违。
杯酒深谈故乡事，便教沈醉亦忘归。

留别严比玉飘仙

（清·陆以）

桃李春深苜蓿肥，偶伤怀抱拂衣归。
儒官久忝齐竽滥，学术终惭郑璞非。
忽枉新莺求友唤，故教秋燕傍人飞。
频年坐拥谈经席，拟返衡茅昼掩扉。

沈朗亭

沈朗亭（生卒年不详），尚书督学陕甘，有《西凉新乐府》之作。

牧马回

（清·沈朗亭）

战马如云散垌牧，番骑遮要入山谷。
谷中苜蓿青茸茸，我马不食但踯躅。
长嘶却走无留停，痛著鞭棰誓不复。
吾皇德意洽庶类，马食官刍如食禄。
急还故厩屹不动，番人不敢穷追逐。
黄尘起处官兵来，歌呼相庆我马回。

沈云

沈云（生平不详）。

盛湖竹枝词

（清·沈云）

春盘苜蓿不须愁，潭韭初肥野菜稠。
最是村童音节好，声声并人马兰头。

孙葆恬

孙葆恬（生卒年不详），字劭吾，号少梧，善化人。嘉庆己卯举人，官桃源教谕。有《心太平室稿》。

和张晴崖秋夜书怀

（清·孙葆恬）

西风摇落向江城，独卧空堂客易惊。
一枕虫声邀月上，四山秋气逼镫生。

甘于苜蓿中难热，廉到莱芜梦亦清。
想见孤吟清不寐，自携苦茗手亲烹。

陶廷珍

陶廷珍（生卒年不详），字效川，号午庄，会稽人。乾隆辛卯举人，官肃州州同。有《天目远游》《鸡肋》《仇池》《关河》等集。

关山
（清·陶廷珍）

秦中门户瞰临洮，万仞崇冈压巨鳌。
凿险路分鹑首隘，盘空人俯陇头高。
云移绝壁开熊馆，雪满长沟设虎牢。
此去凉州风土近，马肥苜蓿酒蒲桃。

汪道鼎

汪道鼎（生平不详）。

广平生
（清·汪道鼎）

雅操坚持讵偶松，为贪苜蓿曲相从。
本来或不膺奇疾，监毙之言嘱得凶。

吴寿昌

吴寿昌（生卒年不详），字泰交，号蓉塘，浙江山阴人。乾隆己丑进士，改庶吉士，授编修，历官侍讲。有《虚白斋存稿》。

赠百十三岁老人王司业南亭先生
（清·吴寿昌）

国家太平古无比，仁寿纪年百余矣。
弧南一星位丙丁，牛斗之墟夜芒指。
翁家天台濒小海，风俗淳朴致堪喜。
是间淑气厚钟毓，特为盛时彰瑞美。
百龄孝子翁先人，秩视更老荣乡里。
诸孙膝下罗来鼻，共享期颐克家子。
自言少时胆气粗，报仇夜斫贼营里。

裹疮不辨血模糊，至性所生非聊尔。
中年折节伴萤囊，兀兀穷经作髦士。
挥金但学管宁锄，决踵肯惭原思履。
阑干苜蓿广文毡，九十六龄得官始。
秩满朝天获晋秩，其时岁适逢辛巳。
次年属车莅吴会，率先黄发清尘俟。
耆儒屡邀天语褒，绰楔宸章钤宝玺。
迩来国庆正稠叠，率土普天皆鹄起。
去年翁至坐蒲轮，亲祝圣龄习拜跪。
箧贮上方麟趾金，衣裁内府鹄头绮。
今岁慈宁开八袠，翁切呼嵩复至止。
香山图绘今昔同，天子推仁首尚齿。
再看头衔赐新换，御题荣宠沾蕃祉。
优礼无殊隆宪乞，懿嘉洵足著惇史。
翁为人瑞古所无，如云五色芝三蕊。
长身七尺清且癯，行不支筇坐不几。
擘窠书成惯赠人，箕畴一寿义取此。
山程水驿讵云远，十年三踏长安市。
长安纷纷聚冠盖，识面籛铿与李耳。
我生四十犹壮年，视茫发苍负强仕。
苦求急景免凋颜，每乏奇方学洗髓。
对翁长松古柏姿，蒲柳凡材安足拟。
吾闻天台山高万八千丈，中有石室金庭共峛崺。
第一洞天记道书，草多长生药不死。
欲从翁觅翁不言，但言神仙之术荒唐非吾以。
乃知寿民关寿国，导引延年无其理。
不然正当王母介福帝胪欢，岂无控鹤骖鸾先翁降金戺。

张翙

张翙（生卒年不详），字凤飏，号桐圃，武威人。乾隆己丑进士，历官湖北荆宜道。有《念初堂诗集》。

凉州怀古

（清·张翙）

马肥苜蓿边氛净，人醉葡萄夜宴开。
漫说汉皇启疆日，青磷白骨不胜哀。

张克嶷

张克嶷（生卒年不详），字伟公，山西闻喜人，清朝官吏。康熙十八年进士，选庶吉士，改刑部主事，累迁郎中。有狱连执政族人，诸司莫敢任，克嶷请独任之。内务府以其人出使为辞，克嶷钩提益急。牒问奉使何地、归何期，力请部长入告。事虽格，闻者肃然。

送友人之广文任

（清·张克嶷）

少年开口话伊周，壮志空存老未酬。
吾道尊非因及第，人师贵岂让封侯。
于今绛帐稀黄发，自古青毡重白头。
边地莫嫌官署冷，饱餐苜蓿又何求。

段公廷

段公廷（生平不详）。

瑞州府教授段公廷遴解组归里诗四律

（清·段公廷）

由来郑席令于官，未改家风苜蓿盘。
薝蔔成林香可掬，绿筠为邑秀堪餐。
临文各自留真气，品艺从教得大观。
碧落苍苍春欲暮，雨苔烟树倍生寒。

金朝觐

金朝觐（生平不详）。

奉和鲜于广文赠别元韵

（清·金朝觐）

别路听琴泣凤翚，荒斋苜蓿苦因依。
文章月旦推名宿，禾黍秋风稔近畿。
喜雨桥边萦绿柳，飞龙关外怅青衣。
东流似解离人意，时作回波映翠微。

吴资生

吴资生（生卒年不详），字天培，江南吴县人。康熙乙酉举人，官宝应教谕。

就道录别

（清·吴资生）

西风吹我鬓，寒日照我冠。亲朋各挐舟，送我芦花滩。
怜我年半百，得官仍酸寒。官卑禄自薄，苜蓿余空盘。
何时抒壮怀，云际飏飞翰。款言谢亲朋，我心匪求安。
虽无民社责，抚时每长叹。方今值灾荒，苍藜半凋残。
哀哀满路哭，谁恤骨髓干。活人惭未能，敢博妻孥欢。
淡泊以明志，守我瓢与箪。居职无大小，要归免瘝官。
解缆从此辞，浩浩江天宽。

刘企向

刘企向（生平不详）。

过苏家庄张仙翁宫

（清·刘企向）

远驾牛车一径斜，清风细细透轻纱。
青山翠绽芙蓉朵，绿树分红苜蓿花。
岭树千层摇旭日，树烟几处乱朝霞。
仙翁骑鹤蓬莱去，前度刘郎鬓已华。

张弥

张弥（生卒年不详），乾隆七年（1742年）进士，授南康府教授。

萧村别墅

（清·张弥）

半亩畦园足灌无，教童提锸更携壶。
日逢雨过常栽竹，时有客来便剪蔬。
不尽生机凭苜蓿，闲将乐意寄屠苏。
春融午梦人归后，帘外声声鸟自呼。

何椿龄

何椿龄（生卒年不详），字竹友，成都人。拔贡，官泸州学正。有《竹友诗集》。

寄唐云芝兼怀同游诸子

（清·何椿龄）

苜蓿满城秋，秋风不扫愁。此心如落木，何处是绵州。
之子殊难见，斜阳一倚楼。应还思锦里，诗酒旧同游。

左宗植

左宗植（生卒年不详），字仲基，一字景乔，湘阴人。道光壬辰举人，官内阁中书。有《慎庵诗钞》。

初至新化赠张蓉裳学博

（清·左宗植）

我初试缁尘，乡贡赴京甸。踏月款湘馆，始识先生面。
尘囊发鸣琴，行箧诵诗卷。清言似味蔗，往往耐嚼咽。
长安仕宦海，倥偬预计选。得官宰百里，孥仆欣以忭。
庶几抒夙抱，盘错利器见。谁知达者怀，自匿不可谏。
朝上投劾书，暮授文学掾。酸寒古梅峒，环堵坏不缮。
瓦吹风打头，床漏夜易荐。旁人或色难，先生乃安便。
陶然斗室中，弦歌杂谐宴。间吟七字诗，号占万象变。
雪风入牙颊，歕喝出璀璨。粼粼溪流清，触石蹙涡漩。
自然成文章，足可医汗漫。觥觥欧夫子，古处耄不倦。
缟纻半南北，目历几宿彦。独喜从吾游，款款似亲串。
飘然李郭舟，那顾望者羡。鲰生少为儒，兀兀事文研。
辞亲学干禄，妄想那能免。归来湖湘间，习飞始斥鷃。
移家就冷署，甘旨惧不办。差幸苜蓿盘，臭味同所愿。
惟惭论年学，短绠及道浅。祇有肝鬲间，迂拙不自贱。
何图君子知，刮目及蹇钝。资西盛桃李，簇簇花满县。
濂溪此遗泽，望古想空缅。懔然俎豆旁，何术盥昏懦。
枉辱忘年契，温奖惧非分。古人金石交，颂祷寓箴劝。
岁晚霜雪零，君躯幸保善。微诗聊以赞，并用志缱绻。

邓琛

邓琛（生卒年不详），字献之，黄冈人。道光癸卯举人，官蒲县知县，改刑部郎中。有《荻训堂诗钞》。

去年中秋晋阳试院用韩韵作诗复次原韵

（清 · 邓琛）

十年窃禄升斗微，此心已逐南云飞。
胡为蹇钝似驽马，秋来空餍苜蓿肥。
去年秋院几同舍，愁见霜皋木叶稀。
战诗徒夸出秀句，煮字那得疗朝饥。
何如此月就我饮，不待招邀来庭扉。
阴晴万里共今夕，琼楼高处烟霏霏。
飞狐古塞未解甲，射雕落日空猎围。
萤火熠燿时物变，坐见清露霑裳衣。
苍龙角尾仰不见，王良天驷谁为鞿。
惟应幽人无检束，看花步月山中归。

许彭寿

许彭寿（生卒年不详），字仁山，钱塘人。道光丁未进士，改庶吉士，授编修，历官内阁学士，兼礼部侍郎衔。

寄表弟项少莲时司训建德

（清 · 许彭寿）

尽多名士画牢丸，薇省犹供苜蓿盘。
清瘦自怜同鹤熊，羞珍何苦脍龙肝。
性成姜桂终嫌辣，骨傲风霜尽耐寒。
我寄浮生随处好，几时同隐钓台滩。

金孟远

金孟远（生平不详）。

吴门新竹枝

（清 · 金孟远）

三月清斋苜蓿肴，鱼腥虾蟹远厨庖。
今朝雷祖香初罢，松鹤楼头卤鸭浇。

陈芝轩

陈芝轩（生平不详）。

客至

（清·陈芝轩）

客至便留饭，鱼肉豆腐蛋。
休嫌苜蓿寒，君子之交淡。

窦光鼐

窦光鼐（生卒年不详），字元调，号东皋，诸城人。乾隆壬戌进士，改庶吉士，授编修，官至左都御史。有《省吾斋集》。

桐城道中怀刘耕南

（清·窦光鼐）

野馆回残梦，江乡忆故人。
一官犹苜蓿，三径但松筠。
雾雨南溟路，关山北峡春。
折梅未敢寄，细把恐伤神。

萧惟豫

萧惟豫（生卒年不详），字介石，号韩坡，生于崇祯九年。顺治十一年（1654年）经魁，十五年（1658年）二甲进士，十七年（1660年）江西典右正主考，十八年（1661年）授翰林院编修，封文林郎。康熙二年（1662年）授内国史院侍读，直隶武乡试正主考，提督顺天等处学政。

但因草（节选）

（清·萧惟豫）

呼童牵马系牛栏，莫笑贫家治具难。
不杀鸡豚供客饮，采来苜蓿满春盘。

方士模

方士模（生平不详）。

廉村怀古

（清·方士模）

高怀那复恋朝簪？冷落东宫苜蓿吟。
身隐不须仓廪粟，岁寒方见老臣心。
闲花飘尽春山晚，野鸟啼残海树阴。
惟有开元旧明月，夜来还照碧溪深。

戴粟珍

戴粟珍（生卒年不详），字禾庄，别名吴兰雪，清朝贵州清镇县人。道光十九年（1839年）举人。他与黔西举人史荻洲同为黔西知州、著名诗人吴嵩梁之学生，因而结下终身情谊，不仅诗赋文章出类拔萃，而且情同手足，二人同赴京城任职。粟珍著作有《对床听雨诗》《诗钞》《补遗》《南归草》等。

顺德道中杂感

（清·戴粟珍）

河声岳色入云高，百雉城多抱阔壕。
蕃将至今思代马，健儿从古爱并刀。
葡萄绿醉肝肠热，苜蓿青肥騄駬号。
遥指蓟门风动处，红暾犹射旧旌旄。

江韵梅

江韵梅（生卒年不详），字雪芬，钱塘人。直隶井陉知县、常熟言家驹室，河南知县有章、大名镇总兵敦源母。有《梅花馆诗集》。

题先妣邹太人味蔗轩遗集

（清·江韵梅）

国风采歌谣，不因巾帼弃。闺阁多贤媛，岂仅酒食议。
吾母幼淑慎，不为儿嬉戏。绣余读诗书，四德悉纯粹。
随宦游齐东，孝友两无愧。作嫔於先公，敬戒主中馈。
吾祖瘁文衡，节冷滇闽使。家门盛科名，同怀奋鹏翅。
威姑年正高，妇职益周至。勉力奉晨昏，典衣供药饵。
吾父捷贤书，礼闱伤十踬。皋比隆赵州，名动公卿屣。
桃李溥春风，刀尺撄闺思。苜蓿盘终虚，悲生展禽谥。
予雁序五人，抚育皆亲累。茕茕藐诸孤，惨惨呼天泪。

阿干送榇归，烽火江乡悸。补屋惟牵萝，长安居不易。
婚嫁得粗完，两荆枝又萎。世胄竟凋零，津门寓嫠稚。
苦节天所褒，乃为造物忌。茹荼四十年，蔗味痛难遂。
平生真性灵，景物自言志。愁来付短吟，信笔记时事。
即此一卷诗，颇为精神寄。如见呕心血，如见貌憔悴。
身世历诸艰，十只道一二。余也恐散佚，敬谨为编次。
萱荫北堂摧，劬劳犹可识。书成付阿咸，濡翰泪痕渍。

陆曾禹

陆曾禹（生卒年不详），清浙江仁和人。乾隆时国子生。尝作《救饥谱》。高宗命内直诸臣删润刊行，改名《康济录》。

送许星彩之瀫溪

（清·陆曾禹）

我与许子常徘徊，湖上同登照胆台。
渔歌四起春草绿，横笛短箫送酒杯。
人生聚散不可长，江风五月芰荷香。
别我欲往兰溪去，执手依依情自将。
许子之父方秉铎，苜蓿斋中未萧索。
朝暮趋庭诲诗礼，青山万叠对高阁。
去时漠漠双台高，江岸烟深猿夜嗥。
倚天绝壁喷石乳，动地清流涌翠涛。
兰阴山中兰蕙多，香风拂拂衣上过。
一林翠竹笼烟霭，百尺苍松挂藤萝。
知君雅意事游衍，紫霞白云常在眼。
山光夜映酒杯中，几番脱帽坐苔藓。

龚东坞

龚东坞（生平不详）。

得一官

（清·龚东坞）

垂老居然得一官，一官仍复是儒酸。
山妻惯与同甘苦，唤取来尝苜蓿盘。

何其荧

何其荧（生平不详）。

城山夜坐

（清·何其荧）

乌喙谈兵处，慈云拥翠峦。
秋山僧共瘦，夜雨梦俱寒。
一卷虫鱼注，三餐苜蓿盘。
遥怜京洛客，伏枕泪阑干。

韩庆文

韩庆文（生卒年不详），字筱三，咸宁（今陕西省西安市）人，光绪三十四年（1908年）任固原州吏目。禹塔，故址介于固原城东清水河与东岳山之间。清时禹塔高耸，清水河畔，东岳山下，处处牛羊成群，构成了固原当时一幅壮丽的人文景致图。

禹塔牧羊

（清·韩庆文）

浮屠七级峙郊原，遗迹都从劫后存。
半岭寒云横断堠，一湾流水绕孤村。
苔花莫辨明臣碣，苜蓿犹肥汉将屯。
最是池阿歌上下，鞭声遥送月黄昏。

钱涛

钱涛（生平不详）。

百花弹词

（清·钱涛）

自古名花号美人，娇红嫩白斗芳春。每夸金谷千秋丽，更道隋宫五色新。
把酒常须花在眼，现花莫便酒离唇。明朝试向花前看，满地残红最怆神。
花落花开最有情，间将笔墨谱花名。千红万紫都评遍，分付花神仔细听。
问谁人，开辟就，花花世界，更那个，创造下，草草乾坤。
百年中，无非是，香花阳炎，一日里，不可少，檀板金尊。
慨世间，有无数，名花异卉，普天下，知多少，花朵花名。

君不见，锦堤边，千般烂熳，君不见，红娇畔，万种精神。
君不见，上阳宫，蜂喧蝶攘，君不见，宜春苑，燕送莺迎。
一种种，一般般，看他妖艳，红者红，白者白，听我评论。
有客能将雁柱排，花前高唱独徘徊。春风春雨虽相妒，看取名花指下开。
第一种，牡丹花，天生富贵，号花王，称国色，花里为尊。
姚家黄，魏家紫，而今罕见，得君王，带笑看，倾国倾城。
醉杨妃，倚阑干，沉香亭北，李青莲，题妙句，三调清平。
芍药花，比牡丹，虽然稍逊，一般的，斗春华，越样鲜新。
金带围，广陵城，预知宰相，不知道，洧水畔，赠与何人。
露桃花，倚东风，深红浅白，武陵溪，元都观，到处藏春。
蓬莱山，三千载，开花结果，天台路，盼着了，阮肇刘晨。
最可惜，暮春时，一番红雨，真堪叹，今日里，人去题门。
桃花谢，杏花开，艳妆春色，垒乱霞，飘微散，根倚深云。
碎锦坊，裴晋公，午桥遗爱，庐山上，董神仙，五树成林。
探花宴，上林中，赋诗争快，状元去，马如飞，踏碎香尘。
桃花红，杏花红，李花偏白，白如霜，白如雪，无月自明。
怎知道，王家郎，一朝钻核，倒不如，李家儿，万古盘根。
世间花，还又数，梨花洁白，似何郎，曾傅粉，一样消魂。
莺来窥，蝶来认，新妆淡淡，泪阑干，愁寂寞，春雨盈盈。
蔷薇花，在墙东，春红零乱，想经年，未架却，心绪纵横。
无人处，折一枝，常防刺手，夜深时，才经过，兜住罗裙。
玉兰花，分明是，茗华刻就，玉堂前，争春色，香气氤氲。
绣球花，在风前，谁能踢弄，玉簪花，满地上，若个遗簪。
金雀花，一般儿，飞飞欲动，蝴蝶花，可也是，栩栩身轻。
丁香花，豆蔻花，念愁不破，夜合花，合欢花，最苦多情。
有一种，水中莲，又名菡萏，照秋波，窥明镜，冉冉亭亭。
细端详，绿云中，宛如仙子，虽然是，在污泥，不染埃尘。
太华峰，藕如船，曾开十丈，太液池，花能语，红白芳芬。
似六郎，好庞儿，亲承儿女，怪潘妃，一步步，喜杀东昏。
只有那，老嫦娥，一枝丹桂，有谁人，攀得着，两袖香生。
红状元，白探花，黄为榜眼，宝龙涎，欺凤饼，老翠连云。
皋涂山，种将成，八株齐挺，廉寒宫，斫不去，家载重生。
晚霜天，东篱畔，菊花开放，想从来，称知己，只有渊明。
问尊前，子细看，花如我瘦，吟泽畔，灵均氏，问夕餐英。
秋江上，芙蓉花，凌波弄影，一枝枝，翻江浪，别有风情。
紫薇花，端只许，仙郎相对，紫荆花，再不教，兄弟轻分。

木笔花，描不出，千般春色，金钱花，买不得，万种春情。
玉阶前，鸡冠花，那能报晓，三更里，杜鹃花，啼得伤心。
并不见，金灯花，夜深照影，只有那，鼓子花，雨打无声。
我爱他，十姊妹，要他窈窕，我爱他，千日红，不肯凋零。
我爱他，翦春罗，翦开罗带，我爱他，紫罗栏，裁作罗巾。
谁得似，凌霄花，干云直上，谁得似，蜀葵花，向日倾城。
谁知道，萱草花，儿儿女女，谁知道，棠样花，弟弟兄兄。
茉莉花，偏只是，秋香不散，荼蘼花，全不能，春梦难醒。
山丹花，山茶花，十分春色，瑞香花，木香花，满座香熏。
凤仙花，细看时，恍如凤彩，牵牛花，试听花，不见牛鸣。
蜡梅花，是谁把，黄酥细染，石梅花，问谁将，红粉调匀。
真堪叹，木槿花，朝荣暮瘁，怎能似，菖蒲花，不老长生。
有一个，着芦花，花中孝子，有一个，嗽松花，花里仙人。
真难得，款冬花，三冬独茂，真难得，长春花，四季长新。
红蓼花，一点点，离人泪血，杨柳花，一丝丝，荡子春魂。
朱藤花，尽道是，轻盈不俗，水仙花，又自会，潇洒离尘。
棣棠花，虽不是，黄金炼就，玫瑰花，却真个，紫玉雕成。
枣子花，橘子花，终须结实，碧桃花，海棠花，可惜飘零。
栀子花，带妙香，三分嫩白，樱桃花，垂紫带，一树买笑，几万贯，榆荚钱，不会通神。
万种花，总不如，寒梅独异，又清香，又高古，无与为群。
点就了，寿阳妆，一时丰韵，做醒了，罗浮梦，千古消魂。
尚记得，在他乡，寄归驿使，不知道，是何年，嫁与林君。
闻道花开不易看，一时说出许多般。不知尚有名花在，听我从头仔细弹。
还有那，幽兰花，行于空谷，纵无人，香自在，不受埃尘。
还有那，蕃厘观，琼花一本，是天花，岂肯在，人世沉沦。
还有那，优昙花，奇香妙品，在西方，亿万劫，与物为邻。
还有那，虞美人，花开古墓，立风前，情脉脉，欲笑还颦。
还有那，雁来红，老年忽少，还有那，吉祥草，到处为祯。
还有那，美人苴，偎红倚绿，还有那，映山红，遍谷弥陵。
莺粟花，媚药中，实名鸦片，珠兰花，七碗内，堪伴茶星。
一丈红，五尺拦，刚递半段，木兰花，船上望，原是花身。
汉宫秋，那知道，长门秋怨，秋海棠，最堪怜，肠断秋砧。
梧桐花，放下着，六根六识，木棉花，识就了，千纬千经。
月季花，月月红，四时不断，含笑花，朝朝乐，一笑生春。
一般的，菜花开，游蜂队队，直等的，槐花黄，举子纷纷。
石竹花，篆竹花，迥于异样，朱兰花，若兰花，各自相分。

苜蓿花，靛青花，近于野草，王瓜花，白豆花，琐碎难论。
笔尖头，写不尽，许多数目，四季花，那能够，悉记其名。
倒不如，隋炀帝，宫中翦彩，代天工，补就了，一霞阳春。
又不如，唐天子，服轩击鼓，好春光，判断了，不费天心。
洛阳城，到春来，名花开遍，河阳县，号花封，仙吏传名。
黄四娘，有的是，千枝万朵，苏公堤，镇一片，紫雾红云。
说不尽，自古来，繁华境界，收拾些，从今后，花柳心情。
君不见，霎时间，催花风雨，粉墙边，苍苔上，都是残英。
金谷园，剩得些，荒苔野鲜，百花洲，只是些，蔓茸青怜。
彩云中，望不见，散花天女，春宫内，难觅个，花蕊夫人。
觑得破，假机关，花开花落，悟得着，真消息，非色非声。
坐谈间，描写尽，花情花态，东风里，不知道，花喜花嗔。
满词场，又添了，一番佳话，惭愧杀，江郎笔，五色花生。
百岁光阳易白头，花开花落几时休。且将膝上琵琶语，弹尽胸中一段愁。
最好春光二月天，惊红哭紫各纷然。那能化作花间蝶，日向花房自在眠。

邹贻诗

邹贻诗（生平不详）。

奉和观察永蕴山喜常制府总师台湾原韵
（清·邹贻诗）

蝉雀螳螂智总昏，拥旄今喜令公存。
蒲萄夜索三军醉，苜蓿春肥万马屯。
海上投戈应革面，帐中弹铗亦酬恩。
吏民遮道凭传语，新拜将军旧戟门。

董元恺

董元恺（？～1687年），字舜民，号子康，江苏武进人。顺治十七年（1660年）举人，翌年即因“奏销案”被黜，故千端心曲，悉寓于词，结成《苍梧词》，其风格最近《湖海楼》。

江南春
（清·董元恺）

孤根节挺汶阳笋，绿暗空庭晚色静。

竹西送子上朐山，风吹宿酲醒。
莫嫌苜蓿官中冷，亲倚日边折红杏。
轻装从此饰车巾，更尽长亭酒一巡。
水苍茫，山嵂崒，羽潭朝映洪波赤。
金支翠盖横空织，汪子虎皮拥苍壁。
绛帐风行汤沐邑，岱宗云连郁州石。
短歌送子愧不文，延陵为我倾清尊。

舒峻極

舒峻極（生平不详）。

明妃出塞图
（清·舒峻极）

朔风浩浩扬黄沙，披图恍惚闻悲笳。
烟尘蔽野关山黑，明妃车辆天之涯。
琵琶有泪向谁语，回首长安路何许？
毡幛貂裘弗裹寒，玉珥罗襦色凄楚。
马上紫髯碧眼儿，分行逐队黄金羁。
猎犬在地鹰在臂，垂鞭鸣镝流星驰。
控弦雁欲落，狐兔走大漠。
战气暗旌幡，军令严吹角。
辮发儿童骑击鼓，盘髻妖姬善歌舞。
一时悲欢各不同，白日荒凉照后土。
自从博望月支回，蒲萄苜蓿天马徕。
将军嫖姚不复起，汉室成功望女子。
噫嘻万里西入胡，青冢凄清汉月孤。
当年共憾丹青者，今日何人更写图。
即如此事无时无，慎勿对之生嗟吁！

孙晋灏

孙晋灏（生平不详）。

盐菜
（清·孙晋灏）

寒菘秀晚色，油油一畦绿。

残年咬菜根，嗜此亦称酷。
所少官园送，绝喜野人劚。
压肩一担霜，百钱买十束。
结绳戾严风，摊担暴晴旭。
飞白撒晶盐，杀青断花玉。
但觉两眼馋，那顾双手瘃。
酸酱酢中滴，醯鸡瓮中浴。
每饭饱黄韭，铛焦就厨绿。
谁信苜蓿盘，至味等椒粟。
旨蓄在室中，御冬亦已足。

郑时人

郑时人（生平不详）。

池北偶谈

（清·郑时人）

四年炎海寄微官，虚吃天朝苜蓿餐。
留得秦中新乐府，议婚伤宅总忧叹！

费雄飞

费雄飞（生卒年不详），字于九，号丰山。文恪公淳父，慈溪籍，乾隆年间诸生，著《养素堂稿》。

寓贤传

（清·费雄飞）

随侍三衢学署，舌耕以供甘旨。
虽苜蓿寒斋，滫瀡脂膏，不丰腆不敢进。
为人中无城府，而崖岸自高，笑颦不苟，有古君子风。
一门之内，三世同居，肃雝之范懋焉。

王煐

王煐（生卒年不详），清代，天津文人能与朱彝尊、姜宸英、赵执信、毛奇龄、尤侗、宋荦、钱名世、屈大均、梁佩兰、陈恭尹、查嗣瑮、石涛等名家交往唱和。著名的“水西庄主人”查为仁与厉鹗、杭世骏等名家酬唱联作，不过，那已是三四十年之后的事了，且尚不及王煐与朱、姜、赵、屈、陈等交谊之深厚。此足以表明王煐为人品格和诗文成就。

拟古五首（其三）

（清·王煐）

天马原龙种，宁须苜蓿肥。
九霄致云雨，万里空烟霏。
下视黔驴技，徒矜踶啮威。

程允升

程允升（生平不详）。

师生

（清·程允升）

桃李在公门，称人弟子之多。
苜蓿长阑干，奉师饮食之薄。

梵门绮语录（节选）

（清·佚名）

百两来迎，双门紧闭。
询诸邻右，昨夜迁矣。
阑干苜蓿，冷署清闲，
教以读书，颇觉聪慧，
及长解吟咏，善作小诗。

李凉

李凉（生平不详）。

将进酒

（清·李凉）

金风肃杀天万里，半夜鬼怜照护水。
将军勒铭燕然山，壮士十年西入关。
匍匐苜蓿车蔽野，人头妇女长城下。
天子策勋坐明堂，尚方赏赐及牛马。
未老功臣奈若何？当筵且酌金叵罗。
赵女起舞吴女歌，将进酒，歌行一曲酒一斗，谷城黄石君知否？

蔡济恭

蔡济恭（生平不详）。

弃马叹

（清·蔡济恭）

同我辛苦万里途，马虽畜物情岂无。
天雨泥海蓟州夕，驾汝行轩急驰驱。
一朝汝病由我作，足蹇如舂行且立。
众中先于鸡唱发，宿处始趁三更入。
马夫针蹄蹄益伤，运来十步九欹仄。
及至今朝强不得，鞭之不起卧道侧。
欲使留治待差复，甲军不许从人落。
我行不可为汝住，毕竟弃置如不惜。
马夫脱羁兼割尾，对汝良久泪横臆。
汝容依依失主悲，我心惨惨回头数。
异域同来不同归，况乃死生无消息。
但愿胡人疗汝病，善养平郊春苜蓿。

陈球

陈球（生卒年不详），字蕴斋，浙江秀水人。约1808年前后在世，约清仁宗嘉庆中前后在世。

质鹔鹴裘

（清·陈球）

第盘空苜蓿，未给行厨，裘敝鹔鹴，又存质库。
案无长物，安得旅装？
即倾赵壹之钱，难充资斧；爰割郈成之宅，粗备糇粮。
莫顾燃眉，宁辞剜肉。
生固不安于沦落，直欲雄飞；姑亦甚望其显荣。
岂敢雌守。
此日露桃初放，怜从花里送郎；他时月桂高攀，记取江边迎汝。
临歧话别，刻日饯行。

飞云水于一帆，才离吴会；趁烟花于三月，却在扬州。

侯孝琼

侯孝琼（生卒年不详）。

鹧鸪天·感怀

（清·侯孝琼）

绛帐生涯不计年，成阴桃李岂三千？
而今教授初称副，已放浓霜入鬓边。
秋易老，月难圆，风风雨雨纻衣宽。
西窗频报归休近，苜蓿栏杆倚暮烟。

金鸿佺

金鸿佺（生平不详）。

摸鱼儿·除夕寄内

（清·金鸿佺）

笑家贫、无柴少米，频年累尔皱眉。
春盘料理芹芽菜，忙得连朝蓬首。望绾绶。
争奈我，冷官苜蓿难消受。青衣依旧。
应念我天涯，拨残闷字，半为苦吟瘦。
团栾处，纵使权开笑口。泪痕偷拭襟袖。
征人偏是期无准，敲断玉钗还又。宵倦守。
早不是、前番商略新妆后。漫呼负负。
待直挂归帆，梅花共酌，重试做羹手。

林荃佩

林荃佩（生卒年不详），闽县人，由丙寅岁贡。康熙四十一年任。

斋头苜蓿（节选）

（清·林荃佩）

道貌亲人，诚心诱士。
斋头苜蓿，淡泊自甘。

金长福

金长福（生平不详）。

海陵竹枝词（节选）

（清·金长福）

小山垂老犹司铎，经述人间第一流。
苜蓿柈中新赠别，白门烟雨送归舟。

沈衍庆

沈衍庆（生卒年不详），字槐卿，安徽石埭人。道光十五年（1835年）进士，以知县发江西，署兴国，补泰和。二十五年（1845年），调鄱阳，县滨湖，盗贼所出没。衍庆编渔户，仿保甲法行之，屡获剧盗。俗悍好斗，辄轻骑驰往，竭诚开导，事浸息。两遇水灾，尽力赈抚，存活无算。举卓异。

祭石瑶辰司马文己亥冬

（清·沈衍庆）

呜呼！天道之渺茫难凭兮，孰得而测其故也。
何来去之分明兮，竟先知之有素也。
维公洵当代之完人兮，实诞生于西晋。
始餐苜蓿之盘兮，旋占芙蓉之镜。
遂分符于江右兮，扇四竟之仁风。
颂召父而歌杜母兮，遍父老与儿童。
大吏荐其循良兮，动九重之颜色。
驾五马之翩翩兮，向虔州而篆摄。
既平反乎庶狱兮，尤教化之必先。
虎渡河而蝗远避兮，九属期永载乎。
二天忽豫知玉楼之赴召兮，来空中之旗鹤。
遽撒手而长往兮，不啻颓泰山而壤梁木。
生为名宦而没为明神兮。
天人之理固相因。
然而萱堂老而兰枝弱兮，九京想亦为之酸辛。
更惊鸾镜之悲沉兮，誓偕死以靡他。
实非常之惨痛兮，仰苍苍而唤奈何。
维公政绩将昭乎史册兮，岂徒奉祀偏于桐乡。
况衍庆旧属之末吏兮，愈瞻典型而难忘。

感知己之难再兮，慨身世之悠悠。
蹈风波之不测兮，将宝筏兮焉求。
思恩义而长恸兮，言有尽而情靡穷。
冀神灵之默相兮，陈哀音而起悲风。尚飨。

叶光耀

叶光耀（生卒年不详），宦于湖州，与湖州名士声气相通，往来频繁，故其集之成，为之评点者，湖州名士颇多。

沁园春·过孟周木旧署有感用稼轩韵
（清·叶光耀）

冷署荒凉，人去庭空，胡为不来?
望天涯芳草，别君愁绪；阶前丝网，如此尘埃。
有客经过，伊人不远，秋水蒹葭宛在哉。
颓墙外，但薜萝盘互，鼯鼠飞回。
还思雅集高斋，共苜蓿盘餐怀抱开。
叹宦囊羞涩，情同冰水；人情轻薄，酸似青梅。
越峤栖真，玉湖浪迹，归去门前五柳栽。凝眸处，对萧条暮景，几度徘徊。

周骏发

周骏发（生卒年不详）。

年糕诗四首和丁丈敬身（其一）
（清·周骏发）

糗粮同奋有粉餈，箌人方法野人知。
落灯高会金尊客，祭灶嬉陈竹马儿。
不羡佳名齐五福，尽饶风味冠三时。
年来酒户缘渠窄，苜蓿斋头索赋诗。

高芸

高芸（生卒年不详），海阳人。

仆还遗金歌
（清·高芸）

秉铎先生来钜野，弄月吟风襟潇洒。

秋阳化雨被诸生，道义薰蒸逮仆者。
仆者居然君子儒，玉川不复数长须。
夙昔能知寡过衷，使乎使乎追步蘧。
清苦栏杆生苜蓿，齐居有竹食无肉。
先生道貌不辞癯，长物宁能肥银鹿。
小人却怀长者心，挥锄不顾陋华歆。
到手厚资若将浼，坐待失者返遗金。
岂为好名要美誉，直以纪纲愧缨簪。
吁嗟薄俗务苟得，畴其见利守古箴。
正谊不谋亲炙久，笑彼蝇营与狗苟。
淡宕堪希鲁仲连，千金一笑义不取。
义气从容只等闲，高谊允堪垂不朽。
仆贤总是主人贤，海滨脍炙纷人口。

章甫

章甫（生卒年不详），字子卿，号完素，今属安徽桐城，乾隆四十四年（1779 年）举人。补授浙江仁和盐场大使，升江西东乡知县。培植学校，重修育婴堂。著有《如不及斋古文》《濠上迩言》《濠梁楔咏》《小娜嬛诗钞》等。

送崇文书院山长熙台梁广文归榕城序（节选）

（清 · 章甫）

卅载擅名博士，客自耐寒；百僚尊号广文，官休薄冷。
夫策名天府，岂民社之未优；而成业海源，乃儒林之初试。
先是龙浔敷教，曾插缥缃；继而仙苑毓英，亦吟苜蓿。
济济增宫墙之廓，祁祁化城阙之风。
鼍鼓传声，久廑彼都西望；骞旗生色，何期吾道东来！

李光庭

李光庭（生卒年不详），字大年，乾隆乙卯年（1795 年）举人，历官黄州知府。著有《虚受斋诗钞》。

蚂蚱

（清 · 李光庭）

捕蝗无善策，其罪莫能赎。

或为长平坑，或为京观筑。
未若优孟方，葬马于我腹。
彼既食人谷，人亦食其肉。
洗尽尘泥沙，剪去头翅足。
膏油与盐汤，炮之戍鼎炼。
先用荐田祖，继以餉亲族。
腴如擘蟹黄，佐以浮皑绿。
良朋嗜偶同，脍炙非我独。
从此鲈堂餐，莫但供苜蓿。

吴永

吴永（生平不详）。

无题
（清·吴永）

诸君盛意良厚，但予家世儒素，不敢图非分富贵。
今虽一麾久滞，然较之广文苜蓿，为幸已多。
但盼能安常守顺，尽吾职事，不生意外波折，则于吾愿已足。
穷达有命，听之可也。

朱寿保

朱寿保（生平不详）。

和霁山集书后
（清·朱寿保）

白雁飞何速，金牛惨不春。赵家无片土，瓯海有遗民。
夙抱鹰鹯志，曾为虮虱臣。阑干餐苜蓿，铜狄卧荆榛。
强虏峰驰马，妖星岁在鹑。六更终应谶，九死不逢辰。
鼫鼠贪方炽，豺狼毒任瞋。髡奴争欲杀，义愤仗谁伸。
药笼潜移骨，龙髯暗系缗。冬青吟子夜，麦饭荐霜晨。
伏腊犹存汉，摛毫剧美新。凄清庾开府，哀怨屈灵均。
精卫难填海，桃源莫问津。崖山天祸宋，瀛国孽亡秦。
禾黍三生梦，琼花几劫尘。和陶应把酒，拟杜许为邻。
岂独惊风雨，真堪泣鬼神。丛祠瞻故里，莲社集词人。
一局残棋换，千秋手泽珍。九京如可作，凭吊一沾巾。

朱氏

朱氏（名作译，生平不详）。

重教

（清·朱氏）

漫将师傅笑寒酸，德色常留苜蓿盘。
学业有成都在此，劝君莫作等闲看。

吴希鄂

吴希鄂（生卒年不详），字苇青，光绪三年（1823 年）生居城内南街，系著名画家吴冠英孙，李兆洛弟子。性聪颖博闻强识，绘画得其祖真传。不幸体弱早逝，年仅廿八岁。著有《崆峒庐诗草》，邑志有传。

又题黯然吟

（清·吴希鄂）

绮楼人去物华非，晓院花寒苜蓿肥。
最是春风双燕子，呢喃还傍旧巢飞。

张之纯

张之纯（生卒年不详），字尔常，一字二敞，号痴山。光绪庚子恩贡，安徽直隶州州判。著有《叔苴吟》《听鼓闲吟》等集。

癸丑九月，六十自慨四首（其二）

（清·张之纯）

五龙六甲等闲过，都付南槐梦里柯。
一曲铜琶谁与唱，十年铁砚竟空磨。
含情莺燕秋风老，翊运夔龙旧雨多。
苜蓿半盘清可供，充饥聊当采薇歌。

张洵佳

张洵佳（生卒年不详），字少泉，江阴人。同治癸酉优贡，官上蔡知县。有《爱吾庐诗钞》。

题乡前辈王简卿广文书帷雪影遗照

（清·张洵佳）

曾向槐庭憩荫过，山房遗稿我亲摩。
衣冠前辈丰神俊，苜蓿生涯感慨多。
星斗罗胸才独擅，文章呕血劫难磨。
披图不尽景行意，一瓣心香寓短歌。

秋斋杂感（其一）

（清·张洵佳）

海宇疮痍起劫尘，国医束手病常呻。
荒原苜蓿肥戎马，内府笙歌醉使臣。
妖党白莲传有种，旧家乔木替无人。
开元初载姚崇相，遗老讴思泪渍巾。

邵济儒

邵济儒（生卒年不详），字正蒙，诸生，著有水竹居诗，邑志传行谊。

北通州道中

（清·邵济儒）

路出通州道，途中景色真。枯杨空半腹，高塔露全身。
顿老秋前草，时飞雨后尘。壮游殊未已，憔悴苦吟人。
长安犹未到，南北早途分。行色仓皇走，车声历落闻。
近村多古木，沿路半荒坟。雁字书空未，飘飘意不群。
荒凉沙漠地，难入画中诗。野店泥为屋，新茔树作篱。
天低云作态，山瘦石争奇。解闷狂题句，车中得意时。
欲揽皇都胜，缁尘渐浣衣。途长惟马健，地广觉村稀。
边境风霜冷，胡天苜蓿肥。四千悲客路，才出已思归。
京城遥望见，暮色渐苍茫。树老风声劲，沙多日色黄。
客愁增异地，旅况入诗囊。一样关河景，此乡殊故乡。

缪徵甲

缪徵甲（生卒年不详），字布庐，江阴人。诸生。有《存希阁诗集》。

喜顾秋碧（三槐）过访

（清 · 缪徵甲）

秋雨声中旧雨来，堆盘苜蓿且衔杯。
黄花似待先生到，剩蕊还留小雪开。

苜蓿之入中国也，二千余年。顾其种仅播于秦晋齐鲁燕赵。而未及乎大江以南。今江南俗称为金花菜而佐盘食而以壅田者。乃苜蓿属之一种。非西北之苜蓿也……

吴氏图苜蓿三种。一曰苜蓿（紫苜蓿）夏时紫花颖竖。映日争辉。二曰野苜蓿（黄苜蓿）俱如家苜蓿。而叶尖瘦。花黄三瓣。干刈紫黑。惟拖秧铺地。不能直立。三曰野苜蓿一种（今称野苜蓿）生江西废圃中。长蔓拖地。一枝三叶。叶圆有缺。茎际开小黄花。李时珍谓苜蓿黄花者当即此。非西北之苜蓿也。仁按吴氏苜蓿三图。俱极精详。第一图即紫苜蓿（*Medicago sativa*）。第二图即黄苜蓿（*Medicago falcata*）。第三图为金花菜（*Medicago denticulata*）（据江南俗称）。

——黄以仁 .1911. 01《东方杂志 · 苜蓿考》

陈衍

陈衍（1856～1937年），清末民国初文学家。字叔伊，号石遗老人。福建侯官（今福州市）人。清光绪八年（1882年）举人。曾入台湾巡抚刘铭传幕。二十四年（1898年），在京城，为《戊戌变法榷议》十条，提倡维新。政变后，湖广总督张之洞邀往武昌，任官报局总编纂，与沈曾植相识。二十八年，应经济特科试，未中。后为学部主事、京师大学堂教习。清亡后，在南北各大学讲授，编修《福建通志》，最后寓居苏州，与章炳麟、金天翮共倡办国学会，任无锡国学专修学校教授。

听雨不寐重有作

（清末民国初·陈衍）

天时人事两无因，推挽徘徊客思新。
云气蒸衣秋似夏，水光入帐夜疑晨。
堇荼不改周原无，苜蓿空余汉苑春。
欲唤烛龙衔火去，一从泾渭照流民。

聂树楷

聂树楷（1864～1942年），贵州务川人，字尊吾，仡佬族，清光绪初游学贵阳，应府试，取第一名，甲午乡试中举，翌年春，入京会试，时值甲午战败，与日本签订丧权辱国的《马关条约》，遂与同科600多名举人联衔上书光绪。光绪二十九年（1903年）回黔，在思南坐馆教书，后应黎平府聘请，到该地办学。三十四年任兴义地方书院教师，以后又到云南学台衙门任职，充提学署学务公所总务科长，兼第一即成师范，模范中学监督。晚年在贵州省法政学堂，任专职教员，并陆续在省立高中、南明中学、导文中学、贵阳女师等校教学。参与编著《黔贤事略》《民国贵州通志》《兴义县志》等。

百字令自题小像

（清末民国初·聂树楷）

彼何人者，是聱园居士，镜中留印。百岁光阴如转烛，白尽疏髯短鬓。
耳鼓殷雷，牙车脱毂，目力凭双镜。夕阳无限，黄昏只是将近。
壮岁角逐名场，浮沉宦海，精力销磨尽。问水寻山空结想，无具那能济胜。
米汁餐禅，苜盘款客，聊遣闲居兴。偶留形影，渊明自答自问。

杜关

杜关（1864～1929年），原名德舆，字若洲，后更名杜关。晚年自署柴扉野老。四川宜宾长宁县上西乡（今属双河镇）人。光绪十年（1884年）应叙州府府试中秀才第一名。光绪二十年（1894年）中举人。翌年居上海，对中日甲午战争后清政府签订丧权辱国的《马关条约》极其愤慨，沉痛地写了《沪上感咏》诗十二首，并发表悲壮激昂的《哀辽东赋》，一时广传京、津、沪。光绪二十四年（1898年）中进士，后授户部主事，因时局动荡，未能就职。杜关自号"柴扉野老"，闭门不问政事，惟与朋友诗酒琴书相娱，于民国十八年（1929年）七月二十日于成都病逝。

春兴八首（其一）

（清末民国初·杜关）

大江南北一枰棋，野戍年年鼓角悲。
半壁河山三鼎局，群雄割据五胡时。
风雷夜动神龙起，苜蓿春浓战马驰。
匝地红尘飞絮乱，花开花落系人思。

王竹修

王竹修（1865～1944年），字养拙，号虚庵，又号逸叟。台中人，光绪年间生员。其父因施九缎事件遭受牵连，光绪十六年（1890年）王竹修自请代父受罪，然未获台湾巡抚刘铭传同意，致使生活困蹇穷愁。日治后，王氏丧妻又患耳病，幸赖诸弟资助，始度过难关。昭和四年（1929年）创"东墩吟社"，并任社长，后因病力辞，与同宗王石鹏担任该社顾问。

年终书怀

（民国·王竹修）

腊鼓冬冬岁又阑，几回仰屋发长叹。
诗多潦草词尤涩，笔不生花砚亦干。
昔日只知贫病苦，此时真觉笑啼难。
欧风遍地儒书废，不见当年苜蓿盘。

戴益生

戴益生（1865～1954年），其他不详。

戊戌得其来书云（节选）
（民国·戴益生）

以视苜蓿一盘，诗书万卷，寻古贤之凡储名山之业，其得失何如？
有定识，有定力，阁下于此真不愧一‘定’字。增春关四写，故我依然。

汪律本

汪律本（1867～1930年），字鞠卣，号旧游，安徽歙县人。父宗沂掌教芜湖中江书院，侍游芜湖，为袁昶所知赏，旋就学南京习科学，后佐李瑞清筦两江师范多年。清末积极参加反清活动，参加同盟会，弃教从戎，参加清政府的新军，谋划起义。民国初年任参议院参议员，后因军阀横行，国事日非，遂愤而离京南归，隐居池州乌渡湖，垂钓闲居，潜心诗词书画。诗词幽异深婉，意境甚高；画山水、花卉有逸致。尝游黄山，为《黄海后游集》，于山中途经故实，皆有阐发。病逝于上海，有《萍蓬庵诗》《壶中诗》等传世。

八声甘州（节选）
（民国·汪律本）

汉家西苜蓿石榴来，无名賸闲花。
度春风关柳，郎能射雉，妾便随鸦。

杨寿楠

杨寿楠（1868～1947年），民国文学家。原名寿械，字味云，晚号苓泉居士，无锡人。光绪十七年（1891年）举人，曾任山西巡抚胡蕲生幕及大学士孙家鼐幕。民国初任财政部次长，后为无锡商埠督办。有《云在山房诗稿》。

秋草
（民国·杨寿楠）

摇落边城一夜霜，寒芜漠漠塞云黄。
胭脂夺去山无色，苜蓿移来土尚香。
猎骑撤围骄雉兔，穹庐笼野散牛羊。
玉关一路伤心碧，谁向龙沙吊战场。

林维朝

林维朝（1868～1934年），字德卿，号翰堂，别署怡园主人。台湾嘉义新港人。维朝生于同治七年（1868年），七岁从林逢其学，遍读经史及八股试帖，更纵览小说，好围棋，向往统管、歌曲、跑马之事。光绪十三年（1887年）中嘉义县学生员第十一名。十七年任嘉义团练分局长，翌年升打猫石堡团练局长等职，而他虽系文人，颇富韬略，曾同新港县丞陈仁山剿灭沟尾寮庄匪首黄矮。1902年授佩绅章。1904年以新港街庄长兼任大潭区长，两年后重摄月眉潭区。1908年晋升为嘉义厅参事。1913年更兼嘉义银行董事长。维朝少受儒学教育，日据后，汉学逐渐式微，常怀忧虑。他更联络新港文人，于1923年组成鷇音吟社，借诗文之唱酬以延斯文一脉。1934年去世，抬棺送葬者数百人，而“当年‘满山白’，整条街都是人，两边都有人摆路祭，连乞丐也来祭拜”。可谓备极哀荣，为台湾文人自我实现之典型。

塞上春草

（民国·林维朝）

代州西去雁门东，原上春深草色浓。
匝地娇柔迷塞路，连天嫩绿接城墉。
马肥苜蓿花千里，人对蘼芜恨万重。
一角堠亭斜照外，迷离何处盼归踪。

曹家达

曹家达（1868～1938年），字颖甫、尹甫，号鹏南，别号拙巢老人。江苏江阴人。光绪二十一年（1895年）中孝廉（举人），后入南菁书院，研究经书及诗文。废科举后，他深入研读《伤寒论》《金匮要略》，两年后取得应手而愈的疗效。以此益信经方之验。

春感四章（其四）

（民国·曹家达）

苜蓿出西域，遗种无地无。谁怜径寸草，旧为神马刍。
骏骨繁已朽，蹴者遭枉诛。盛时为国珍，衰落弃路隅。

邓缵先

邓缵先（1870～？），字芑洲，自号毳庐居士，广东省紫金县蓝塘镇布心人。博学经史，十三岁中秀才，任过本县议长。民国三年（1914年）9月，应内务部第三届县知事试验，取列乙等，受中央政府派遣分赴新疆，不远万里到新疆戍边安民。

为杨增新祝寿

（民国·邓缵先）

补过连篇笔有神，梅花明月认前身。

云霞城郭昆仑晓，笳鼓楼台苜蓿春。
漠北龙头风落落，关西麟趾瑞振振。
曾闻回纥私相议，道是中朝第一人。

谢汝铨

谢汝铨（1871～1953年），字雪渔，号奎府楼主，晚署奎府楼老人。台湾县东安坊（今台湾台南市）人，日治后，迁居台北。年十五从台南举人蔡国琳学，光绪十八年（1892年）取中秀才。乙未之际，曾协助许南英办理团练。改隶后，力习日文，乃首位以秀才身份入台湾总督府国语学校者。明治三十四年（1901年）自国语学校国语部毕业，任职台湾总督府学务课，参与编辑《日台会话辞典》。不久，转任警察官吏练习所台语教师。明治三十八年（1905年）入《台湾日日新报》担任汉文记者，并任马尼拉《公理报》《昭和新报》《风月报》等主编。明治四十二年（1909年）与洪以南等倡设台北“瀛社”，并于洪氏去世后继任第二任社长。

观秋季竞马会

（民国·谢汝铨）

猎猎金风秋气肃，萧萧马鸣肥苜蓿。
约期赛跑古村西，十里操场界竹木。
壮士横鞭顾盼雄，能令傲傥权奇服。
鞍上鞍下看无分，其气轩昂神浑穆。
钟鸣旗动铁门开，四蹄绝尘相逐。
飘忽回环去复来，矫若游龙疾奔鹿。

袁嘉谷

袁嘉谷（1872～1937年），字树五，号澍圃，晚年自号屏山居士。云南石屏人。袁嘉谷在云南大学执教十余年，是云南文化名人。云南独一无二的全国状元。袁嘉谷的字，自创一体，世称“袁家书”。从封建王朝的状元，做到现代高校的教授，古今唯一人，天下亦唯一人，这便是袁嘉谷。

挽丁烈妇

（民国·袁嘉谷）

大家风范出名门，一曲离鸾忍断魂。
苜蓿盘空捐宦味，藕花丝弱割情根。
鸣鸡梦冷悲儿女，哀怨声凄感弟昆。
惨烈性灵贞洁操，兰台史笔好评论。

自题像赞

（民国·袁嘉谷）

天地倾翻，日月薄蚀。
苜蓿小臣，救正力竭。

留别泸西士民

（民国·袁嘉谷）

一行作客已千里，浪博微官冷如水。
饔飧止有苜蓿供，犹恐素餐受訾毁。
自愧连衰无长策，腼颜称师对多士。
无聊独坐书难消，翻阅架上残经史。
忽然老病侵人来，冷热时作不由己。
风雨虚窗永夜灯，问燠请寒惟一子。
家山蝴蝶梦中归，客思吟蝉催树里。
我欲久恋宦途浓，百忧感触从中起。
触动离忧难久住，忙促归装具行李。
亦知簪组荣我身，烟霞系情不自己。
况复世事与愿违，未及瓜期决行止。
此去闲闲十亩间，农桑旧业重经理。
时还沽酒召邻翁，畅饮林泉斯可矣。

黄节

黄节（1873～1935年），原名晦闻，字玉昆，号纯熙，别署晦翁、佩文、黄史氏、蒹葭楼主等，广东顺德甘竹右滩人。因鄙夷同宗黄士俊的变节行为，易名“节”，取号“甘竹滩洗石人”。黄节为我国进步报业的开创人之一，也是著名的教育学者，生平擅长诗文和书法，其诗人称“唐面宋骨”。与梁鼎芬、罗瘿公、曾习经号称“岭南近代四大家”。着有《蒹葭楼诗》《汉魏乐府风笺》《诗旨纂辞》等。

许州书所见

（民国·黄节）

霜落高原草未凋，中州人物半萧条。
战农不解虚移粟，非种当锄愧树苗。
民族尚团山水寨，国家难别宋元朝。
秋风苜蓿肥騕褭，左衽胡雏卧倚箫。

曾朴

曾朴（1872～1935年），清末民初小说家，出版家。家谱载名为朴华，初字太朴，改字孟朴（曾孟朴），又字小木、籀斋，号铭珊。江苏常熟人，出身于官僚地主家庭。近代文学家、出版家。

无题

（民国·曾朴）

不嫌夺我凤池头，谭思珠玲佐庙谋。
敕赐重臣双白璧，图开生绢九瀛洲。
茯苓赋有林牙诵，苜蓿花随驿使稠。
接伴中朝人第一，君家景伯旧风流。

云卧园

（民国·曾朴）

春秋佳日，悬榻留宾；偶然兴到，随地谈宴，
一觞一咏，恒亘昏旦；一官苜蓿，度外置之。

蒋步颖

蒋步颖（1873～1958年），字再叔，晚号涧滨居士。光绪三年（1877年）生于永靖莲花蒋杨村，1958年，以八十一岁高寿在故里辞世。

东邻馈索一盘

（民国·蒋步颖）

千万何须贯，随居自得邻。碾成新黍饭，报及异乡人。
苜蓿盘同满，膏粱味并珍。愧予无德报，瘠越视肥秦。

王鹄

王鹄（1874～1959年），鹄或作谷，字郁周，福州人。喜画花鸟，浓艳秀丽，笔致清快，即上海名家朱梦芦、叶寿生辈不能过也。又精岐黄学，恒为人治病。官聊城县丞。著有《喝月楼诗录》《天全诗录》。

题东平诗稿

（民国·王鹄）

圣主怜才特赐环，孤臣草莽入严关。

一腔热血蓬婆雪，万里高歌苜蓿山。
草檄如风惊海外，罪言此日重人间。
平戎依旧先生策，虽未封侯足解颜。

杨圻

杨圻（1875～1941年），初名朝庆，更名鉴莹，又名圻，字云史，号野王，常熟人，御史杨崇伊子，李鸿章孙婿。年二十一，以秀才为詹事府主簿，二十七岁为户部郎中。光绪二十八年（1902年）举人，官邮传部郎中，出任驻英属新加坡总领事。入民国，任吴佩孚秘书长，后应张学良邀，移居沈阳。“九一八”事变后回常熟。抗战时，徙居并卒于香港。代表作品《檀青引》和《天山曲》。

雪赋

（民国·杨圻）

盘马弯弓苜蓿肥，全汤大好启戎机。
雪花如掌阴山日，不照金樽照铁衣。

天山曲

（民国·杨圻）

玉门风雪拂云鬟，一曲刀环破虏还。上将功勋开朔漠，美人幽怨念家山。
天山盛朝甲子贞元颂，八表澄清车书统。圣明天子太平年，瀚海乌梁修朝贡。
独有天方向化迟，东来声教渡车师。白环诣阙留王母，文马来庭款月支。
胡尔背德据西域，复拔汉旌寇边邑。当时妃子不知愁，一笑倾城再倾国。
天马高歌翠辇陪，阆风本自接瑶台。却从青海呼鹰去，还向河源射虎来。
于阗玉煖春烟腻，安息天香容光异。可汗衣佩惹芳菲，灵芸竟体吹兰气。
可汗雄武复温存，举国春风笑语闻。雪里开关连骑出，玉人相并看昆仑。
温柔终老宜行乐，扫穴犁庭孽自作。不闻鼓角动伊凉，岂有功名惊卫霍？
武皇西顾眷诸羌，数纪承平斥堠荒。骤报姑师遮汉使，更传胡马渡前王。
河西陇右匈奴臂，屠耆负固两兄弟。反侧难安叶护心，羁縻未就班超议。
橐驼东下满胡沙，三十六城皆虏骑。炖煌烽火达甘泉，渠黎早备窥边计。
明年骠骑取乌孙，西出河湟略边地。王师八月下连营，乌垒屯田酒制兵。
天子诏增都尉戍，将军请筑受降城。黑水营边鼓声寂，贰师失道陷深敌。
雪没人烟古战场，风摇刁斗大戈壁。绝域三更拜井泉，孤军百日悬沙碛。
夜静天秋塞雁高，围城月白吹羌笛。为觅封侯不肯归，五千貂锦齐呜咽。
积雪千山与万山，驱兵再度玉门关。交河总管筹边策，不斩楼兰誓不还。
朔方健儿渡碛里，铁甲无声风沙起。黄昏万马饮金河，亭障悠悠九千里。

蛾眉颦蹙侍毡裘，夜报天戈下火州。国破休教妻子累，大王西去莫淹留。
阏氏雨泣单于舞，踯躅提刀不忍去。帐中红粉抵死催，马上枭雄频回顾。
旌旗西指拂天狼，垓下歌声困项王。明日辕门传献馘，将军拜表破高昌。
班师郊劳迎笳鼓，诏建安西都护府。酒泉从此靖胡尘，不是穷兵非好武。
开疆拓土贺元戎，三箭天山早挂弓。岂似轮台哀痛诏，天王罪己将无功。
当年助顺辟蒿莱，别有降王壁垒开。一骑香尘烽火熄，明驼轻载美人来。
沙场风压貂裘重，阵云满地衣香冻。祁连山月远相随，恸哭爷娘走相送。
琵琶凄绝一声声，大雪纷纷上马行。一拍哀笳双泪落，可怜胡语不分明。
王头饮器献天子，妾心古井从今始。何难一死报君恩，欲报君恩不能死。
忽到阳关古戍楼，明眸皓齿一回头。失声长恸无家别，关下行人尽泪流。
牛羊万里望乡井，龙沙日远长安近。呼天不语山茫茫，天已尽头山未尽。
零乱惊魂起暮笳，关山落日暗平沙。凭栏掩面登车去，从此明妃不见家。
香轮缓缓朝天去，千乘万骑昏尘雾。肃州东下又甘州，从头重数幽州路。
入关拂面起东风，百草千花泪眼中。想像翠华三万里，至今父老忆惊鸿。
边城过尽中原好，风物伤心黯烟草。陇上春寒梳洗迟，骊山月落更衣早。
桃花杨柳短长亭，乳燕流莺京洛道。紫陌鸡鸣见汉宫，蓟门烟树云中晓。
蓟门烟树是皇州，阊阖天开拥冕旒。北极河山随彩仗，长杨车骑满瀛洲。
玉阶扶定珠帘卷，天颜有喜傕归苑。愁容瘦损况欢容，昭阳第一春光满。
千门万户建章宫，翠辇风飘闻凤琯。三海恩波无限深，上林花鸟从今暖。
瀛台小宴月笼沙，诏遣羊车拥丽华。夜叩金铺楼殿寂，独眠人睡闭梨花。
青娥阿监争嗟恻，如此繁华无欢色。君王含笑侍人愁，露似珍珠花似泣。
野孛频侵帝座分，史官夜奏星占急。沉香甲煎到天明，唾壶红泪终宵湿。
洛女空令赋感甄，楚王有意怜绳息。官家为罢未央游，转惜倾城怒蔡侯。
花自无言春自暖，亲裁手诏劝忘忧。清真赐洗华清浴，御沟水腻凝脂馥。
拥入东风海上楼，宫莺啼遍三山绿。楼高不见故乡天，马邑龙城路万千。
上国风华浓似锦，故宫归梦杳如年。朝朝暮暮愁城闭，自拨箜篌诉哀厉。
风和日丽断肠天，月明花暗销魂地。空房深坐屏侍从，慢捻轻弹凄调纵。
忽变流沙塞上声，游鱼栖鸟俱凄恸。部曲夷歌久不闻，家山入破哀谁共?
此时一怒碎箜篌，剪断鲲弦不复弄。可堪愁苦忆欢娱，往事悠悠来入梦。
夜梦天山猎雪回，龙堆火照夜光杯。大王欲看波斯舞，笑酌蒲萄拥膝偎。
三年日月但凄噍，太后哀怜召相见。中使催朝长信宫，六飞已上祈年殿。
温语偏承任姒欢，淡妆不避尹邢面。我见犹怜狂至尊，雪肤话貌心冰霰。
罗敷结发有狂夫，国破家亡白骨枯。臣罪当诛妾薄命，覆巢完卵古来无。
肝肠慷慨词决绝，再拜从容完大节。含泪陈情含笑辞，六宫相顾俱凄咽。
金阙西厢深闭门，慈云祸水两无痕。全生不感君王意，就死犹衔圣母恩。
诏赐辒辌从藩俗，返骨故乡应瞑目。玉匣珠襦黄竹歌，哀琴细鼓苍梧曲。

旧臣遗老半生存，白马素车争迎哭。河山无改故宫平，夜夜啼鹃觅金粟。
剪纸招魂度玉关，步虚环佩五更寒。断无幽恨留青冢，月黑风高行路难。
汉城西北回城畔，后人省识湘灵怨。终古冰山锁墓门，眉痕犹似青峰乱。
吴宫花草葬西施，故主相逢地下知。雨湿冬青携麦饭，年年伏腊拜荒祠。
返生无计采灵药，官家惋惜复嗟愕。当时诔笔命词臣，不赋哀蝉歌黄鹄。
南内霜寒掩洞房，宫人垂泪扫空床。五更长乐疏钟尽，鹦鹉犹疑理晓妆。
九重不豫多休暇，春色幽幽闲台榭。羊车重过殿西头，细雨无人落花下。
碧云无际想衣裳，绣幄经年闻兰麝。塞上烟消寒食天，宫中火冷清明夜。
边臣褒鄂尽酬庸，紫阁图形诏画工。一例承恩留玉貌，宝刀银甲气如虹。
英姿飒爽惊绝代，物换星移今犹在。明珰翠羽照人间，细骨轻躯来绝塞。
故教奇节付丹青，未必英雄非粉黛。圣德珠还古未闻，佳人玉碎今难在。
乾隆往事似开元，西苑重游问内官。水殿云房都不是，玉人何处倚栏杆？
五步一楼是步阁，太液秋哀凉风作。雨鬓烟鬟不可寻，白苹无际红莲落。
犹见金茎承露盘，汉时宫阙晋衣冠。马龙车水千门晚，凝碧池头一例看。
省中吏散蓬壶靓，金屋啼痕觅香径。夕殿微凉锁洞天，沉沉云海烟花暝。
此时月浸翠云裘，省识先皇照夜游。宝月楼南圆镜北，扁舟指点水天秋。
天章惊拜星云丽，此地垂裳想遗际。圣代千秋文藻情，孤臣此日攀髯意。
仙侣移舟旧迹空，繁华事散大明宫。少陵野老王摩诘，一代诗人涕泪中。
兴亡到眼清哀动，石鲸无恙铜仙重。圣武他年纪裕陵，冰心万古埋香冢。
苜蓿离宫信有之，羌笳哀乱怨龟兹。至今弱水悠悠恨，长向西流无尽时。

许宝蘅

许宝蘅（1875 ～ 1961 年），字季湘，晚号夬庐，浙江杭州人，清末民初政治人物、中央文史馆馆员。1902 年中举；后担任军机章京、内阁承宣厅行走。

饮酒八首（其八）

（民国·许宝蘅）

苜蓿榴花遍近郊，王孙归路一何遥。
明珠可贯须为佩，神剑飞来不易销。
独坐遗芳成故事，自将磨洗认前朝。
看山对酒君思我，莫损愁眉与细腰。

黄祝蕖

黄祝蕖（1877 ～ 1945 年），原名荣康，号凹园，晚号蕨庵，芦苞街坊人。民国九年（1920 年），祝蕖赴穗，创办祝蕖国文专修学校，历 19 年，弟子数以千计，且多有所成。祝蕖精诗文，其诗名与黄佛颐、黄任恒并称广东“三黄”。祝蕖著述甚丰。

沁园春

（民国 · 黄祝蕖）

天下纷纷，虎斗龙拏，毕竟何如。幸黄巾不扰，免罹兵燹，青毡无恙，还注虫鱼。
虀瓮腌霜，苜盘煮雪，淡薄生涯味有余。园林小，佟半为学舍，半作家居。
算来万事皆虚。恁富贵功名且让渠。只榕阴听曲，聊当读史，禾阡散步，足抵车。
家本清贫，性无别嗜，稍有囊钱便买书。羲皇侣，向北窗高卧，白日徐徐。
玉漏迟癸未岁暮，在茶园，东望芦苞，寇氛顽恶，不得归，倚此自遣。
芦江归梦断。霜风野角，几声吹紧。江水无情，空把年光流转。
强欲作翀天飞去，惜不是、淮王鸡犬。羞自恋，腐儒滋味，苜盆茶碗。
恨晚。宝剑重磨，直捣黄龙，一醉葡萄盏。雪鬓萧然，白日催人苦短。
万事浮云散尽，剩一寸红心未损。新岁赶。独坐又编诗卷。

张素

张素（1877 ～ 1945 年），字挥孙，又字穆如，号婴公，江苏丹阳人。早年曾在上海的《新闻报》及《南方报》当编辑。1908 年，他“旋渡辽游黑水之哈埠”，与连梦青一起从上海来哈尔滨，任《远东报》编辑。

潇湘夜雨和明星松花江观浴马

（民国 · 张素）

落雁沙平，垂虹堤曲，衬将一抹晴晖。
长风吹送马如飞。临水照、鞍金解脱，当岸立、鞭玉停挥。
波声动，腾空蹴踏，便出重围。遥遥江渚，晚凉似此，云水澄辉。比游龙东海，倍郁神威。
毛乍刷、松花夜落，蹄更起、苜蓿秋肥。私心祝、银河倒挽，高唱凯歌归。

高燮

高燮（1879 ～ 1958 年），江苏省金山县张堰乡（今上海市金山区张堰镇）人。名燮，字时若（署见清末、民初《鸳江报》《政艺通报》《新民丛报》），又字吹万（见《女子世界》《觉民》《民权素》），别署仰圣（见《民誓》《歌场新月》），又号寒隐、葩叟、志攘、黄天、蚁民、木道人等。作家、藏书家，南社成员。

望江南六十四阕（其二十三）

（民国·高燮）

山庐好，长日渐如年。
采取蔷薇花作露，晒将苜蓿草生烟。
打麦趁晴天。

幸邦隆

幸邦隆（1879～1952年），曾名幸国麟，字中和，甘肃华亭县人。清光绪三十年（1904年）拔贡，光绪三十三年（1907年）举人。废除科举制度后，即考入甘肃优级师范学堂博物科深造，1911年毕业。随后在平凉柳湖书院、平凉中学、华亭县立高小任教员、教务主任、校长等职，1927年担任华亭县教育局长。曾编《续修华亭县志》。著有《三乡文集》《中和惜阴录》。

民国十八年饥荒诗三首（其一）

（民国·幸邦隆）

终朝采苜蓿，苜蓿不盈掬。
腹饥腿无力，抱笼吞声哭。
剥榆皮，见榆根。榆树死，我身生。
找老榆，找嫩榆。问榆荚，何早无？

宋沅

宋沅（1880～1962年），字芷生，号梦兰，谱名荣祖。绍兴县平水镇宋家店人，清末秀才，优贡出身，工诗词，长期在司法界、财政界任职。统观其《西行什诗》从蔑视日寇侵华盗行述起。写了四川、重庆等地的风景典故，当时所谓备都的兴建举措，那些白领阶层的灯红酒绿和防敌机空袭等生活。写到抗日胜利，小日本投降的窘丑相，百姓欢天喜地的庆祝，都在诗中写得真相宛然，语音犹在。这寓情于景，寓理于境，寓大于小，寓庄于谐的写法，使人读之超脱而自然，大可玩味而求索！

西行什诗

（民国·宋沅）

敌骑骎骎薄石头，四山风雨闇三秋，衰年远道归何日，不比放翁是壮游。
一声霹雳破晴空，人巧原来夺化工，笑煞周郎真计拙，火攻还要仗东风。
二十年前记旧游，丝丝杨柳绾离愁，适从黄鹤矶边过，不见当时奥略楼。

一幅长江万里图，艰难蜀道数夔巫，两崖壁立千层铁，百斛舟穿九曲珠。
斗大山城据上游，客行到此暂淹留，浮图关扼东西道，形势山川第一州。
神仙洞口一枝栖，流水桃花路已迷，为爱深宵好风景，隔江灯火海棠溪。
山势陂陀百亩宽，豪家墓道转千盘，朱甍碧瓦斜阳裏，丙舍还同甲第看。
吴公萧散似支公，道气薰人欲醉中，只是拈花露微笑，何须作意斗机锋。
汪子飘然思不群，早年曾领水犀军，如何羽檄飞书手，闲谱南朝白练裙。
终朝点笔为消灾，岂有闲情赋玉台，何处老翁不解事，簿书堆里夹诗来。
一自江黄豕涉波，飞鸢队队压云罗，从知鸟道蚕丛里，不是人间安乐窝。
山骨新开地道成，亏他将作费经营，笛声长短灯红绿，不怕天阴只怕晴。
谯儵羽尾怨鸱鸮，短笛一声魂欲消，不信长房能缩地，小龙坎接化龙桥。
巴山西去鷂鹰崖，闻道经年宿雾里，偏是今朝风日好，侧峰斜挂一枝钗。
巢毁移居逼岁阑，欲凭修竹报平安，更添焦麦兼寒菜，风味居然苜蓿盘。
酒社诗坛未惯经，偶来听唱雨淋铃，个中自有真龙虎，白战何曾让聚星。
长汤浴罢且高眠，一枕懞懞不羡仙，他日东归西向笑，难忘南北两温泉。
似水光阴去不留，今年六十已平头，乱离更觉人情好，百琲明珠愧暗投。
万家爆竹闹中秋，一片降播竖海头，弗戢自焚今悔未，金汤依旧是神州。
来从地底去天空，瞥过巫山十二峰，下视苍苍非正色，始知驻叟语言工。

林资修

林资修（1880 ～ 1939 年），字南强，号幼春，晚号老秋。是台湾日治时期的重要诗人，清光绪六年（1880 年）生于福建福州，四岁时返台，是台中雾峰林家的后代，诗人林朝崧（痴仙）是其叔叔，创立台湾文化协会的林献堂是小他一岁的堂叔。林资修以诗闻名，与胡殿鹏（南溟）、连横（雅堂）并称为日治时代的三大诗人。

猛犬行（为太岳作）

（民国 · 林资修）

当关猛犬负隅虎，钩爪踞牙谁敢侮！
松陵先生黧且瘦，夜行遭之几折股。
彼非豺与狼，胡敢嗜人脯！
又非金吾卒，犯夜法宜取。
有时指嗾由健儿，乃独欺我腐儒腐。
我生磨蝎守命宫，四方糊口悲途穷；
阑干苜蓿生盘中，割肉异端非所攻。
五陵年少从禽荒，鼻头出火遭景宗；
余事亦有上蔡风，南山獐兔朝铺充。

豪家饲犬犬吃人，门前裹足无来宾；
他时罢猎会烹汝，馈我杯羹及春醇！

郭则沄

郭则沄（1882～1946年），字蛰云、养云、养洪，号啸麓，别号孑厂（音庵），侯官县（今福州市区）人。生于浙江台山龙顾山试院。为礼部右侍郎郭曾炘长子。

漫书示儿延懿

（民国·郭则沄）

吾年六十一，才得免儒冠。疾书手腕脱，凝视目背酸。
青衿四十年，历试名不刊。所愧才技拙，不遂扶摇抟。
迨今齿发衰，何能走长安。计年七十五，可望苜蓿盘。
从今十五载，寿命甯未弹。所以鸡肋名，视如东逝湍。
得亦不足欣，失亦不足叹。何妨功令严，不怨胥吏奸。
免我桑榆人，出嗟行路难。

黄鹄歌

（民国·郭则沄）

黄鹄歌中思故国，青鸳塔畔忏他生。妆殿何心理残黛，空王皈礼应憔悴。
已分猜嫌任狡童，谁怜调护来诸妹。弱妹盈盈隔瀚源，黄云千骑拥朱轩。
判翼每嗟鸾凤侣，回肠遍系鹤鸪原。锦车银碛何迢递，姊妹相逢自衔涕。
为叹垣娥奔月来，却教须女骖星至。相劝殷勤向玉真，莫将浊水怨清尘。
苦辛应忆回心院，婉婉须怜结发人。故人欢爱从今始，五色罗襦织连理。
重画修蛾待粉侯，休吹别凤悲箫史。愿作流苏结不开，酡酥双劝合欢杯。
五部大人齐入贺，万年公主竟归来。从此欢娱莫相弃，上如青天下如地。
入贡还修子婿恩，降嫔莫负先皇意。回忆先皇草昧年，旌旗北届阻柔然。
欲将玉女倾城色，远靖金戈绝塞天。绝塞西来平若水，三朝屡订施衿礼。
异锦葡萄出汉家，名驹苜蓿通燕市。今上弥敦兄弟欢，迎归旌节遍长安。
龙首贵宫申绮宴，螭头中禁并雕鞍。千秋天属恩宁歇，赐予年年下双阙。
沁水园中歌吹尘，祁连山下氍毹月。氍毹宝幄映重重，贵主繁华乐未穷。
莫道芳菲边塞少，春风弄玉在楼中。

无题

（民国·郭则沄）

蒺藜苑小传唐监，苜蓿园荒笑汉家。
自是累朝无马政，天留沃壤在龙沙。

韩慕庐尚书题

（民国 · 郭则澐）

圣人神武绝大汉，言陪雉尾插鸡翘。
据鞍鞭弭丛金仆，扑面霜花点孟劳。
行秘书从与樽俎，第七车乘傍斗杓。
行过高山与深谷，裁出炀煸又鸡鹿。
绝塞飞禽不到处，黄羊白鹿纷追逐。
荦确沙行寸上无，善达赛尔泉流玉。
茫茫瀚海石粼粼，丹砂的砾光银烛。
经冬气候江南春，浑脱轻裘讶遍燠。
一夜冰坚似滹沱，渡河不用嗟独漉。
郁尔苏离草复佳，胜于茸母饶苜蓿。

王蕴章

王蕴章（1884 ～ 1942 年），字莼农，号西神，别号窈九生、红鹅生，别署二泉亭长、鹊脑词人、西神残客等，室名菊影楼、篁冷轩、秋云平室，江苏省金匮（今无锡市）人。光绪二十八年（1902 年）中副榜举人，任学校英文教师。上海沪江大学、南方大学、暨南大学国文教授，上海《新闻报》编辑，上海正风文学院院长。通诗词，擅作小说，工书法，善欧体，能写铁线篆。是“中学为主、西学为用”的鸳鸯蝴蝶派主要作家之一。中国近代著名诗人、文学家、书法家、教育家。

女公子君孚善书

（民国 · 王蕴章）

风雅一门集，相庄乐自如。官闲甘苜蓿，句好艳芙蕖。
白蜡吟能代，红笺恨久除。尤怜左家女，时仿茂漪书。

吴梅

吴梅（1884 ～ 1939 年），字瞿安、灵支鸟，号霜崖（厓），室名奢摩他室、百嘉室；江苏长洲（今吴县）人。

无题

（民国 · 吴梅）

南北光阴苜蓿盘，大千囊括戏台宽。
静安考史瞿安律，词曲名家并二难。

王念劬

王念劬（1887～1951年），号松渠，晚清举人，东禅巷人。1930年任杭州西湖博物馆馆长。工诗善书，随意挥洒，以颜褚之法结为行楷，功力深厚。九峰中山纪念林勒石和奚继武纪念碑均为其所书。

无题

（民国·王念劬）

豫樟栝柏重金銮，耐冷能安苜蓿盘。
千里故人双鲤讯，中想思字上加餐。

苏眇公

苏眇公（1888～1943年），名维祯，字郁文。其父苏缵唐是位刚正不阿的清末塾师，眇公幼受父教，勤奋好学，16岁就考取了海澄县（今龙海市）秀才，其母被时人誉为“父秀才、夫秀才、子亦秀才”。今龙海市屿港尾镇格林村，苏眇公故居仍存。

南苑楼（节选）

（民国·苏眇公）

南苑楼高欲断魂，更无好梦可重温！
此身所寄惟方丈，百念难忘是墓门。
苜蓿三餐聊晚计，烽烟万里念中原！
王师北定知何日？怀酒沉吟昼已昏。

徐枕亚

徐枕亚（1889～1937年），名觉，字枕亚，别署徐徐、泣珠生、东海三郎等，常熟人。南社社员。1909～1911年，他又应聘去无锡西仓镇鸿西小学任教。在这个时期，徐枕亚热衷于旧体爱情诗的写作，写了800余首旧体诗词，向吴江、柳亚子创办的南社丛刊投稿，并由哥哥徐天啸介绍加入了南社。

爱卿妆阁

（民国·徐枕亚）

琴弹别鹤，凄风送哀怨之音；镜舞孤鸾，冷月照单寒之影。
是以江郎别赋，黯然销云；乐府离歌，潸焉陨涕。

何况新月初圆，好花乍放．步帐之歌声甫转，妆台之烛影重摇。
郎船一桨，依舸双桡，柳暗抱桥，花欹迎岸。
映人面之田田，挹脂香之满满。
乌鹊桥边，才逢牛女；红莲水上，刚戏鸳俦。
定情诗细意推敲，合欢曲同心唱和。
人间第一风流，得谐良匹；世上无双乐事，惟有新婚。
洞房春暖，连朝之喜气犹多；远道尘飞，昨夜之欢情忽散。
罢吟燕尔，听唱鹂歌。
在卿固谓其不情，即仆亦嫌其过促。
惟是课程所缚，职务攸关。
苜蓿之盘虽冷，臬比之座难虚。
橐笔遨游，原非得已；征车况瘁，无可奈何。
勿谓商人重利，最惯别离；勿云夫婿封侯，转多恼懊。
辞婿而乡来客地，大是难堪；抛香闺而拥寒衾，谁能遣此。
试想少年伉俪，孰不恋此温柔；回思半月夫妻，何忍遽教冷落。

胡先骕

胡先骕（1894 ～ 1968 年），字步曾，号忏庵，新建县人，中国近代植物分类学奠基人之一。1913 年，为江西省首批赴美留学生之一，入加利福尼亚大学农学院森林系读森林植物学。三年刻苦钻研，获农学学士、植物学硕士学位。1915 ～ 1916 年，在《科学》杂志上发文，详考秦汉以来的植物。

阿诺德森林院放歌

（民国 · 胡先骕）

坡陀高下十顷强，参天松栝森千章。短垣缭绕闭灵境，俨若尘埸开仙乡。
平沙驰道春试马，垂珠嘉实秋悬墙。鸟鸣雉呴满机趣，蜂喧蝶舞纷间忙。
花须柳眼亘春夏，裙屐百辈游人狂。柘冈辛夷半山句，万蕊如雪迎初阳。
樱花辅颊绚朱粉，蓬瀛姹女施新妆。海棠霞晕差可拟，尹邢正色难评量。
独惜野梅限南徼，点染艳雪无幽香。罗浮邓尉猿鹤梦，恨缺两翼翻南翔。
丁香绛白殿春事，更赏踯躅罗红黄。此花滇蜀冠天下，往往百里云锦张。
何缘但入逐客眼，开落瘴雾遗蛮荒。亦知艳色不限地，归州瘿妇生王嫱。
琵琶千载胡语怨，想同此卉縶他邦。曩惟汉武勤边疆，楼兰授首乌孙降。
声威所被震西域，葡萄苜蓿来敦煌。微闻上林足珍异，橙黄荔紫丛瑶房。
惜哉富民昧此术，盛德不逮耕与桑。禹域夙称擅地利，群芳百谷天所昌。
寻常芜秽荆棘里，拔擢便足登庙堂。佳人翠袖老空谷，鬼母胡姬偏擅场。

用夷变夏古所戒，此亦国耻心徒伤。昔者君民位严绝，百里为阱多提防。
易代禁驰遣逻卒。灵台灵囿供徜徉。亟宜取以研树艺，搜罗珍怪穷遐方。
分培广植遍宇内，庶令闾巷饶众芳。侈言美育此其道，岂惟累累盈筐筐。

刘凤梧

刘凤梧（1894 ～ 1974 年），一名国桐，字威禽，晚年自号蕉窗老人。安徽岳西人，自幼从祖父学经史古文及诗词，天资颖悟，过目成诵。20 世纪 20 年代末，毕业于安徽大学文学院，曾任安徽省教育厅视导（督学），并在省城各中学执教多年，盈门桃李，遍及江淮。新中国成立后退休归里，被安徽省文史研究馆聘为馆员。

老骥

（民国 · 刘凤梧）

英年驰骋汗无乾，老困盐车展志难。
垂首每怜知己杳，剖肝徒餍美人餐。
嘶风枥牖声何壮，蹀血疆场足未寒。
苜蓿已空休恋栈，邻槽多少负雕鞍！

刘蘅

刘蘅（1895 ～ 1998 年），字蕙愔，号修明，福州人，民国时期福建八大才女之一。黄花岗烈士刘元栋胞妹，师从陈衍、何振岱。新中国成立后任教福州业余大学，1952 年参加中国美术家协会，1953 年被选为福建国画研究会常务理事，1955 年被聘为福建省文史研究馆馆员，1987 年被选为福建逸仙诗社社长。有《蕙愔阁诗词集》。

齐天乐 · 寄念娟邵武

（民国 · 刘蘅）

雁声啼白荒山草。秋光更催人老。念子殊方，长年橐笔，愁送离边昏晓。
孤游倦了。问客里怎消，雨凄风峭。卖卜佣书，细思还是故乡好。
高亭迥出树杪。觅沧浪旧迹，诗思幽渺。蓿苜生涯，篝灯课子，别有欢娱怀抱。
君归务早。正洲桔垂红，渚鱼堪钓。望极溪篷，倘先春信到。

郁达夫

郁达夫（1896 ～ 1945 年），原名郁文，字达夫，幼名阿凤，浙江富阳人，中国现代著名小说家、散文家、诗人。代表作有短篇小说集《沉沦》、小说《迟桂花》等。1945 年 8 月 29 日，在苏门答腊失踪（后来默认 1945 年为其卒年），终年四十九岁。1952 年，中华人民共和国中央人民政府追认郁达夫为革命烈士。1983 年 6 月 20 日，中华人民共和国民政部授予革命烈士证书。

寄养吾二兄
（民国 · 郁达夫）

与君念载鸰原上，旧事依稀记尚新。
苜蓿未归蜒驿马，烟花难忘故乡春。
悔听邹子谈天大，剩学王郎斫地频。
来岁秋风思返棹，对床应得话沉沦。

重游犬山城
（民国 · 郁达夫）

白帝城头落照鲜，清游难忘四年前。
昔来曾拜桃花祭，今去将排苜蓿筵。
一样春风仍浩荡，两般情思总缠绵。
此行应为山灵笑，不向溪边夜泊船。

温倩华

温倩华（1896 ～ 1921 年），女，字佩萼，无锡人。著有《黛吟楼遗稿》。

春日田园杂兴（其一）
（民国 · 温倩华）

芳郊浓绿遍桑麻，偏是山村占物华。
开遍一畦红苜蓿，春风先到野人家。

溥儒

溥儒（1896 ～ 1963）年，字心畬，《光宣以来诗坛旁记》云，“近三十年中，清室懿亲，以诗画词章有名于时者，莫如溥贝子儒……清末未尝知名，入民国后乃显。画宗马夏，直逼宋苑，题咏尤美。人品高洁，今之赵子固也。其诗以近 体绝句为尤工。”雪中桦在网上搜集了他的部分诗词，愿同好者补之。

题从弟佺画

（民国·溥儒）

画角新回马邑阑，纷纷暮雪满雕鞍。
玉门雁断秋风里，万里平沙苜蓿寒。

陈寂

陈寂（1900～1976年），字午堂，一字寂园，自号枕秋生。生于广州。陈寂少时就读于城中私塾，接受传统文化教育，打下良好的古文基础。中学毕业后因家境贫寒，无力进入大学，遂谋得一份小学教职。1926年陈寂应广西省立第四中学之聘，赴柳州任教。时广西建设厅长陆希澄深赏其才，调任为广西省国民党党部干事。1941年任中山大学文学院副教授，1952年任中山大学中文系教授，直至1966年2月退休。

客或有疑，谨以自明

（民国·陈寂）

五十年中苜蓿餐，未曾西笑望长安。
肯随曼倩攀龙易，早识扬雄闭阁难。
山木老，夕阳残。淮阴应悔旧登坛。
钓名怕近严滩水，何况江西十八滩。

崔钟善

崔钟善（生卒年不详），字子万，号晋生，直隶天津府庆云人。崔旭孙，崔光笏子。历官莱州知府。长于诗文，书法亦卓然可观。

生朝

（民国·崔钟善）

餐來苜蓿先生惯，何事山妻具酒瓢？
不是殷勤频劝饮，今朝忘却是生朝。

妙准

妙准（生平不详）。

除夜小参复云

（民国·妙准）

别起残红慵守岁。不将苜蓿荐春盘。
一条古路清风拂。瓦鼎秋蝉诉夜阑。

凌镜初

凌镜初（生平不详）。

登芙蓉楼

（民国·凌镜初）

陈云西北蔽空飞，塞马哀鸣苜蓿肥。
蔀屋几因风鹤去，铙歌空献白狼归。
韬钤幕府虚筹策，荼火军容不解围。
中外残黎皆赤子，南人况复慑天威。

潘天寿

潘天寿（1897 ～ 1971 年），现代画家、教育家。早年名天授，字大颐，自署阿寿、雷婆头峰寿者、寿者。浙江宁海人。擅画花鸟、山水，兼善指画，亦能书法、诗词、篆刻。1915 年考入浙江省立第一师范学校，受教于经亨颐、李叔同等。其写意花鸟初学吴昌硕，后取法石涛、八大，布局奇险，用笔劲挺洗练，境界雄奇壮阔。曾任中国美术家协会副主席、浙江美术学院院长等职。

留别超士、良公诸同仁

（民国·潘天寿）

苜蓿盘餐记旧时，怅违问字老经师。
鲈鱼风味非归隐，多难万方许赋诗。
春水横眸巴酒酽，墨云为画蜀山知。
看梅且订明湖约，奏凯歌旋预有期。

郭风惠

郭风惠（1898 ～ 1973 年），中国近现代教育家、学者、诗人、艺术家。

沧监道上

（民国·郭风惠）

渐入家山路，迟徊屡驻騑。鸟啼深苜蓿，蝶趁野蔷薇。
近海土多薄，重农乡自肥。政犹龚遂否，欲受一廛依。

陆维钊

陆维钊（1899 ～ 1980 年），原名子平，字微昭，晚年自署劭翁。书斋名庄徽室，亦称圆赏楼，新仓人，是我国现代教育家，著名的书画、篆刻家，同时也是著名的学者和诗人。他独创的“陆维钊体”，在书法界独树一帜，蜚声海内外。民国九年（1920 年）陆维钊考入南京高等师范文史部，民国十四年（1925 年）应聘在清华大学国学研究院担任助教，为王国维的助手。民国十六年（1927 年）辞职南归，曾先后在松江女中、杭州女中、上海圣约翰大学任教。新中国成立后在浙江大学、浙江师范学院、杭州大学中文系执教。

寄宛春嘉兴

（民国 · 陆维钊）

惯从人海阅炎凉。忍逐时流论短长。
负气早应甘苜蓿。衡才宁复到文章。
剩余骨肉般般泪。愁绝关河寸寸肠。
欲寄平生无片语。天风云意忽飞扬。

题醉寿图

（民国 · 陆维钊）

社结秋吟寿作题。暂疏苜蓿餍豚鸡。
曲终仍有萧萧意。知望长安日尚迷。
栖皇生事总难休。渐白黄须渐白头。
各有家山归未得。一樽挥涕瞩横流。
披图差似合家欢。饭罢先将树石安。
莫笑归耕空点染。江湖满地岸儒冠。
延年美意祝同声。小印分钤各姓名。
留证他年重雅集。好凭创痛说升平。

松江杂诗

（民国 · 陆维钊）

莼菜何如泖港鲜。鲈鱼争说秀桥边。当筵同有秋风慨。长乐吴兴最少年。
苜蓿生涯我自知。百无一可且填词。何当重过长桥畔。一病缠绵两鬓丝。
死别生离未足哀。人间原是假楼台。可曾月夜伤心泪。滴到孤坟蓦地开。
金钏事去悮偏多。无限光阴付折磨。便有锦函缄不得。葬他笺素汩流波。
东西衡宇望中多。羽扇风摇事易讹。可惜楹书二十万。守山一老太蹉跎。
提督鼏衙五埭深。西偏犹胜旧花厅。春台早罢将军令。谁识门前掌乐亭。

方塔年年夕照黄。塔前人拜府城隍。最难照壁摩挲后。神有神无总渺茫。
棂星门内草齐腰。过客唏嘘问旧朝。今见宫墙开马路。有谁指点泮池桥。
岳里零摊满两庑。人妖鬼怪认模糊。看来木偶嫌饶舌。磕破头皮一语无。

答谢并简声越瞿禅

（民国 · 陆维钊）

绿阴亭榭受风徐。苜蓿生涯六载余。
十里平湖双鬟柳。一天明月半床书。
隔墙花气襟怀共。落磬山容寤寐如。
今日停骖重认取。凭君画本补空虚。

应修人

应修人（1900 ～ 1933 年），现代诗人，浙江慈溪人。20 世纪 20 年代初与潘漠华、冯雪峰、汪静之等组织湖畔诗社，合出新诗集《湖畔》《春的歌集》。新中国成立后，发表有《应修人潘漠华选集》。

春野

（民国 · 应修人）

苜蓿连畦绿，菜花夹道黄。
老农闲未惯，锄土修羊肠。

记邻翁语

（民国 · 应修人）

莫道仲春农事少，勤日何日肯无功。
壅灰苜蓿宜防雨，摘蕻芸薹最爱风。
泥筑田径忙唯我，树栽菜园益归公。
即令日暮回家早，新辟菜园灌韭葱。

看花去

（民国 · 应修人）

对河的桃林沿河塘；脚边苜蓿；拦腰有菜花黄。
花枝掩映里竹椅儿；椅儿里女孩儿；线团儿小手里，
编着甚么的好东西。

俞平伯

俞平伯（1900 ～ 1990 年），古典文学研究家、红学家、诗人、作家、中国白话诗创作的先驱者之一，和朱自清齐名的著名文学家。浙江德清人。毕业于北京大学。曾在清华大学、北京大学任教多年。1952 年起任中国科学院文学研究所研究员。主要著作有诗集《冬夜》《古槐书屋间》，散文集《燕知草》《杂拌儿》。其著作《红楼梦辨》（1923 年初版，20 世纪 50 年代初再版更名为《红楼梦研究》）是“新红学派”的代表作之一。

演连珠（节选）

（民国 · 俞平伯）

盖闻逆旅炊梁，衰荣如此，暮门宿草，恩怨何曾。
是以白饭黄齑，苜蓿之盘餐还是。
乌纱红袖，傀儡之装扮已非。
盖闻理若沈钟，霜晨筵响。
欲如阴火，漏夜常煎。
是以饭后阇黎，不啻当头之棒喝。
舟中风雨，未抛同室之戈矛。

龙榆生

龙榆生（1902 ～ 1966 年），名沐勋，晚年以字行，号忍寒公。别号忍寒居士、风雨龙吟室主，江西万载人。早年曾师从近代著名学者陈衍，又为朱祖谋私淑弟子，毕生致力于词学研究。前后在上海暨南大学、广州中山大学等校任教授，1952 ～ 1956 年在上海博物馆图书资料室任主任。新中国成立后曾任上海音乐学院教授。1966 年病逝于上海。

好事近 · 寄刘啸秋北婆罗洲

（民国 · 龙榆生）

三月杳鸿音，南望海天空阔。
一样月圆人寿，度中秋佳节。
依然苜蓿旧生涯，光影浸华发。
待向广寒丛桂，庆团圞芳洁。

卜算子丙午孟夏为子异先生六十寿

（民国 · 龙榆生）

把笔走龙蛇，乐志亲鱼鸟。苜蓿阑干转自甘，百计酬知好。
百尺卧高楼，旷览宜舒啸。桃李成阴遍海隅，日致安期枣。

王彦行

王彦行（1903 ~ 1979 年），本名王迩，号隘厂、澹庼，福建省福州市人。毕业于福建省立法政专门学校，历任国立劳动大学注册课主任、商务印书馆编辑、同济大学校长办公室秘书等职。

苏堂丈写示买辛夷诗

（民国 · 王彦行）

高花攀折待谁看，流落人间事可叹。
绝艳只宜三日赏，秾春贪勒九分寒。
肯来寂寞蓬蒿径，长对阑干苜蓿盘。
惭负玉溪传彩笔，欲题花叶也应难。

冬日即事用固叟韵

（民国 · 王彦行）

枯淡如僧但在家，又从苜蓿寄生涯。
劳薪侵晓先担粪，冷辖黄昏罢斗茶。
谁向纥干哀冻雀，懒过白下赋栖鸦。
胆瓶消息坚冰至，怅望寒梅一树花。

赋怀平社诸吟侣

（民国 · 王彦行）

属疾私忧带眼宽，岛居无使讯平安。
遥知行散桄榔瘦，倘废谈经苜蓿寒。
在昔南迁恬不怪，只今西向笑犹难。
赤嵌风物归吟笔，莫信诗情老易阑。

金云铭

金云铭（1904 ~ 1987 年），号宁斋，清光绪三十年（1904 年）生于仓前山对湖。民国十三年（1924 年）高中毕业后，考入福建协和大学社会系，并在学校图书馆协助管理图书借阅。他深入研究美国杜威的十进分类法，结合我国传统的经、史、子、集四部分类法和历代图书简单分类法，编成《中国图书分类法》一书，于民国十七年（1928 年）六月初版，后经多次修改、补充，类目增至 15 000 多条。

癸卯十月朔日，奉寄家兄时司训德兴

（民国·金云铭）

吾兄今日正悬弧，闽楚关山万里途。
苜蓿也应开客席，芹花何处进仙壶。
雁来远海音书少，云人遥天梦寐徂。
记得西郊栖隐地，年年称寿醉酣呼。

张采庵

张采庵（1904～1991年），名建白，沙湾紫坭村人。早年毕业于广东大学。旋在庚戌中学、仲元中学及港澳等地任教。抗战胜利后，回乡任紫坭小学校长。20世纪50年代初期，移居广州，在印刷厂任校对。张采庵向以育人为乐，长期从事诗词研究和诗词创作活动，为南粤著名诗人。他少时读书聪颖，对古文、诗词尤肯钻研，年青时已有《待焚集》刊行。

苜蓿

（民国·张采庵）

花开苜蓿送残春，马邑龙城任虏尘。
汉室中兴宜战伐，宋家南渡竟和亲。
深闺有梦将军老，故垒无声燕雀驯。
何日重申平寇令，横戈空觉胆轮囷。

施蛰存

施蛰存（1905～2003年），名德普，中国现代派作家、文学翻译家、学者，华东师范大学中文系教授。常用笔名施青萍、安华、薛蕙、李万鹤、陈蔚、舍之、北山等。施蜇存一生的工作可以分为4个时期：1937年以前，除进行编辑工作外，主要创作短篇小说、诗歌及翻译外国文学；抗日战争期间进行散文创作；1950～1958年，翻译了200万字的外国文学作品；1958年以后，致力于古典文学和碑版文物的研究工作。自1926年创作《春灯》《周夫人》，施蛰存的小说注重心理分析，着重描写人物的意识流动，成为中国“新感觉派”的主要作家之一。

林生启华为其尊人远堂先生五十自寿诗徵和遂献一首

（民国·施蛰存）

山河一改事皆非，谁遣微茫海水飞。
九域寒鸡同失曙，三年硕鼠尔安归。

荣期带索颜逾好，陶令沾衣愿不违。
却羡先生早知命，槐斋苜蓿斗诗肥。

住天心永乐庵三日得十绝句（其二）
（民国·施蛰存）

香积厨中笋似兰，头陀作供愧酸寒。
不知山外艰生事，犹胜槐斋苜蓿盘。

刘孟梁

刘孟梁（1905～1995年），字维贤，号潇湘渔父、五知老人。生于湖南常德汉寿县。出身湖南书香世家，自幼受传统汉学教育，奠定深厚汉学基础。博览群书、满腹经纶。1949年去台湾，先后在台中一中、侨光专科学校、中国医药学院任教，对国学的传承和维护不遗余力。

海外心声十绝寄·孚儿
（民国·刘孟梁）

杏坛卅载育英才，苜蓿盈盘亦快哉。
漫道书生无用处，栋梁任我苦栽培。

王季思

王季思（1906～1996年），学名王起，字季思，以字行。笔名小米、之操、梦甘、在陈、齐人，室名玉轮轩，祖籍龙湾区永中街道永昌堡。浙江永嘉人，生于南戏的发源地温州，从小就热爱戏曲。1925年考入东南大学中文系，20世纪40年代在浙江大学龙泉分校任教，潜心于元杂剧和中国文学史的研究。1948年夏，调至中山大学至终。被誉为“岭南文化的最后一颗文化灵魂”。

昔游四首（其三）
（民国·王季思）

二年六和塔，苜蓿充饥肠。夜深钟鼓歇，时闻狗肉香。
寺僧为我言：鲁达此寂灭。杀人须见血，救人须救彻。
千秋铁禅杖，首打山门折。大江仍东去，人物非南渡。
月黑闻涛声，英魂应起舞。

裘柱常

裘柱常（1906～1990年），笔名裘重，浙江余姚人。他是四大编审中最年长者，却不是治古典文学出身的，而是以新诗诗人步入文坛的。他 1921 年在余姚读完小学后，到上海清心中学读书。他从中学时代就酷爱文学，同时开始写作投稿。1925 年开始发表作品。著有《浪子之歌》（刊《大江》1928 年第十期）。

浪子之歌

（民国 · 裘柱常）

请不要和我说起故乡，幸福的人儿，
故乡的城郭里丛生着多少藤萝，
城外的一条小河也曾泛过绮丽的银波，
对着碧静的天空里的一个圣洁的姮娥。

请不要和我说起故乡，故乡的山坡，
山坡里的苜蓿花已经遮没了蹊路，
幼年时候的踪印现在已经模糊，
花开花落的年头也无从计数。

请不要和我说起故乡，我再不归来，
我也不想起从前，一切都已化作冷灰！
从前我慈祥的母亲曾把我痛爱，
我曾与我的朋友在山坡里徘徊。

请不要和我说起故乡，我托迹在天涯，
没有一个相识还知道我心头的悲哀，
我已经没有故乡了，呀，现在——
幸福的人儿，请莫把故乡的消息传来！

钱钟书

钱钟书（1910 ～ 1998 年），江苏无锡人，原名仰先，字哲良，后改名钟书，字默存，号槐聚，曾用笔名中书君，中国现代作家、文学研究家。

书近况寄默存北京

（民国 · 钱钟书）

久书阙报叹衰迟，毾㲪情怀圣得知。
此日照盘同苜蓿，几时穿柳聘狸猫。
鬓丝渐觉春非我，道胜何妨夏变夷。
一逻西山青可念，区区位业付虚期。

潘受

潘受（1911 ～ 1999 年），原名潘国渠，福建南安人，1930 年 19 岁时南渡新加坡，初任《叻报》编辑，1934 年起执教于华侨中学、道南学校及马来亚麻坡中华中学，任道南学校校长 6 年（1935 ～ 1940 年）。他自己并没有受过正统大学教育。1955 年南大校长林语堂离校，受委出任大学秘书长，度过一段没有校长主持校务的最艰苦的 4 年，直至 1959 年第一批 437 名学生毕业，才辞去职务。早年曾任陈嘉庚的私人秘书，对于书法尤为精专，这便是南安籍新加坡书法家潘受。

散材一首

（民国 · 潘受）

先生苜蓿自阑干，影共香炉篆屈盘。
亦有双鸡招近局。岂无双鲤劝加餐。
诗声波撼南溟动，剑气光摇北斗寒。
多谢匠人斤斧赦，托根天地散材安。

洪天赐

洪天赐（1913 ～ 1977 年），字达人，云林县人。定居云林县从事乡村教育。有诗约 200 首。

村夫子

（民国 · 洪天赐）

青毡坐破老吟身，苜蓿盘餐不厌贫。
暗授偷传纯国粹，先生就是汉功臣。

刘逸生

刘逸生（1917 ～ 2001 年），原名刘日波，乳名锡源，广东香山县隆都溪角乡人（今中山市人）。毕业于香港中国新闻学院。

寒鸡

（民国 · 刘逸生）

山外寒鸡喔喔鸣，床头惊起老书生。
眼前未了申韩学，锄上难寻苜蓿羹。
刈稻驱牛知尚健，摘花敷叶笑何成。
披襟独坐怜童稚，捉得鳅鱼索火烹。

寇梦碧

寇梦碧（1917～1990年），名家瑞，字泰逢，天津人。曾任天津崇化学会讲师，梦碧词社社长、天津市文化馆特约馆员、天津诗词社社长、中华诗词学会顾问。有《夕秀词》《六合小溷杂诗》。

怀人诗廿四首其十轶轮

（民国·寇梦碧）

臣朔本来饥欲死，耽吟那得与消寒。
如何猰貐磨腥吻，来啖先生苜蓿盘。

饶宗颐

饶宗颐（1917～），字伯濂、伯子，号选堂，又号固庵，广东潮州人。中国当代著名的历史学家、考古学家、文学家、经学家、教育家和书画家。长期潜心致力于学术研究，涉及文、史、哲、艺各个领域，精通诗、书、画、乐，造诣高深，学贯中西、著作等身，硕果累累。其学问几乎涵盖国学的各个方面，且都取得显著成就，并且精通梵文。饶宗颐和季羡林齐名，学界称“南饶北季”。

红罗袄

（民国·饶宗颐）

鲁拜集名句云:“来！满杯，春火之中，抛汝悔懊之动服乎。得时之禽，虽回翔无地也，仍鼓翼也。”意悲而远，以词易之，远未逮也。

弃掷罗衣去，回翅载春归。只懊恼宫墙，萧条门巷，霎时厮见，惟有天知。
莫嗟惜、相见时稀。东风默许佳期。苜蓿更江蓠。料楚客，不必赋春悲。

阮璞

阮璞（1918～2000年），湖北红安人，字次文，男，汉族，著名美术史论学者、教育家和诗人。历任民盟中央委员、民盟湖北省副主委；湖北省第五届、第六届政协委员，擅长美术史论。1939年毕业于国立杭州艺术专科学校油画系，1943年起，任四川省立艺术专科学校诗歌词曲讲师，1946年任武昌艺专副教授。1949年任华中师院副教授，1986年起，任湖北美术学院美术史论、美学教授。

海上过玄裳寓楼

（民国·阮璞）

不杂盐齑语亦难，最繁华地着儒酸。

文书遮眼遵常课，苜蓿撑肠费日餐。
板阁晓杯清似水，市儿春梦重如磐。
看君不逐时流醉，猘犬憎人佩楚兰。

白敦仁

白敦仁（1918～2004年），字梅庵，室名水明楼，四川成都人，祖籍河北通州。曾就读于四川大学，毕业于华西大学中文系，与屈守元、王文才、王仲镛等并为近世蜀中学者綦江庞石帚先生高弟。

长亭怨慢

（民国·白敦仁）

履平晓趋郊庠，犯寒徒步，发为怨歌。仆与君，二十年形影交也，晨夕忧乐，自谓共之。感其言之独悲，辄依来韵更作一篇，欲以广履平之意，亦因之自畅郁积也。
伴行野霜风吹树。非虎非兕，怨吟愁度。马队纵横，战尘迷幂抱经处。
万言杯水，君莫笑、儒冠苦。眼底鼠搬姜，听歇担，溪桥邪许。
歧路。更翻云覆雨，古道弃来如土。寻常自断，有轻薄、向人难数。
仗笔底五湖三江，问曹郐，争当荆楚。有苜蓿堆盘，谁管千秋相负。

吴未淳

吴未淳（1920～2004年），北京海淀人，又名味莼、渭春，斋号草庵、海棠花馆，晚号槐庵。1942年毕业于中国大学国学系，曾任小学校长，中学中文教师并兼任中央美术学院教师。先生少以诗词闻名，诗登老杜之堂而出入江西诸家，风格沉郁。词则句丽情浓，有花间之风，生前与郭风惠、张伯驹等诗人多有唱和。

元日

（民国·吴未淳）

元朝无过贺，风日送晴寒。酒醉葡萄盏，肴甘苜蓿盘。
春光鸲眼水，古帖鸭头丸。纸爆家家闹，吾庐寂以安。

俞律

俞律（1928～），1946年毕业于上海中学，1951年毕业于光华大学。曾任南京市作协副主席、秘书长，南京市文联研究室研究员，青春文学院教务主任，南京市政协党委。现为中国作家协会会员，江苏省政协书画室特聘画师，南京市政协京剧联谊会副会长等。

秋夜即事

（民国 · 俞律）

苍生随遇未遑安，十载躬耕力已殚。
急雨秋泥茅屋破，西风苜蓿砚田寒。
有天有地人空寄，无月无星夜所难。
塘上芦花栖过雁，一声如诉远行单。

野村直彦

野村直彦（生平不详），寄居大连的日本人，与田冈正树等于 1924 年创办了《辽东诗坛》。《辽东诗坛》以促进中日“两国文人学士接近”为宗旨，广泛刊发两国诗人的诗作。

岁杪杂感之一

（民国 · 野村直彦）

落托江湖岁岁更，回头世路太峥嵘。
射雕大漠当年志，拊缶穷居此日情。
北斗光芒混同渡，西风苜蓿女真城。
投荒万里功名老，一夜灯前白发生。

黄以仁

黄以仁（生卒年不详），字子彦，江苏无锡人。日本东京大学毕业，任国立河南大学农学院林学系教授，植物分类学家，素有“东亚泰斗”之称。黄以仁是我国第一部有影响的专科辞典《植物学大辞典》的主编之一，于 1918 年出版，他于 1911 年在《东方杂志》上发表了“苜蓿考”，20 世纪 30 年代初，在北平大学农学院任教，后在河南大学的前身学校任教。

苜蓿

（民国 · 黄以仁）

苜蓿秋来没已深，
空余宛马过相寻。
无因心赏存知己，
弹尽平沙落雁音。

杨仲瑜

杨仲瑜（1923 ～？），临海城关人。居巾山，号双帻山人。教师。临海诗词学会理事，浙江诗词学会、中华诗词学会会员。有《韫椟轩选集》等。

题广文祠

（民国·杨仲瑜）

谁耐广文贫，苜蓿阑干多士秀。
漫云台峤僻，蛮荒荆棘我公开。

熊颖湄

熊颖湄（生平不详）。

声律指南（节选）

（民国·熊颖湄）

山斋堆苜蓿，水国倚蒹葭。
蜡照半笼金翡翠，虫声新透绿窗纱。
去年花里相逢，春愁未了；
今日江头尽醉，酒债频赊。

蔡毓春

蔡毓春（生卒年不详），又名梅功，字与循，湘潭人，系王闿运之元配蔡艺生之弟。早年在湖湘派诗人中很有影响，为人偏于淡泊，故鲜为人知。蔡毓春五岁能诗，学使张金镛命试群才，蔡毓春三试第一。中举后赴京，曾入赀为户部员外郎。“十试礼部，始成进士”后主思贤义学十年，不求闻达，可谓狂狷之士，诗未成集。

寄赠吴称三广文

（民国·蔡毓春）

石笋山前结茅屋，高人于此学忘机。
十年盘餐苜蓿饭，一卷梦绕烟霞飞。
箬坡雪峰空窈峭，笏亭霜寺存依稀。
狂言惊坐莫瞋发，广文官冷不如归。

沈祖棻

沈祖棻（1909～1977年），字子苾，别号紫曼（紫蔓？），笔名绛燕、苏珂。祖籍浙江海盐。我国近现代最优秀的词人、诗人、文学家，文论家，著名教授。曾任教于华南多所高等学府中文系。有“当代李清照”美誉。

涉江词·过秦楼

（民国·沈祖棻）

乍扫胡尘，待收京国，一夕万家欢语。苔迷旧径，草长新坟，忍望故园归路。何日漫卷诗书，巫峡波平，片帆轻举。纵生还未老，江南重到，此情偏苦。愁更说、苜蓿堆盘，文章憎命，尚作锦城羁旅。寻巢燕倦，绕树乌惊，况是暂栖无处。谁慰凄凉病怀？吴苑书沈，秦楼人去。剩香炉药盏，留伴悲秋意绪。

梁元让

梁元让（生卒年不详），又名梁石楼、春水斋。

北来四首（其三）

（民国·梁元让）

难为著语暗愁生，欲听寒鸦上古城。
木雁其中容底物，虫鱼而外竟何成？
嚼来苜蓿生涯淡，渡罢关河笔意平。
合学浔阳松菊气，不妨残照又声声。

张月宇

张月宇（生平不详）。

寤兄返湘途中夜半短信与余索债

（民国·张月宇）

岭南秋尽日趋寒，羁泊吾曹共苦酸。
苜蓿三餐凭自惜，诗文一帙博谁欢。
难斟篱下陶卿酒，易落风前孟士冠。
毂转尘途归去夜，佳人可解忆长安。

谢冶盦

谢冶盦（生卒年不详），字幼陶，又名鼎镕，南菁毕业，后历官靖江、泰兴、武进地方厅推事，浙江东阳县法院检察官，回里后与祝廷华发起陶社主持刊政，后任省立锡师文史教员。

题赠薛昂若（其二）

（民国·谢冶盦）

少年失恃老清寒，卌载相依苜蓿盘。
世乱章缝遭鄙弃，误人端的是儒冠。

朱珊

朱珊（生平不详）。

艺事

（民国·朱珊）

苜蓿生涯，澹泊自甘，绛帐春风，丹青菽水，邻里称美。

参 考 文 献

[宋]陆游 . 1985. 剑南诗稿校注 . 钱仲联 , 校注 . 上海 : 上海古籍出版社 .

[明]袁宗道 , 袁宏道 , 袁中道 . 三袁集 . 太原 : 山西出版集团 · 三晋出版社 .

[清]彭定求 . 1996. 全唐诗(上、中、下). 郑州 : 中州古籍出版社 .

藏励和 . 1921. 中国名人大辞典 . 上海 : 商务印书馆 .

邓诗萍 . 2009. 唐诗鉴赏大典 . 长春 : 吉林大学出版社 .

傅德岷 . 2008. 唐诗宋词鉴赏辞典 . 上海 : 上海科学技术出版社 .

傅璇中 , 倪其中 , 孙钦善 , 等 . 1992. 全宋诗 (1-10 册). 北京 : 北京大学出版社 .

贺新辉 . 2009. 近现代诗词鉴赏辞典 . 北京 : 北京燕山出版社 .

蘅塘退士 . 2002. 唐诗三百首 . 延吉 : 延边大学出版社 .

姜军 . 2012. 唐诗大鉴赏 . 北京 : 外文出版社 .

蒋勋 . 2012. 蒋勋说宋词 . 北京 : 中信出版社 .

金锋 . 2002. 唐诗宋词元曲全集 (1-10 册). 伊犁 : 伊犁人民出版社 .

金启华 . 1991. 全宋词典故考释辞典 . 长春 : 吉林文史出版社 .

李安泰 . 2010. 宋词鉴赏辞典 . 昆明 : 云南出版集团 .

林语堂 . 2009. 苏东坡传 . 西安 : 陕西师范大学出版社 .

刘建龙 , 葛景春 . 2002. 中华诗词经典 . 郑州 : 河南人民出版社 .

卢前 , 任肭 . 2002. 元曲三百首 . 延吉 : 延边大学出版社 .

缪钺 . 1987. 宋诗鉴赏辞典 . 上海 : 上海辞书出版社 .

上疆村民 . 2002. 宋词三百首 . 延吉 : 延边大学出版社 .

唐圭璋 . 1986. 唐宋词鉴赏辞典(唐 · 五代 · 北宋). 上海 : 上海辞书出版社 .

童辉 . 2012. 一生最爱古诗词 . 北京 : 外文出版社 .

王成纲 . 2005. 古典诗词 . 北京 : 九州出版社 .

王文濡 . 2001. 历代诗文名篇评注读本(古诗卷). 长沙 : 岳麓书社 .

王文濡 . 2001. 历代诗文名篇评注读本(近代文卷). 长沙 : 岳麓书社 .

王文濡 . 2001. 历代诗文名篇评注读本(南北朝文卷). 长沙 : 岳麓书社 .

王文濡 . 2001. 历代诗文名篇评注读本(秦汉三国文卷). 长沙 : 岳麓书社 .

王文濡 . 2001. 历代诗文名篇评注读本(清诗卷). 长沙 : 岳麓书社 .

王文濡 . 2001. 历代诗文名篇评注读本(清文卷). 长沙 : 岳麓书社 .

王文濡 . 2001. 历代诗文名篇评注读本(宋元明诗卷). 长沙 : 岳麓书社 .

王文濡 . 2001. 历代诗文名篇评注读本 (唐文卷). 长沙 : 岳麓书社 .
吴小如 . 1992. 汉魏六朝诗鉴赏辞典 . 上海 : 上海辞书出版社 .
线装经典编委会 . 2010. 宋词鉴赏辞典 . 昆明 : 云南出版集团公司 , 云南教育出版社 .
徐世昌 , 傅卜棠 . 2009. 晚晴簃诗话 (上下). 上海 : 华东师范大学出版社 .
俞平伯 , 施蛰存 , 钱仲联 , 等 . 2006. 唐诗鉴赏辞典 (第 2 版). 上海 : 上海辞书出版社 .
周仁济 , 曾令衡 . 1980. 唐宋诗百首浅析 . 长沙 : 湖南人民出版社 .
周汝昌 . 2006. 千秋一寸心 : 周汝昌讲唐诗宋词 . 北京 : 中华书局 .
周啸天 . 2011. 元明清诗歌鉴赏辞典 . 北京 : 商务印书馆 .
周振甫 . 1999. 唐诗宋词元曲全集 . 合肥 : 黄山书社 .
朱玉麒 . 2008. 西域文史 . 北京 : 科学出版社 .
邹博 . 2011. 唐诗宋词元曲鉴赏辞典 . 北京 : 线装书局 .

人名索引

1 汉武帝，名刘彻。因人们在著作中习惯称其“汉武帝”“武帝”来做指代，因此本书将“汉武帝”作为人名收录到索引中。这类情况在索引中还有“诸葛”等，在此一并说明，不再一一注解。

M

N

O

P

Q

R

S

词汇短语索引

J

K

L

N

O

P

Q

R

S

T

W

X

Y

Z